高职高专计算机系列

Windows Server 2012 网络管理项目教程

Windows Server 2012
Network Project Management

邓文达 易月娥 ◎ 主编
王华兵 邓宁 ◎ 副主编

人民邮电出版社
北京

图书在版编目（C I P）数据

Windows Server 2012网络管理项目教程 / 邓文达，易月娥主编. -- 北京 : 人民邮电出版社，2014.4(2019.6重印)
工业和信息化人才培养规划教材. 高职高专计算机系列
ISBN 978-7-115-34365-9

Ⅰ. ①W… Ⅱ. ①邓… ②易… Ⅲ. ①Windows操作系统－网络服务器－高等职业教育－教材 Ⅳ. ①TP316.86

中国版本图书馆CIP数据核字(2014)第005637号

内 容 提 要

本书根据高职学生的特点，采用图文并茂的方式，通过 10 个来自实际工作的项目，清晰明了地介绍了 Windows Server 2012 的基本网络设置、活动目录的配置与管理、DHCP 服务器的安装与配置、DNS 服务器的配置与管理、Web 服务器的配置与管理、FTP 服务器的配置与管理、证书服务器的配置与应用、Web Farm 网络负载均衡、虚拟专用网络的配置以及网络地址的转换等内容。

本书适用于高职和中职计算机网络技术专业及其他相关专业“Windows 网络管理”课程的教学和学习，也可供广大初中级网络技术人员、网络管理和维护人员、网络系统集成人员作为参考用书或培训教材。

◆ 主　　编　邓文达 易月娥
副 主 编　王华兵 邓宁
责任编辑　王　威
执行编辑　范博涛
责任印制　杨林杰

◆ 人民邮电出版社出版发行　　北京市丰台区成寿寺路 11 号
邮编　100164　　电子邮件　315@ptpress.com.cn
网址　http://www.ptpress.com.cn
三河市君旺印务有限公司印刷

◆ 开本：787×1092　1/16
印张：16.5　　2014 年 4 月第 1 版
字数：410 千字　　2019 年 6 月河北第10次印刷

定价：39.80 元

读者服务热线：(010) 81055256　印装质量热线：(010) 81055316
反盗版热线：(010) 81055315

前　言

Windows 网络管理是从事网络管理工作必备的知识和技能。编写本书的目的是为了帮助有志于从事网络管理工作的读者，熟悉微软新推出的 Windows Server 2012 网络环境的配置和管理方法。

根据对大部分从事网络管理领域工作的毕业生进行的调查，本书将内容聚焦在 DHCP、DNS、Web、CA、VPN 等网络服务的安装和配置方法上。本书将通过 10 个项目，系统地介绍 Windows 网络管理常见的工作流程和实施步骤包括：Windows Server 2012 的基本网络设置、活动目录的配置与管理、DHCP 服务器的安装与配置、DNS 服务器的配置与管理、Web 服务器的配置与管理、FTP 服务器的配置与管理、证书服务器的配置与应用、Web Farm 网络负载均衡、虚拟专用网络的配置以及网络地址的转换。

本书所有的项目均来源于实际工作，每个项目都介绍了具体的应用场景，并提供了仿真的案例来体现真实的岗位工作，从而帮助读者将所学知识应用到实际工作中去，同时培养一定的分析和解决问题的能力以及动手实践的能力，为胜任网络管理员岗位奠定坚实的基础。

本书由长沙民政职业技术学院邓文达、易月娥任主编，王华兵和邓宁任副主编。其中，项目 1 由湖南大众传媒职业技术学院文林彬编写，项目 2 由北京应用技术学校邓宁编写，项目 3 由湖南科技职业技术学院王湘渝编写，项目 4 由湖南信息职业技术学院王梅编写，项目 5 由湖南工业职业技术学院谭爱平编写，邓文达负责了全书的策划统稿和项目 6 的编写，项目 7 和项目 8 由王华兵编写，项目 9 和项目 10 由易月娥编写。在本书的编写过程中，还得到了长沙民政职业技术学院软件学院和图书信息中心许多老师的大力支持，在此表示深深的感谢！

由于编者水平有限，书中难免有不足和纰漏，恳请广大读者批评指正。

编者

2013 年 11 月

目 录 CONTENTS

项目 1 Windows Server 2012 的基本网络设置 1

项目 2 活动目录的配置与管理 17

项目 3 DHCP 服务器的安装与配置 41

项目 4 DNS 服务器的配置与管理 71

项目 5 Web 服务器的配置与管理 102

项目 6 FTP 服务器的配置与管理 123

项目 7 证书服务器的配置与应用 145

项目 8 Web Farm 网络负载均衡 196

项目 9 虚拟专用网络的配置 216

项目 10 网络地址的转换 243

PART 1

项目 1 Windows Server 2012 的基本网络设置

1.0 案例场景

ABC 公司有 10 个部门：部门 1~部门 10，其中每个部门内不超过 200 台主机。ABC 公司的网络管理部门计划给每个部门分配一个 C 类私有 IP 段，实现部门之间的网段隔离，如果让你做规划，你该如何来分配 IP 呢？ABC 网络拓扑图如图 1-1 所示。

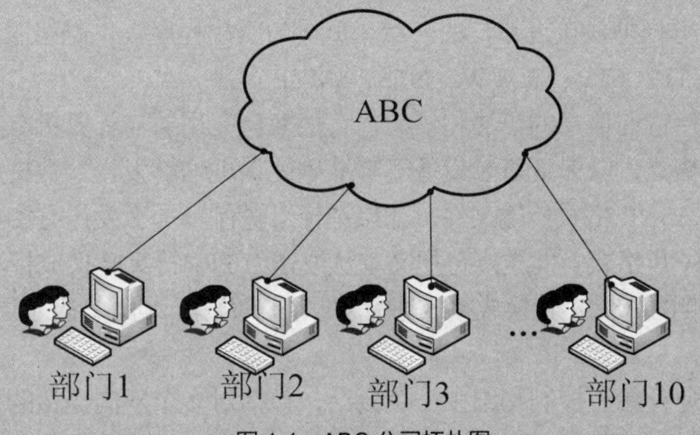

图 1-1 ABC 公司拓扑图

在本项目中，我们将通过完成以下任务来学习 Windows Server 2012 基本网络设置过程。

■ 任务：IP 地址规划

1.1 知识引入

1.1.1 OSI 参考模型

如今，我们可以很方便地构建计算机网络，而基本不需要考虑不同网络产品操作系统、网络设备之间的兼容性。而在 20 世纪 80 年代，实现网络互联却并不容易。在计算机网络发展初期，许多公司和机构都推出了自己的网络系统方案（如 IBM 公司的 SNA，NOVELL 的 IPX/SPX，DEC 公司的 DECNET 等），同时各个厂商针对不同的方案设计出了不同的网络硬件和软件。这些硬件之间由于没有统一的标准和协议，根本无法实现互联。为了解决网络之间的兼容问题，ISO（International Organization for Standardization，国际标准化组织）于 1984 年提出了 OSI 参考模型（Open System Interconnection Reference Model，开放系统互联参考模型），它很快就成为了计算机网络的基础模型。

OSI 参考模型通过"分而治之"的思想将庞大而复杂的网络分解成 7 个功能层次，如表 1-1 所示。

表 1-1　　OSI 七层参考模型

层次	名称	基本功能
7	应用层（Application Layer）	处理应用程序间通信
6	表示层（Presentation Layer）	数据格式、数据加密、压缩
5	会话层（Session Layer）	会话的建立、管理、维护
4	传输层（Transport Layer）	建立端到端的连接
3	网络层（Network Layer）	寻址和路由选择
2	数据链路层（Data Link Layer）	介质访问、链路管理等
1	物理层（Physical Layer）	比特流传输

这些层次的工作相对独立，不相互依赖，层次之间也无需了解其他层次如何实现，每一层都定义了一些协议来负责完成某些特定的通信任务，并只与紧邻的上层和下层进行数据交换。

应用层是 OSI 参考模型最接近用户的一层，负责为应用程序提供网络服务。这里的网络服务，包括 Telnet、HTTP、FTP、WWW、NFS、SMTP 等。

表示层关注于所传输的信息的语法和语义，它把来自应用层与计算机有关的数据格式处理成与操作系统无关的格式，以保证对端设备能够准确无误地理解发送端数据。例如，FTP 协议允许选择以二进制或 ASCII 格式传输文件，如果选择二进制，那么发送方和接收方不改变文件的内容；如果选择 ASCII 格式，发送方将把文本从发送方的字符集转换成标准的 ASCII 后发送数据，接收方会将标准的 ASCII 转换成接收方计算机的字符集。同时，表示层也负责数据加密、压缩等。

会话层定义了如何开始、控制和结束一个会话，包括对多个双向会话的控制和管理，以便在只完成连续消息的一部分时可以通知应用，从而使表示层收到的数据是连续的，同时，会话层也提供双工协商、会话同步等。

传输层的基本功能是从会话层接受数据，并在必要的时候把它分成较小的传输单元，传递给网络层，并确保到达对方的各段信息正确无误。传输层负责建立、维护虚电路、进行差错校验和流量控制，如 TCP、UDP、SPX 等。

网络层对数据包的传输进行定义，它定义了能够表示所有网络节点的逻辑地址，还定义了路由实现的方式和学习的方式。为了适应最大传输单元长度小雨包长度的传输介质，网络层还定义了如何将一个包分解成更小的包的分段方法。例如，IP、IPX 等。

数据链路层定义了在单个链路上如何传输数据，检测并纠正可能出现的错误，并且进行流量控制。如 ATM、FDDI 等。

物理层定义了传输数据所需要的机械、电气、功能及规程的特性等，包括电压、电缆线、数据传输速率、接口的定义等，如 RJ45、802.3 等。

总结起来，OSI 参考模型具有以下优点。

- 易于理解、学习和更新协议标准：各层之间相对独立，使得讨论学习、制订更新标准变得比较容易，某一层的协议标准的改变不会影响其他层次的协议。
- 易于多厂商兼容：采用统一的标准层次化模型后，各设备厂商遵循标准进行产品设计开发，有效保证了产品间的兼容性，能更方便地实现网络互联。

- 降低开发难度：OSI 参考模型实现了模块化工程，让厂商能够专注于某个层次的某个模块的开发，大大降低了产品开发的复杂度，提高了开发效率。
- 便于故障排除：一旦发生网络故障，可以很容易地将故障定位于某一个层次，进而很快找出故障根源。

OSI 参考模型的诞生为理解学习网络结构、开发网络产品和网络设计等工作带来了极大的便利。但是，由于 OSI 参考模型过于复杂，难以完全实现；各层功能有一定的重复性，效率较低等多种原因，OSI 参考模型在现实中仅仅用于学习研究网络知识，而没有在实际的网络产品上得到应用。在实际应用中，应用最广的是 TCP/IP 协议簇。

1.1.2 TCP/IP 模型

TCP/IP（Transfer Control Protocol / Internet Protocol，传输控制协议/网际协议）起源于 20 世纪 60 年代末美国政府资助的一个网络研究项目 ARPANET。事实上，TCP/IP 模型在 OSI 参考模型提出时就已经逐渐占据业界主导地位，成为了事实上的行业标准，到 90 年代就已经发展成为最常用的网络协议标准。它是一个真正的开放系统，其中协议族的定义及实现绝大部分都可以免费获得，受到了网络、系统、应用软件厂商的追捧，成为了网络标配协议。时至今日，它已成为全球互联网（Internet）的基础协议簇。

同 OSI 参考模型一样，TCP/IP 模型也采用层次化结构，每一层负责不同的功能，不同的是，TCP/IP 简化了层次设计，只分为 4 个层次：应用层、传输层、网络层和网络接口层。

TCP/IP 与 OSI 模型的对应关系如表 1-2 所示。

表 1-2　　TCP/IP 模型与 OSI 参考模型对应关系

层次	OSI 参考模型	层次	TCP/IP 模型
7	应用层	4	应用层
6	表示层		
5	会话层		
4	传输层	3	传输层
3	网络层	2	网络层
2	数据链路层	1	网络接口层
1	物理层		

TCP/IP 模型没有单独的会话层和表示层，它们的功能被融合在应用层中，应用层直接与用户和应用程序打交道，负责为各种应用软件提供网络服务的接口。这里的网络服务包括文件传输、文件管理、电子邮件的消息处理等。

TCP/IP 的传输层主要负责提供端到端的连接，使源和目的主机上的对等体可以进行会话。主要的传输层协议包括 TCP（Transmission Control Protocol，传输控制协议）和 UDP（User Datagram Protocol，用户数据报协议）。

网络层是 TCP/IP 体系的关键部分，它定义了数据包格式及其协议—IP（Internet Protocol，网际互联协议），使用 IP 地址（IP Address）来标识网络节点；使用路由协议生成路由信息，然后根据这些路由信息使数据包准确地传递到正确的目的地。另外，还使用 ICMP、IGMP 这样的协议来协助管理网络。

TCP/IP 的网络接口层负责处理与物理传输介质相关的细节，为上层提供统一的网络接口。所以，TCP/IP 几乎可以运行在全部的局域网或广域网技术上，常见的接口层协议有：Ethernet 802.3、Token Ring 802.5、X.25、Frame Relay、HDLC、PPP 、ATM 等。

IP 地址用来在 TCP/IP 体系结构的网络层中标识网络节点。因此，每一个独立的网络节点，都应该有一个独立的 IP 地址。

1.1.3 IP 地址

TCP/IP 网络层的核心协议是由 RFC791 定义的 IP。IP 是尽力传输的网络协议，其提供的数据传送服务是不可靠的、无连接的。IP 不关心数据包的内容，不能保证数据包能否成功地到达目的地，也不维护任何关于前后数据包的状态信息。如果需要可靠的服务，则需要由传输层的 TCP 协议实现。IP 为了唯一地标识网络上的节点和链路，为每个链路分配一个全局唯一的网络号（network-number）以标识每个网络；为节点分配一个全局唯一的 32 位 IP 地址（IP Address），用以标识每一个节点。IP 规定，所有链接到 Internet 上的设备必须有一个全球唯一的 IP 地址（IP Address）。IP 地址与链路类型、设备硬件无关，而是由管理员分配指定的，因此也称为逻辑地址（Logical Address）。

在网络底层的物理传输过程中，是通过物理地址（MAC 地址）来识别主机的。MAC 地址是由 48bit 的数字（12 个 16 进制数）组成。0~23 位叫做组织唯一标志符（Organizationally Unique Identifier，OUI），是识别 LAN（局域网）节点的标识。24~47 位是由厂家自己分配。其中，第 48 位是组播地址标志位。网卡的物理地址是由网卡生产厂家烧入网卡的 ROM（只读存储器）里的，如 44-4F-53-54-00-00。形象地说，MAC 地址就如同我们身份证上的身份证号码，具有全球唯一性。

既然已经有了 MAC 地址，为什么还需要 IP 地址呢？因为 MAC 地址是厂商生产设备时固化在设备里的，不便于修改。在实际组网中，不能够方便地根据客户的需求灵活定义网络设备地址；而 IP 地址是一种逻辑地址，可以按照客户的需求规划分配地址，非常灵活。同时，使用 IP 地址，设备更易于移动和维修。如果一个网卡坏了，可以被更换，而不需要换一个新的 IP 地址；如果一个 IP 节点从一个网络移动到另一个网络，可以给它一个新的 IP 地址，而无须换一个新的网卡。

目前 Internet 上广泛使用的 IP 地址为 IPv4，地址长度为二进制 32 位，在计算机内部，IP 地址是用二进制表示的，共 32 位，例如，11000000 10101000 00000101 01111011。然而，使用二进制表示法不便于人们记忆和传播，因此普遍采用点分十进制方式表示，即把 32 位的 IP 地址分成 4 段，每 8 个二进制位为一段，每段二进制对应转换为十进制的 0～255，并用点隔开。这样，IP 地址就表示以小数点隔开的 4 个十进制数，如 192.168.5.123。

为便于实现路由选择、地址分配和管理维护，IP 地址均采用分层结构，每个 IP 地址由网络号（Network-id）+主机号（Host-id）来表示。这种结构使我们可以在 Internet 上很方便地进行寻址，即先按 IP 地址中的网络号码 Network-id 把网络找到，再按主机号码 host-id 把主机找到。所以 IP 地址并不只是一个计算机的号码，而是指出了连接到某个网络上的某个计算机。

IP 地址由美国国防数据网（DDN）的网络信息中心（NIC）进行分配。

为了便于对 IP 地址进行管理，同时还考虑到网络的差异很大，有的网络拥有很多的主机，而有的网络上的主机则很少。为了应用在不同规模的网络中，IP 地址分成 5 类，即 A~E 类。IP 地址的分类如图 1-2 所示。

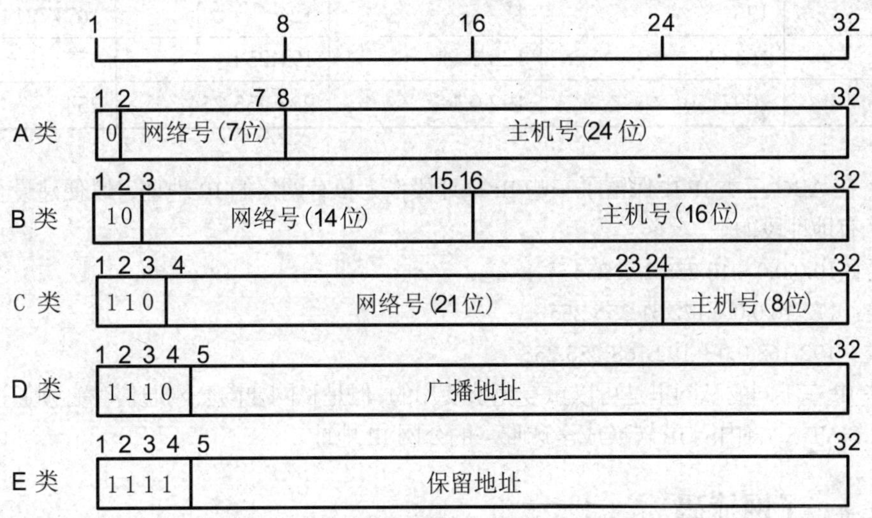

图 1-2　IP 地址的分类

A 类地址：网络号占 1 个字节（8 位），第 1 位为“0”；

B 类地址：网络号占 2 个字节（16 位），前 2 位为“10”；

C 类地址：网络号占 3 个字节（24 位），前 3 位为“110”；

D 类地址：前 4 位为“1110”；

E 类地址：前 4 位为“1111”。

A 类 IP 地址的网络号码数不多。目前几乎没有多余的号码数可供分配。现在能够申请到的 IP 地址只有 B 类和 C 类两种。当某个企业向 NIC 申请到 IP 地址时，实际上只是拿到了一个网络号码 Network-id。具体的各个主机号码 Host-id 则由该企业自行分配，只要做到在该企业管辖的范围内无重复的主机号码即可。D 类地址是一种组播地址，主要是留给 Internet 体系结构委员会 IAB（Internet Architecture Board）使用。E 类地址保留供研究使用。

在使用 IP 地址时，下列地址是保留作为特殊用途的，一般分配给主机使用。

全 0 的网络号码，表示“本网络”或“我不知道号码的这个网络”。

全 0 的主机号码，表示该 IP 地址就是网络的地址。

全 1 的主机号码，表示广播地址，即对该网络上所有的主机进行广播。

全 0 的 IP 地址，即 0.0.0.0。

IP 为 127.0.0.0~127.255.255.255。此 IP 段保留作本地回环测试（Loopback）之用。

IP 为 169.254.0.0~169.254.255.255。此 IP 段保留作 DHCP 临时分配 IP 之用。

全 1 的 IP 地址 255.255.255.255，这表示“向我的网络上的所有主机广播”。

这样，我们就可得出表 1-3 所示的 IP 地址的使用范围。

表 1-3 IP 地址的使用范围

网络类别	最大网络数	第一个可用的网络号码	最后一个可用的网络号码	每个网络中的最大主机数
A	126	1	126	16777214
B	16382	128.1	191.254	65534
C	2097150	192.0.1	223.255.254	254

NIC 在 ABC 三类 IP 中保留了一些 IP 地址段作为私有网络的 IP 地址，以便建设企业内网之用，私有地址段如下。

A 类：10.0.0.0～10.255.255.255

B 类：172.16.0.0～172.31.255.255

C 类：192.168.0.0～192.168.255.255

这些 IP 在不同的私网里是可以重复免费使用的，但是私网要向公网通信时必须通过网络地址转换（NAT），将内网 IP 转换成全球唯一的公网 IP 地址。

1.1.4 子网掩码

IP 地址中的 A~C 类地址，可供分配的网络号码超过 211 万个，而这些网络上的主机号码的总数则超过 37.2 亿个，初看起来，似乎 IP 地址足够全世界使用（在 20 世纪 70 年代初期设计 IP 地址时就是这样认为的），其实，却存在着一些隐患：第一，当初没有预计到计算机网络会普及得如此之快，由于 Intemet 高速发展，特别是中国、印度等人口大国的 Intemet 发展迅速，当初认为已经足够多的 IP 地址现在明显不够用；第二，当一个 IP 段内的主机数目太多以后，不便于管理，网段内会产生诸如"广播风暴"这样的问题；第三，IP 地址在使用时有很大的浪费。例如，某个企业申请到了一个 B 类地址。但该企业只有 1 万台主机。于是，在一个 B 类地址中的其余 5 万 5 千多个主机号码就浪费了，因为其他企业的主机无法使用该网段的这些 IP 地址。

如何解决上述问题呢？其中一种办法是将现行的 32 位 IPv4 地址加以升级变成 128 位 IPv6 地址，这种方法将会极大地提升 IP 地址数量，形象地说，"可以为地球上每一粒沙子都分配一个 IPv6 地址"。但是一旦进行升级，在现有网络上运行的大量硬件、软件就必须升级，这是一件耗费大量人力和财力的工作，所以现在 IPv4 仍然是主流技术，IPv6 仅在一些带有实验性质的中小规模网络中有应用。

另外一种常用的办法是对现有的 IPv4 地址做子网划分，通过子网掩码（subnet mask）把 A、B、C 类这样的自然分类 IP 段分解为多个子网（subnet），把由网络号+主机号组成的 IP 地址，从主机号里面借用若干位作为子网号（Subnet-id），把 IP 地址分为 3 层：网络号+子网号+主机号。

子网掩码和 IP 地址一样，长度都是 32 位，可以表示成一串二进制数，如 11111111 11111111 11111111 00000000。子网掩码也可以跟 IP 地址一样表示成点分十进制，如 255.255.255.0。注意，子网掩码中的二进制"1"必须是连续的，所以子网掩码还可以通过斜线"/"+二进制"1"的个数来表示，如上述的子网掩码 11111111 11111111 11111111 00000000 可以直接表示为"/24"。

事实上，每个 IP 地址都必须有子网掩码，A、B、C 三类 IP 地址都有默认的子网掩码，也称为"自然掩码"，如下：

A 类地址的默认掩码为 255.0.0.0

B 类地址的默认掩码为 255.255.0.0

C 类地址的默认掩码为 255.255.255.0

将子网掩码和 IP 地址逐位进行“逻辑与运算”，就能得出 IP 地址的网络地址（如果做了子网划分，可以称为子网地址），IP 地址剩下的部分就是主机号。如图 1-3 所示，对于一个 C 类 IP 地址 192.168.1.1，它的默认掩码为 255.255.255.0，通过与运算得出，该 IP 地址的网络地址为 192.168.1.0，主机号为 1，同时主机号全为 1 的就是当前网络对应的广播地址 192.168.1.255。

	192.168.1.1	11000000 10101000 00000001 00000001	IP地址
	255.255.255.0	11111111 11111111 11111111 00000000	子网掩码
与运算			
	192.168.1.0	11000000 10101000 00000001 00000000	网络地址
	1	00000001	主机号
	192.168.1.255	11000000 10101000 00000001 11111111	广播地址

图 1-3 子网掩码

1.1.5 默认网关

有了 IP 地址和子网掩码，主机就可以通过与运算来计算自己的网络号。如果主机 A 需要发起与主机 B 进行通信，主机 A 首先会计算主机 B 的 IP 地址，从而计算出主机 B 的网络号，如果此时主机 B 的网络号与主机 A 的相同，那么主机 A 判断出主机 B 与自己处于同一网段（子网），主机 A 就向该网段内发出 ARP（Address Resolution Protocol，地址解析协议），将 IP 地址解析为对应 MAC 地址的协议），广播请求解析主机 B IP 的地址对应的 MAC 地址，主机 B 收到请求后，响应主机 A 将自己的 MAC 地址发送给 A，主机 A 根据得到的主机 B 的 MAC 地址，再来建立数据接口层的物理链接，然后与主机 B 进行通信。

可是，如果主机 A 与主机 B 不在同一网段呢？此时，它们之间的 IP 通信必须借助一个中间设备的转发，这个设备就是网关。网络设备（路由器、三层交换机）可以用来做网关，某些经过配置的服务器或者安装网关代理软件的服务器也可以用来做网关。在 Windows 服务器和个人系统里，可以通过在 TCP/IP 配置里指定默认网关的 IP 地址，来让主机将跨网段的数据包发送给该默认的网关设备，让其代为转发。

1.2 任务 IP 地址规划

1.2.1 任务说明

ABC 公司有 10 个部门：部门 1~部门 10，每个部门内不超过 200 台主机。管理员给每个部门分配一个独立的 C 类私有 IP 段，结合在交换机上配置不同的 VLAN（虚拟局域网）来实现部门网段之间的隔离。管理员应该按照上述需求设计出合理的 IP 规划表：包括每个部门的 IP 网络号、子网掩码、可用主机 IP 等信息。同时还需要掌握系统中基本 IP 配置方式，基本的验证、排错命令，具体实施过程如下。

1.2.2 任务实施过程

在任务 1 的案例场景中得知 ABC 公司需要为 10 个部门内网分配 C 类的私网 IP。C 类私网段为：192.168.0.0～192.168.255.255，默认子网掩码为 255.255.255.0，那么 C 类私网网段号为 192.168.0.0～192.168.255.0，一共 256 个，扣除主机位全 0 和全 1 的情况，每个网段拥有 1~254 共计 254 个主机号，满足 10 个部门的需求绰绰有余。此时可以不需要借主机位来进行子网划分，所以子网掩码采用默认的自然掩码即可。同时，为了保证不同部门跨网段也可以通信，还需要规划出每个部门网段的默认网关，一般来说，实际工作中习惯选择该网段的最后一个可用主机 IP 来做默认网关。综合上述分析，我们做出如表 1-4 所示 IP 规划。

表 1-4　　IP 规划表

部门	IP 网络号	子网掩码	可用主机 IP 数	默认网关
部门 1	192.168.1.0	255.255.255.0	254	192.168.1.254
部门 2	192.168.2.0	255.255.255.0	254	192.168.2.254
部门 3	192.168.3.0	255.255.255.0	254	192.168.3.254
部门 4	192.168.4.0	255.255.255.0	254	192.168.4.254
部门 5	192.168.5.0	255.255.255.0	254	192.168.5.254
部门 6	192.168.6.0	255.255.255.0	254	192.168.6.254
部门 7	192.168.7.0	255.255.255.0	254	192.168.7.254
部门 8	192.168.8.0	255.255.255.0	254	192.168.8.254
部门 9	192.168.9.0	255.255.255.0	254	192.168.9.254
部门 10	192.168.10.0	255.255.255.0	254	192.168.10.254

IP 规划完成后，开始将 IP 地址配置给每台主机。在 Windows 系列服务器和个人操作系统里，IP 配置可以分为自动配置和手工配置两种，此处以手工配置为列进行讲解，自动配置的方法在后面的章节里会有详细描述。

以 Windows Server 2012 系统为例，在系统“控制面板”中，打开“网络和 Internet”中的“网络连接”，双击需要配置的网卡。此处本机只有一个名为“abc.com”的网络连接，如图 1-4 所示，如果有多块网卡的话，此处将会显示多个网络连接，这些网络连接配置的 IP 地址不可以相同。

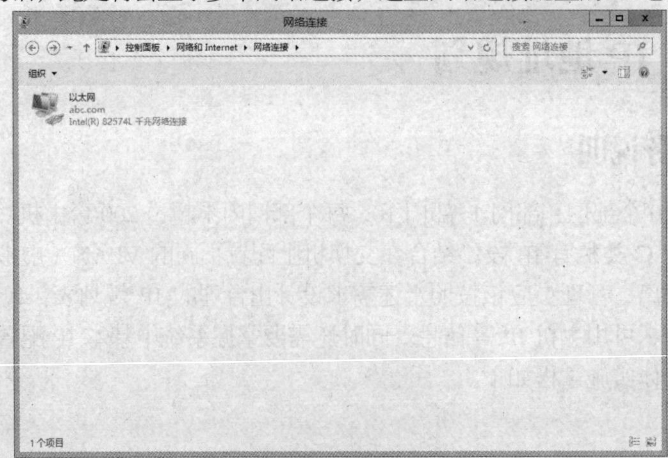

图 1-4　网络连接

双击打开名为“abc.com”的网络连接，单击“属性”按钮，如图 1-5 所示。

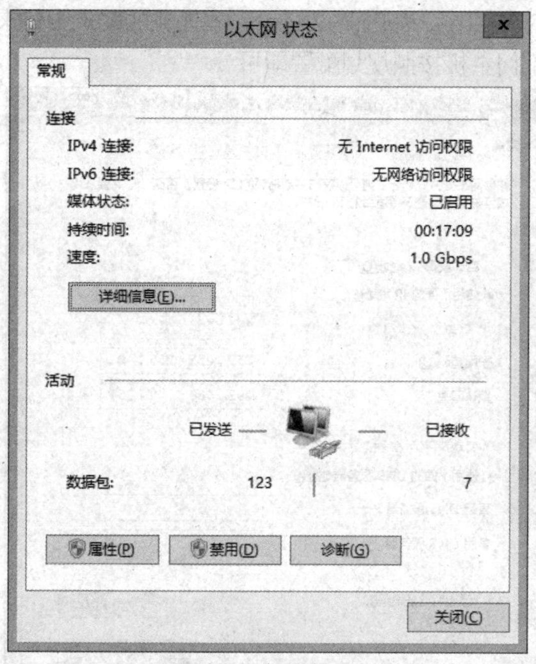

图 1-5　网络连接属性

选择“Internet 协议版本 4（TCP/IPv4）”，单击“属性”按钮，如图 1-6 所示，如果此处没有“Internet 协议版本 4（TCP/IPv4）”这个项目，则需要单击“安装”按钮，找到“协议”项，将“Internet 协议版本 4（TCP/IPv4）”这个项目安装上。

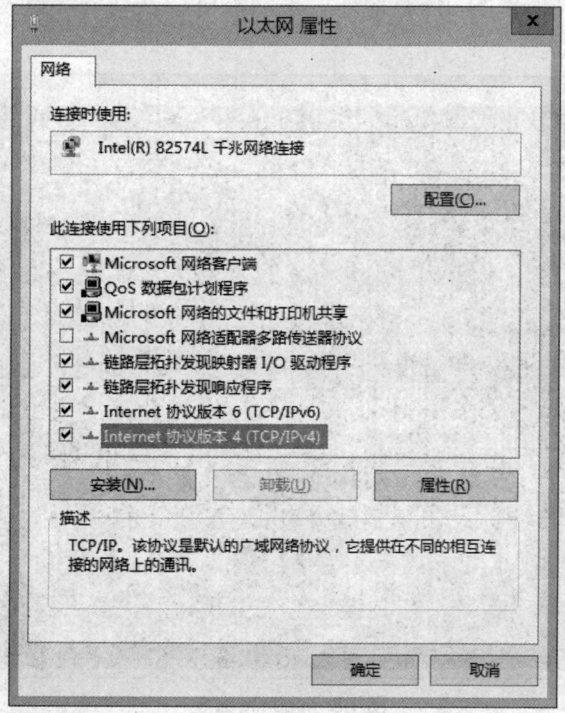

以太网 属性
网络
连接时使用:
Intel(R) 82574L 千兆网络连接
配置(C)...
此连接使用下列项目(O):
Microsoft 网络客户端
QoS 数据包计划程序
Microsoft 网络的文件和打印机共享
Microsoft 网络适配器多路传送器协议
链路层拓扑发现映射器 I/O 驱动程序
链路层拓扑发现响应程序
Internet 协议版本 6 (TCP/IPv6)
Internet 协议版本 4 (TCP/IPv4)
安装(N)...
卸载(U)
属性(R)
描述
TCP/IP。该协议是默认的广域网络协议，它提供在不同的相互连接的网络上的通讯。
确定
取消

图 1-6　以太网属性

此处以部门 1 的第一台主机为例，将 IP 地址 192.168.1.1、子网掩码 255.255.255.0、默认网关 192.168.1.254 填到对应项目中，如图 1–7 所示。本任务的案例中暂未涉及 DNS 服务器，无需配置。类似地，其他部门主机按照规划配置即可。

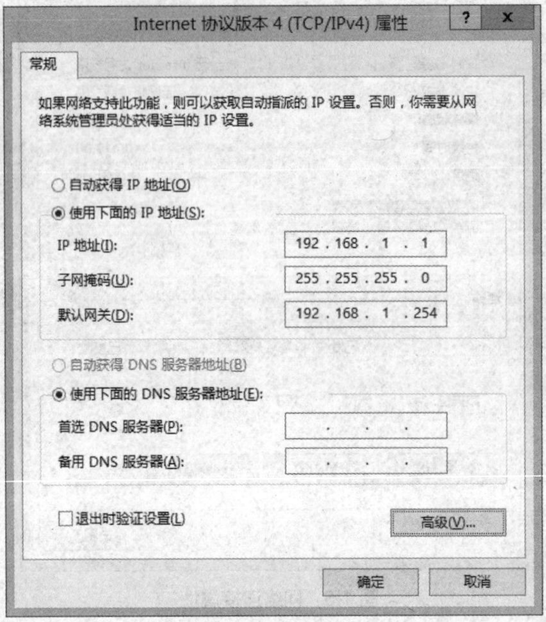

图 1-7　TCP/IP 属性

在 Windows Server 2012 上，可以通过 PowerShell 工具使用命令“ipconfig /all”命令来查看当前主机的 TCP/IP 配置。（在 Windows 个人操作系统上，可以通过“命令提示符工具执行该命令”）看到当前主机配置的 IPv4 地址、子网掩码、默认网关以及 MAC 地址等信息（00–0C–29–4F–36–71）。

图 1-8　ipconfig 命令

IP 配置完成后，在 Windows Server 2012 上可以通过 PowerShell 工具使用命令“ping”来检

查网络是否正常配置连通。例如，在部门 1 的主机上，可以通过“ping 192.168.1.254”来检查当前主机与网关之间的连通性，如果能看到类似图 1-9 所示的正常数据响应，则代表网络连通性正常。

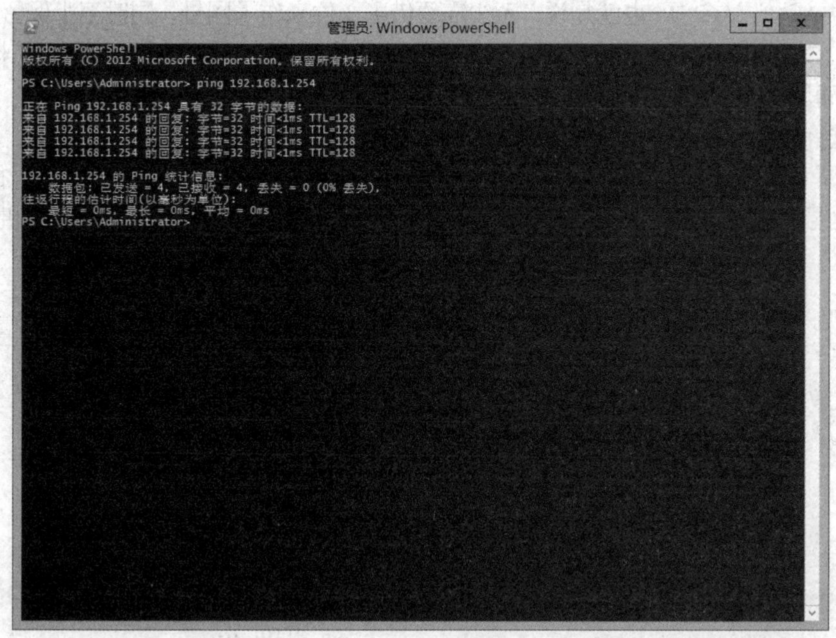

图 1-9　ping 命令

1.3　知识能力拓展

1.3.1　VLSM

在任务 1 中，ABC 公司的 IP 规划采用 C 类私网 IP 即可，并未严格要求使用某一个具体 IP 段，所以相对于需求，IP 资源比较充裕，故直接采用了自然掩码。但是在实际的应用中，由于种种原因，很有可能对 IP 资源会有更苛刻的限制，例如，任务 1 中 ABC 公司的部门 3（IP 段：192.168.3.0 255.255.255.0）下辖了 6 个办公室，这 6 个办公室内都不超过 30 台主机，如果要求把这 6 个办公室的 IP 进一步做子网划分，把它们分到不同的子网中，该如何划分呢？

如果仍然采用默认的子网掩码形式，则我们需要为这 6 个办公室申请 6 个新的 IP 段，如 192.168.31.0/24，192.168.32.0/24…192.168.36.0/24，这样划分出来的网段可用主机 IP 为 254 个，可是这 6 个办公室内都不超过 30 台主机，这样的分配方式显然太浪费 IP 地址。针对这个问题，可以采用 VLSM（Variable Length Subnet Mask，可变长子网掩码）技术来解决，该技术可以把按照自然掩码划分的网段借出一部分主机位作为子网号（Subnet-id）从而进一步划分为多个子网。

对于本任务中案例，如果我们采用 VLSM 的方式来划分，方法如下。

（1）首先需要确定子网数 X 与每个子网内需要的主机数 Y。

在本例中，X=6，Y=30。

确定需要进行借位的子网位数 N 和保留的主机位数 M。N 和 M 按下列公式计算（其中，减 2 是为了排除主机位全 0 全 1 的情况）：

$$2^N \geqslant X$$

$$2^M-2 \geqslant Y$$

计算得 $N \geqslant 3$，$M \geqslant 5$，也就是说，至少需要借出 3 位来作子网号，同时至少保留 5 位作主机号。对于 C 类 IP，按照自然掩码的分类，每个 IP 段有 8 位主机位，而我们计算出来 $N+M \geqslant 8$，正好能满足需求。

（2）进行借位，通过子网划分算出新的网络号和主机号。

① 在原来网络号不变的基础上，借出的主机位（前 3 位的 0、1 组合加上后 5 位固定为 0）组合成子网号，剩余的主机位（前 3 位固定为 0 加上后 5 位的 0、1 组合）保留为主机号。如图 1-10 所示。

192.168.3.0　　11000000 10101000 00000011 000 00000　网段IP

借位，N=3，M=5，则从原来的主机位借3位做子网号，保留5位做主机位

子网号	主机号
000	00000
001	00001
010	00010
011	00011
100	00100
101	00101
110	…
111	11111

图 1-10　VLSM 借位

② 把组合出来的子网号位：00000000，00100000，01000000，01100000…11100000；转换成 10 进制分别为 0，32，64，96…224，那么新的 IP 网络号为 192.168.3.0，192.168.3.32，192.168.3.64，192.168.3.96…192.168.3.224。

对于每个子网，排除掉全 0 全 1 的主机号，变为 00000001，00000010，00000011，00000100…00011110；转换成 10 进制为：1，2，3，4…30。

在每个子网号的基础上加上主机号，得到每个子网可用的 IP。如对于 IP 子网 192.168.3.0，可用 IP 范围为 192.168.3.1 ~ 192.168.3.30；对于 IP 子网 192.168.3.32，可用 IP 范围为 192.168.3.33 ~ 192.168.3.62…以此类推。

在自然掩码的基础上把借出的主机位置 1，保留的主机位保留为 0，然后转换成十进制变成新的子网掩码 255.255.255.224（也可表示成“/26”），如图 1-11 所示。

255.255.255.0　11111111 11111111 11111111 000 00000　自然掩码

把借位对应的子网位0变1　111

255.255.255.224　11111111 11111111 11111111 11100000　子网掩码

图 1-11　子网掩码

根据上面的步骤整理出子网规划表如表 1-5 所示。

表 1-5 子网规划表

子网号	IP 网络号	可用 IP 范围（排除全 0 全 1 后）	可用主机 IP 数	子网掩码
00000000	192.168.3.0	192.168.3.1～192.168.3.30	30	255.255.255.224
00100000	192.168.3.32	192.168.3.33～192.168.3.62	30	255.255.255.224
01000000	192.168.3.64	192.168.3.65～192.168.3.94	30	255.255.255.224
01100000	192.168.3.96	192.168.3.97～192.168.3.126	30	255.255.255.224
10000000	192.168.3.128	192.168.3.129～192.168.3.158	30	255.255.255.224
10100000	192.168.3.160	192.168.3.161～192.168.3.190	30	255.255.255.224
11000000	192.168.3.192	192.168.3.193～192.168.3.222	30	255.255.255.224
11100000	192.168.3.224	192.168.3.225～192.168.3.254	30	255.255.255.224

从这 8 个子网中任取 6 个子网分配给 6 个办公室使用，就能解决 IP 分配问题。

1.3.2 IPv6

Intemet 的蓬勃发展暴露了 IPv4 地址资源有限的问题，从理论上讲，IPv4 可提供 1 600 万个网络、40 亿台主机。但扣除一些保留或私有地址后，可用的网络地址和主机地址的数目就大打折扣，以致 IP 地址于 2011 年已基本分配完毕。其中，北美占有 3/4，约 30 亿个，而人口最多的亚洲只有不到 4 亿个。截至 2010 年 6 月中国 IPv4 地址数量达到 2.5 亿，很难满足 6 亿网民的需求。随着嵌入式技术及网络技术的发展，计算机网络将进入人们的日常生活，可能身边的每一样东西都会变为智能设备，都需要接入 Internet。在这样的环境下，IPv6 应运而生。单从数量上来说，IPv6 地址采用 128 位，所拥有的地址容量是 IPv4 的约 8×1028 倍，达到 2 128（算上全 0 的）个，远远大于 IPv4 的地址数量，解决了网络地址资源数量的问题，可以形象地说，“IPv6 可以为地球上每一粒沙子都分配一个地址”。

IPv6 采用 128 个二进制位，以 16 位为一组，每组以冒号“:”隔开，可以分为 8 组，每组以 4 位十六进制方式表示。例如，一个合法的 IPv6 地址如下：

2001:0db8:85a3:08d3:1319:8a2e:0370:7344

IPv6 在某些条件下，每项数字前导的 0 可以省略，省略后前导数字仍是 0 则继续，例如，下列 IPv6 都是等效的：

2001:0DB8:02de:0000:0000:0000:0000:0e13

2001:DB8:2de:0000:0000:0000:0000:e13

2001:DB8:2de:000:000:000:000:e13

2001:DB8:2de:00:00:00:00:e13

2001:DB8:2de:0:0:0:0:e13

可以用双冒号"::"表示一组 0 或多组连续的 0，但只能出现一次。如果 4 组数字都是零，可以被省略。例如，下面这两组 IPv6 都是相等的。

①

2001:DB8:2de:0:0:0:0:e13

2001:DB8:2de::e13

②

2001:0DB8:0000:0000:0000:0000:1428:57ab

2001:0DB8:0000:0000:0000::1428:57ab

2001:0DB8:0:0:0:0:1428:57ab

2001:0DB8:0::0:1428:57ab

2001:0DB8::1428:57ab

但是，有的省略是非法的，如 2001::25de::cade，其中双冒号出现两次，这个 IPv6 是非法的，因为它有可能是下种情形之一，而导致无法确定唯一性：

2001:0000:0000:0000:0000:25de:0000:cade

2001:0000:0000:0000:25de:0000:0000:cade

2001:0000:0000:25de:0000:0000:0000:cade

2001:0000:25de:0000:0000:0000:0000:cade

IPv4 地址可以很容易地转化为 IPv6 格式。举例来说，如果 IPv4 的一个地址为 135.75.43.52（十六进制为 0x874B2B34），它可以被转化为 0000:0000:0000:0000:0000:ffff:874B:2B34 或者::ffff:874B:2B34。同时，还可以使用混合符号，后 32 位可以用 10 进制数表示，可以表示为::ffff:135.75.43.52。

IPv6 地址可分为 3 类：单播地址、组播地址、任播地址。

1. 单播地址：用于标示单个接口。发送到此地址的数据包被传递给单个网络接口。以下是不同类型的单播地址。

（1）全球单播地址：这些地址可用在 Internet 上并具有以下格式：010（FP，3 位）、TLA ID（13 位）、Reserved（8 位）、NLA ID（24 位）、SLA ID（16 位）、InterfaceID（64 位）。

（2）站点本地地址：这些地址用于单个站点并具有以下格式：FEC0:SubnetID:InterfaceID。站点—本地地址用于不需要全局前缀的站点内的寻址。

（3）本地唯一地址：这些地址也是专门用于非路由目的，但它们几乎是全球唯一的，类似于 IPv4 中的私有地址。其形式为 FC00::/7。本地唯一地址被设计用来替代站点—本地地址，站点本地地址于 2004 年 9 月被废除。

（4）链路本地地址：这些地址用于单个链路，其形式为 FE80::InterfaceID。链路—本地地址用在链路上的各节点之间，用于自动地址配置、邻居发现或未提供路由器的情况。链路—本地地址主要用于启动时以及系统尚未获取较大范围的地址之时。类似于 IPv4 中的 169.254..。

2. 组播地址：IPv6 中的组播在功能上与 IPv4 中的组播类似。目的地址为组播地址的数据包被传送到该组播地址所标示的所有接口。其形式为 FF00::/8。

3. 任播地址：一组接口的标识符（通常属于不同的节点），任播地址类型代替 IPv4 广播地址。

任播地址是 IPv6 特有的地址类型，它用来标示一组网络接口。路由器会将目的地址为任播地址的数据包发送给距离本路由器最近的一个网络接口（一对一组中的一个）。这是按路由标准标示的最近的接口。任播地址不能作为 IPv6 的源地址。如果一个全局单播地址被指定给多于一个接口，那么该地址就成为了任播地址。源节点不需要关心如何选择最近的任播节点，这个工作由路由系统完成。当路由发生变化时，发往同一个任播地址的数据包可能会被发送到不同的任播节点。目前任播地址不能指定给 IPv6 主机，只能指定给 IPv6 路由器。通常，节点始终具有链路—本地地址。它可以具有站点—本地地址和一个或多个全局地址。

以下是 IPv6 中一些特殊的地址

0:0:0:0:0:0:0:0　等于::　等价于 IPv4 中的 0.0.0.0

0:0:0:0:0:0:0:1　等于::1　等价于 IPv4 中的 127.0.0.1

0:0:0:0:192.168.1.1　这是 IPv6/IPv4 混合网络中 IPv4 地址的表达式

2000::/3　全球单播地址范围

FC00::/7　本地唯一单播地址范围

FE80::/10　链路本地单播地址范围

FF00::/8　组播地址范围

3FFF:FFFF::/32　为示例和文档保留的地址

2001:0DB8::/32　也是为示例和文档保留的地址

2002::/16　用于 IPv6 到 IPv4 的转换系统，这种结构允许 IPv6 包通过 IPv4 网络进行传输，而无需独配配置隧道。

IPv6 的计划是创建未来 Intemet 扩充的基础，其目标是取代 IPv4，虽然 IPv6 在 20 世纪末就已被 IETF 指定作为 IPv4 的下一代标准。但由于早期的路由器、防火墙、企业的企业资源计划系统及相关应用程序皆须改写，这需要巨大的人力、物力、财力投入，所以在世界范围内使用 IPv6 部署的公众网还非常少（截至 2012 年底全球不足 100 个），大部分都部署在高校、研究所。而技术上仍以双协议栈或隧道技术来兼容 IPv4 网络。粗略估计，2025 年以前，IPv4 仍会是主流协议，以便给升级新协议留下足够的时间。

1.4 仿真实训案例

如图 1-12 所示，ABC 公司有 10 个部门：部门 1～部门 10，其中每个部门内不超过 300 台主机。ABC 公司的网络管理部门计划使用一个 B 类私网网段 172.16.0.0/16 给每个部门规划一个子网，实现部门之间的网段隔离，同时每个子网的最后一个可用主机 IP 作为该子网的默认网关，如果让你做 IP 规划，你该如何来做呢？

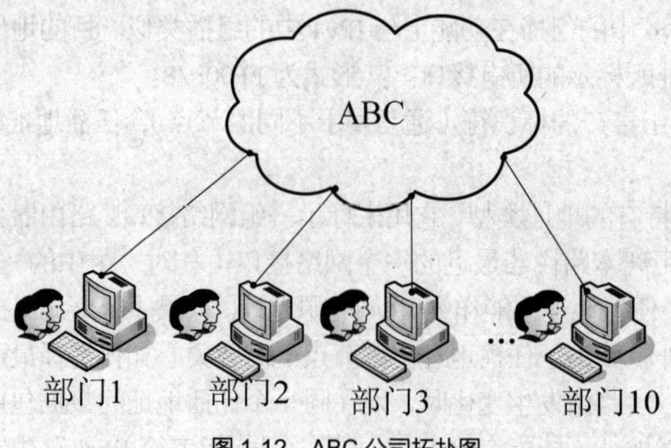

图 1-12　ABC 公司拓扑图

1.5　课后习题

1. 对于 B 类 IP 地址，如果子网掩码为 255.255.0.0 和子网掩码为 255.255.255.248，则能提供子网数和主机数分别为多少？

2. 192.168.1.63/26、192.168.1.64/26、192.168.1.65/26 这 3 个 IP 是可以分配给主机使用的 IP 地址吗？为什么？

3. 某公司有 5 个部门，每个部门有 20 台主机，公司申请了一个 201.1.1.0/24 的 IP 段，请你为该公司做出合适的 IP 地址规划（需列出子网掩码、可用的子网、每个子网的主机 IP 范围、每个子网的主机数）。

4. 某公司有 50 个部门，每个部门有 300 台主机，公司申请了一个 130.1.0.0/16 的 IP 段，请你为该公司做出合适的 IP 地址规划（需列出子网掩码、可用的子网、每个子网的主机数）。

PART 2

项目 2 活动目录的配置与管理

2.0 案例场景

ABC 公司近年发展迅猛，规模不断扩大，员工人数从十几人增加到几百人。公司内部计算机数量增加到 500 余台，与此同时，公司的网络管理工作越来越重，越来越困难。随着网络规模的扩大，原来简单易用的工作组网络模型暴露了越来越多的问题，如用户权限无法统一管理，软件无法集中分发，共享文件权限混乱等。公司网络管理部门决定在一台 Windows Server 2012 服务器（IP：10.1.1.100/8）上启用活动目录服务，实现对公司内网的所有计算机、用户账号、共享资源、安全策略的集中管理。网络拓扑图如图 2-1 所示。

图 2-1 活动目录部署拓扑图

在本项目中，我们将通过完成以下两个任务来学习活动目录服务的安装和配置过程。

- 任务 1 安装活动目录服务
- 任务 2 客户端加入活动目录

2.1 知识引入

2.1.1 目录服务的概念

在网络发展初期，人们希望计算机网络上也能有一种类似于传统电话簿的服务功能，普通用户不需要关心网络上资源的位置，只需要通过简单好记的名字就能访问自己需要的资源。目录服务应运而生，它可以为人们解决网络资源的命名和定位问题。

随着网络的发展，目录服务在网络中所扮演的角色越来越重要，它就好像是一个涵盖了所有应用程序、访问和安全信息的中央存储库。只要安全地连接到这个数据库，用户和应用程序便可以轻松地查找、读取、添加、删除和修改信息，随后，此信息便可以自动分布到网络中的其他目录服务器。这些启用了目录的应用程序依靠成熟的目录服务来执行其他 3 种关键角色：身份验证和授权、命名和定位以及网络资源的支配和管理。目录中还提供了对网络中所有信息和资源的统一管理方式，如用户和资源管理、基于目录的网络服务、基于网络的应用管理等。

2.1.2 活动目录基本概念

在 Windows 系统平台下，通过活动目录组件（Active Directory，AD）来实现目录服务。它将网络中的各种资源组合起来，进行集中管理，方便网络资源的检索，使企业可以轻松地管理复杂的网络环境。

在 Windows Server 2012 平台下的 Active Directory 服务包括 Active Directory 证书服务（AD CS）、Active Directory 域服务（AD DS）、Active Directory 联合身份验证服务（AD FS）、Active Directory 轻型目录服务（AD LDS）和 Active Directory 权限管理服务（AD RMS）。

AD 服务能提供的功能如下。

1. 服务器及客户端计算机管理：管理服务器及客户端计算机账户，将所有服务器及客户端计算机加入域管理并实施组策略。

2. 用户服务管理：管理用户域账户、用户信息、企业通讯录（与电子邮件系统集成）、用户组管理、用户身份认证、用户授权管理等。

3. 资源管理：管理网络中的打印机、文件共享服务等网络资源。

4. 基础网络服务支撑：包括 DNS、WINS、DHCP、证书服务等。

5. 策略配置：系统管理员可以通过 AD 集中配置客户端策略，如界面功能的限制、应用程序执行特征限制、网络连接限制、安全配置限制等。

典型的 AD 结构如图 2-2 所示，其中的一些基本概念如下所示。

- 对象：Active Directory 以对象为基本单位，采用层次结构来组织管理对象。这些对象包括网络中的各项资源，如用户、服务器、计算机、打印机和应用程序等。
- 域（Domain）：Active Directory 的基本单位和核心单元，是 Active Directory 的分区单位，Active Directory 中必须至少有一个域。一个典型的域包括域控制器（Domain Controller，DC）、成员服务器和工作站等类型的计算机，一般一个组织机构自然构成一个域，如图 2-2 所示的代表 ABC 公司的 abc.com 就是一个域。
- 组织单元（Organization Unit，OU）：将域再进一步划分成多个组织单位以便于管理。组织单元是可将用户、组、计算机和其他组织单元放入其中的 Active Directory 容器。每个域的组织单元层次都是独立的，组织单元不能包括来自其他域的对象。组织单元相当于域的子域，本身也具有层次结构，如图 2-2 中所示的 abc.com 域下辖的华北销售部就是一个 OU。
- 域树（Tree）：可将多个域组合成为一个域树，如图 2-2 所示的 abc.com 域及其下辖的 abc 公司财务子域、abc 公司销售子域部就一起构成了一个域树。
- 林（Forest）：一个或多个域树的集合，如图 2-2 所示的 abc.com 域树以及与之建立信任关系的 xyz.com 域树就一起构成了一个林。

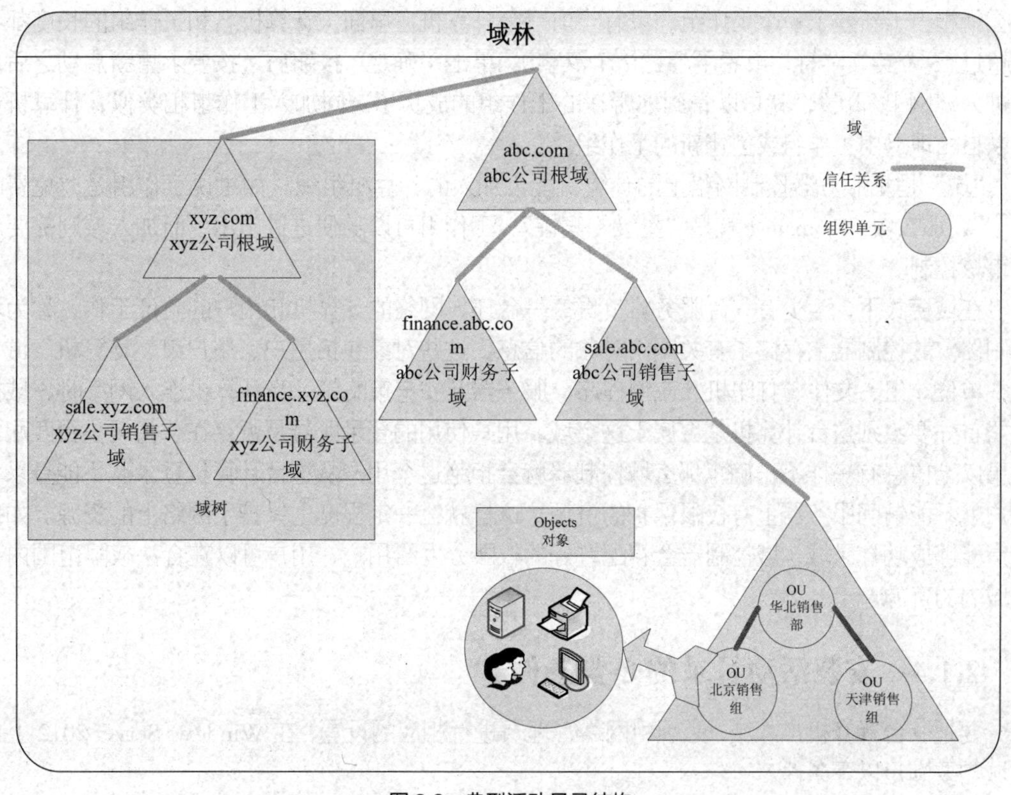

图 2-2 典型活动目录结构

2.1.3 工作组与域模式

Windows 中的“工作组”（Work Group）是指将不同的计算机按功能分别列入不同的组中，以便于管理。如一个公司，会分为财务部、销售部等，然后财务部的计算机全部列入财务部的工作组中，销售部的计算机全部都列入销售部的工作组中等。如果需要访问财务部的资源，就在“网上邻居”里找到财务部的工作组，双击即可看到该财务部的计算机了。

计算机加入工作组中的方法很简单，以 Windows 8 操作系统为例，在“我的电脑”上单击鼠标右键，在弹出的菜单中选择“属性”，单击“更改设置”按钮（需要有高级管理员权限），单击“计算机名”按钮，单击“更改”按钮，在“计算机名”一栏中输入计算机的名字，在“工作组”一栏中输入想加入的工作组名称了（默认名称为 WORKGROUP），如图 2-3 所示。如果你输入的工作组名称是一个不存在的工作组，

计算机名/域更改

你可以更改该计算机的名称和成员身份。更改可能会影响对网络资源的访问。

计算机名(C):
PCA

计算机全名:
PCA

其他(M)...

隶属于
域(D):
工作组(W):
WORKGROUP

确定 取消

图 2-3 计算机加入工作组

那么就相当于新建了一个工作组，只有当前一台计算机在里面（计算机名和工作组的长度都不能超过 15 个英文字符，或者不超过 7 个汉字）。单击“确定”按钮后，按要求重新启动之后，再进入“网上邻居”，就可以看到你所在的工作组的成员了。同加入工作组相类似，计算机也可以自由地退出工作组或创建新的工作组。

“域”是指服务器控制网络上的计算机能否加入的计算机组织。如果说工作组是“免费的旅店”，那么域（Domain）就是“星级的宾馆”；工作组可以随便进进出出，而加入域则需要严格审核控制。

在域模式下，至少有一台服务器负责每一台连入网络的计算机和用户的验证工作，称为域控制器。域控制器上存储了有关网络对象的信息，这些对象包括用户、用户组、计算机、域、组织单位、组、文件、打印机、应用程序、服务器及安全策略等。当计算机连入网络时，域控制器首先要鉴别这台计算机是否属于这个域、用户使用的登录账号是否存在、密码是否匹配。如果以上信息有一样不正确，那么域控制器就会拒绝这个用户从这台计算机登录。不能登录，用户就不能访问服务器上有权限保护的资源，这样就在一定程度上保护了网络上的资源。如果用户能够成功登录域，域控制器会将配置好的权限分发给用户，用户可以在合法权限范围内访问域内的资源。

2.1.4 安装活动目录的必要条件

要把一台计算机加入域，必须由网络管理员进行相应的设置，在 Windows Server 2012 上创建域需要满足以下条件。

1. 必须具有一个静态的 IP 地址，如 10.1.1.100。
2. 必须有一个磁盘分区是 NTFS 格式的，用于放置存储域公共文件服务器副本的共享文件夹（SYSVOL 文件夹），且有足够多的空闲磁盘空间（至少 250MB）。
3. 安装活动目录时的登录用户必须有管理员组（Administrators）权限。
4. 符合 DNS 规格的域名，如 abc.com。
5. 有相应 DNS 服务器的支持，用于解析域名且当前服务器的 TCP/IP 设置里的 DNS 地址需要配置成该 DNS 服务器地址（DNS 服务器的具体知识参考项目 4 的内容）。

2.2 任务 1 创建网络中第一台域控制器

2.2.1 任务说明

根据案例场景中的需求，ABC 公司需要将旧的工作组网络模型升级成便于集中控制、资源共享、方便灵活的活动目录网络模型。首先，管理员需要在企业内网的某台服务器上安装部署第一台活动目录控制器（根域控），这台域控将成为整个活动目录的核心控制设备，所有的权限分配、资源共享、身份验证等都由它完成。以下是将选择一台空闲的 Windows Server 2012 服务器（10.1.1.100/8）来进行安装部署的实施过程，安装完成后尝试使用域控来进行基本的域内计算机和用户管理操作。

2.2.2 任务实施过程 1 安装活动目录

首先需要确定当前服务器环境是否都满足 2.1.4 小节列出的条件，确定无误后，开始安装，具体实施步骤如下。

1. 启动“服务器管理器”，选择“配置此本地服务器”，如图 2-4 所示。

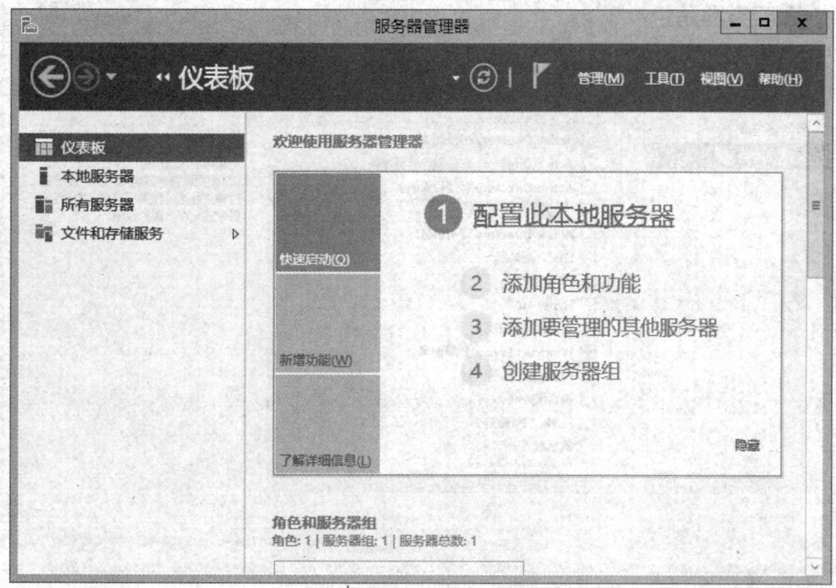

图 2-4 配置此本地服务器

2. 单击“添加角色和功能”按钮，进入“添加角色和功能向导”，单击“下一步”按钮，选择“基于角色或基于功能的安装”，如图 2-5 所示。

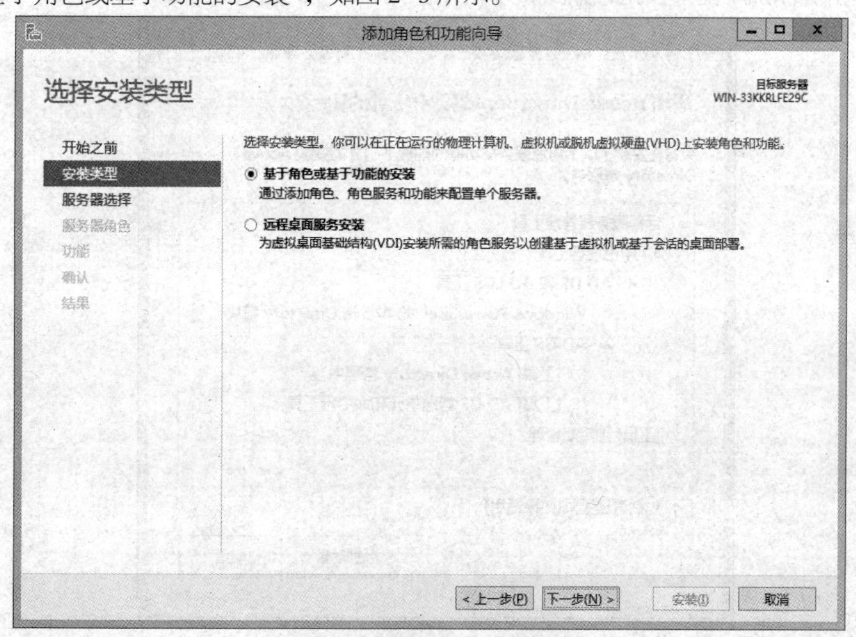

图 2-5 添加角色和功能向导

3. 单击“下一步”按钮，选择“从服务器池中选择服务器”，安装程序会自动检测与显示这台计算机采用静态 IP 地址设置的网络连接，然后单击“下一步”按钮，在“服务器角色”中，选择“Active Directory 域服务”，如图 2-6 所示（需要注意的是，在 Windows Server 2012 以前的操作系统中，可以通过运行“dcpromo”命令来运行活动目录的安装向导，但是在 Windows Server 2012 中取消了这一命令）。

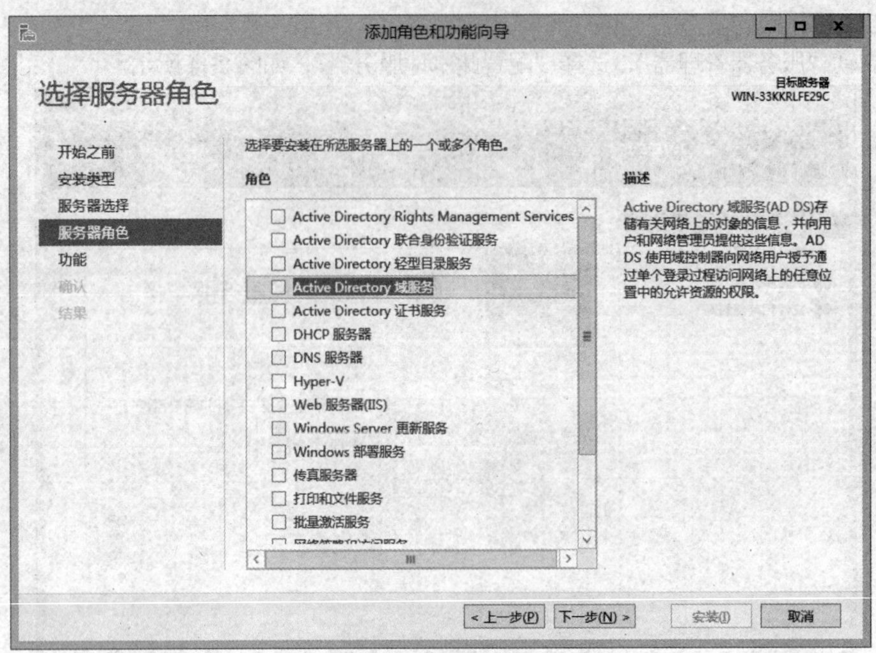

图 2-6　选择服务器角色

4. 勾选“Active Directory 域服务”后，会自动弹出“添加 Active Directory 域服务所需的功能”，单击“添加功能”按钮，如图 2–7 所示。

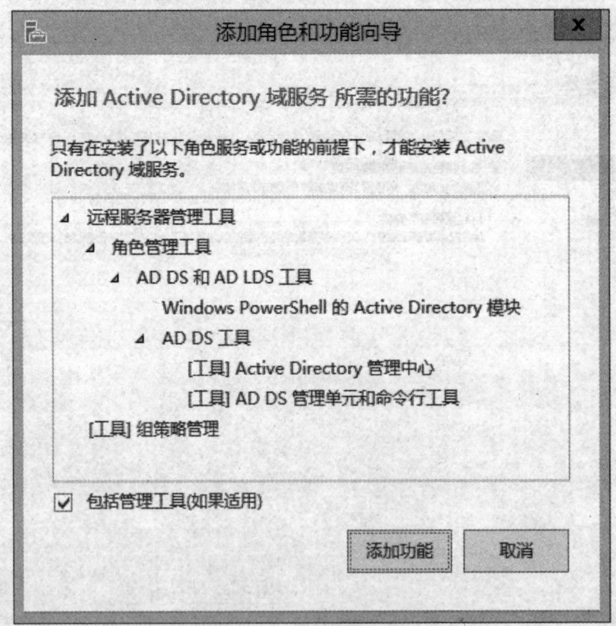

图 2-7　选择添加功能

5. 单击“下一步”按钮继续，在此处选择需要添加的功能，如无特殊需求，此处默认即可，如图 2-8 所示。

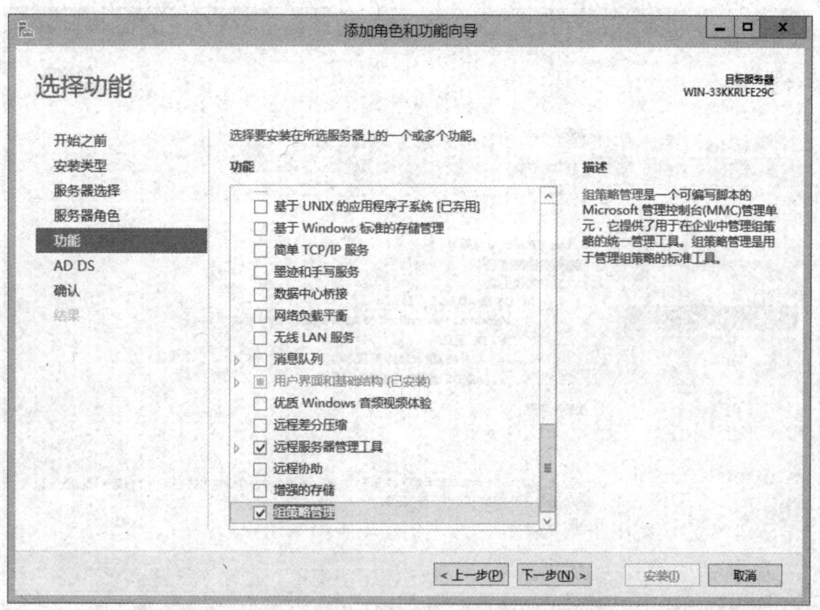

图 2-8　选择添加功能

6. 单击“下一步”按钮继续，然后单击“安装”按钮开始活动目录的安装过程，如图 2-9 所示。

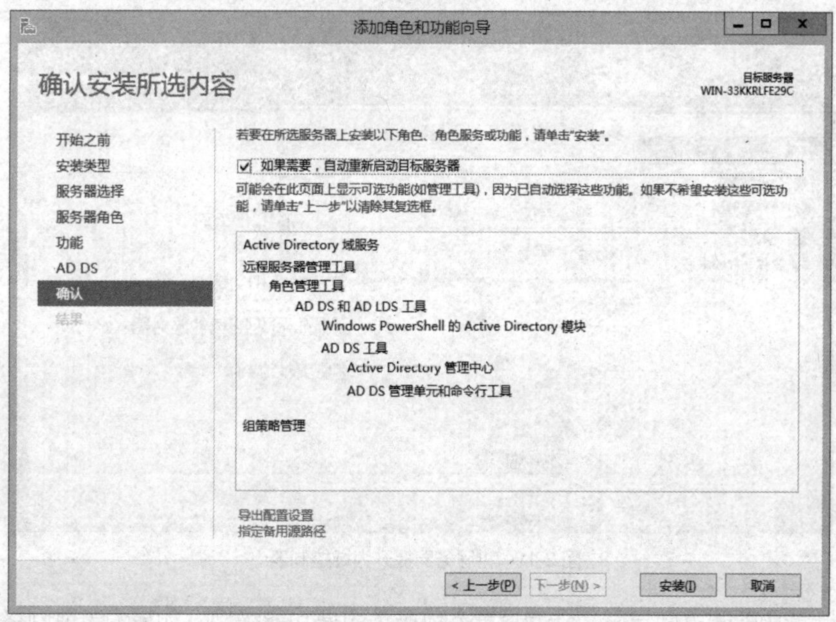

图 2-9　开始安装

7. 安装完成后，单击“关闭”按钮完成安装。

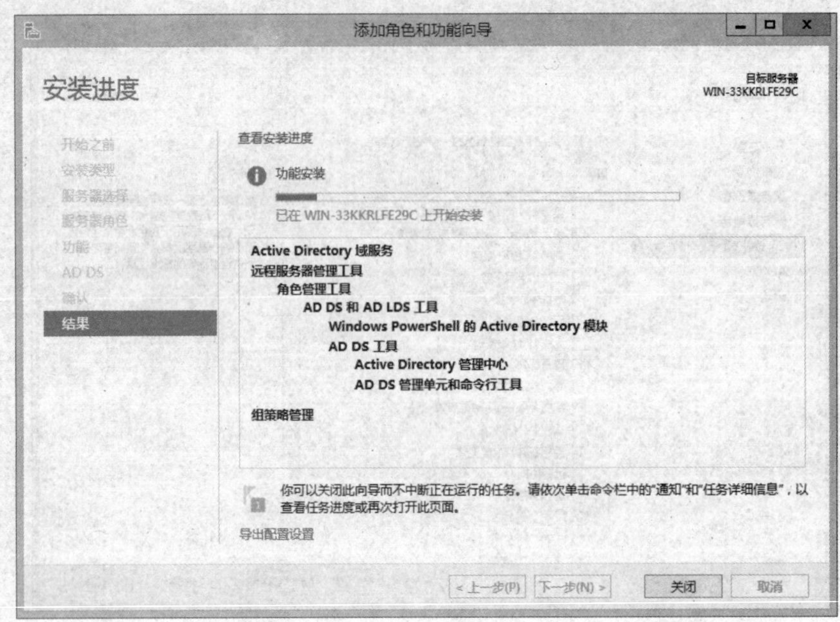

图 2-10　完成安装

8. 完成安装后，需要做一些初始化配置才能正常打开活动目录服务，回到“服务器管理器”，按照提示单击“将此服务器提升为域控制器”按钮，如图 2–11 所示。

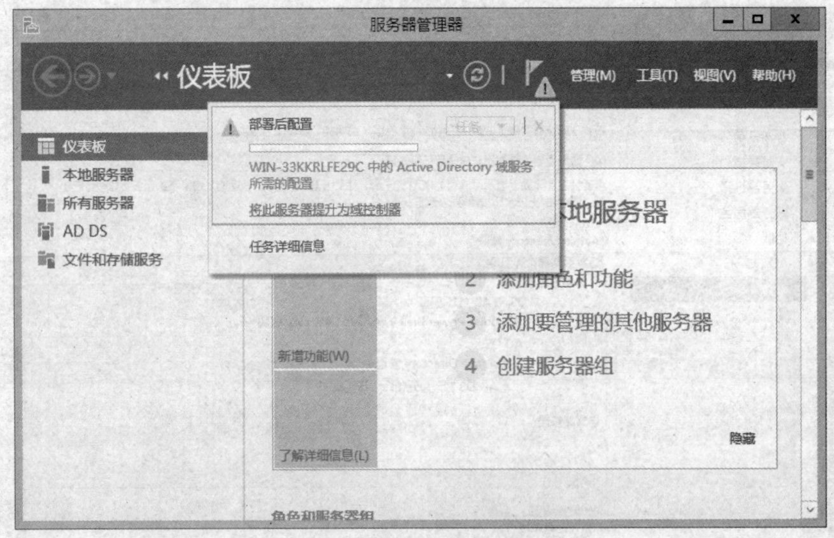

图 2-11　将服务器提升为域控制器

9. 打开域服务配置向导后，开始设置当前服务的域功能级别。如果为当前网络建立第一个域，则选择“添加新林”；如果为已存在的域树建立子域，则选择“将域控制器添加到现有域”；如果在当前已存在至少一颗域树的基础上建立一颗有信任关系的新域树那么选择“将新域添加到现有林”。由于当前服务器是网络中的第一台域控制器，所以选择“添加新林”，根域名中输入规划好的域名，如此处的“abc.com”，单击“下一步”按钮继续，如图 2–12 所示。

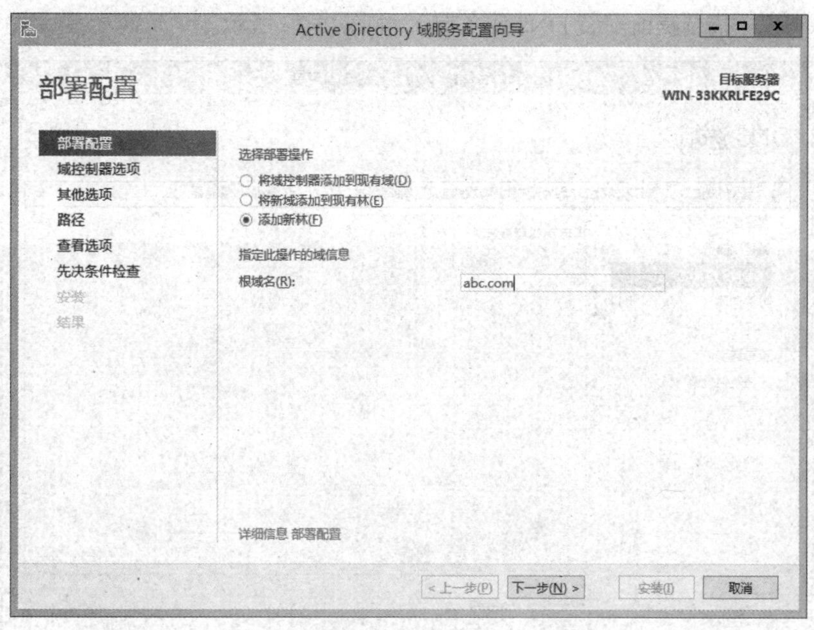

图 2-12　部署配置

10. 选择“林功能级别”与“域功能级别”，出于兼容 Windows Server 2012 以前老版本操作系统的考虑，此处可以选择如 Windows Server 2003、Windows Server 2008 这样的旧版操作系统，如果确定网络中以后不会部署基于这些旧版操作系统的新域或子域，也不需要与旧版基于这些旧版操作系统的域发生信任关系，则可选择 Windows Server 2012。勾选域名系统（DNS）服务器，输入目录服务还原模式密码（这个密码仅用于紧急情况下活动目录的还原，不是系统管理员密码），单击“下一步”按钮继续，如图 2-13 所示。

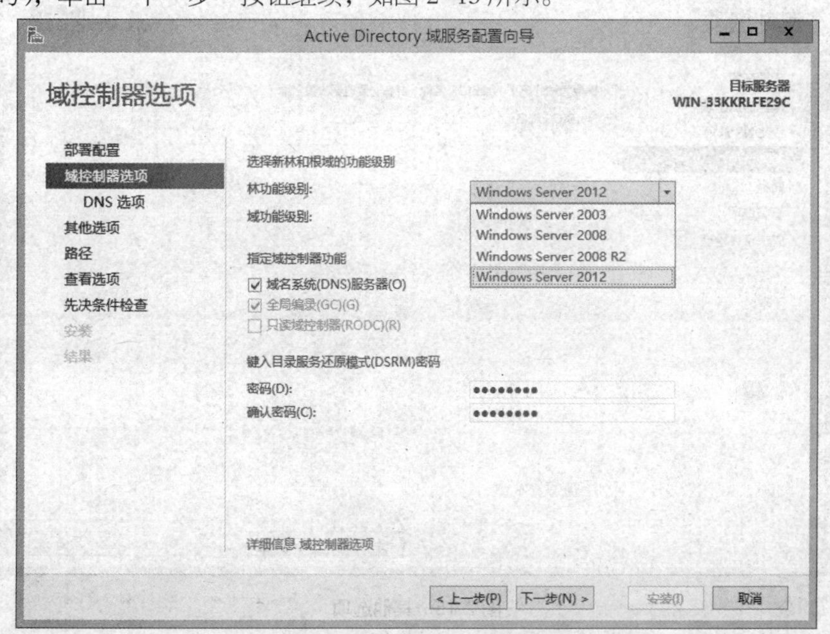

图 2-13　域控制器选项

11. 服务器将自动检查 DNS 服务器是否启用，如果已经启用，则需要配置 DNS 委派选项；如果没有启动，则直接点击“下一步”按钮继续（在后面服务器将自动安装配置绑定 DNS 服务器，所以可以不需要提前安装 DNS 服务器），如图 2-14 所示。

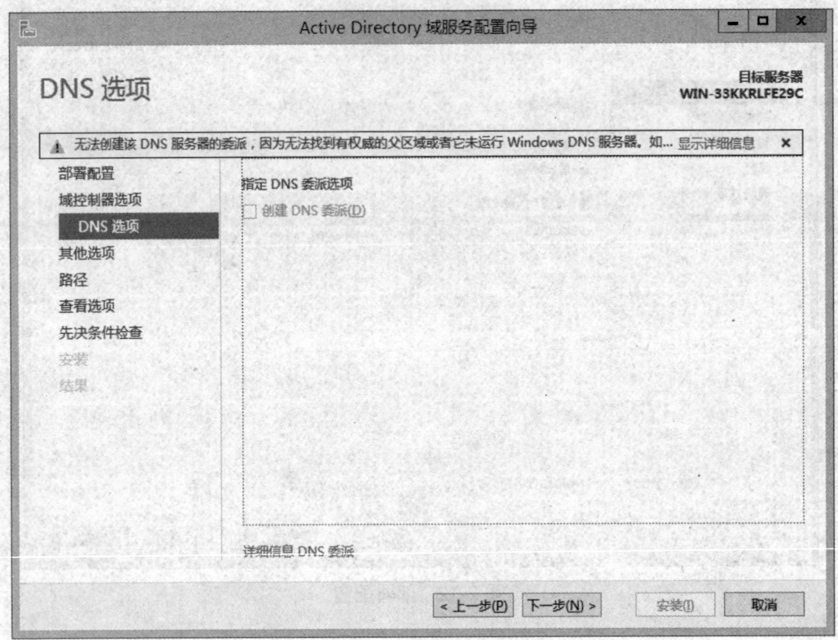

图 2-14　DNS 选项

12. 服务器将自动根据之前输入的域名生成一个 NetBIOS 域名（如 ABC），如无特殊需求，默认即可单击“下一步”按钮，如图 2-15 所示。

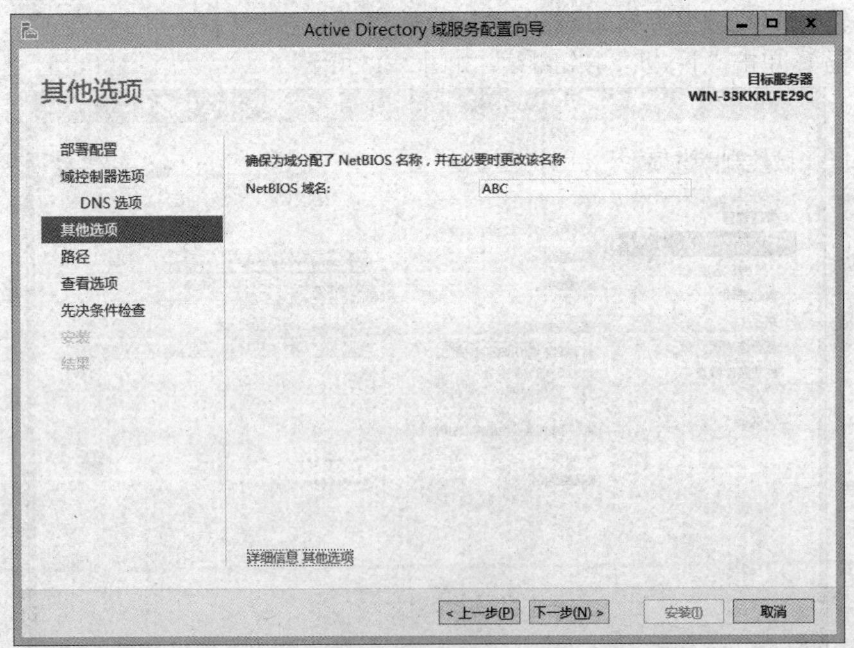

图 2-15　其他选项

13. 服务器将自动生成的 SYSVOL 目录路径列出，如无特殊需求，默认即可，单击“下一步”按钮，如图 2-16 所示。

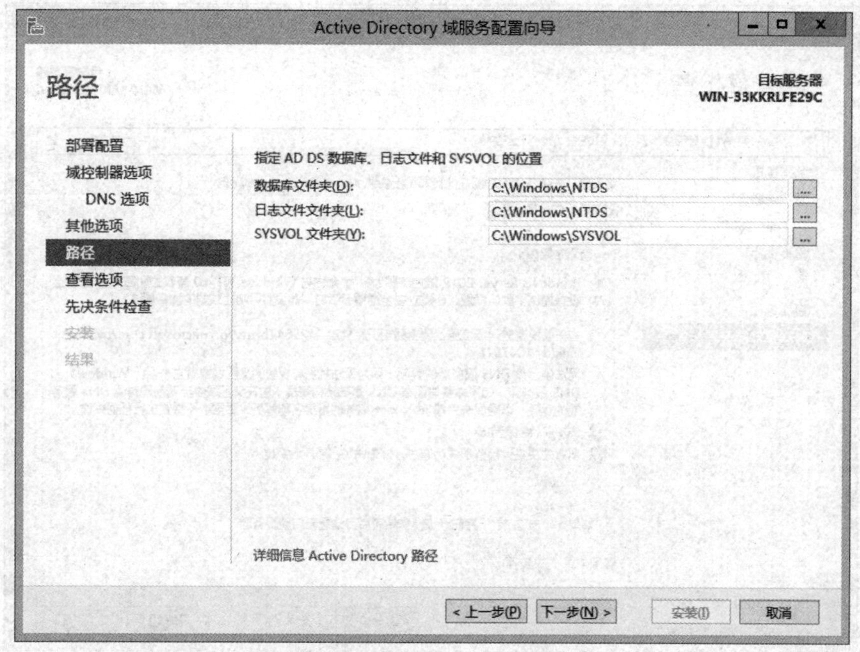

图 2-16　SYSVOL 目录路径设置

14. 服务器列出全部安装选项，单击“下一步”按钮继续，如图 2–17 所示。

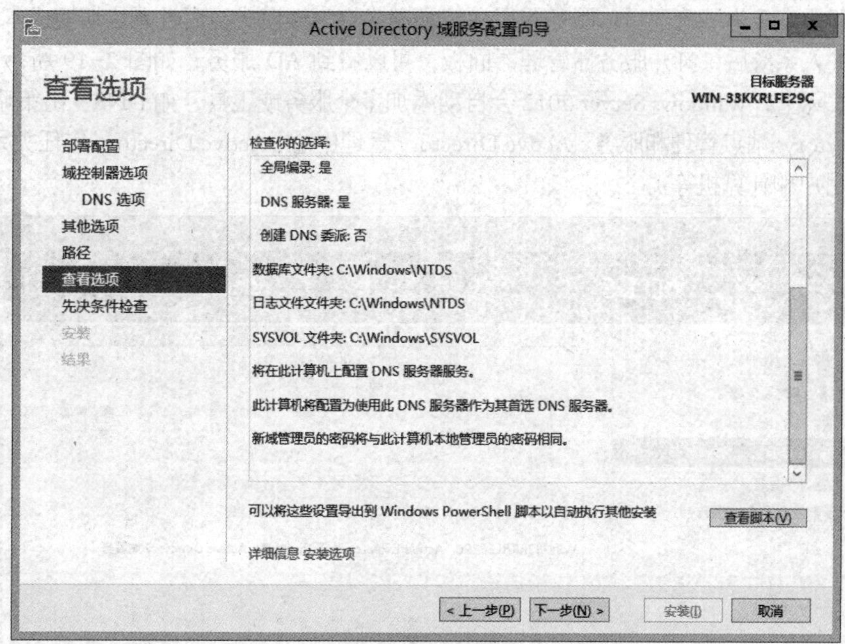

图 2-17　查看选项

15. 服务器根据当前系统环境，自动检查安装活动目录的先决条件是否满足，如果通过检查，单击“安装”按钮开始安装过程，如图 2–18 所示。

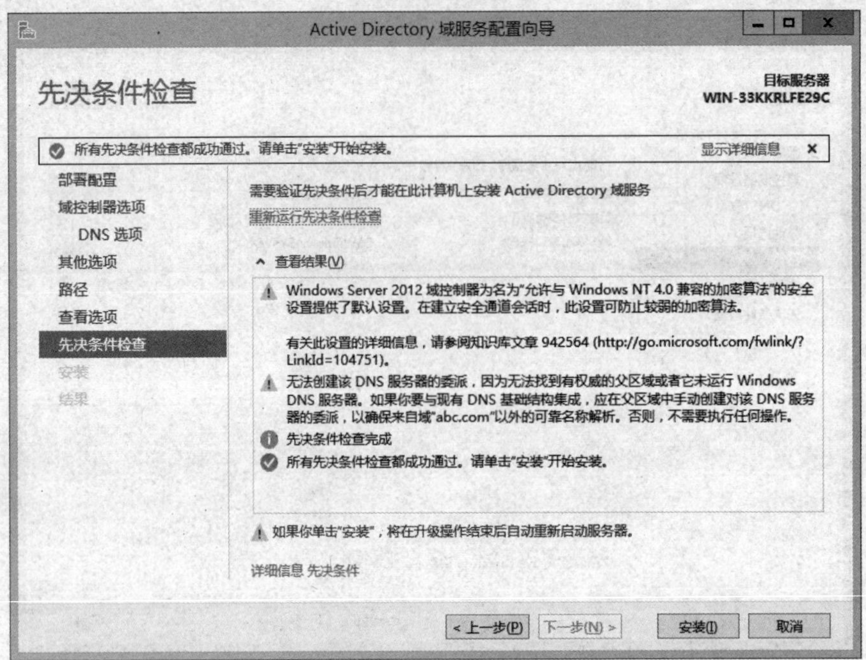

图 2-18　先决条件检查

安装完成后，系统需要重新启动，启动完成后会提示需要更新当前管理员（自动把服务器的本地管理员升级为域管理员，服务器用户登录模式变为域模式，而且无法切换成本地模式）的密码，进入系统后，打开服务器管理器面板，可以看到 AD 服务，如图 2–19 所示。安装过程完毕（实际上，Windows Server 2012 会自动添加多个服务或工具，如 DNS、组策略管理器、Active Directory 站点管理和服务、Active Directory 管理中心、Active Directory 信任关系、Active Directory 用户和计算机等）。

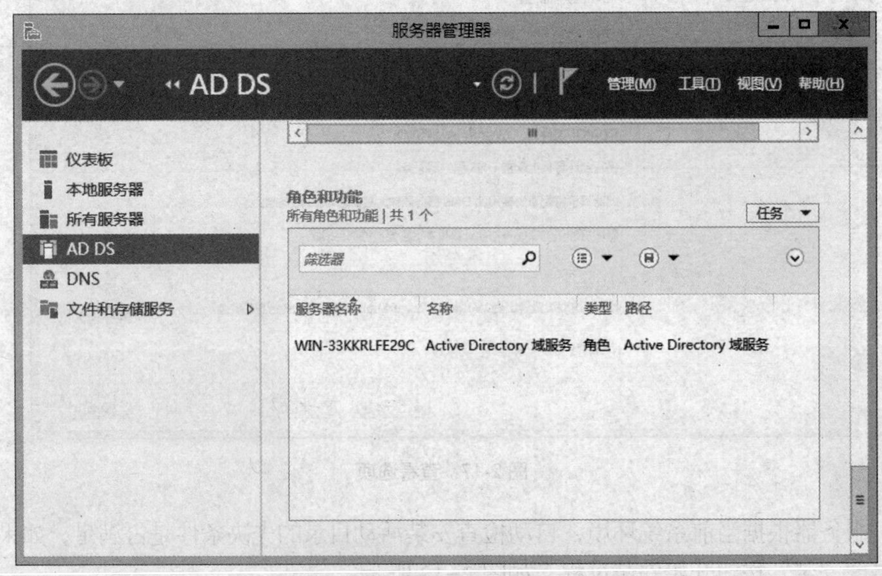

图 2-19　AD 服务

2.2.3 任务实施过程 2 活动目录中用户和计算机管理

活动目录安装完毕后，即可根据当前企业实际组织结构，开始在活动目录中对企业所有账户、计算机等资源进行集中管理。通过使用“Active Directory 用户和计算机”工具进行统一规划和部署，如图 2-20 所示。

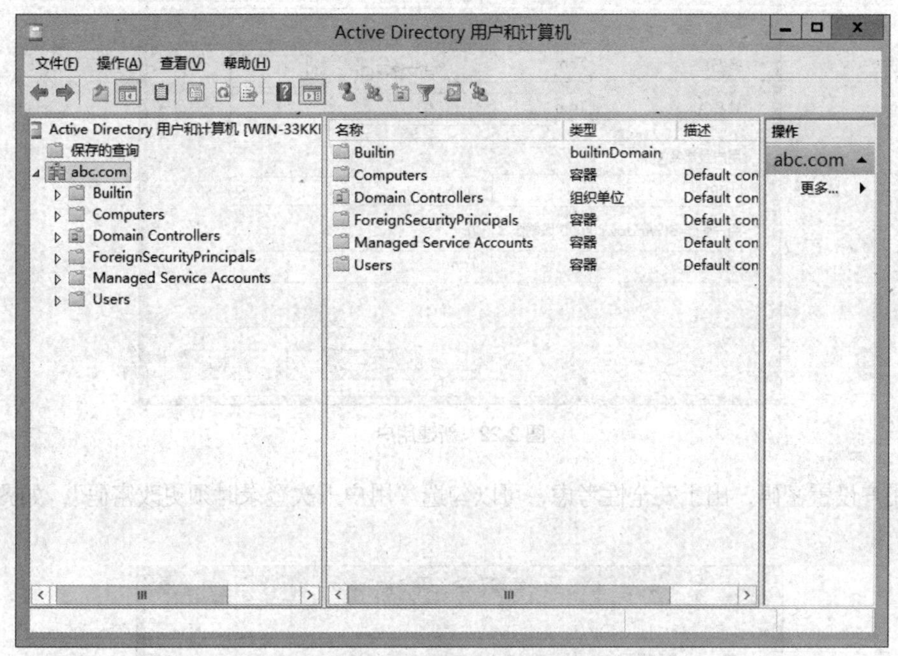

图 2-20 Active Directory 用户和计算机

以 ABC 公司为例，公司下辖财务部，开发部，销售部等部门。销售部分为华北、华南、华东、华西、华中 5 个分部。其中华北分部下辖北京、天津、河北等办事处，北京办事处有一名叫 Tom 的员工。为 Tom 分配域账户之前，需要对照实际公司结构把整个部门以组织单元（OU）的形式建好。打开“Active Directory 用户和计算机”工具，右击域名“abc.com”，选择“新建”→“组织单元”命令，输入规划好的名字，如图 2-21 所示。

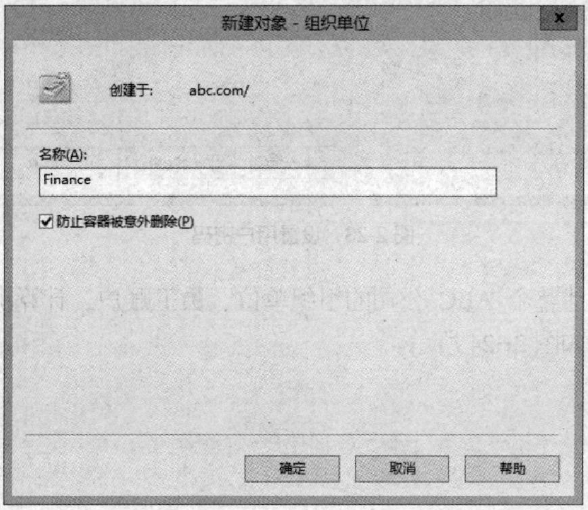

新建对象 - 组织单位

创建于: abc.com/

名称(A):

Finance

☑ 防止容器被意外删除(P)

确定 取消 帮助

图 2-21 新建组织单元

对照实际公司结构把整部门以组织单元（OU）的形式建好后，再新建用户，如图 2-22 所示。

图 2-22　新建用户

为用户设置密码，出于安全性考虑，可以勾选“用户下次登录时须更改密码”，如图 2-23 所示。

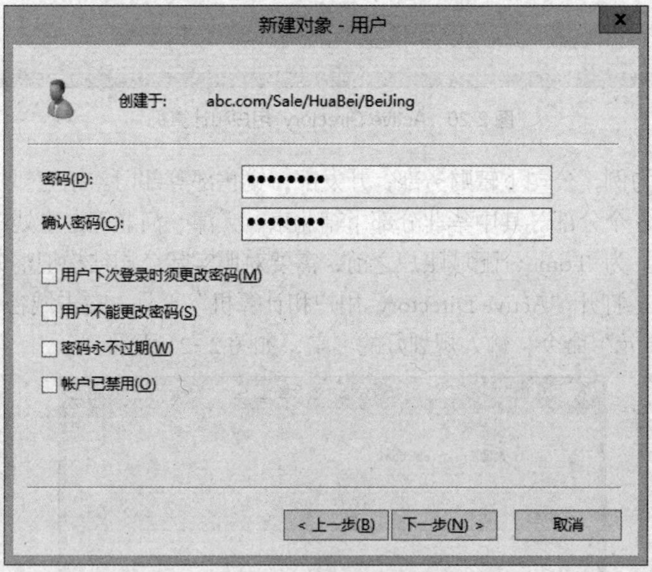

新建对象 - 用户

创建于:　abc.com/Sale/HuaBei/BeiJing

密码(P):　•••••••••

确认密码(C):　•••••••••

☐ 用户下次登录时须更改密码(M)

☐ 用户不能更改密码(S)

☐ 密码永不过期(W)

☐ 帐户已禁用(O)

< 上一步(B)　下一步(N) >　取消

图 2-23　设置用户密码

通过类似地操作新建整个 ABC 公司的组织单位、员工账户、计算机、打印机、共享文件夹等资源，完成设置后如图 2-24 所示。

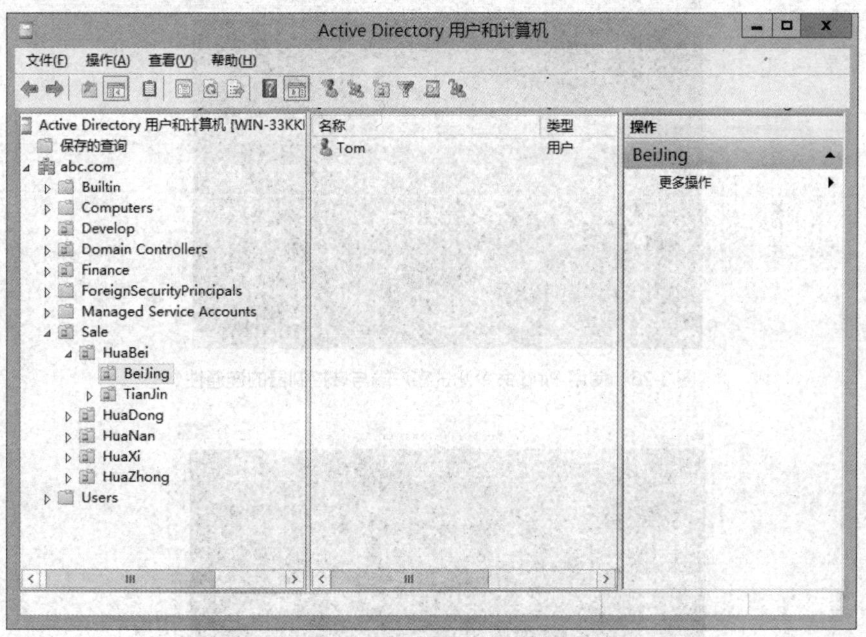

图 2-24 完成设置

2.3 任务 2 客户端加入活动目录

2.3.1 任务说明

当网络中的第一台域控制器创建完成后，该服务器将扮演域控的角色，而其他主机就需要加入活动目录内作为域内成员机接受域控制器的集中管理。让客户端加入活动目录可以通过在客户端计算机上手动配置或者使用 VBS 编写脚本文件未完成。感兴趣的读者可以在网络上检索编写脚本的方法，接下来的实施过程是在客户端计算机（10.1.1.10/8）上使用手动加入活动目录的方法。

2.3.2 任务实施过程

为了让活动目录对客户端计算机进行统一管理，需要配置客户端计算机处于域模式。下面以 ABC 公司华北销售部北京办事处的一台 Windows 8 系统的客户端（10.1.1.10/8）加入域 abc.com 为例开始实施过程。

1. 配置客户端 IP 地址、DNS 地址，并测试与域控制器的连通性，检测域名 abc.com 是否能够正常解析，如图 2-25 至图 2-27 所示。

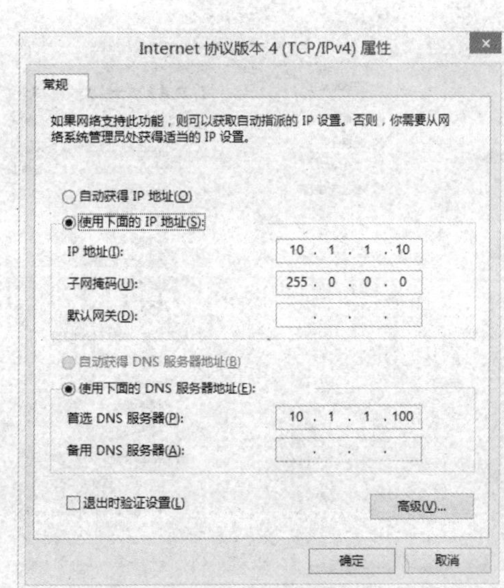

图 2-25 配置客户端 IP 地址

```
Microsoft Windows [版本 6.3.9431]
(c) 2013 Microsoft Corporation。保留所有权利。

C:\Users\John>ping 10.1.1.100

正在 Ping 10.1.1.100 具有 32 字节的数据:
来自 10.1.1.100 的回复: 字节=32 时间=257ms TTL=128
来自 10.1.1.100 的回复: 字节=32 时间=58ms TTL=128
来自 10.1.1.100 的回复: 字节=32 时间=97ms TTL=128
来自 10.1.1.100 的回复: 字节=32 时间=113ms TTL=128

10.1.1.100 的 Ping 统计信息:
    数据包: 已发送 = 4，已接收 = 4，丢失 = 0 (0% 丢失)，
往返行程的估计时间(以毫秒为单位):
    最短 = 58ms，最长 = 257ms，平均 = 131ms

C:\Users\John>
```

图 2-26　使用 Ping 命令测试客户端与域控制器的连通性

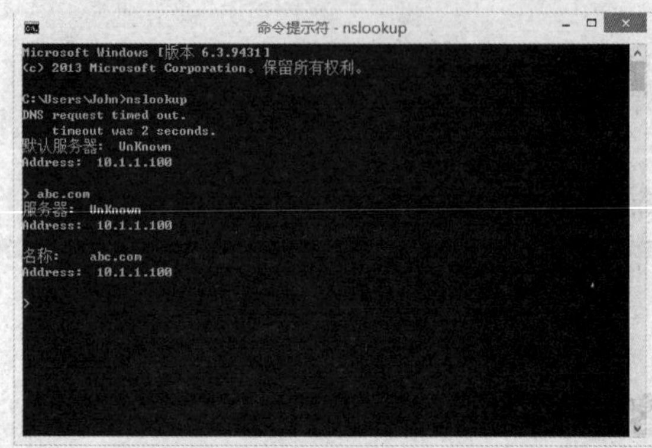

图 2-27　使用“nslookup”命令测试客户端上是否能够正常解析域名 abc.com

2. 在“我的电脑”上单击鼠标右键，在弹出的菜单中选择“属性”，单击“更改设置”按钮（需要有高级管理员权限），单击“计算机名”按钮，单击“更改设置”按钮，在隶属于“域”一栏中输入想加入的域名称（此处为 abc.com），单击“确定”按钮继续，如图 2-28 和图 2-29 所示（如果需要让一台计算机退出域模式重新返回工作组模式也是在此处更改，从域重新选中工作组然后单击“确定”按钮即可，但需要域管理员权限来操作）。

图 2-28　更改设置

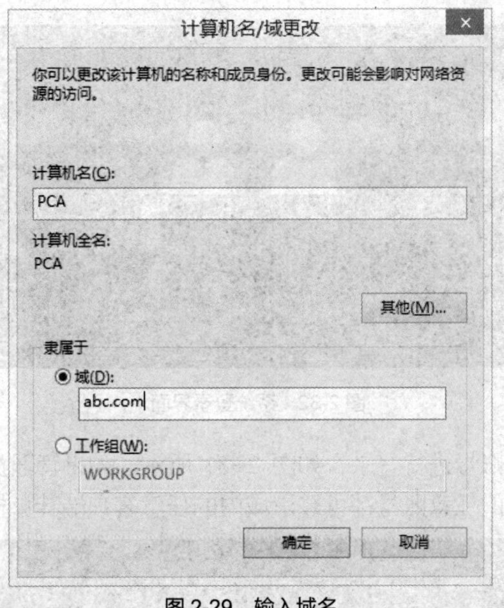

图 2-29 输入域名

3. 此时系统会提示输入有权限加入该域的用户名和密码，输入我们之前建好的账号“tom”及对应的密码，单击“确定”按钮继续后，系统提示成功加入域，如图 2-30 和图 2-31 所示。

图 2-30 输入域用户账号

图 2-31 成功加入域

4. 单击“确定”按钮后，系统要求重启，启动完毕后会发现系统登录界面发生变化，选择其他用户（不选择本地用户，如 PCA\John，登录后将无法访问域内资源，基于安全性考虑，加入域后，管理员应将这些本地账号禁用），如图 2-32 所示。

图 2-32　系统登录界面

输入管理员分配的域账号进行登录，如图 2-33 所示。如果管理员在添加账号时没有做特别的安全设置，那么域内的任意账号都可登录域内的任意客户端计算机。

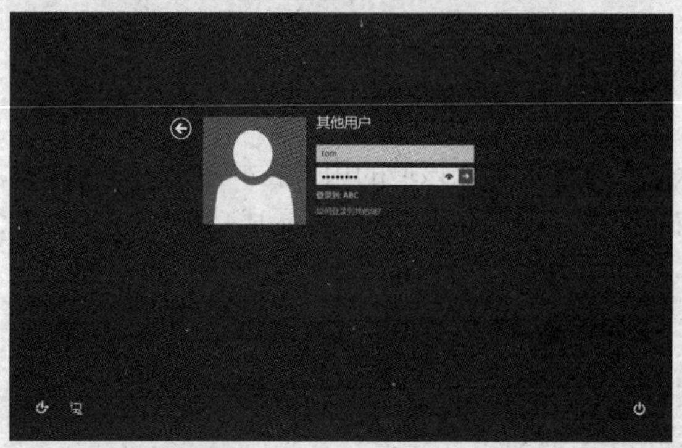

图 2-33　域模式登录

5. 再次打开系统属性，如图 2-34 所示，可以看到本计算机已经处于域模式。注意：此时用户将无法随意更改本地计算机的计算机名、工作组、域设置，需要有域管理员权限才能修改。

图 2-34　客户端系统属性

同时，在域控制器上通过 Active Directory 用户和计算机的 Computers 文件夹也能查看到客户端 PCA 已经加入域 abc.com 中，如图 2-35 所示。

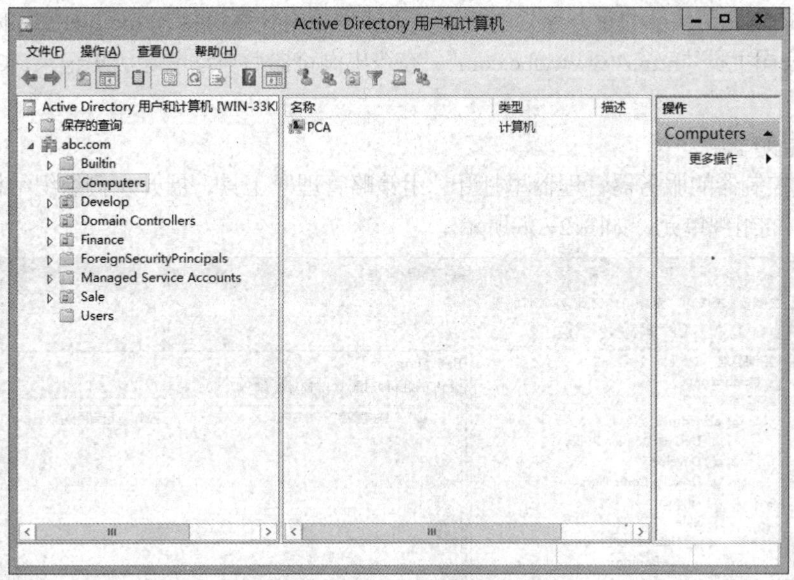

图 2-35 查看域内计算机

2.4 知识能力拓展

2.4.1 组策略简介

把计算机加入域模式后，普通用户通过域管理员分配的用户账号、权限登录客户端、访问域内的授权资源。使用域模式，不仅使得资源管理更加集中、统一，也使得在组模式下实现起来烦琐甚至难以实现的管理难题得到了解决，如禁止域内计算机上运行某种特定程序，统一域内所有计算机的桌面、IE 主页，将某软件集中分发给域内计算机等。网络管理员可以通过在域控制器使用“组策略”，并把设置好的组策略分发到域内计算机上，实现统一的管理。

所谓组策略（GPO），就是基于组的策略。它以 Windows 中的一个 MMC 管理单元的形式存在，可以帮助系统管理员针对整个计算机或是特定用户组来设置多种配置，包括桌面配置和安全配置。例如，可以为特定用户或用户组定制可用的程序、桌面上的内容，以及“开始”菜单选项等，也可以在整个计算机范围内创建特殊的桌面配置。简而言之，组策略是 Windows 中的一套系统更改和配置管理工具的集合。

注册表是 Windows 系统中保存系统软件和应用软件配置的数据库，而随着 Windows 功能越来越丰富，注册表里的配置项目也越来越多，很多配置都可以自定义设置，但这些配置分布在注册表的各个角落，如果是手工配置，可以想象有多么困难和繁杂。而组策略则将系统重要的配置功能汇集成各种配置模块，供用户直接使用，从而达到方便管理计算机的目的。实际上，组策略设置就是修改注册表中的配置，但是组策略使用了更完善的管理组织方法和更方便的管理界面，可以对各种对象中的设置进行管理和配置，远比手工修改注册表方便、灵活，功能也更加强大。

2.4.2 拓展案例 使用组策略对域成员进行统一管理

ABC 公司华北销售部北京办事处的想让员工使用域内计算机打开 Internet Explorer 浏览器时自动开打公司主页“http://www.abc.com”，在退出浏览器后自动清除历史记录、Cookies、缓存文件。

实施过程如下。

1. 在域控制器的服务器管理器里打开“组策略管理”工具，展开左侧组织结构，找到名为“Beijing”的组织单元，如图 2-36 所示。

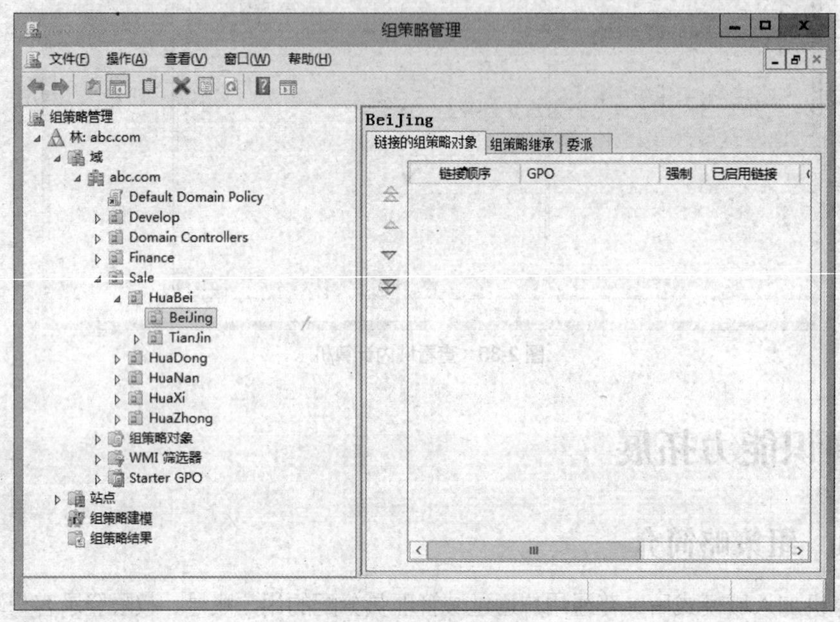

图 2-36 组策略管理

2. 在组织单元上单击鼠标右键，选择“在此域中创建 GPO 并在此处链接”，输入组策略的名称，如图 2-37 所示。

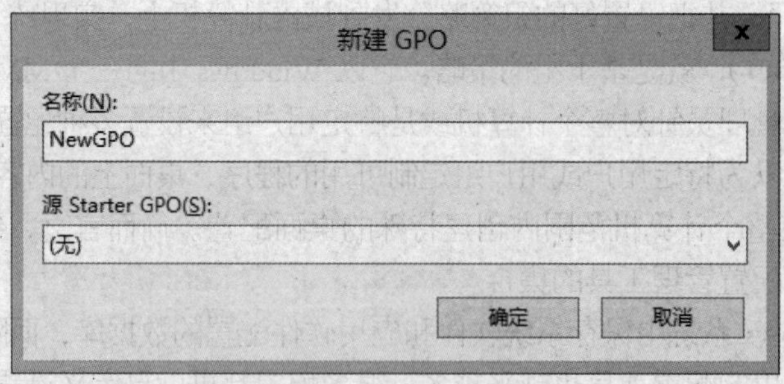

图 2-37 新建 GPO

3. 完成新建 GPO 后，此时回到组策略管理，可以看到组织单元 Beijing 下多了一个链接形式的组策略文件“NewGPO”。在 GPO 链接上右击，选择“编辑”将进入详细配置应用到组织单元 Beijing 的组策略的界面，如图 2-38 所示。

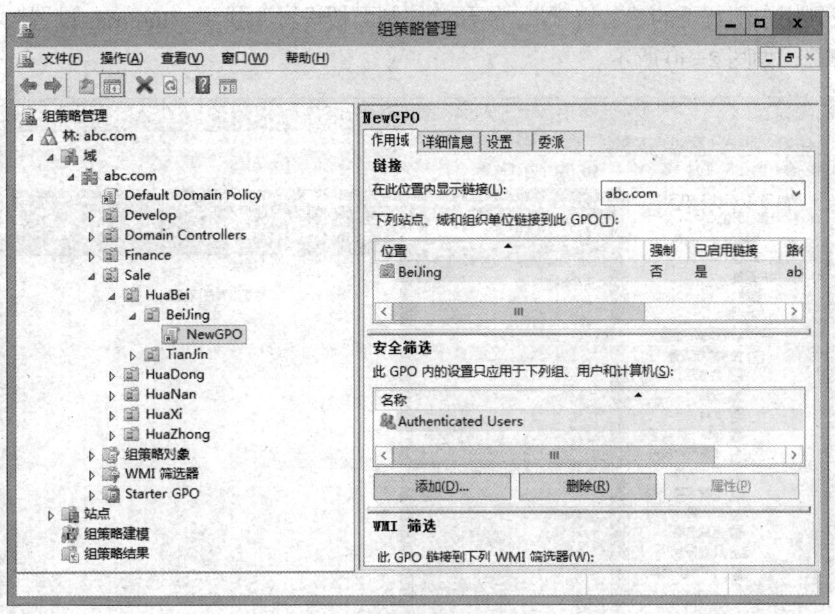

图 2-38　组策略管理

4. 进入组策略管理编辑器，可以看到，左侧窗格中的策略是由“计算机配置”和“用户配置”两大子键构成，如图 2-39 所示。这两者中的部分项目是重复的，如两者下面都含有“软件设置”、“Windows 设置”等。这里的“计算机配置”是指对整个计算机中的系统配置进行设置，它对当前计算机中所有用户的运行环境都起作用；而“用户配置”则是指对当前用户的系统配置进行设置，它仅对当前用户起作用。例如，二者都提供了“停用自动播放”功能的设置，如果是在“计算机配置”中选择了该功能，那么所有用户的光盘自动运行功能都会失效；如果是在“用户配置”中选择了此项功能，那么仅仅是该用户的光盘自动运行功能失效，其他用户则不受影响。设置时需注意这一点。

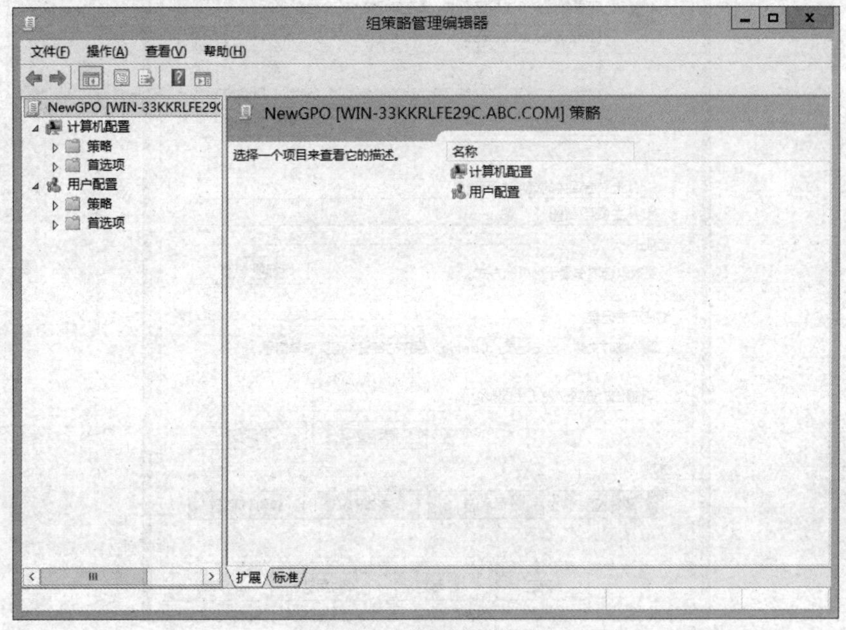

图 2-39　组策略管理编辑器

5. 找到用户配置下的“首选项”，展开“控制面板设置”找到“Internet 设置”，鼠标右键单击“编辑”，如图 2-40 所示。

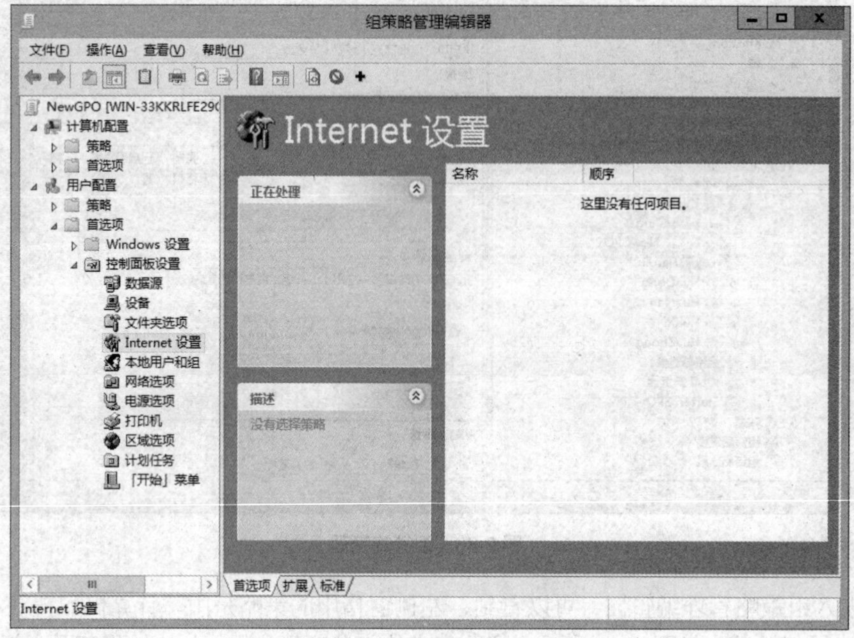

图 2-40 Internet 设置

6. 按照实际需求，编辑 Internet Explorer 的属性，此处可以根据浏览器版本不同（IE7、IE8、IE10）分别进行设置，此处只设置了 Internet Explorer 10 的属性，如图 2-41 所示。

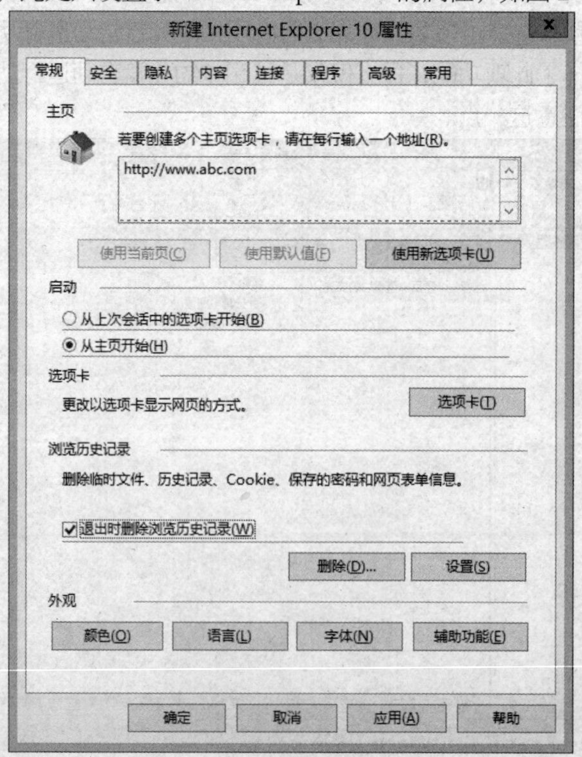

图 2-41 编辑属性

7. 回到“组策略管理”，单击查看链接到组织单元 Beijing 的组策略 NewGPO 的详细设置，如图 2-42 所示。

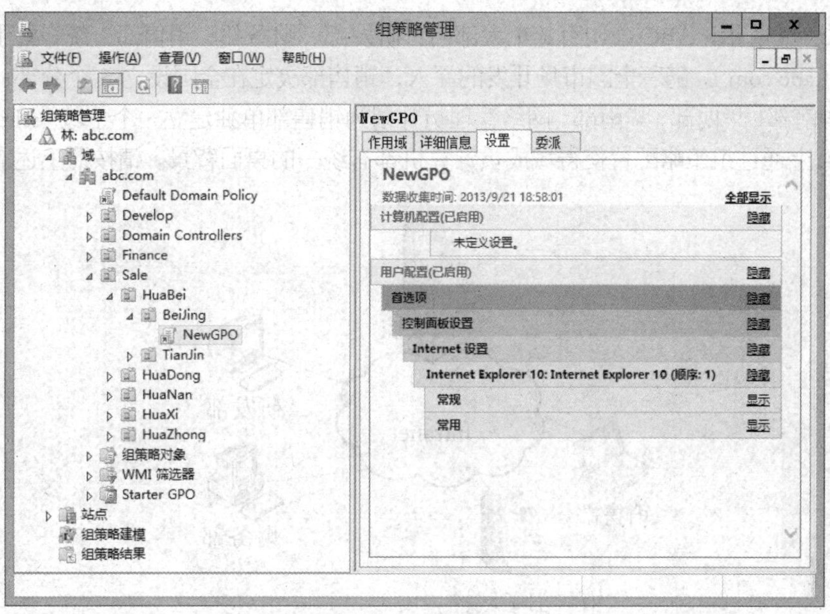

图 2-42　查看 GPO 设置

8. 在域内计算机上登录组织单元 Beijing 下的账户 tom，查看 Internet 选项，可以看到组策略已经在客户端生效，如图 2-43 所示。

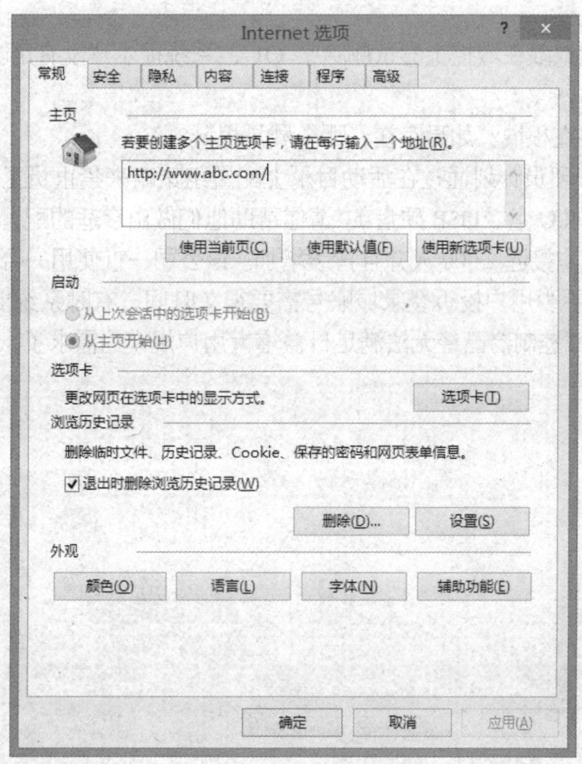

图 2-43　查看域内计算机

2.5 仿真实训案例

如图 2-44 所示，ABC 公司有 3 个大部门：研发部、财务部、销售部，统一处于一个根域控的管理（abc.com）。随着全国市场开发的深入，销售部决定在全国设立 5 个分部：华中部、华东部、华南部、华西部、华南部。网络管理员计划为销售部单独建立一个子域"sale.abc.com"，并且在子域上通过组策略配置使得域成员计算机都有统一的桌面背景。请按照上述需求做出合适的配置。

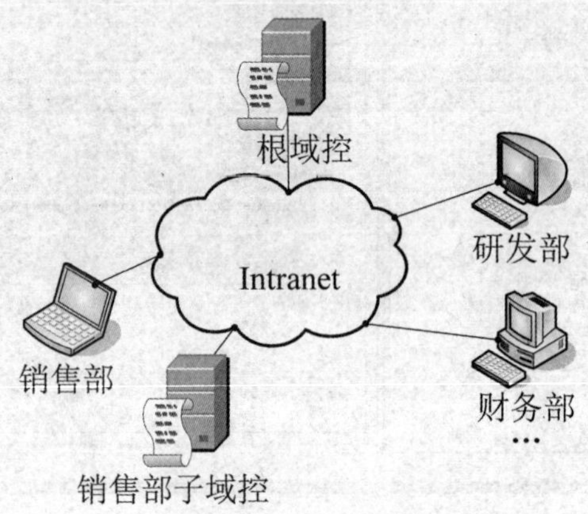

图 2-44 仿真实训案例拓扑图

2.6 课后习题

1. 使用域管理员权限在域控上尝试删除某 OU，系统提示"没有足够权限删除此 OU"，如何解决此问题？

2. 域林中是否存在根域？如果存在，哪个域是根域？

3. 某公司网络管理员计划通过在活动目录上配置组策略来禁止员工私自在域内计算机上使用移动存储设备（如 U 盘、USB 硬盘），请你帮助他们做出合适的配置。

4. 某公司域内用户接近 2 000 人并且持续增加。该公司一直使用一台 Windows Server 2012 来做域控制器，最近不少用户投诉登录域账号需要很久时间，有时系统提示"登录超时"，网络管理员意识到一台域控制器已经无法满足日益增大用户规模的需求了，该如何解决此问题？

PART 3

项目 3 DHCP 服务器的安装与配置

3.0 案例场景

ABC 公司有 200 台计算机，组建了一个局域网。ABC 公司希望采用 DHCP 服务器为这些计算机动态分配 IP 地址及其 TCP/IP 参数，以减少管理上的开销。DHCP 服务器的 IP 是 192.168.10.1，公司的 IP 子网是 192.168.10.0/24，网关是 192.168.10.254，DNS 采用当地 ISP 提供的 210.53.31.2。为了公司网络服务的扩展，排除 192.168.10.1～192.168.10.10 共 10 个 IP 地址为服务器的 IP 地址，并且公司总经理的笔记本计算机希望每次都能够获得 192.168.10.168 这个 IP 地址。网络拓扑如图 3–1 所示。

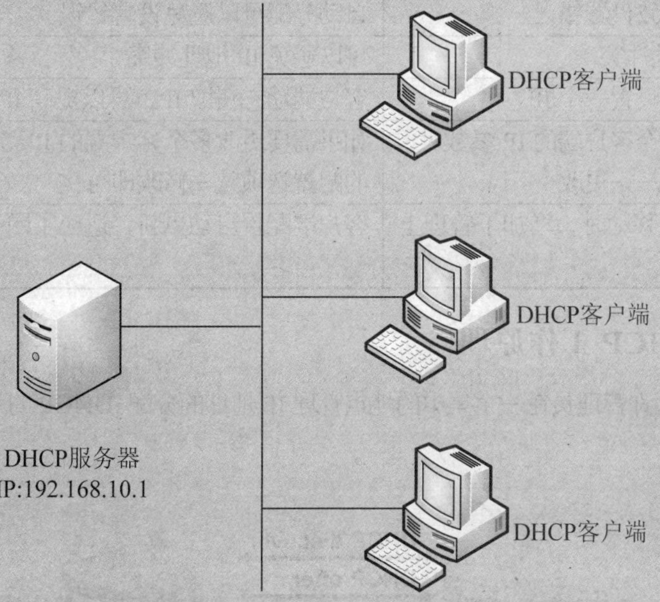

图 3-1 DHCP 服务器部署拓扑图

在本项目中，将通过完成 5 个任务，来完成 DHCP 服务器的安装和配置过程。

- 任务 1 DHCP 服务器的安装
- 任务 2 创建和激活作用域
- 任务 3 DHCP 选项配置
- 任务 4 DHCP 客户端的配置
- 任务 5 DHCP 客户机的配置与测试

3.1 知识引入

3.1.1 什么是 DHCP

DHCP（Dynamic Host Configuration Protocol，动态主机配置协议）可以简化网络中 IP 地址的分配工作。一般来说，网络中设置 IP 地址的方法有两种。第一种，手动设置 IP。这种方法需要给网络中每个客户端分配 IP 地址及其相关选项，如果客户端数量比较多，工作量就会很大，费时费力，并且容易出现 IP 地址冲突等问题，进而影响客户端对网络的使用。第二种，自动设置 IP 地址的。自动设置 IP 地址是利用网络中的 DHCP 服务器，来对客户端动态分配 IP 地址的，可以减轻网络管理员的工作负担，还可以避免出现 IP 地址冲突等问题。

使用 DHCP 自动分配 IP 地址，当客户端连入网络时，会发出 IP 地址请求，DHCP 服务器会从 IP 地址池中临时分配一个 IP 地址给客户端，当客户端不使用时，DHCP 服务器可以收回这个 IP，并把它分配给其他需要地址的客户端。这样可以有效地节约 IP 地址资源。手动设置 IP 与自动设置 IP 的比较如表 3-1 所示。

表 3-1　　手动设置 IP 与自动设置 IP 的比较

手动设置	自动分配
IP 地址及其他参数由管理员设置	IP 地址及其他参数由 DHCP 动态分配
手动设置容易导致设置错误	自动分配可以避免设置错误
容易导致 IP 地址冲突	可以避免 IP 地址冲突
每个客户端固定设置一个 IP	客户端动态获取 IP，可以提高 IP 地址的利用率
如果需要更改多个客户端的 IP 参数时，必须在客户端上一一更改	如果需要更改多个客户端的 IP 参数，修改服务器的配置选项统一修改即可
客户端在子网间移动时，增加了管理上的开销	客户端配置自动更新，适应了网络结构的变化

3.1.2 DHCP 工作原理

DHCP 服务允许管理员在一个集中的地点管理 IP 地址的分配。DHCP 的工作过程如图 3-2 所示。

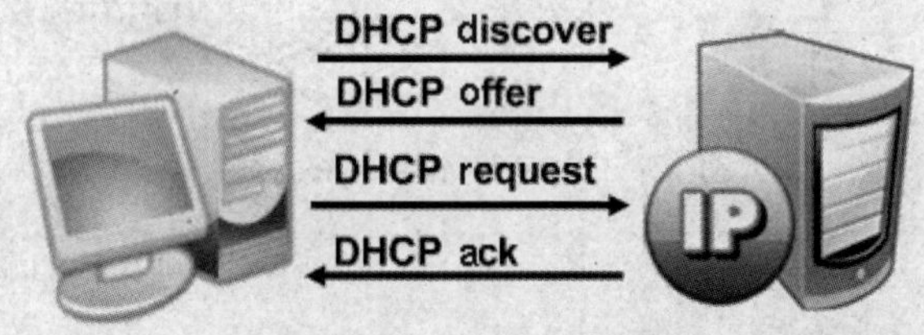

图 3-2　DHCP 的工作过程

DHCP 客户端获取 IP 的过程主要分为 4 个步骤。

1. DHCP 发现（DHCP discover）。当客户端上没有手动设置 IP 又试图登录网络时，DHCP 客户端通过广播一个 DHCP discover 数据包来寻找网络中的 DHCP 服务器，从而向服务器请求

IP 地址信息。

2. DHCP 提供（DHCP offer）。DHCP 服务器收到客户端发来的 DHCP discover 数据包后，会给客户端广播一个 DHCP offer 的数据包，DHCP 服务器从地址池中选择一个闲置 IP 进行保留，以免把这个地址再分给其他客户端。

3. DHCP 请求（DHCP request）。DHCP 客户端收到 DHCP 服务器发送的 DHCP offer 数据包后，会给服务器回应一个 DHCP request 的数据包。如果客户端收到网络中多台 DHCP 服务器的响应，只会挑选其中最先抵达的一个数据包响应，并通过 DHCP request 数据包告诉所有 DHCP 服务器它将和哪台服务器建立“租约”。

4. DHCP 应答（DHCP ack）。当 DHCP 服务器收到客户端的请求之后，会给客户端回应一个 DHCP ack 的数据包，以确认 IP 租约正式生效，一个完整的 DHCP 工作过程结束。

DHCP 的客户机在租约到期之前会更新它的 IP 配置信息。当 IP 地址的使用时间达到租约的 50%时，客户端开始发送 DHCP request 请求，如果服务器没有响应，它会在剩余时间只有 50%（即整个租约时间的 75%）时，发送 DHCP request 请求；如果租期达到 87.5%时服务器还没有响应客户端的续租请求，客户端将发送 DHCP discover 的数据包重新开始租约过程。

3.2 任务1 DHPC 服务器的安装

3.2.1 任务说明

ABC 公司希望采用 DHCP 服务器为公司计算机动态分配 IP 地址及其 TCP/IP 参数，以减少管理上的开销。首先，管理员需要在企业内网的某台 Windows Server 2012 服务器上安装部署一台 DHCP 服务器，设置服务器的静态 IP 为 192.168.10.1/24，网关是 192.168.10.254。下面，将选择一台空闲的 Windows Server 2012 服务器来进行安装部署的实施过程。

3.2.2 任务实施过程

1. 打开“服务器管理器”，单击“仪表板”按钮，选择“添加角色和功能”，如图 3-3 所示。

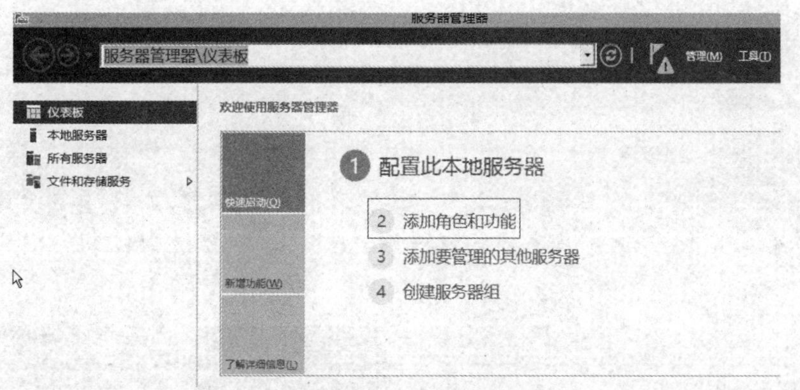

图 3-3 添加服务器角色

2. 在显示的“开始之前”对话框中，单击“下一步”按钮，如图 3-4 所示。

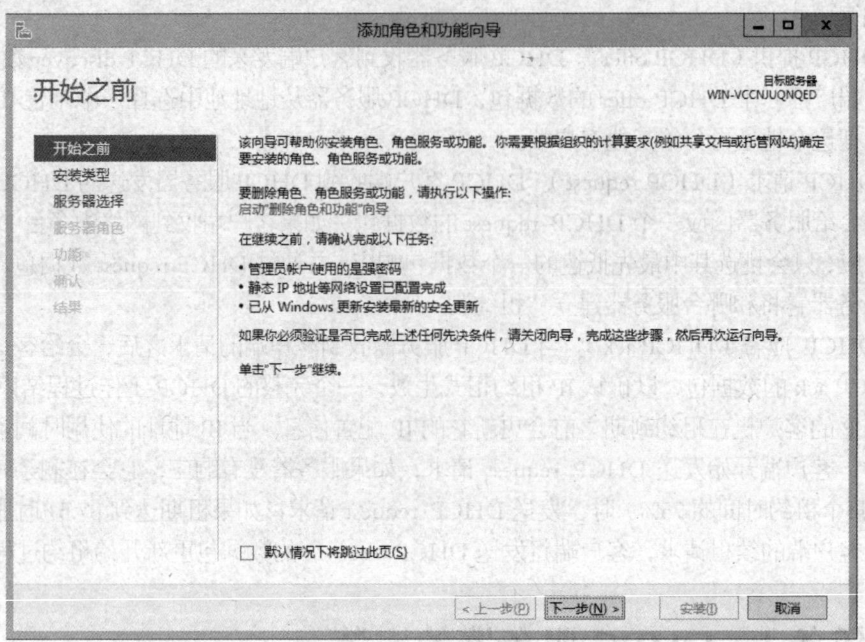

图 3-4　添加角色和功能向导

3. 在出现的“选择安装类型”对话框中，选择“基于角色或基于功能的安装”，单击“下一步”按钮，如图 3-5 所示。

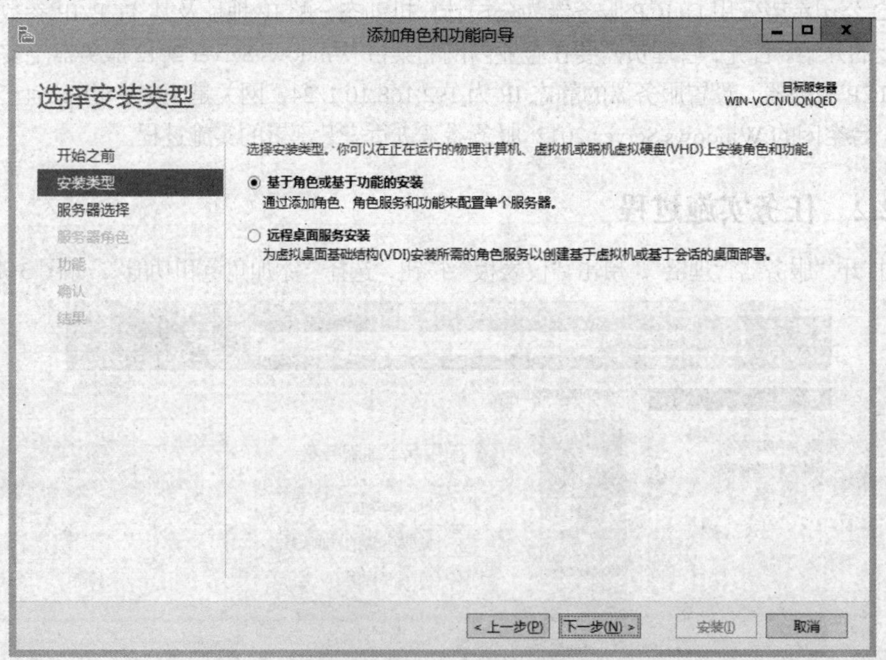

图 3-5　基于角色或功能的安装

4. 单击“下一步”按钮，勾选“从服务器池中选择服务器”单选按钮，安装程序会自动检测与显示这台计算机采用静态 IP 地址设置的网络连接，如图 3-6 所示。

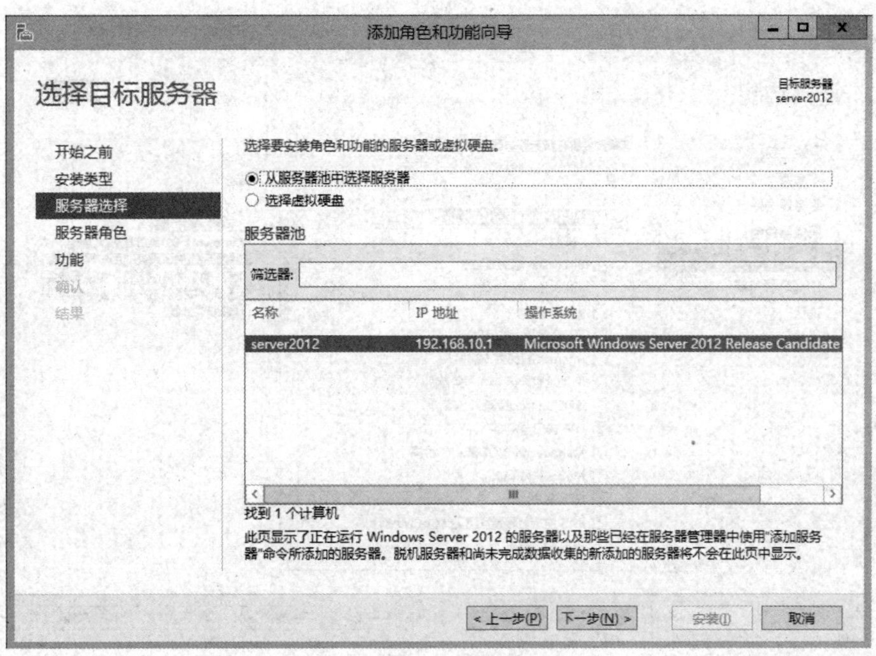

图 3-6 从服务器池中选择服务器

5. 勾选“DHCP 服务器”，如图 3–7 所示，单击“下一步”按钮。

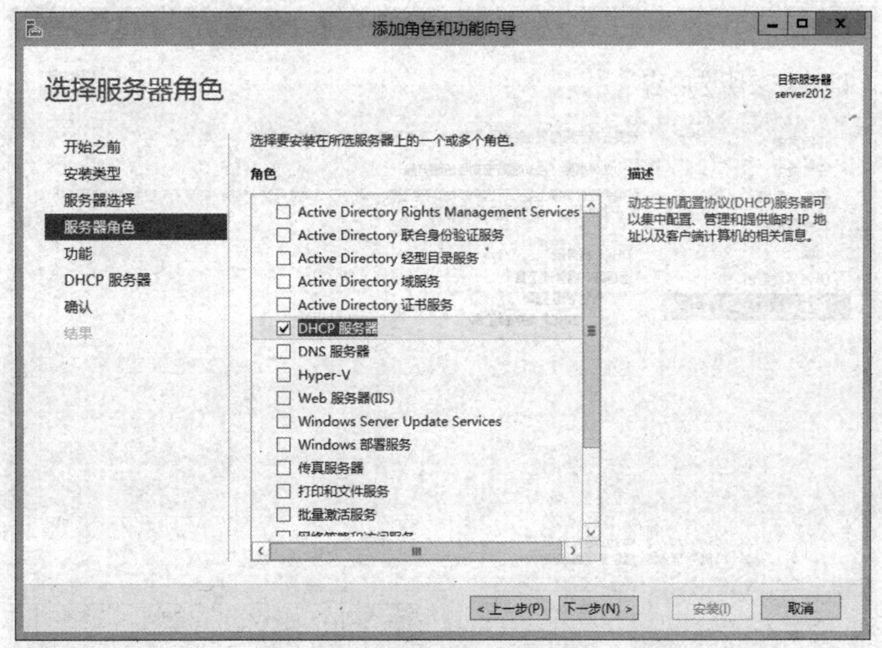

图 3-7 选择 DHCP 服务器角色

6. 选择要安装在所选服务器上的一个或多个功能，单击“下一步”按钮，如图 3–8 所示。

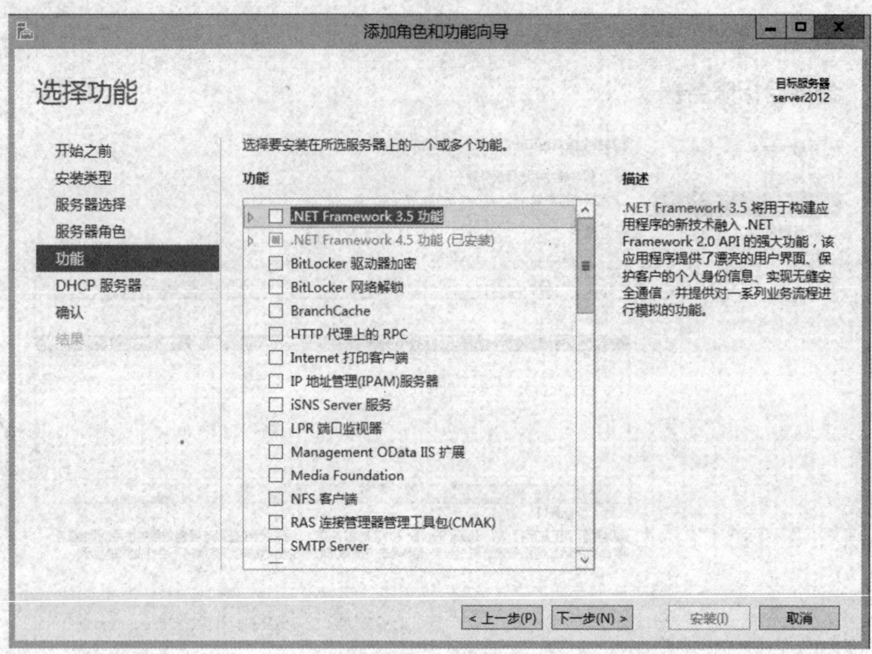

图 3-8　选择服务器功能

7. 在“确认安装所选内容”对话框中，单击“安装”按钮，如图 3-9 所示。

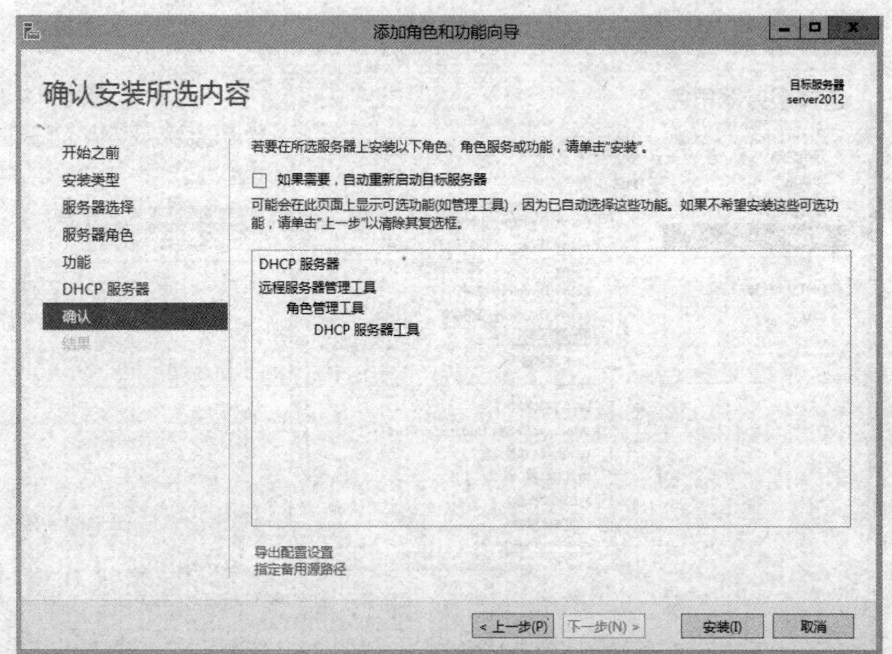

图 3-9　确认安装内容

8. DNS 服务器角色安装完成后如图 3-10 所示，单击“关闭”按钮。

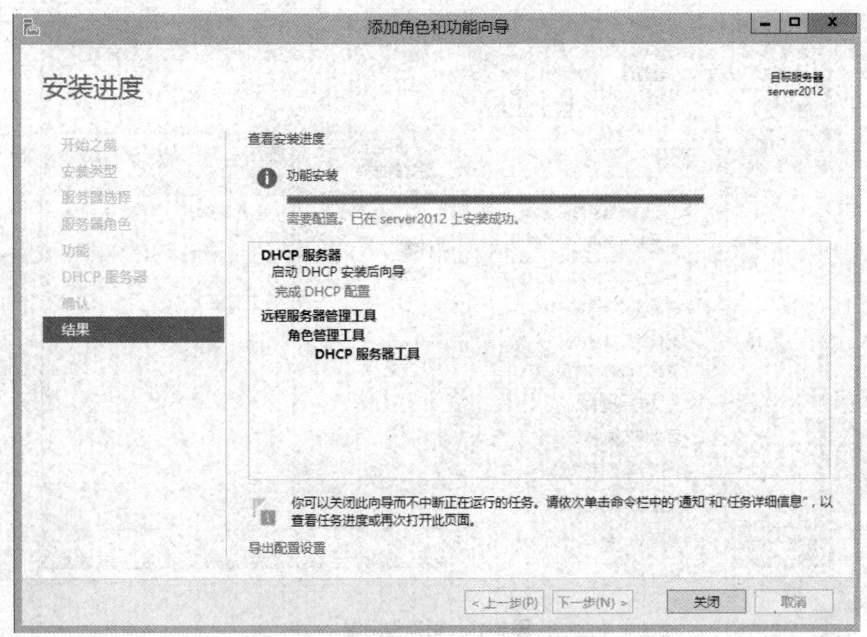

图 3-10　DHCP 服务器角色安装成功提示

3.3　任务 2　创建和激活作用域

3.3.1　任务说明

作用域（Scope）是指可以为一个特定的子网中的客户机分配或租借的有效 IP 地址范围。管理员可以在 DHCP 服务器上配置作用域，来确定给 DHCP 客户机的 IP 地址范围。

一个作用域表明了可以分配给客户机的 IP 地址范围。为了使客户机可以使用 DHCP 服务器上的动态 TCP/IP 配置信息，首先必须在 DHCP 服务器上建立并且激活作用域。可以根据网络环境的需要在一台 DHCP 服务器上建立多个作用域。

对应每个子网只能创建一个作用域，每个作用域具有一个连续的 IP 地址范围。在作用域中可以排除一个特定的地址或一组地址。

在此任务中，需要在 DHCP 服务器上创建一个作用域，作用域的地址分配范围是 192.168.10.1~192.168.10.254。排除地址范围 192.168.10.1~192.168.10.10 供公司其他服务器使用，然后再激活所创建的作用域。

3.3.2　任务实施过程

1. 单击"开始"按钮，运行"服务器管理器"下的 DHCP，选择"DHCP 管理器"，鼠标右键单击"IPv4"，在弹出的对话框中选择"新建作用域"，如图 3-11 所示。

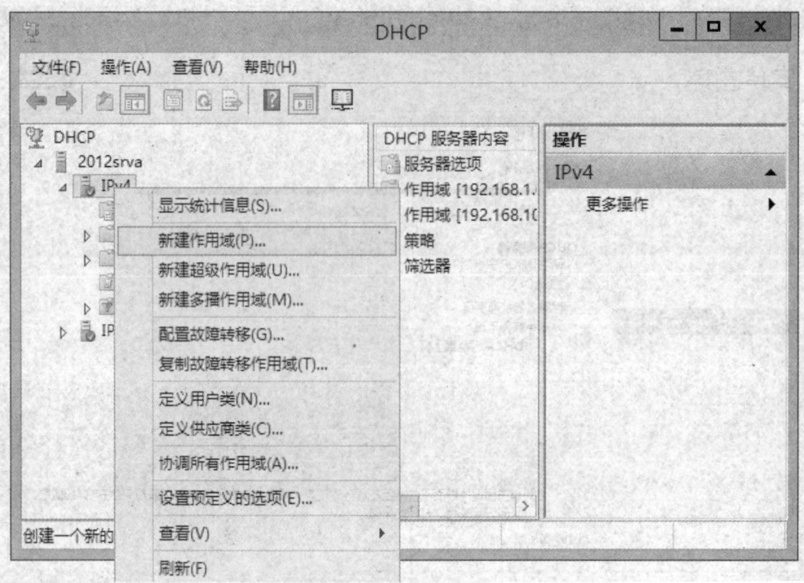

图 3-11　新建作用域

2. 在“作用域名称”对话框中输入作用域的名称 csmy，如图 3−12 所示。这个名称信息的作用是帮助快速识别该作用域在网络中的使用方式。

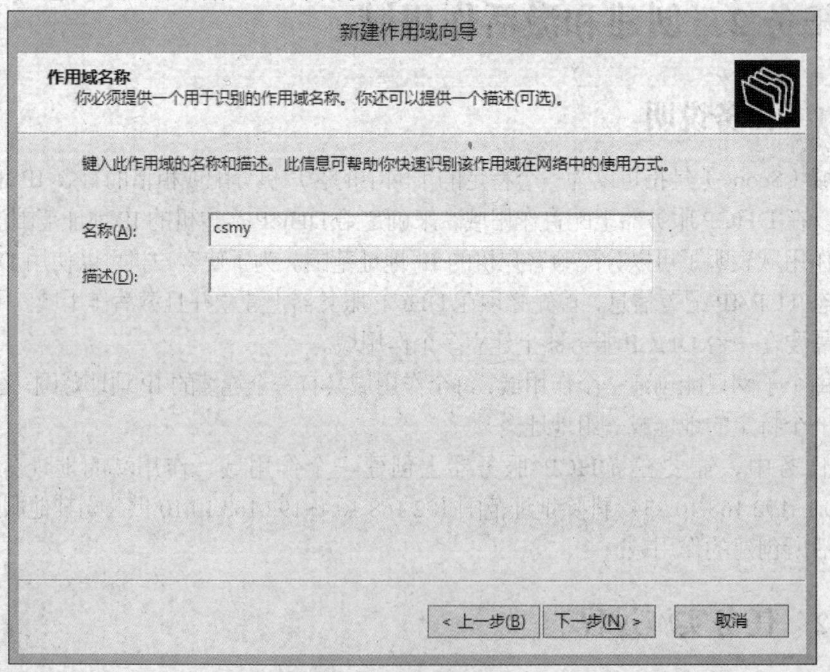

图 3-12　设置作用域的名称

3. 设置作用域分配的地址范围和子网掩码。在该任务中，我们设置作用域的地址分配范围是 192.168.10.1~192.168.10.254，子网掩码 255.255.255.0。如图 3−13 所示，单击“下一步”按钮。

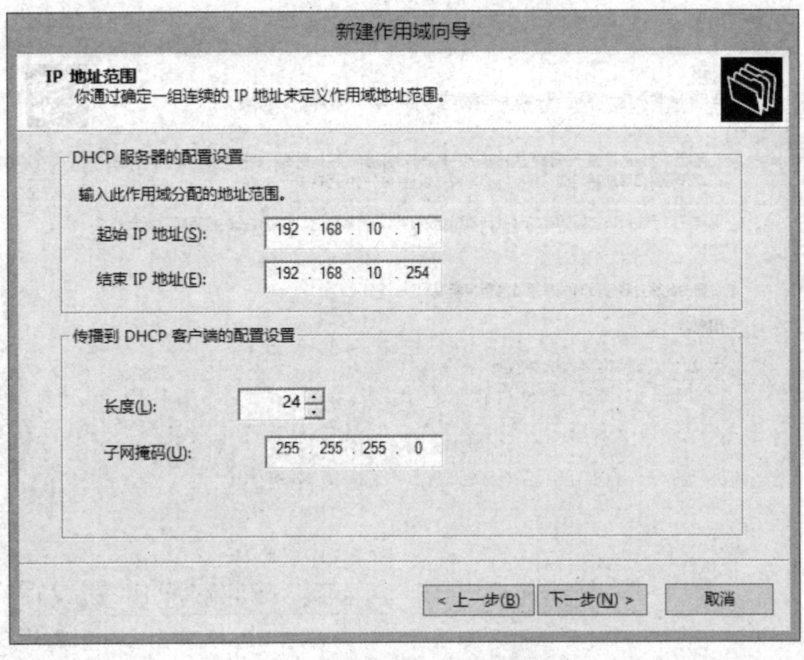

图 3-13　设置 IP 地址分配范围

4. 输入要排除的地址范围，排除的地址范围是指不参加动态分配的地址范围。例如，要给网络中的其他服务器设置的静态 IP 地址，以及网络中的网关地址等，这些地址都需要从地址池中排除出来不参加动态分配。在此任务中，我们将 IP 地址 192.168.10.1 ~ 192.168.10.10 排除出来留给网络中的其他服务器，将 192.168.10.254 网关地址排除。如图 3–14 所示，单击“下一步”按钮。

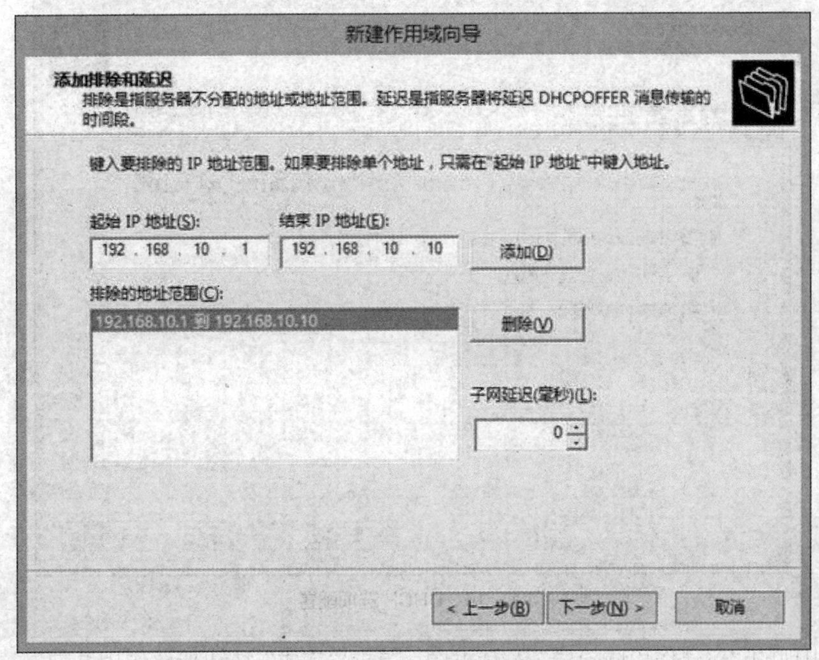

图 3-14　添加要排除的 IP 地址范围

5. 设置 IP 地址的租用期限，一般默认 8 天，单击“下一步”按钮，如图 3–15 所示。

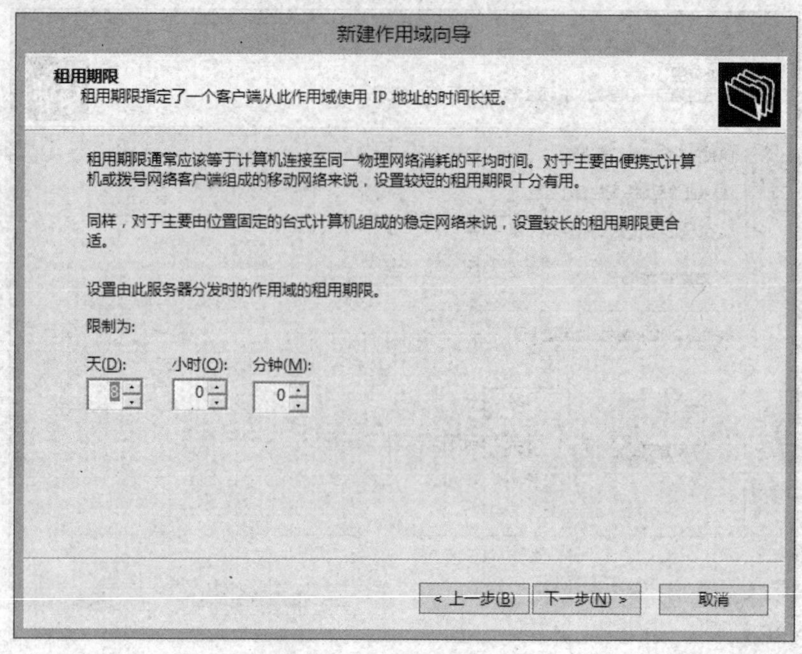

图 3-15　设置 IP 租用期限

6. 在出现的“配置 DHCP 选项”对话框中，如果选择“是，我想现在配置这些选项”单选按钮，则会继续通过向导配置 DHCP 选项信息；选择“否，我想稍后配置这些选项”单选按钮，则可以在 DHCP 管理控制台中配置相关的 DHCP 选项信息。此案例中我们选择“否，我想稍后配置这些选项”，如图 3-16 所示，单击“下一步”按钮。

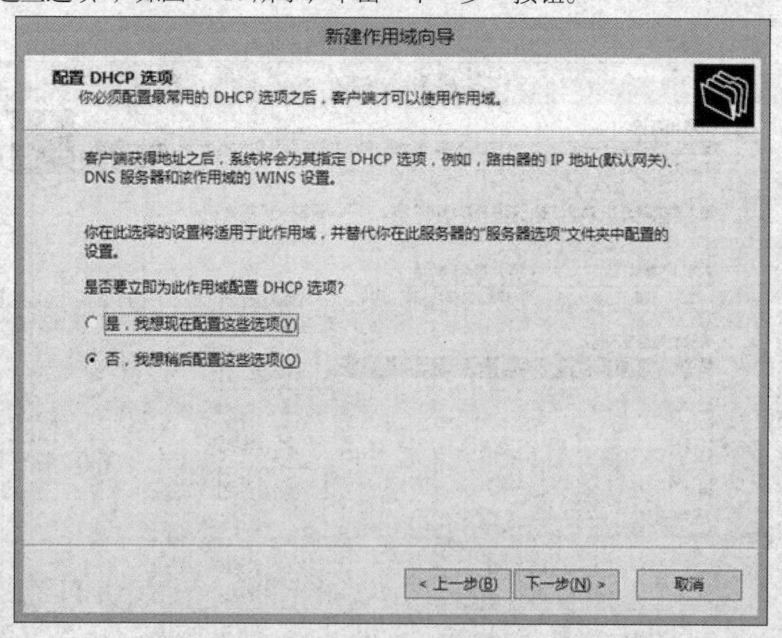

图 3-16　DHCP 选项配置

7. 在出现的“新建作用域向导”对话框中，单击“完成”按钮新建作用域向导，如图 3-17 所示。

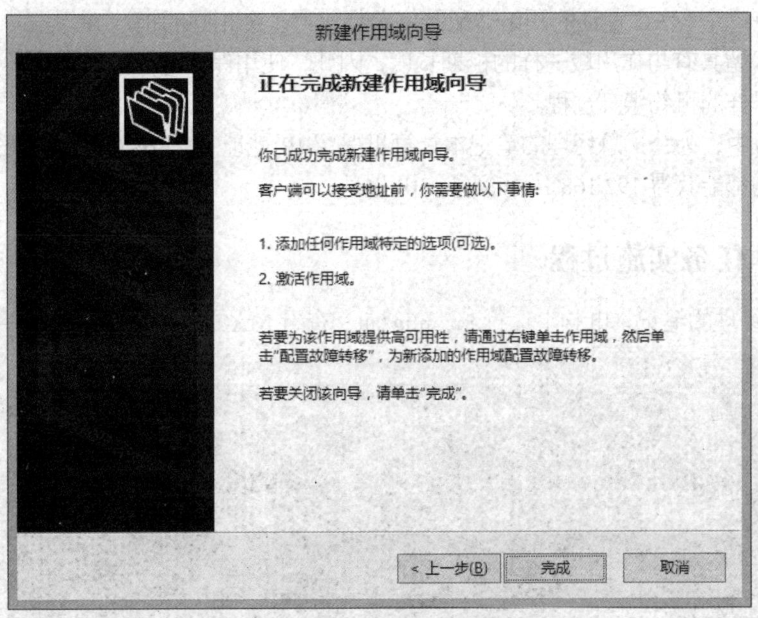

图 3-17　新建作用域成功提示信息

8. 如图 3-18 所示，鼠标右键单击“作用域”，选择“激活”，完成激活作用域。注意，作用域建完以后一定要激活才能正常工作。

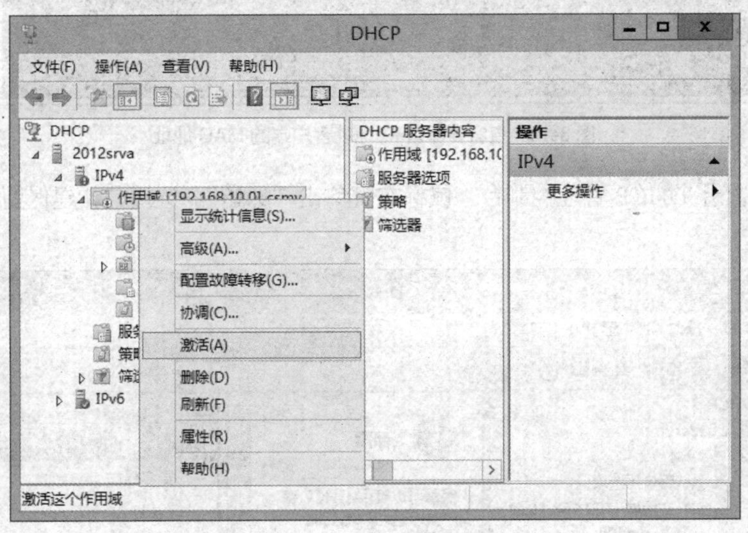

图 3-18　激活作用域

3.4　任务 3　配置 DHCP 保留

3.4.1　任务说明

DHCP 保留是指分配一个永久的 IP 地址，这个 IP 地址属于一个作用域，并且被永久保留给一个指定的 DHCP 客户机。

DHCP 地址保留的工作原理是将作用域中的某个 IP 地址与某台客户端的 MAC 地址进行绑

定，使得拥有这个 MAC 地址的网络适配器每次都获得一个相同的指定 IP。

DHCP 保留具有与作用域一样的租期长度，因此，使用保留地址的客户机具有与作用域中其他客户机一样的租约续订过程。

在此任务中，为公司总经理的笔记本计算机保留 IP 地址 192.168.10.168。使得总经理的计算机每次启动都能获得 192.168.10.168 这个 IP 地址。

3.4.2 任务实施过程

1. 在总经理的笔记本电脑上运行 ipconfig/all，查看 MAC 地址，如图 3-19 所示。

```
C:\WINDOWS\system32\cmd.exe

C:\Documents and Settings\Administrator>ipconfig/all

Windows IP Configuration

   Host Name . . . . . . . . . . . . : Client
   Primary Dns Suffix  . . . . . . . :
   Node Type . . . . . . . . . . . . : Broadcast
   IP Routing Enabled. . . . . . . . : No
   WINS Proxy Enabled. . . . . . . . : No

Ethernet adapter 本地连接:

   Connection-specific DNS Suffix  . :
   Description . . . . . . . . . . . : Intel 21140-Based PCI Fast Ethernet Adapt
er (Generic)
   Physical Address. . . . . . . . . : 00-03-FF-D3-0C-83
   DHCP Enabled. . . . . . . . . . . : Yes
   Autoconfiguration Enabled . . . . : Yes
   IP Address. . . . . . . . . . . . : 0.0.0.0
   Subnet Mask . . . . . . . . . . . : 0.0.0.0
   Default Gateway . . . . . . . . . :
   DHCP Server . . . . . . . . . . . : 255.255.255.255
```

图 3-19　查看要保留 IP 地址客户端的 MAC 地址

2. 打开 DHCP 管理控制台，鼠标右键单击“保留”，选择“新建保留”选项卡，如图 3-20 所示。

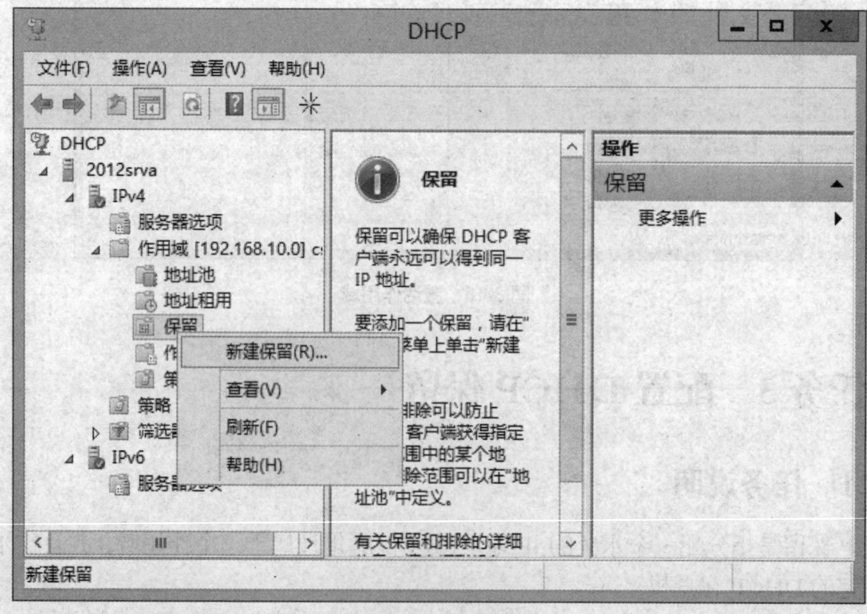

图 3-20　新建保留

3. 在弹出的对话框中输入“保留名称”、“IP 地址”和“MAC 地址”等参数。在本任务中，要求把 192.168.10.168 这个地址保留给总经理，输入相关信息，如图 3−21 所示。单击“添加”按钮。

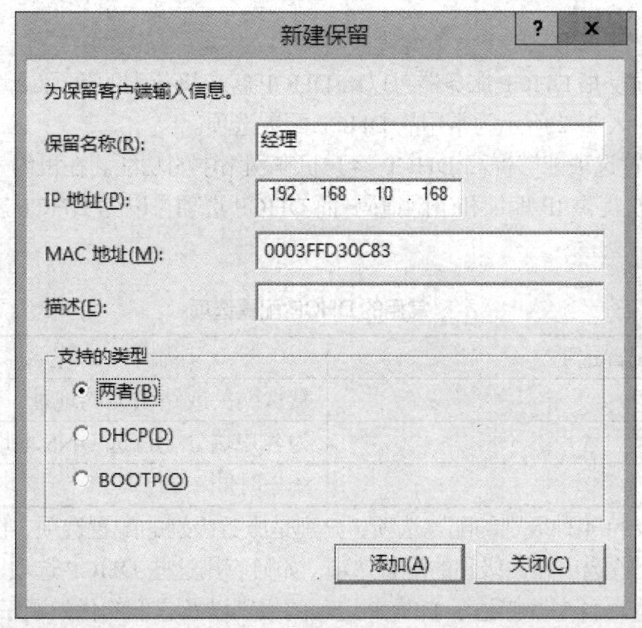

图 3-21　为保留客户端输入信息

4. 完成为经理保留 IP 地址的操作，如图 3−22 所示。

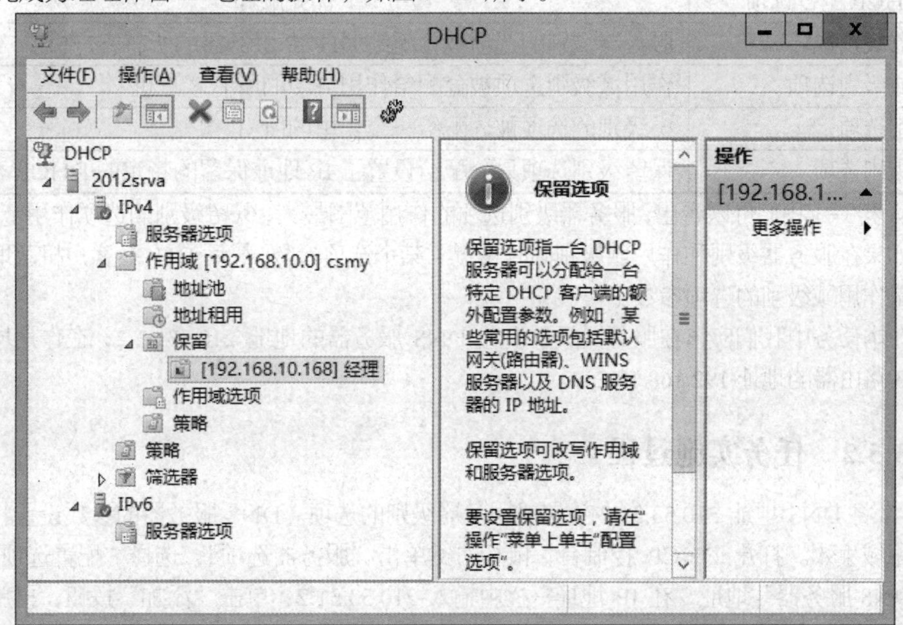

图 3-22　新建保留成功提示

3.5 任务 4 DHCP 配置选项

3.5.1 任务说明

DHCP 配置选项是指 DHCP 服务器可以给 DHCP 客户机分配的除了 IP 地址和子网掩码以外的其他配置参数。表 3–2 所示为常用的 DHCP 配置选项。

使用 DHCP 配置选项能够提高 DHCP 客户机在网络中的功能。在租约生成的过程中，服务器为 DHCP 客户机提供 IP 地址和子网掩码。而 DHCP 选项可以为 DHCP 客户机提供其他更多的 IP 配置参数。

表 3-2 常用的 DHCP 配置选项

配置选项	说明
Router（default）	默认网关或路由器的地址
DNS	为客户端分配首选 DNS 地址
时间服务器	统一时间

DHCP 服务器支持 4 种级别的配置选项，分别是服务级别的配置选项、作用域级别的配置选项、保留级别的配置选项和类级别的配置选项。如何应用这些 DHCP 选项，与配置这些选项的位置有直接的关系。表 3–3 描述了 DHCP 选项的级别以及它们的优先顺序。

表 3-3 DHCP 配置选项的优先顺序

DHCP 配置选项	优先顺序
服务器级别选项	服务器级别的选项被分配给 DHCP 服务器的所有客户机
作用域级别选项	作用域级别选项被分配给作用域中的所有客户机
类级别选项	类级别的选项被分配给一个类里的所有客户机
保留级别选项	保留级别选项只分配给设置了 IP 地址保留的特定的 DHCP 客户机

从表 3–3 我们可以看出，服务器级别选项的作用范围最大，保留级别的选项作用范围最小，但是如果在服务器级别和作用域级别同时设置了某个选项参数，最后 DHCP 客户机获取的参数将会是作用域级别的选项参数。

在本任务中我们应该在服务器级别设置 DNS 服务器的地址 210.53.31.2，在作用域级别设置 003 路由器的地址 192.168.10.254。

3.5.2 任务实施过程

1. 将 DNS 地址 210.53.31.2 设置成服务器级别的选项。DNS 服务器的参数设置将对所有的作用域生效。打开 DHCP 控制台，鼠标右键单击“服务器选项”，选择“配置选项”。勾选“006DNS 服务器”地址，在 IP 地址一栏中输入 210.53.31.2，单击“添加”按钮，再单击“确定”按钮，如图 3–23 所示。

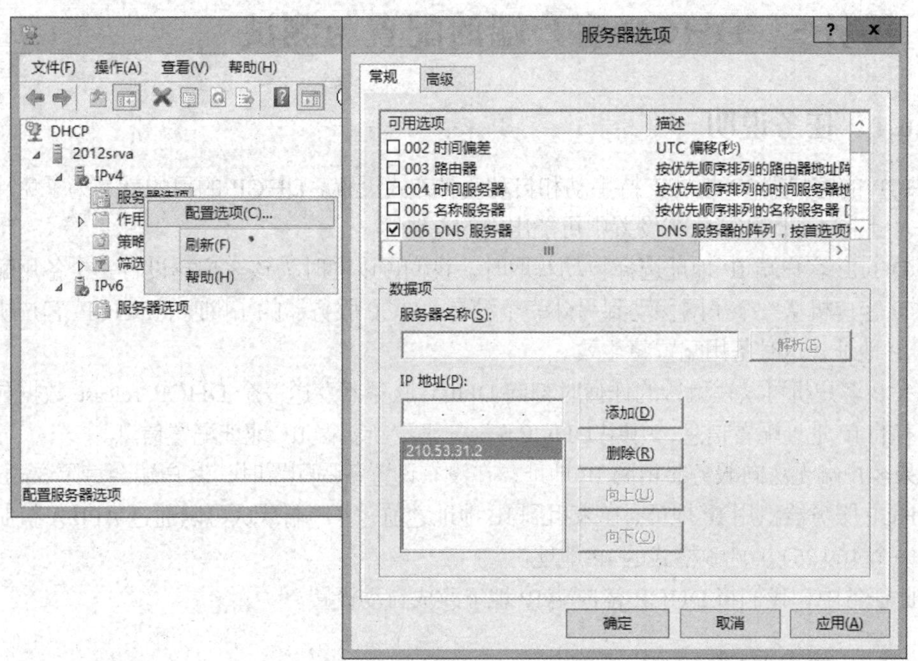

图 3-23 设置服务器配置选项

2. 将 003 路由器地址 192.168.10.254 设置在作用域级别的选项。路由器的地址参数仅对该作用域生效。打开 DHCP 控制台，鼠标右键单击“作用域选项”，选择“配置选项”。勾选“003 路由器”，在 IP 地址一栏中输入 192.168.10.254，单击“添加”按钮，再单击“确定”按钮，如图 3−24 所示。

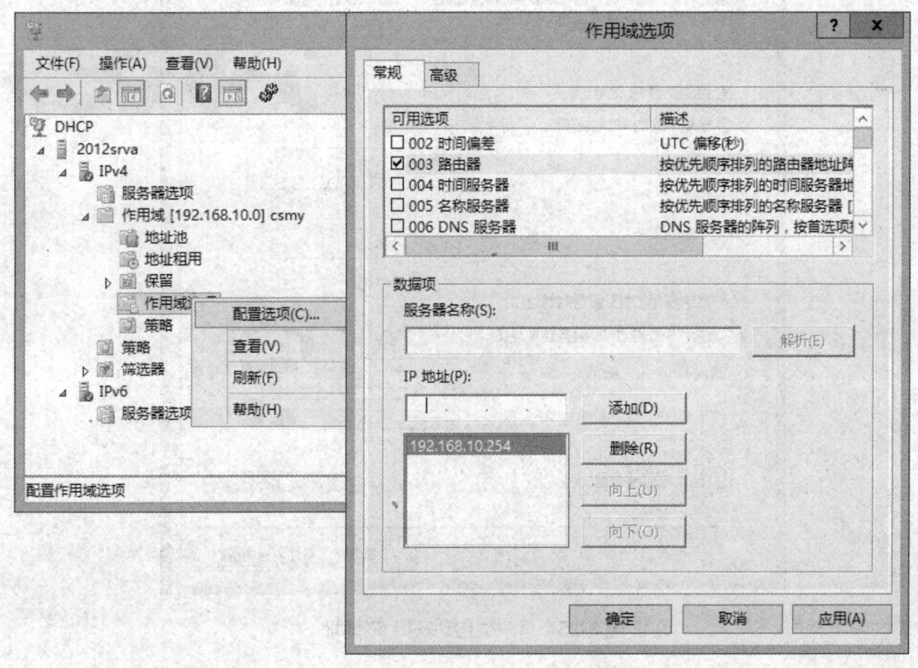

图 3-24 设置作用域级别选项

3.6 任务5 DHCP客户端的配置与测试

3.6.1 任务说明

DHCP 的客户端 IP 地址支持手动和自动两种方式设置。DHCP 的目的就是为了免除手动设置的大量重复工作和避免在设置中可能出现的差错。

当 DHCP 客户端 IP 地址选择自动获取时，我们可以同时为该客户端设置一个备用配置，当 DHCP 客户机从一个子网移动到另外一个没有 DHCP 服务器的子网时，DHCP 客户机将无法获得 IP 地址，这时备用配置将生效。

DHCP 客户机可以在租赁的任何时刻向 DHCP 服务器发送一个 DHCP release 数据包来释放它已有的 IP 地址配置信息，并用 DHCP renew 来重新获得 IP 地址配置信息。

如果客户端无法向服务器租到 IP 地址，在没有设置备用配置时，客户端会每隔 5min 自动搜索 DHCP 服务器租用 IP 地址，在未租到 IP 地址之前，客户端默认可以通过 APIPA 机制为自己配置一个 169.254.0.0/16 格式的 IP 地址。

在此任务中，我们将 DHCP 客户端 IP 地址改成自动设置。

3.6.2 任务实施过程

1. 打开“网络和共享中心”，将客户端 IP 地址的获取方式改成“自动获得 IP 地址”，如图 3–25 所示。

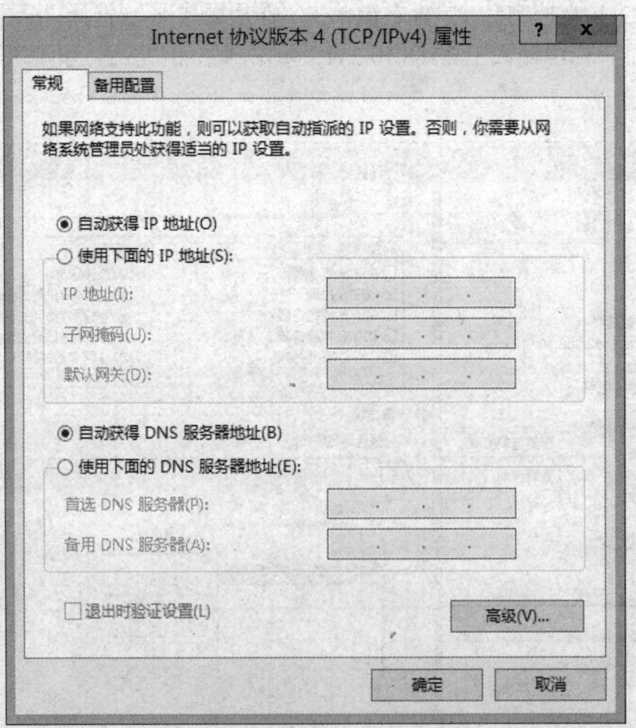

图 3-25 客户端自动获得 IP 地址

2. 备用配置的设置方法如图 3–26 所示。

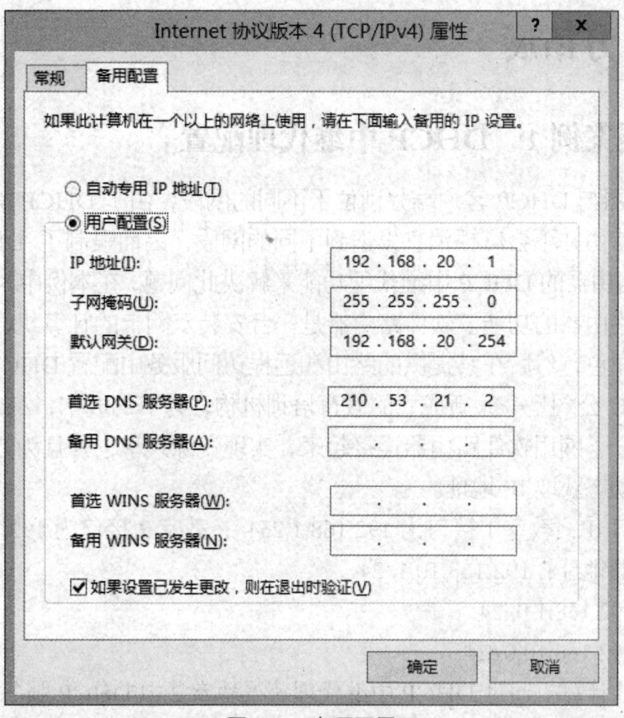

图 3-26　备用配置

3. 查看以太网连接状态，单击“详细信息”按钮，查看 IP 地址的获取信息，如图 3-27 所示。

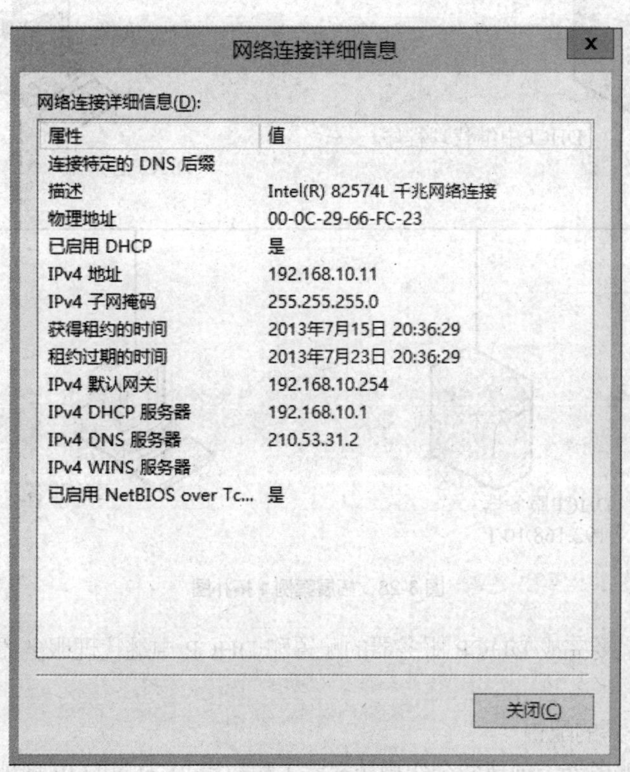

图 3-27　客户端自动获得 IP 地址

3.7 知识能力拓展

3.7.1 拓展案例 1 DHCP 中继代理配置

若 DHCP 服务器与 DHCP 客户端分别位于不同的网段，由于 DHCP 消息以广播为主，而连接这两个网络的路由并不会广播消息发送到不同的网段，因而限制了 DHCP 的有效使用范围。我们可以使用路由器的 DHCP 中继代理功能来解决此问题，在本例中，使用 Windows 2012 服务器来完成软件路由器的功能。软件路由器是一台安装双网卡的计算机，我们必须先安装网络策略和访问服务角色，然后在其提供的路由和远程访问服务中配置 DHCP 中继代理程序。

案例场景：ABC 公司是一家新成立的教育培训机构，为节约成本，ABC 公司要求把 X 楼两间教室对应的两个子网用软件路由器连接起来，实现资源共享，并且为方便管理，要求每个子网的客户端采用动态获取 IP 地址。

软件路由器接口 IP：教室 1 接口为 192.168.1.254 ；教室 2 接口为 192.168.10.254

DHCP 服务器的地址：192.168.10.1/24

教室 1 子网：192.168.1.0/24

教室 2 子网：192.168.10.0/24

要求教室 1 中的计算机通过 DHCP 中继代理获得教室 2 中 DHCP 服务器动态分配的 IP 地址等参数。请问你要如何解决?

网络拓扑图如图 3-28 所示。

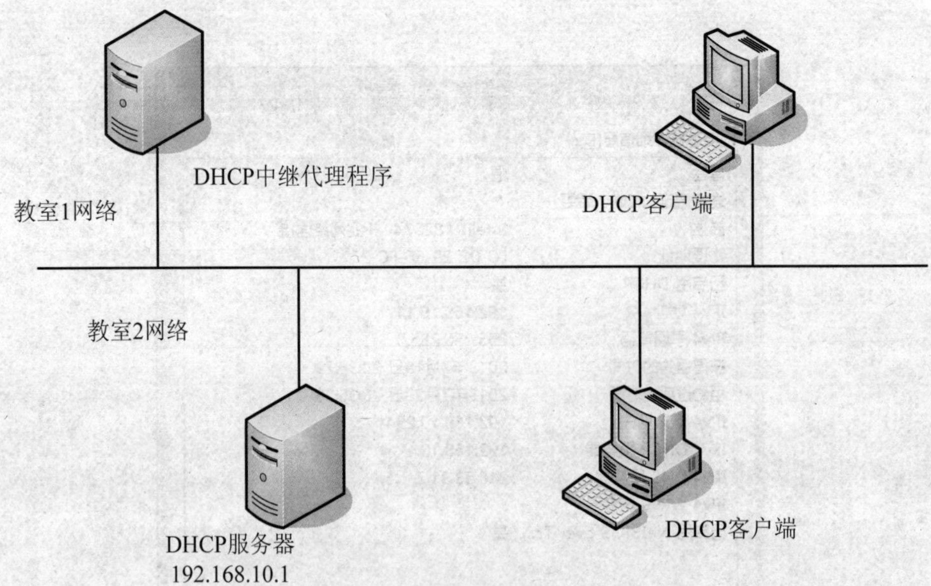

图 3-28 拓展案例 1 拓扑图

在此案例中，需要完成 DHCP 服务器的配置和 DHCP 中继代理服务器的配置，具体实施过程如下。

1. DHCP 服务器的配置

（1）在 DHCP 服务器上创建两个作用域教室 1 和教室 2，对应的 IP 地址分配范围分别是教室 1 对应的子网和教室 2 对应的子网，如图 3-29 所示。

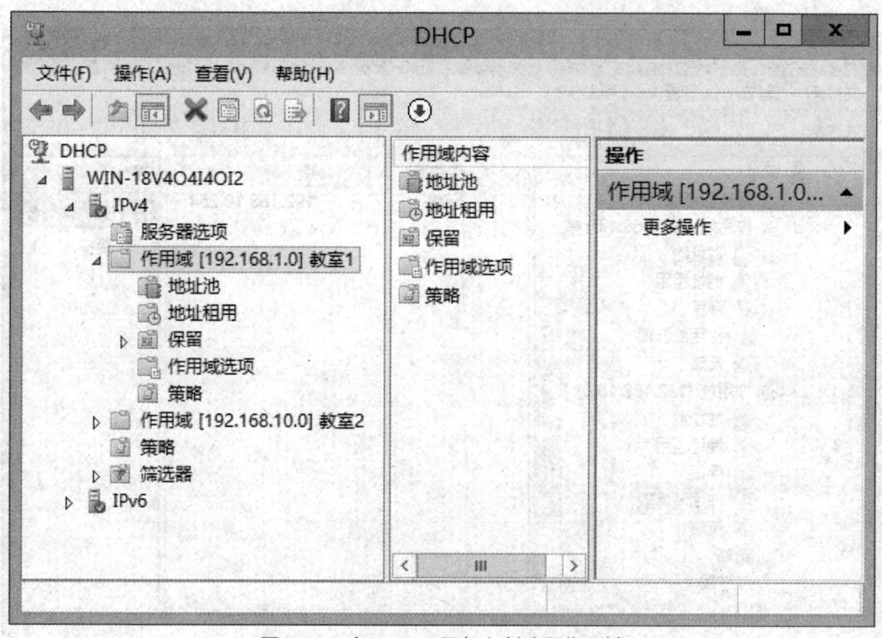

图 3-29 在 DHCP 服务上创建两作用域

（2）在教室 1 的作用域级别选项配置 003 路由器地址：192.168.1.254，即软件路由器连接教室 1 子网的接口 IP 地址。设置完成后如图 3-30 所示。

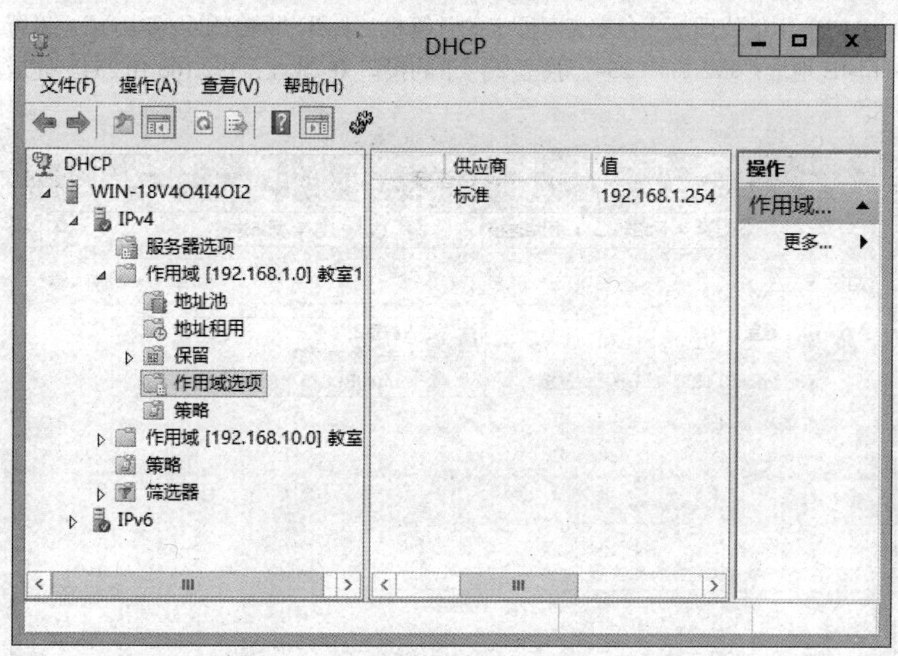

图 3-30 设置作用域选项 003 路由器

（3）在教室 2 的作用域级别选项配置 003 路由器地址：192.168.10.254，即软件路由器连接教室 2 子网的接口 IP 地址。设置完成后如图 3-31 所示。

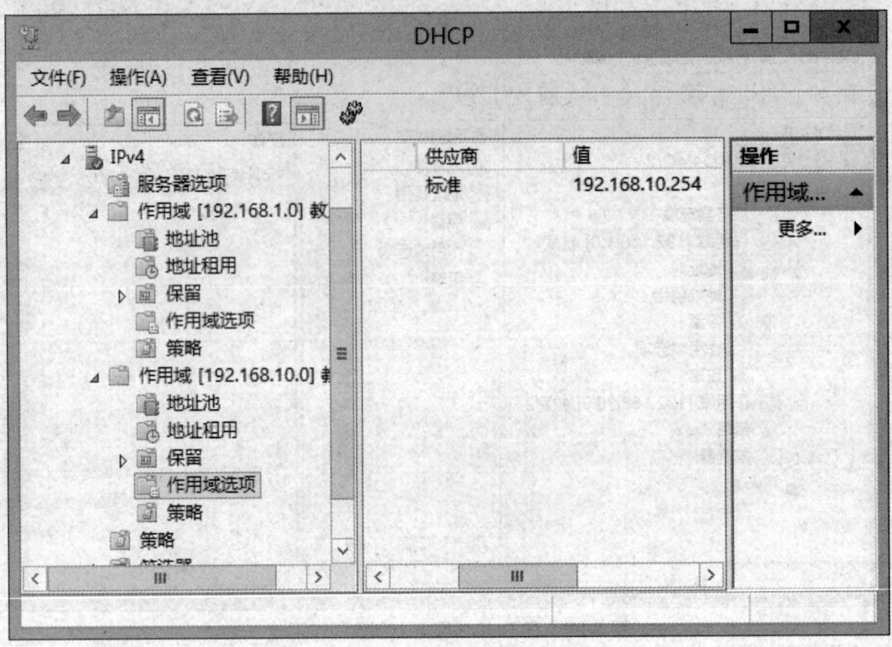

图 3-31 设置作用域选项 003 路由器

2. DHCP 中继代理的配置

（1）DHCP 中继代理是一台安装双网卡的计算机，打开“网络和共享中心”，设置教室 1 网卡的接口 IP 地址：192.168.1.254，教室 2 网卡的接口 IP 地址：192.168.10.254。完成后如图 3-32 所示。

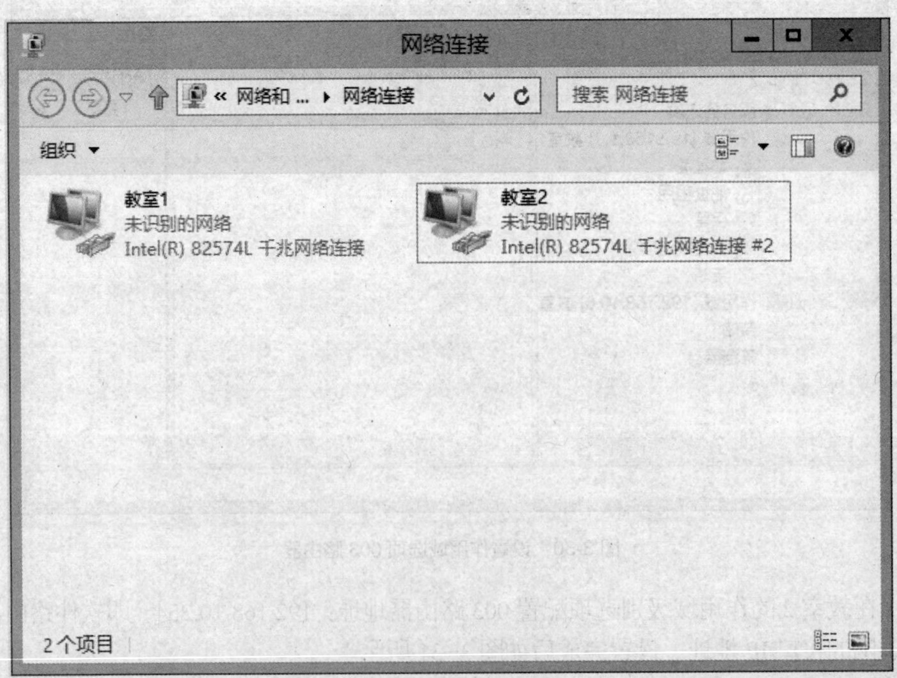

图 3-32 设置中继代理服务器的 IP 地址

（2）在 DHCP 中继代理服务器上安装远程访问服务。打开添加角色和功能向导，按照向导提示，在如图 3-33 所示的对话框中勾选“远程访问”服务器角色。

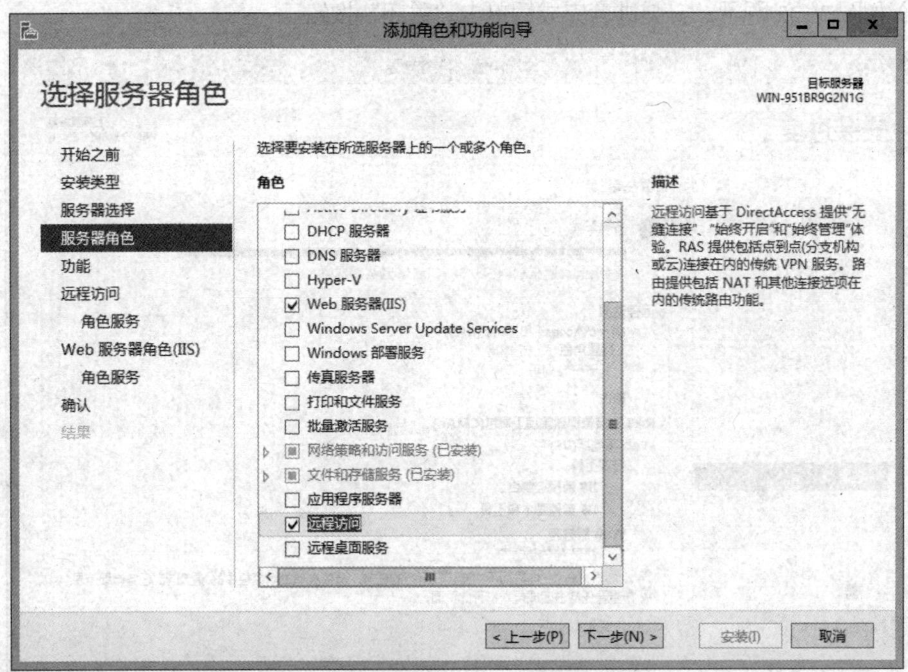

图 3-33　安装远程访问角色

（3）在出现的“选择功能”对话框中单击“下一步”按钮。

（4）在出现的“远程访问”对话框中单击“下一步”按钮。

（5）图 3-34 所示，选择“DirectAccess 和 VPN（RAS）”和“路由”复选框。

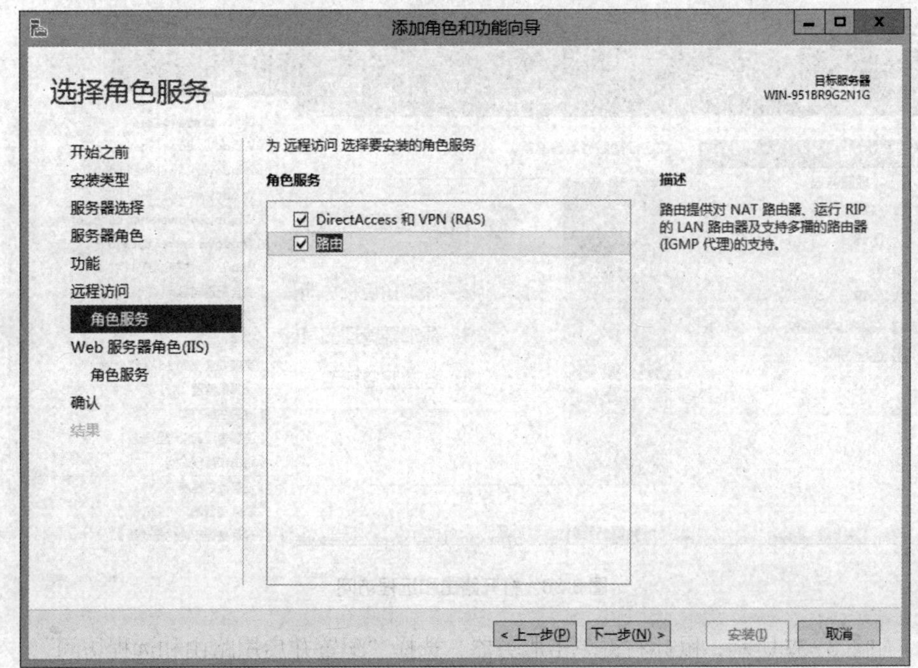

图 3-34　选择角色服务

（6）在出现的“Web 服务器角色（IIS）”对话框中单击“下一步”按钮。

（7）如图 3-35 所示，安装进度完成后单击“关闭”按钮。

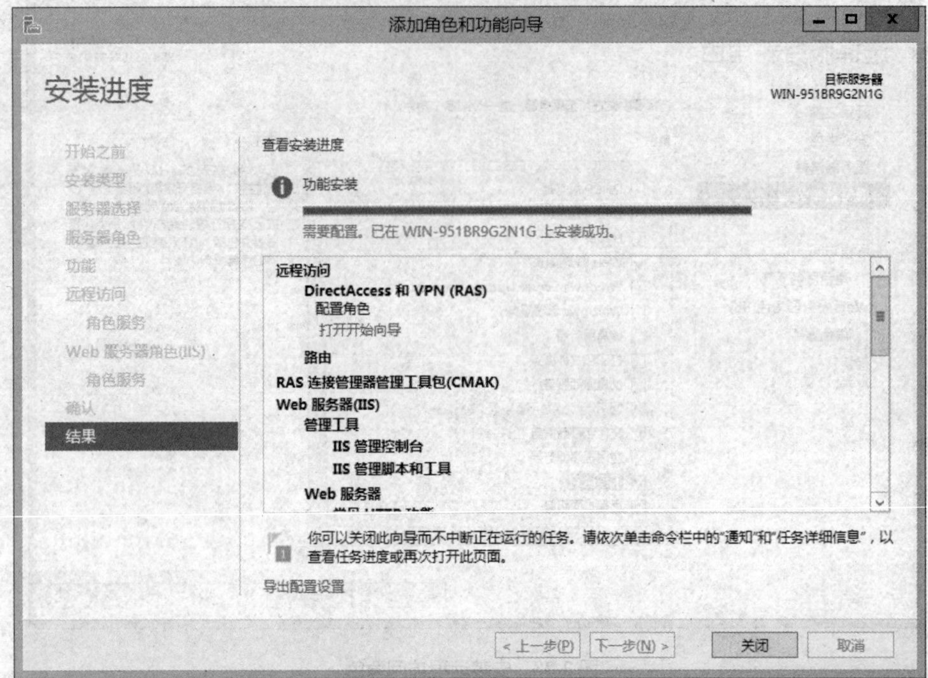

图 3-35　远程服务安装成功提示

（8）打开“服务器管理器”，单击“工具”菜单，选择“路由和远程访问”，如图 3-36 所示。

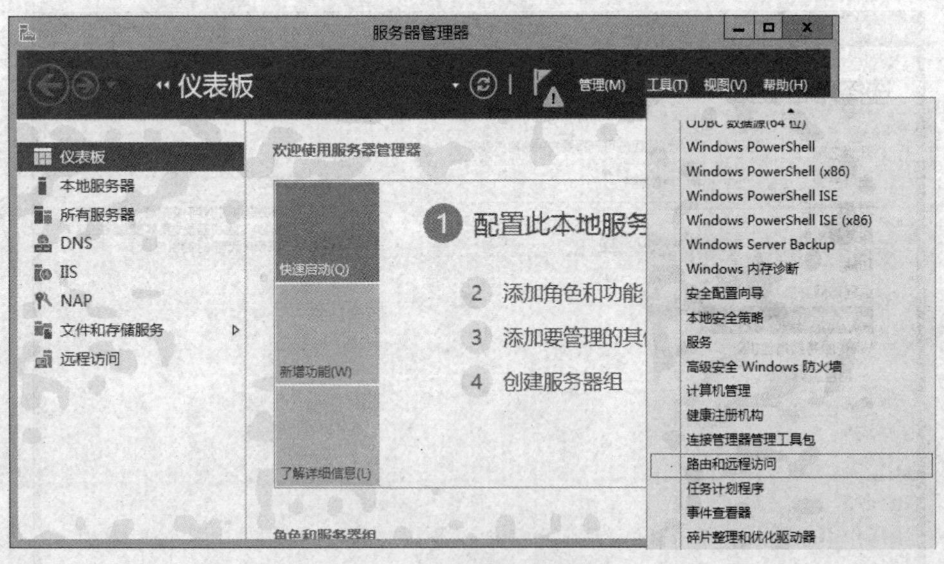

图 3-36　打开路由和远程访问

（9）如图 3-37 所示，鼠标右键单击服务器，选择“配置并启用路由和远程访问”。

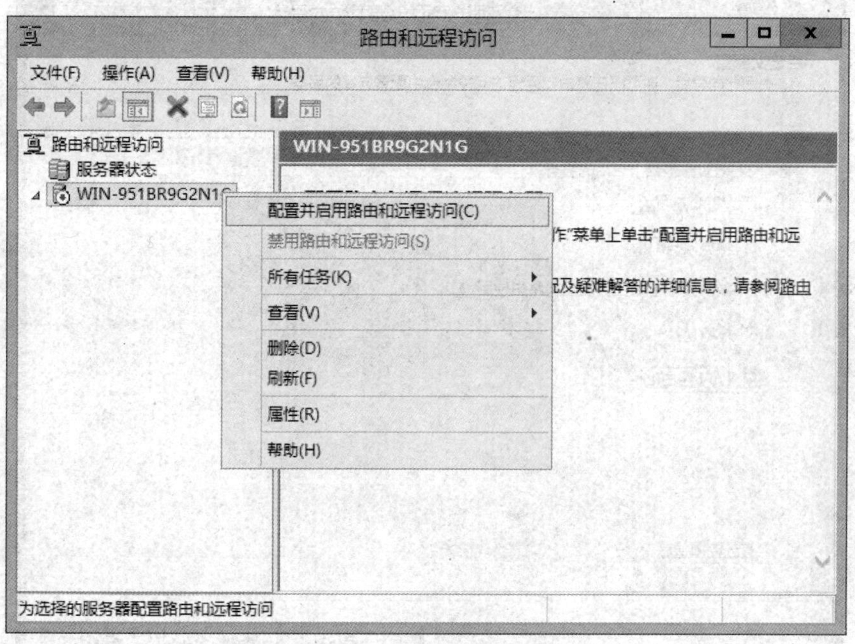

图 3-37　配置并启用路由和远程访问

（10）在出现的“配置”对话框中选择“自定义配置”，单击“下一步”按钮，如图 3-38 所示。

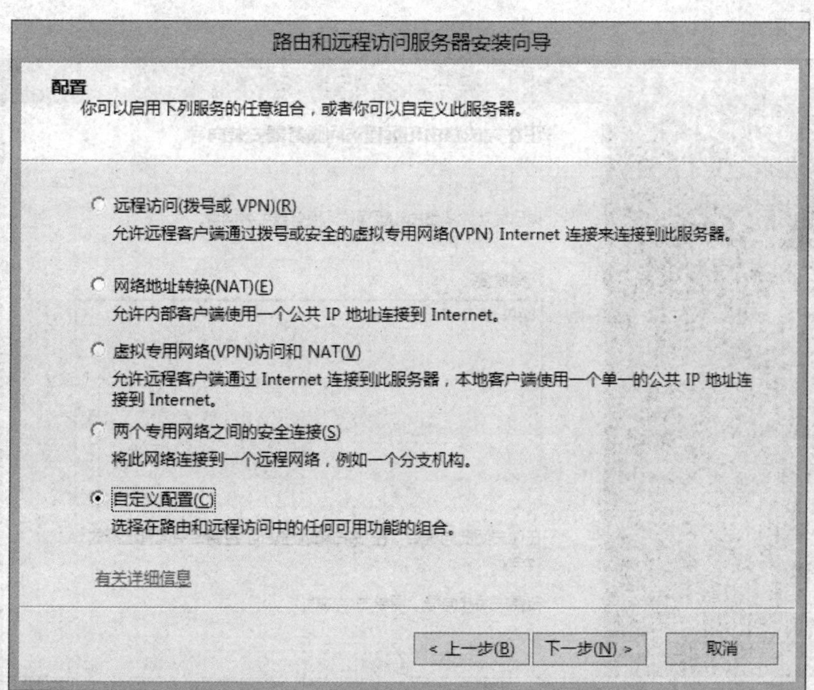

图 3-38　自定义配置

（11）在出现的对话框中选择“LAN 路由”，单击“下一步”按钮，如图 3-39 所示。

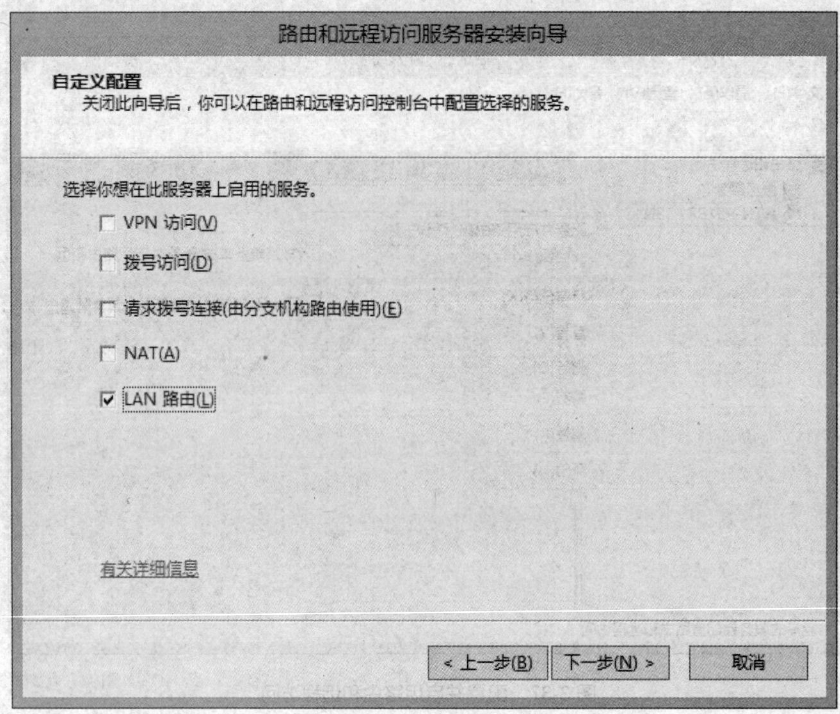

图 3-39　LAN 路由

（12）在出现的“正在完成路由和远程访问服务器安装向导”对话框中单击“完成”按钮，如图 3-40 所示。

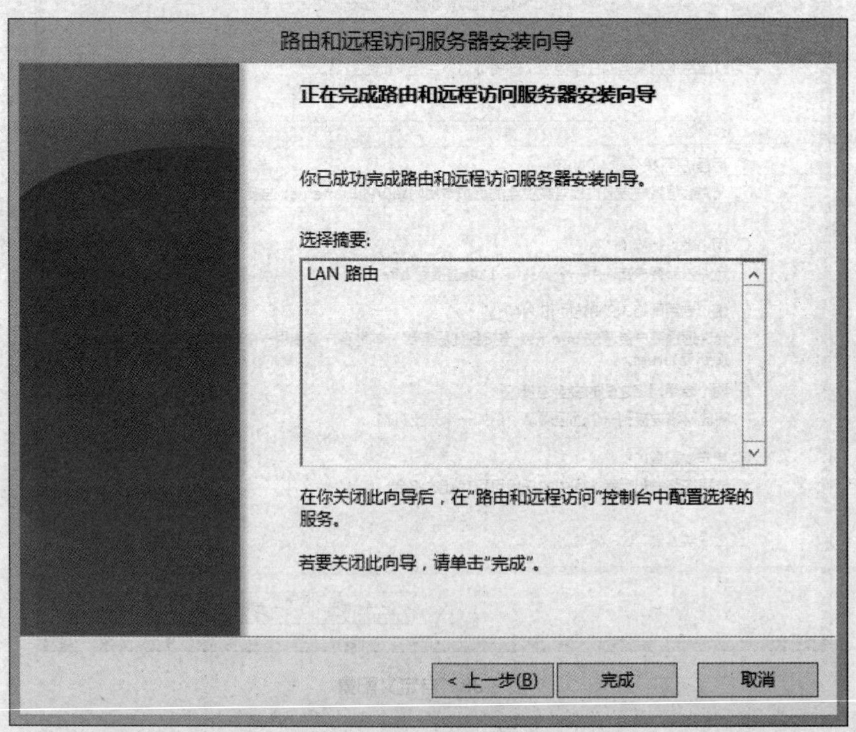

图 3-40　路由和远程访问服务器安装成功提示

（13）打开路由和远程访问服务控制台，如图 3-41 所示，展开 IPv4，鼠标右键单击“常规”

按钮，选择“新增路由协议”。

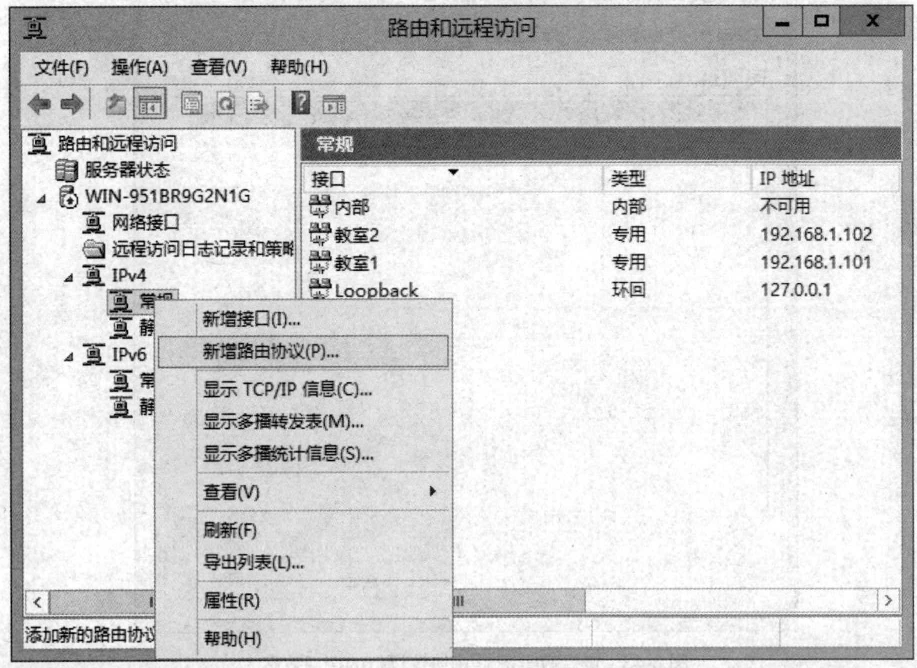

图 3-41　新增路由协议

（14）如图 3-42 所示，选择“DHCP 中继代理程序”，单击“确定”按钮。

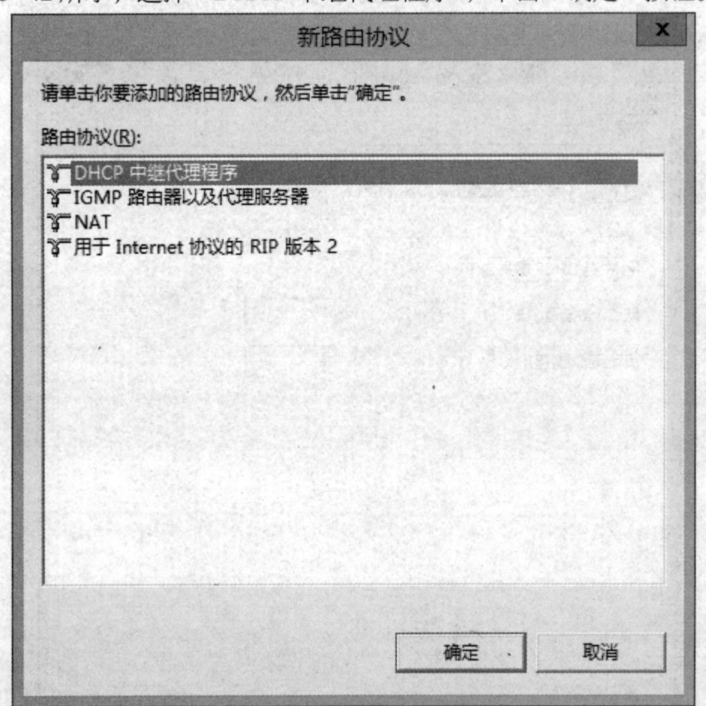

图 3-42　添加 DHCP 中继代理程序

（15）选择 DHCP 路由协议运行的接口“教室 1”，单击“确定”按钮。

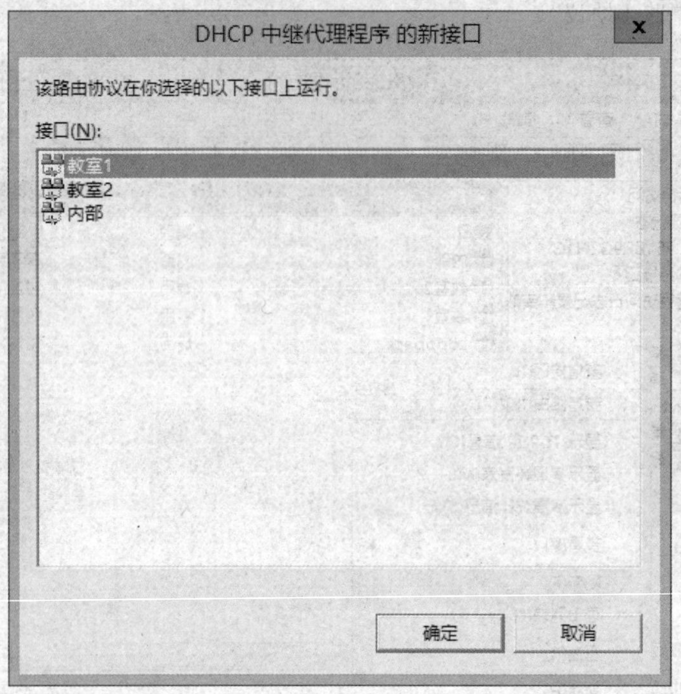

图 3-43　选择 DHCP 路由协议运行的接口教室 1

（16）如图 3-44 所示，“跃点计数阈值”表示 DHCP 中继代理转发的数据包在经过多少个路由器之后将会丢弃，“启动阈值”表示 DHCP 收到广播包后经过多少秒后才将数据包转发出去。在此案例中，我们采用默认值。

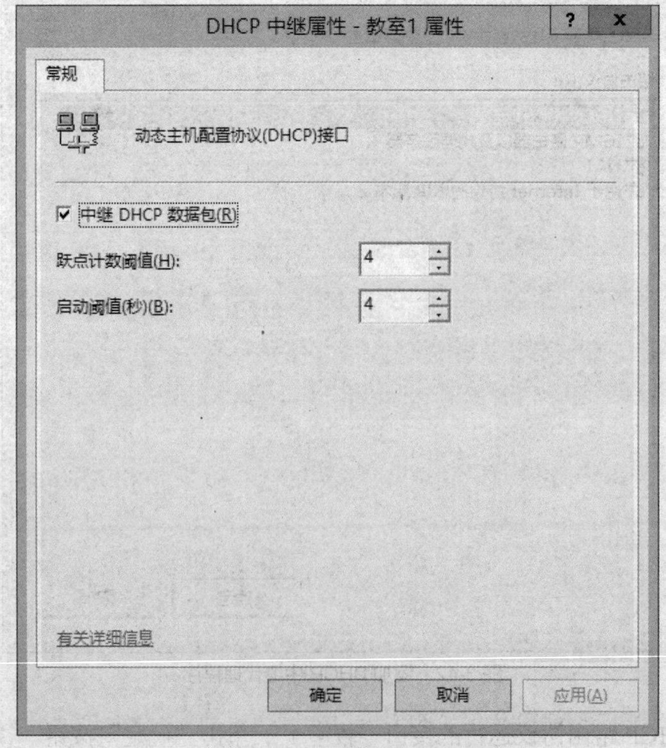

图 3-44　教室 1 的跃点计数阈值和启动阈值设置

（17）按照相同的方法选择 DHCP 路由协议运行的接口“教室 2”，跃点计数阈值和启动阈值采用默认值，如图 3-45 和图 3-46 所示。

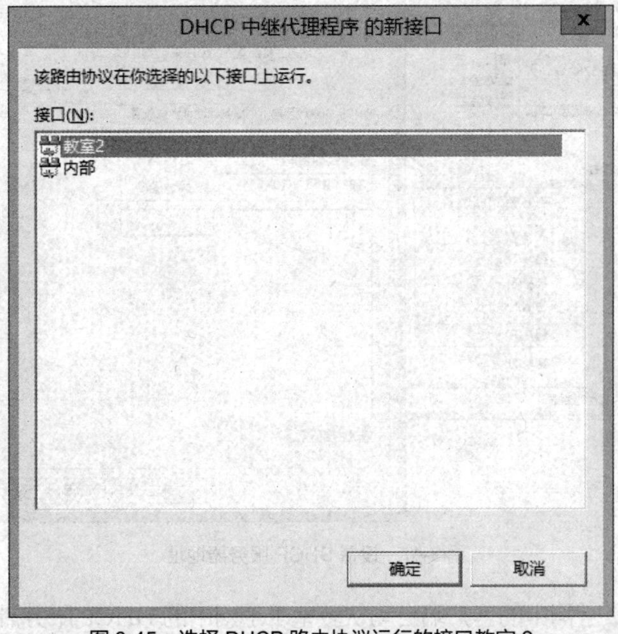

图 3-45 选择 DHCP 路由协议运行的接口教室 2

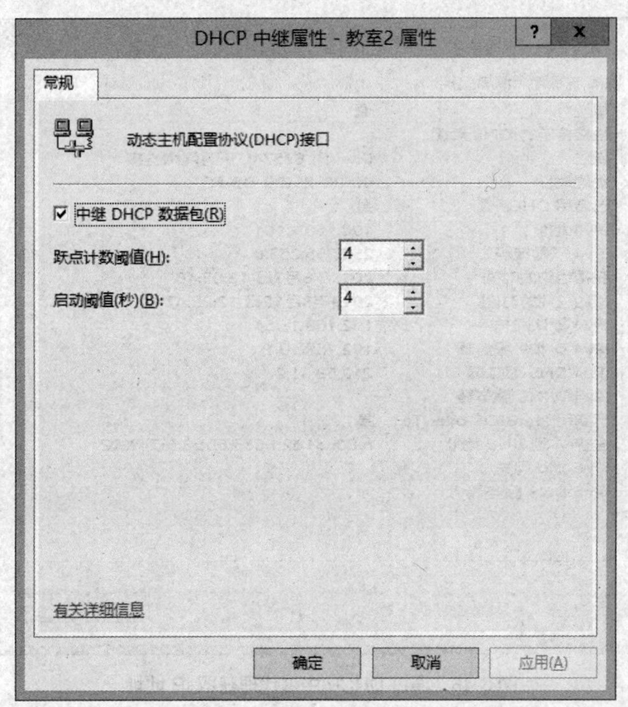

图 3-46 教室 2 的跃点计数阈值和启动阈值设置

（18）图 3-47 所示，在“DHCP 中继代理程序”上单击鼠标右键，选择“属性”命令，输入 DHCP 服务器的 IP 地址 192.168.10.1，单击“添加”按钮后，再单击“确定”按钮。

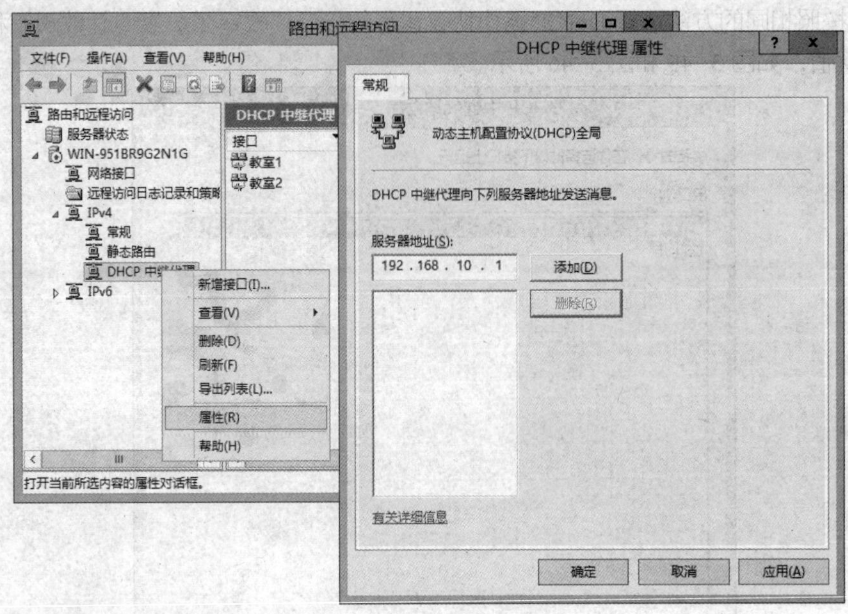

图 3-47　设置 DHCP 服务器地址

（19）设置教室 2 子网中的客户端自动从教室 1 子网中的 DHCP 服务器动态获取 IP 地址。并查看获取结果，如图 3-48 所示。

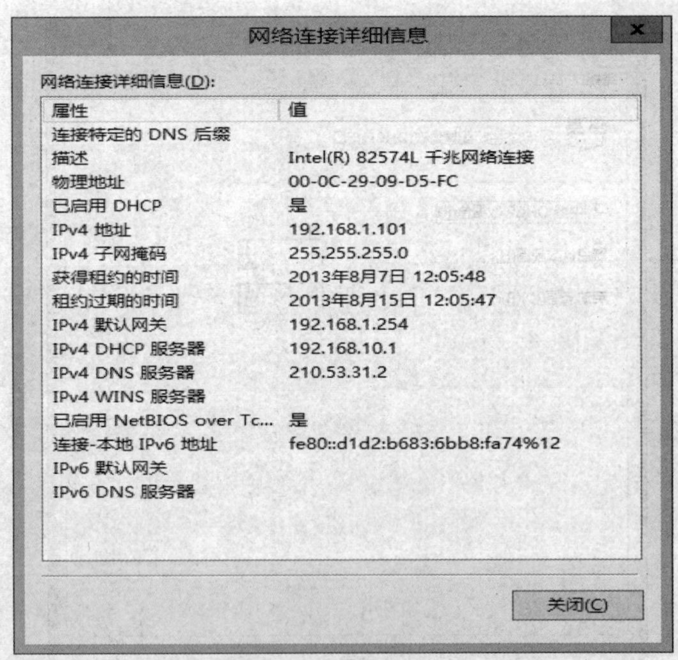

图 3-48　通过 DHCP 中继代理获取 IP 地址

3.7.2　拓展案例 2　DHCP 数据库的备份和还原

DHCP 服务器的数据库文件存储着 DHCP 服务的配置数据，包括 IP 地址、作用域、出租的地址、保留地址和配置选项等，系统默认将数据库保存在%Systemroot%\System32\dhcp 文件夹中，如图 3-49 所示（“%Systemroot%”是代表系统目录的环境变量，一般情况下，如果系统是默认安装在 C 盘，那么代表“c:\Windows”这个目录），其中最重要的是 dhcp.mdb，其他的是辅助文件。DHCP 服务默认会每隔 60min 自动将 DHCP 数据库文件备份到图 3-49 所示的 backup 文件夹中，我们也可以手动将 DHCP 数据库文件备份到指定文件夹，系统默认备份到 backup 文件夹。

图 3-49　DHCP 数据库文件

案例场景：ABC 公司一台 DHCP 服务器使用年久需要报废，现要将原 DHCP 数据库转移到另外一台新 DHCP 服务器上，用新 DHCP 服务器接替旧服务器的工作。

案例实施过程如下。

1. 将原 DHCP 服务器上的数据库进行备份。将备份文件存放在一个安全的地方，备份方法如图 3-50 所示。

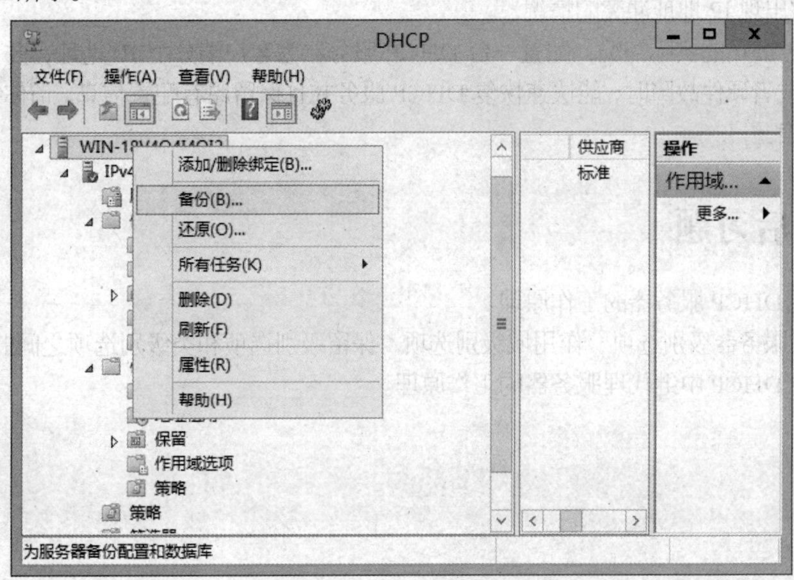

图 3-50　DHCP 数据库备份

2. 在新的 DHCP 服务器上安装 DHCP 服务。将原 DHCP 服务器的数据库备份集复制到新 DHCP 服务器上，或将新 DHCP 服务器直接与第三方存储设备连接。鼠标右键单击服务器，在出现的菜单中选择“还原”，如图 3-51 所示。

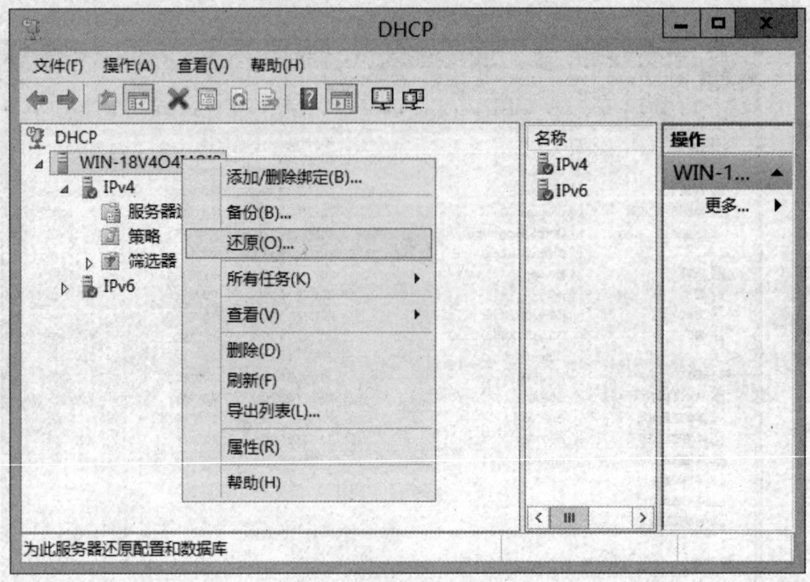

图 3-51 DHCP 数据库还原

3.8 仿真实训案例

ABC 公司的局域网规模很小，可以手动的方式配置 IP 地址。随着公司计算机台数增多，管理员在工作当中存在以下问题。

1. 手工为客户机配置 IP 地址，工作量大。
2. 经常出现 IP 地址冲突的情况。

请你根据公司的实际情况，配置一台 DHCP 服务器为客户端分配 IP 地址，并希望在服务器出现死机或者硬件故障时，能快速恢复 DHCP 服务并且保留原有配置信息。请你给出一个合适的解决方案。

3.9 课后习题

1. 简述 DHCP 服务器的工作原理。
2. 简述服务器级别选项、作用域级别选项、保留级别选项和类级别选项之间的差异。
3. 简述 DHCP 中继代理服务器的工作原理。

PART 4

项目 4 DNS 服务器的配置与管理

4.0 案例场景

Company 公司原来使用 ISP 提供的 DNS 服务器地址 59.51.78.210 完成域名解析，现在需要配置一台公司内部的 DNS 服务器，IP 地址是 192.168.10.1。公司要求内部的 DNS 服务器既能解析公司内部的 Web、FTP 和邮件服务器地址，又能完成外网的解析请求。

公司 Web 服务器的域名是 www.company.com，IP 地址是 192.168.10.10。FTP 服务器的域名是 ftp.company.com, IP 地址是 192.168.10.9。公司有两台 Smtp 服务器 2012srvA.company.com 和 2012srvB.company.com, IP 地址分别是 192.168.10.8 和 192.168.10.7，并且要求当 2012srvA 无法工作时会自动联系到 2012srvB 上工作。

网络拓扑图如图 4-1 所示。

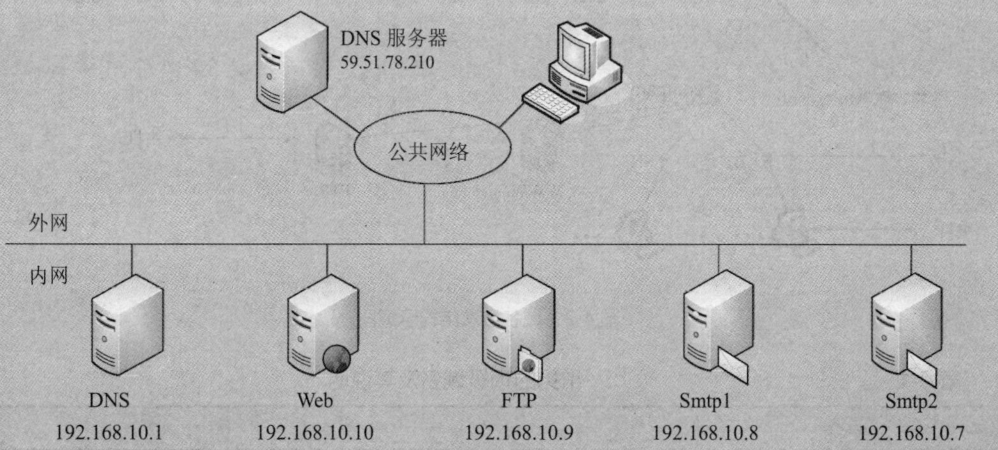

图 4-1 DNS 服务器部署拓扑图

在本项目中，通过完成 5 个任务，来完成 DNS 服务器的安装和配置过程。

- 任务 1 DNS 服务器的安装
- 任务 2 配置 DNS 区域
- 任务 3 在区域中创建资源记录
- 任务 4 转发器与根提示设置
- 任务 5 DNS 客户端的设置

4.1 知识引入

4.1.1 什么是 DNS

DNS 是域名系统（Domain Name System）的缩写，是 Intemet 的一项核心服务，它作为可以将域名和 IP 地址相互映射的一个分布式数据库，能够使人们更方便地访问 Intemet，而不用去记住能够被机器直接读取的 IP 地址。

4.1.2 DNS 域名空间

DNS 的域名空间是一种树状结构，这个树状结构称为 DNS 域名空间（DNS domain namespace）。它指定了一个用于组织名称的结构化的层次式空间，目前有 InterNIC 管理全世界的 IP 地址，在 InterNIC 之下的 DNS 结构分为多个域。

图 4–2 中位于树状结构最上层的是 DNS 的域名空间的根（root），一般用原点（.）表示根，根之下是顶级域，顶级域用来将组织分类。表 4–1 是最常见的顶级域名及其说明。

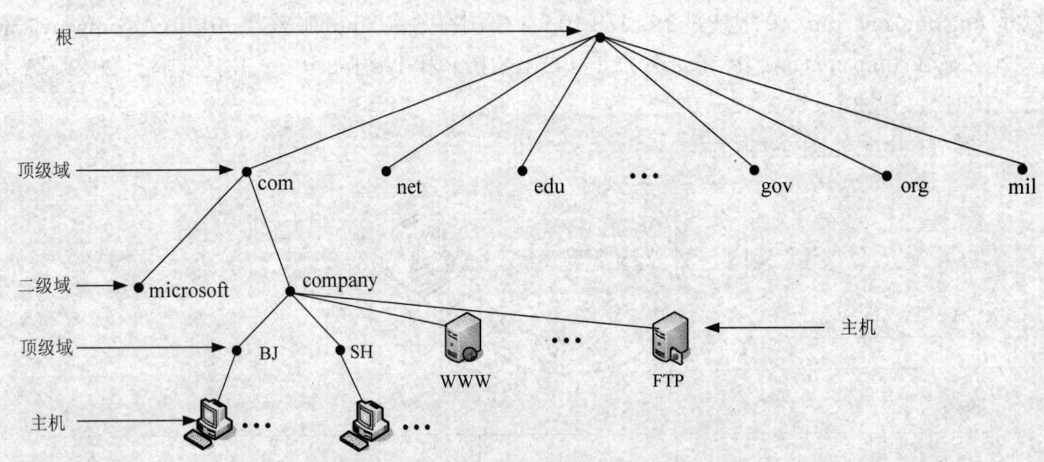

图 4-2 域名层次结构示意图

表 4-1 常见的顶级域名及其说明

域名	说明
com	适用于商业机构
net	适用于网络服务机构
edu	适用于教育、学术研究单位
gov	适用于政府单位
org	适用于非营利机构
mil	适用于国防军事单位
info	适用于所有用途
国别码或区域码	如 cn（中国）、de（德国）、us（美国）、hk（中国香港）

顶级域之下是二级域，它供公司或组织申请与使用。例如，microsoft.com 是 Microsoft 公司

申请的域名。域名如果要在 Intemet 上使用，必须事先申请。

公司在其申请的二级域下，可以根据各自的情况划分下级子域或主机名等，如注册 Xcompany.com 之后，可以在该二级域下建立子域 SH.Xcompany.com。

主机名称就是完全合格域名（FQDN）中最左边的部分，代表某一个组织或公司内部某一台主机。

4.1.3 DNS 服务器类型

DNS 服务器上存储着域名空间中部分区域记录。一台 DNS 服务器可以存储一个或多个区域记录。也就是说，DNS 服务器所管理的范围可以是域名空间中一个或多个区域，此时我们称此 DNS 服务器是这些区域的授权服务器。

4.1.4 DNS 查询模式

DNS 服务的目的是允许用户使用域名来访问资源，一般情况下，当客户机发起域名方式访问某台主机的时候，DNS 服务器必须解决域名到 IP 地址转换的问题，由于 DNS 域名空间是一个树状结构，因此可能一个域名的查找过程需 Internert 上多台 DNS 服务器共同完成，具体来说，域名查询过程主要分为以下两种类型。

1. 递归查询

DNS 客户端发出查询请求后，若 DNS 服务器没有所需记录，则 DNS 服务器会为客户端在域树中的各分支上下进行递归查询，最终将结果返回给客户机，在域名服务器查询期间，客户机将完全处于等待状态。递归查询所做的应答只能是完整正确的应答或者是不能解析名称的应答，递归查询不能被重新转发到其他 DNS 服务器上。DNS 客户端提出的查询请求一般属于递归查询。

2. 迭代查询

DNS 服务器和 DNS 服务器之间的查询大部分属于迭代查询。当网络中第一台 DNS 服务器向第 2 台 DNS 服务提出查询请求后，若第 2 台服务器中没有所需记录，但它可能知道能够完成该域名解析的第 3 台服务器的 IP 地址，它就会提供第 3 台服务器的地址给第 1 台服务器，由第 1 台服务器再找这个地址查找。

我们以图 4-3 的 DNS 客户端向本地 DNS 服务器查询 Xcompany.com 的 IP 地址为例，来说明其查询流程。

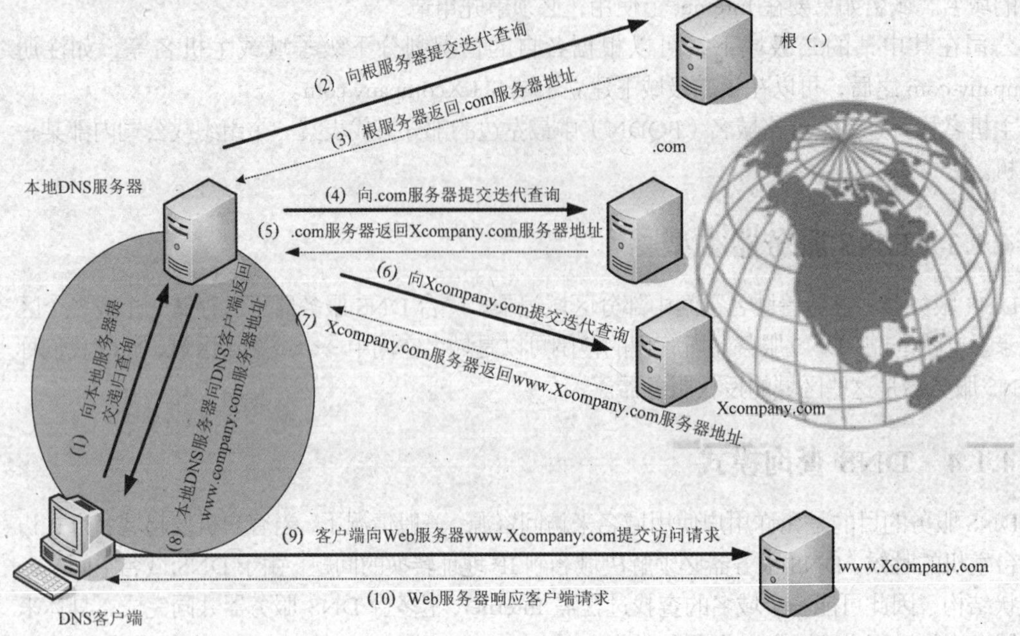

图 4-3　域名查询过程

（1）DNS 客户对本地 DNS 服务器发起递归查询。

（2）本地 DNS 服务器对根服务器提交迭代查询，寻找权威的 DNS 服务器。

（3）根 DNS 服务器给本地 DNS 服务器返回与提交的域名最接近的 DNS 服务器的参照信息，如图 4-3 所示，返回.com 服务器的 IP 地址。

（4）本地 DNS 服务器向提交的域名最接近的这台 DNS 服务器发出迭代查询。如图 4-3 所示，本地 DNS 服务器接着向维护.com 的 DNS 服务器发出迭代查询。

（5）这个过程一直持续下去，直到本地 DNS 服务器收到了最终的解析答案。如图 4-3 所示，负责.com 的 DNS 服务器向本地服务器返回 Xcompany.com 服务器的地址，接着本地 DNS 服务向负责 Xcompany.com 的服务器发出迭代查询，然后 Xcompany.com 服务器向本 DNS 服务器返回 www.Xcompany.com 服务器的地址。

（6）本地 DNS 服务器将通过迭代查询得到的解析结果返回给 DNS 客户端。DNS 客户端通过 DNS 服务器返回的 IP 地址访问 Web 服务器。

公司可以根据 DNS 服务器的具体性能考虑选择哪种查询方式，通常我们在小型企业中选择迭代查询，这样可以减小服务器的压力。

4.2　任务 1　DNS 服务器的安装

4.2.1　任务说明

Company 公司原来使用 ISP 提供的 DNS 服务器完成域名解析，现在需要配置一台公司内部的 DNS 服务器解析公司内部的 Web、FTP 和邮件服务器等地址。首先，管理员需要在企业内网的某台 Windows Server 2012 服务器上部署一台 DNS 服务器，静态设置服务器的 IP：192.168.10.1/24，下面将选择一台空闲的 Windows Server 2012 服务器来进行部署的实施过程。

4.2.2 任务实施过程

1. 打开"服务器管理器"，单击"仪表板"，选择"添加角色和功能"，如图 4-4 所示。

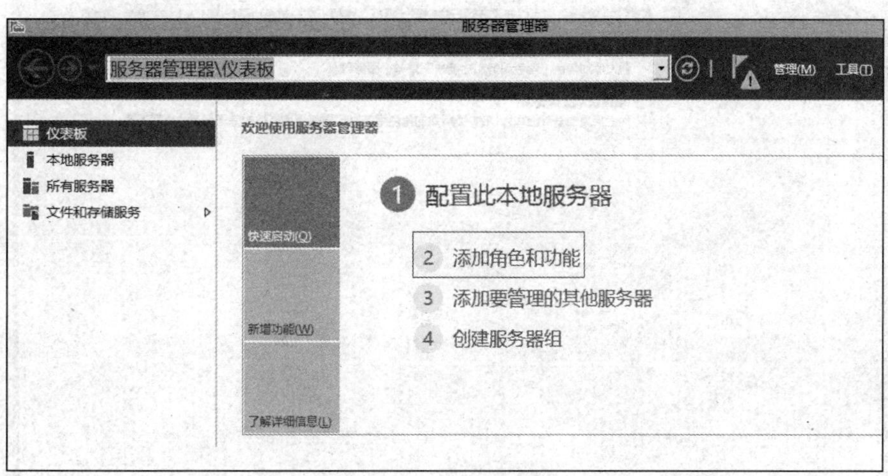

图 4-4 添加服务器角色

2. 在显示的"开始之前"对话框中，单击"下一步"按钮，如图 4-5 所示。

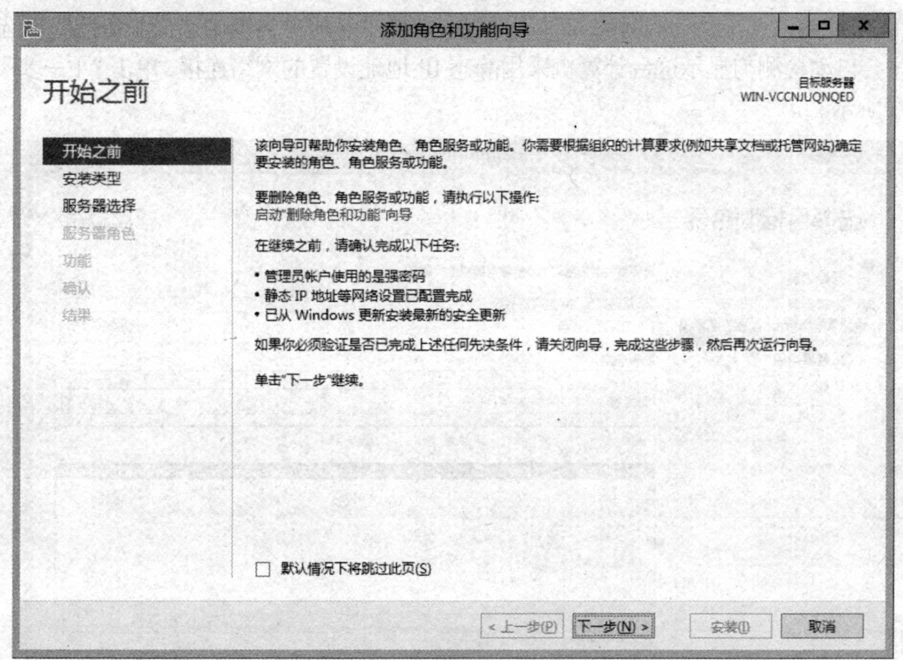

图 4-5 添加角色和功能向导

3. 在出现"选择安装类型"对话框中，选择"基于角色或基于功能的安装"，单击"下一步"按钮，如图 4-6 所示。

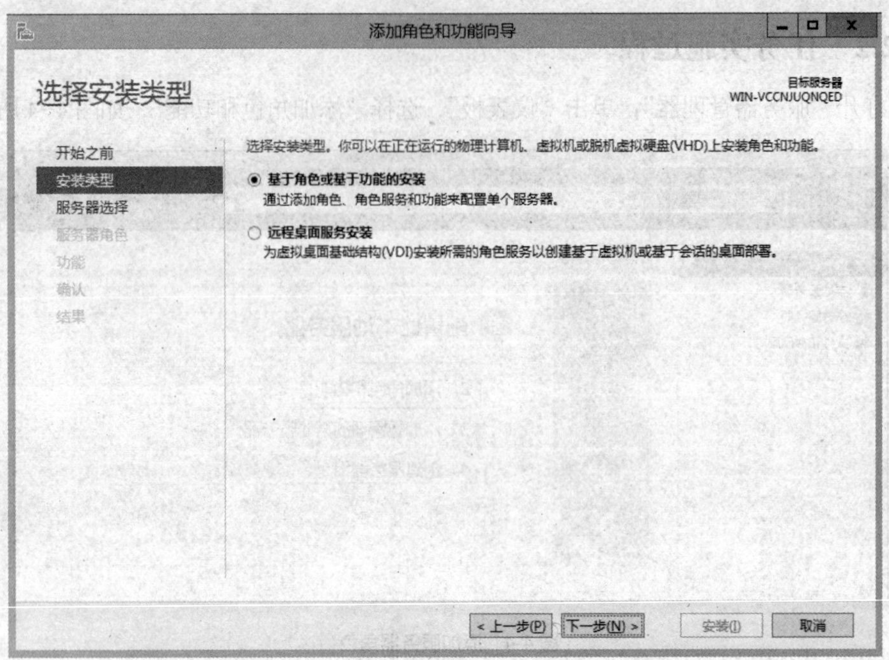

图 4-6　基于角色或功能的安装

4. 在出现的“选择目标服务器”对话框中，选择“从服务器池中选择服务器”单选按钮，安装程序会自动检测与显示这台计算机采用静态 IP 地址设置的网络连接，单击“下一步”按钮，如图 4-7 所示。

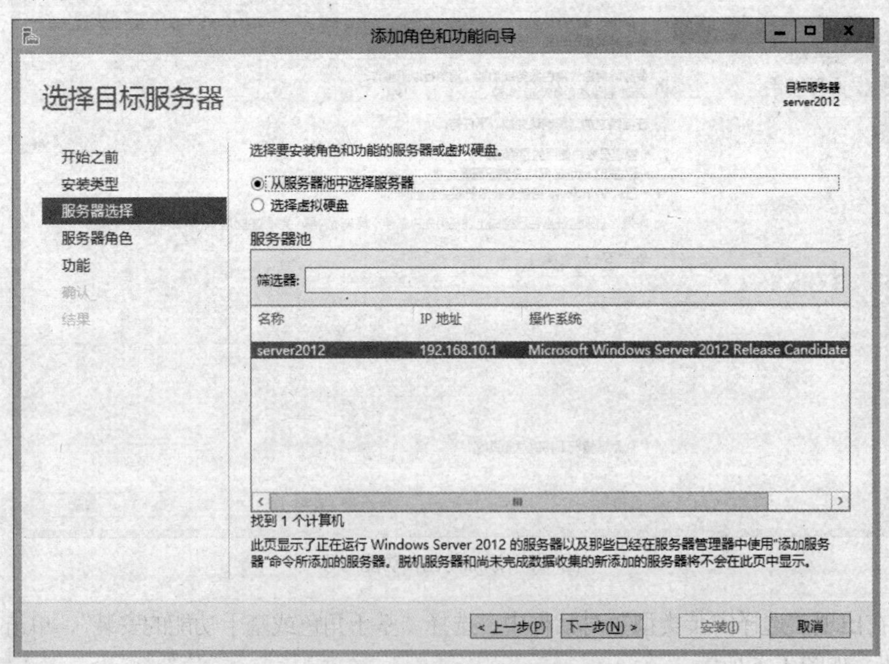

图 4-7　从服务器池中选择服务器

5. 如图 4-8 所示，勾选“DNS 服务器”，单击“下一步”按钮，如图 4-8 所示。

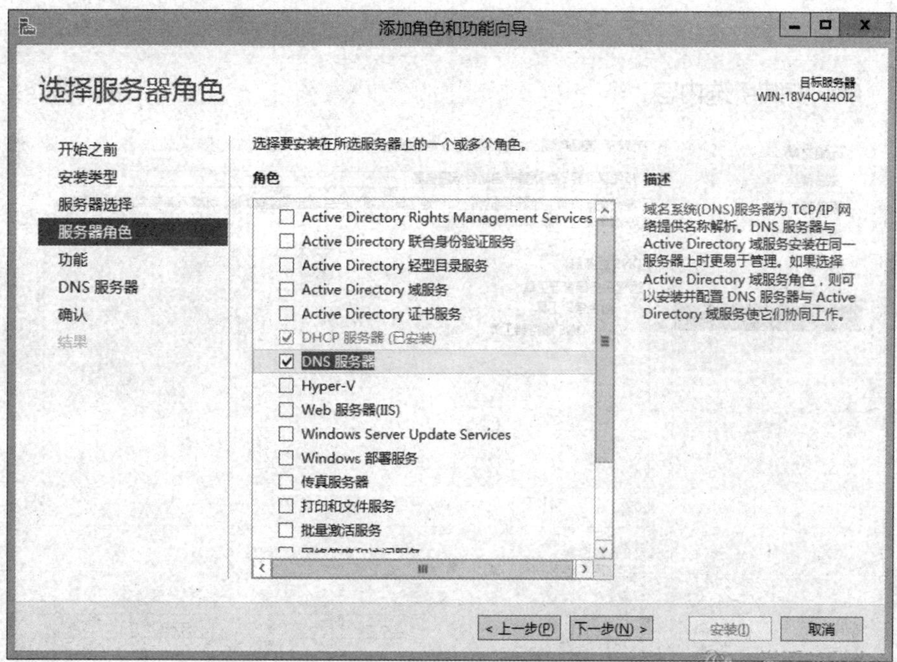

图 4-8 选择 DNS 服务器角色

6. 选择要安装在所选服务器上的一个或多个功能，单击“下一步”按钮，如图 4-9 所示。

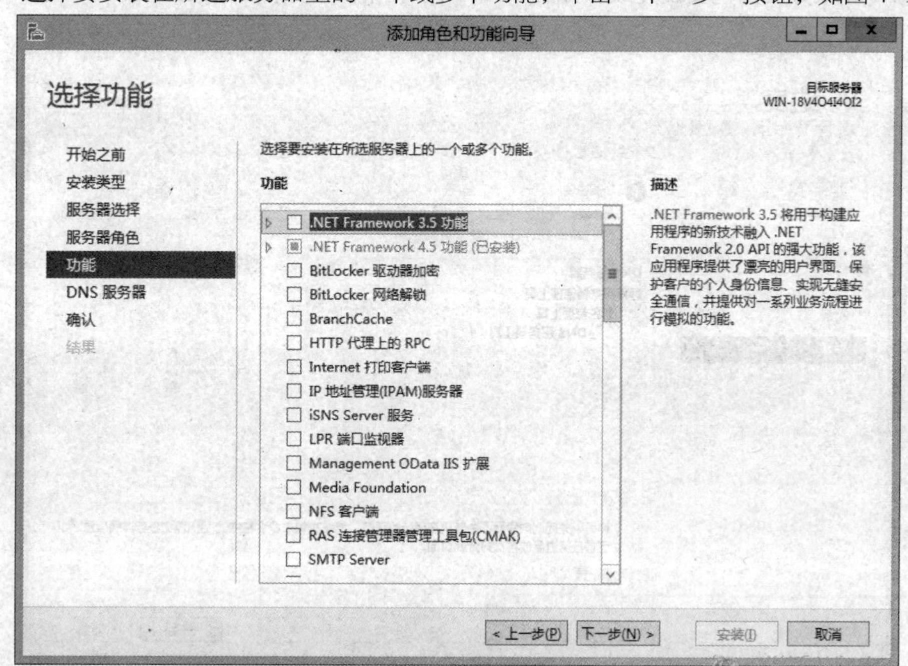

图 4-9 选择服务器功能

7. 在“确认安装所选内容”对话框中，单击“安装”按钮，如图 4-10 所示。

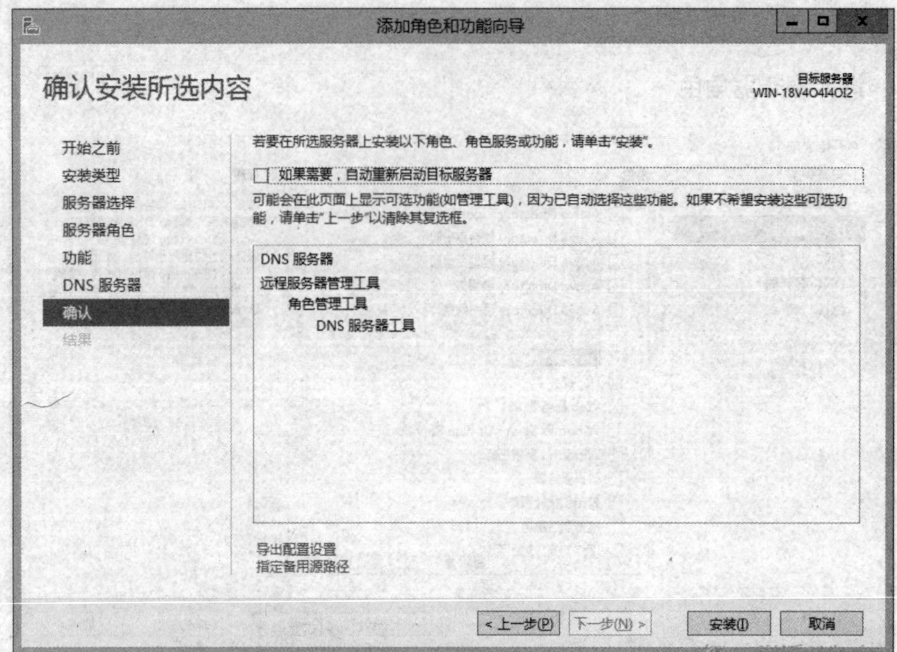

图 4-10　确认安装内容

8. DNS 服务器角色安装完成后如图 4-11 所示，单击“关闭”按钮。

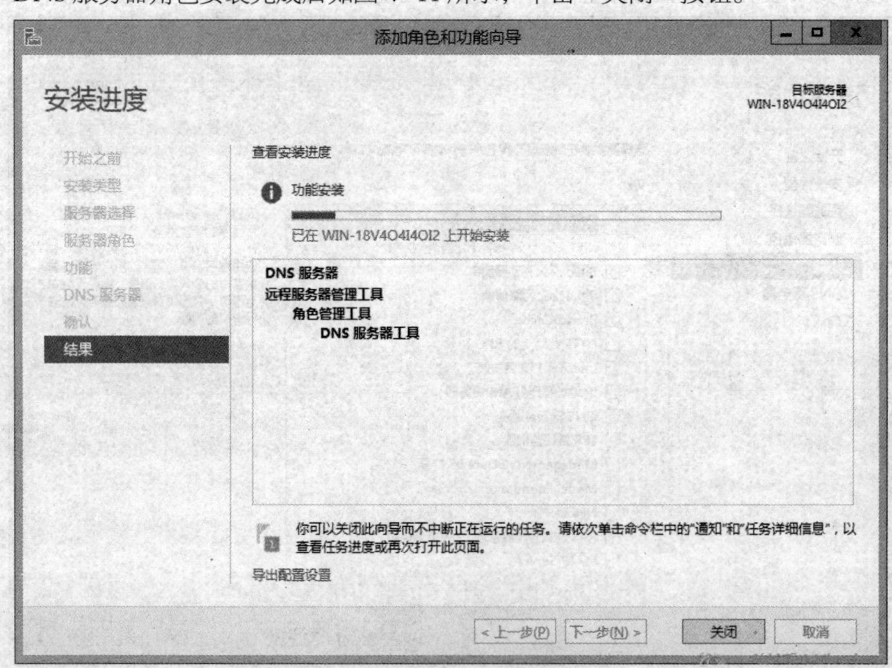

图 4-11　DNS 角色安装成功提示

4.3 任务2 配置DNS区域

4.3.1 任务说明

创建 DNS 服务器后，接下来要做的就是创建区域，创建区域又分为创建正向查找区域或创建反向查找区域，正向查找区域完成域名到 IP 的解析，反向查找区域完成 IP 到域名的解析。Windows Server 2012 允许创建以下 3 种类型的 DNS 区域。

1. 主要区域

主要区域用来存储区域中的主副本，当在 DNS 服务器创建主要区域后，就可以直接在该区域添加、修改或删除记录，区域内的记录存储在文件夹 AD 数据库中。

2. 辅助区域

辅助区域是指从某一个主要区域复制而来的区域副本，辅助区域中的记录是只读的，不能进行添加、修改和删除等操作，仅仅能提供域名解析，辅助区域可以实现 DNS 服务器的备份和容错。

3. 存根区域

存根区域也是存储副本，不过它与辅助区域不同，存根区域中只包含少数记录，主要有 SOA 记录、NS 记录和 A 记录。存根区域就像一个书签一样，仅仅指向负责某个区域的权威的 DNS 服务器。

在本任务中，我们将在公司的 DNS 服务器上创建一个名为 company.com 的正向查找区域，其类型为主要区域。

4.3.2 任务实施过程

1. 打开 DNS 管理器，鼠标右键单击“正向查找区域”，选择“新建区域”，如图 4-12 所示。

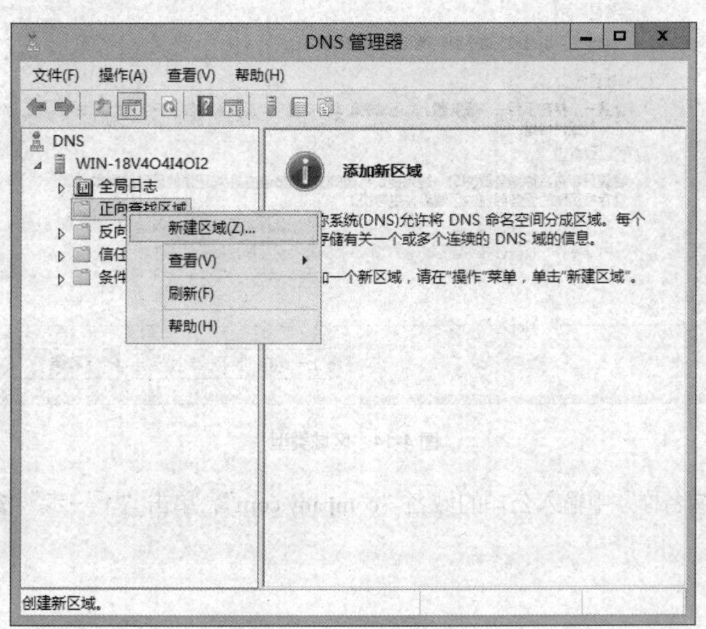

图 4-12 新建区域

2. 在出现的“欢迎使用新建区域向导”对话框中，单击“下一步”按钮，如图 4-13 所示。

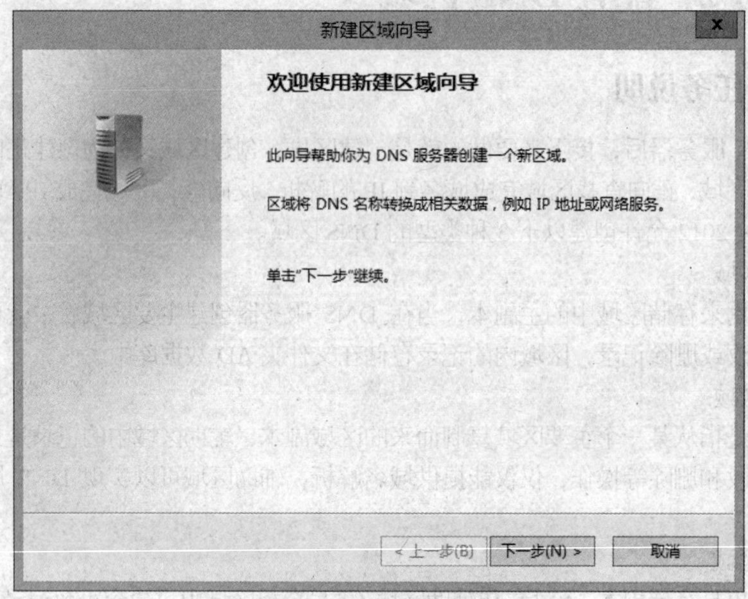

图 4-13 新建区域向导

3. 在出现的“区域类型”对话框中选择“主要区域”，单击“下一步”按钮，如图 4-14 所示。

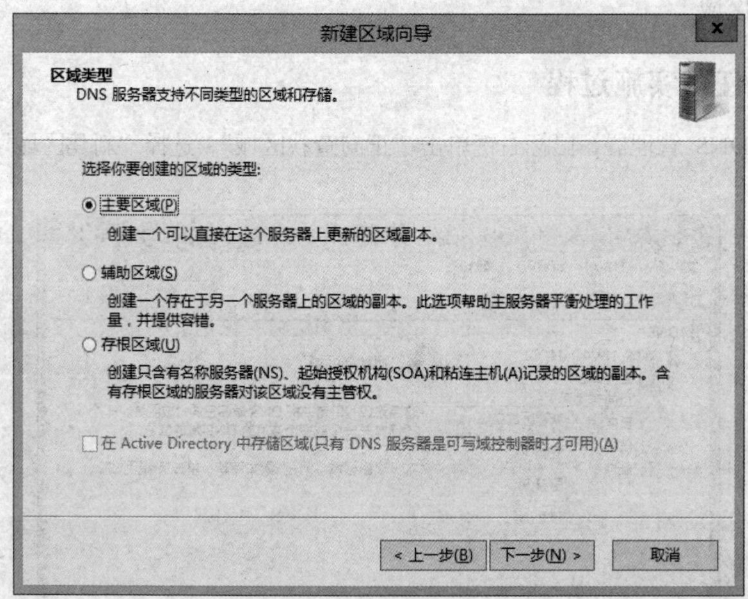

图 4-14 区域类型

4. 在“区域名称”中输入公司的域名“company.com”，单击“下一步”按钮，如图 4-15 所示。

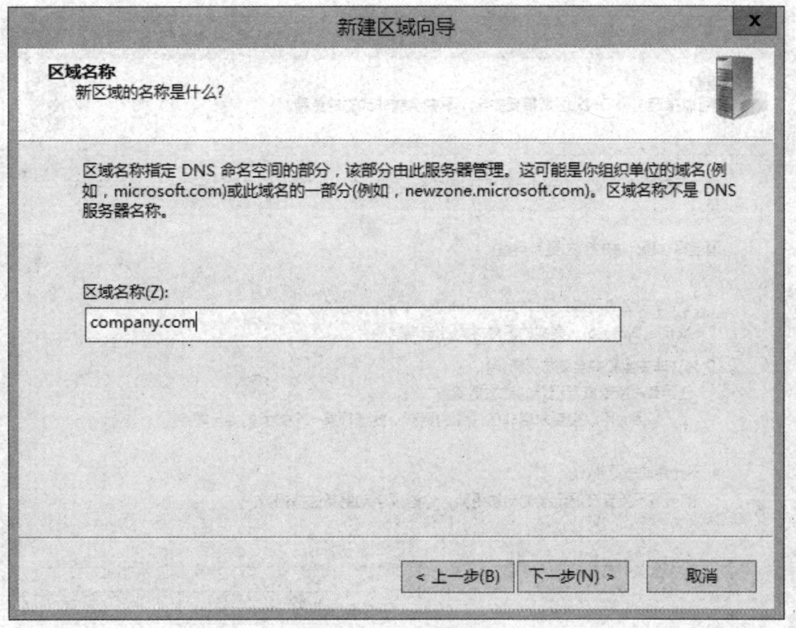

图 4-15　区域名称

5. 在出现的“区域文件”对话框中，单击“下一步”按钮，如图 4-16 所示。

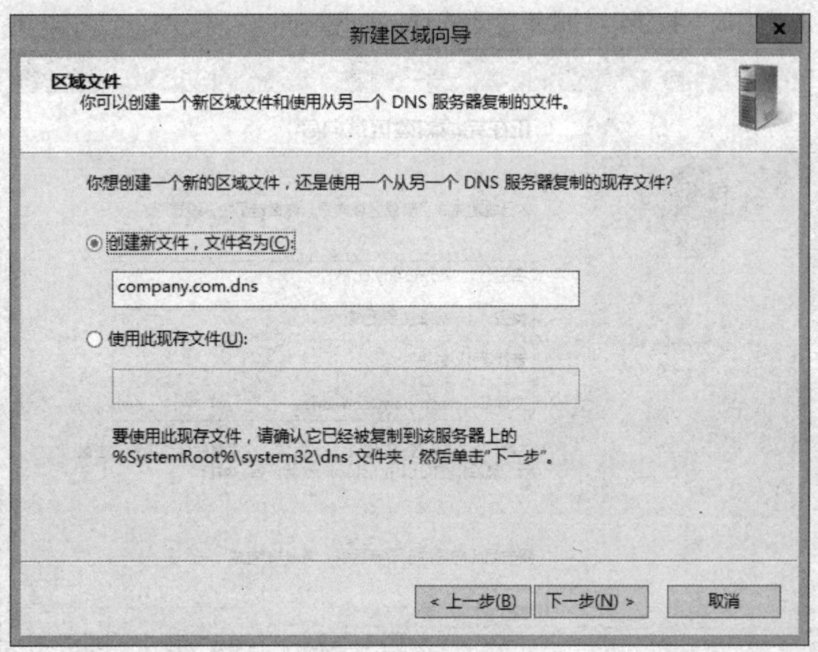

图 4-16　区域文件

6. 在此任务案例中选择“不允许动态更新”，单击“下一步”按钮，如图 4-17 所示。

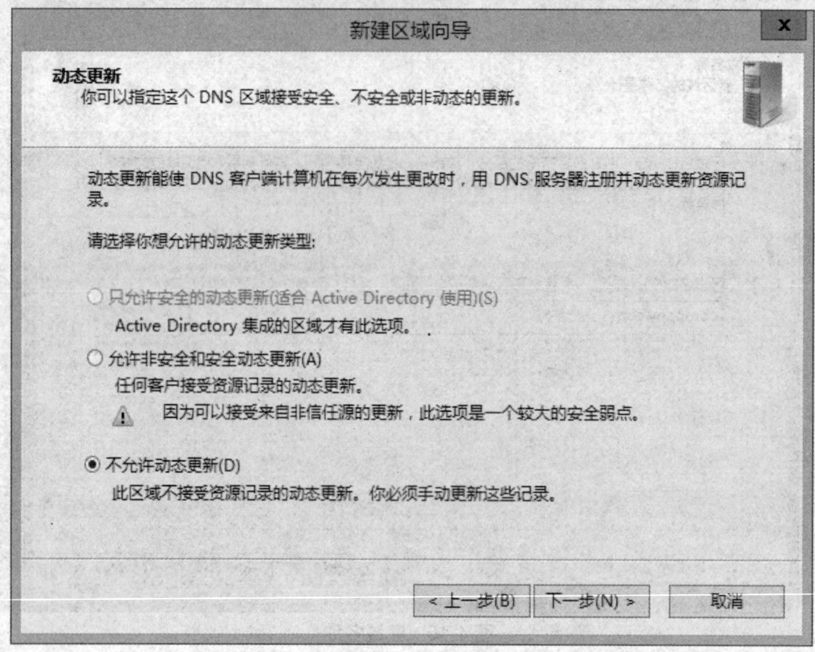

图 4-17　动态更新

7. 单击“完成”按钮，完成新建区域 company.com。

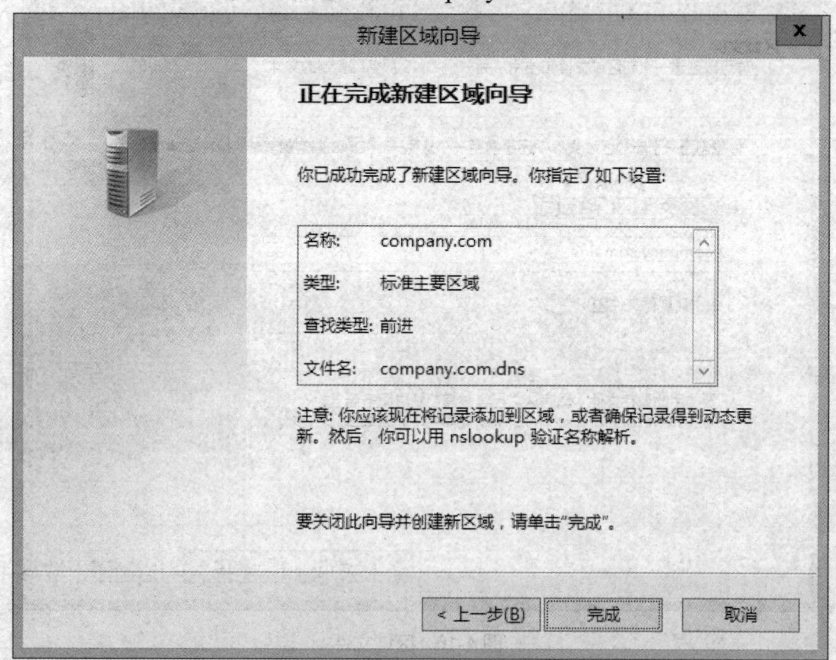

图 4-18　DNS 区域创建成功提示

4.4 任务3 在区域中创建资源记录

4.4.1 任务说明

资源记录是DNS数据库中的一种标准结构单元，里面包含了用来处理DNS查询的信息。DNS服务器支持多种不同类型的资源记录，在此我们介绍几种常见的资源记录类型。

表4-2 DNS资源记录介绍

记录类型	说明	例子
主机记录（A或AAAA记录）	A记录代表了网络中的一台计算机或一个设备，是最常见且使用最频繁的记录类型，主要负责把主机名解析成IP地址	主机名2012srvA.company.com解析成IP地址192.168.10.10
SOA记录	SOA记录是每个区域文件中的第一个记录，标识了负责该区域的主DNS服务器。SOA记录主要负责把域名解析成主机名	把company.com解析成2012srvA.company.com
NS记录	NS记录通过标识每个区域的DNS服务器以简化区域的委派。DNS服务器向被委派的域发送查询之前，需要查询负责目标区域的DNS服务器的NS记录。NS记录把域名解析成一个主机名	把company.com解析成2012srvB.company.com
CNAME记录	CNAME记录是一个主机名的另一个名字，CNAME记录把一个主机名解析成另一个主机名	把www.company.com解析成webserver.company.com
MX记录	MX记录标识SMTP邮件服务器的存在，MX记录把域名解析为主机名	把company.com解析成smtp.company.com

根据任务要求，此任务中我们应该创建两条主机记录（A记录），将公司Web服务器域名www.company.com解析成IP地址192.168.10.10，将公司FTP服务器域名ftp.company.com解析成IP地址192.168.10.9。在此任务中我们还应该创建两条邮件交换器记录，将company.com解析成2012srvA.company.com和2012srvB.company.com（必须先创建2012srvA.company.com和2012srvB.company.com的A记录），其中2012srvA.company.com的优先级高于2012srvB.company.com，具体实施过程如下。

4.4.2 任务实施过程

1. 鼠标右键单击company.com，选择“新建主机（A或AAAA）”，如图4-19所示。

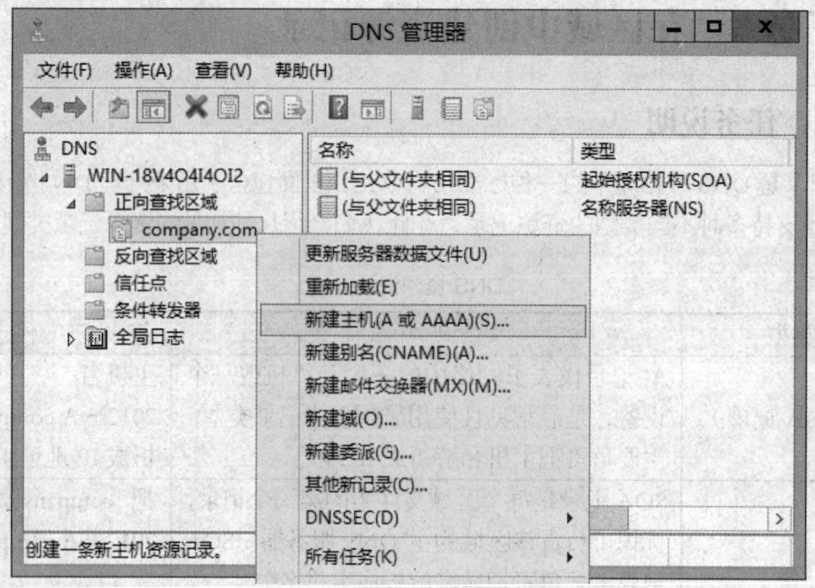

图 4-19　创建 www 主机记录

2. 在名称中输入 www，IP 地址是 Web 服务器的地址 192.168.10.10。单击"添加主机"按钮。在出现的对话框中单击"确定"按钮，如图 4-20 所示。

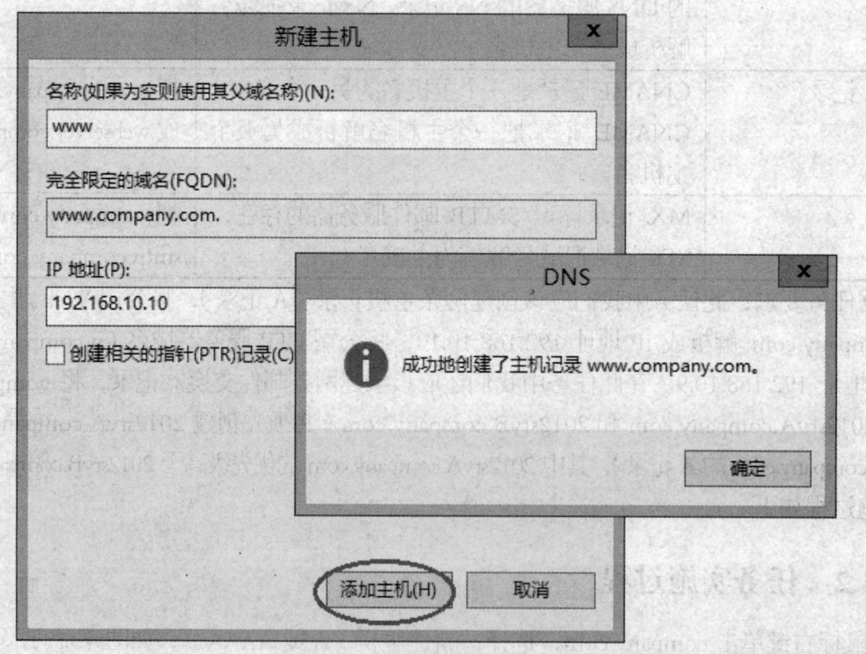

图 4-20　主机记录创建成功提示

3. 创建 ftp.company.com 记录，IP 地址是 192.168.10.9，单击"添加主机"按钮，如图 4-21 所示。

图 4-21　创建 FTP 主机记录

4. 鼠标右键单击 company.com 区域，选择“新建邮件交换器”，如图 4-22 所示。

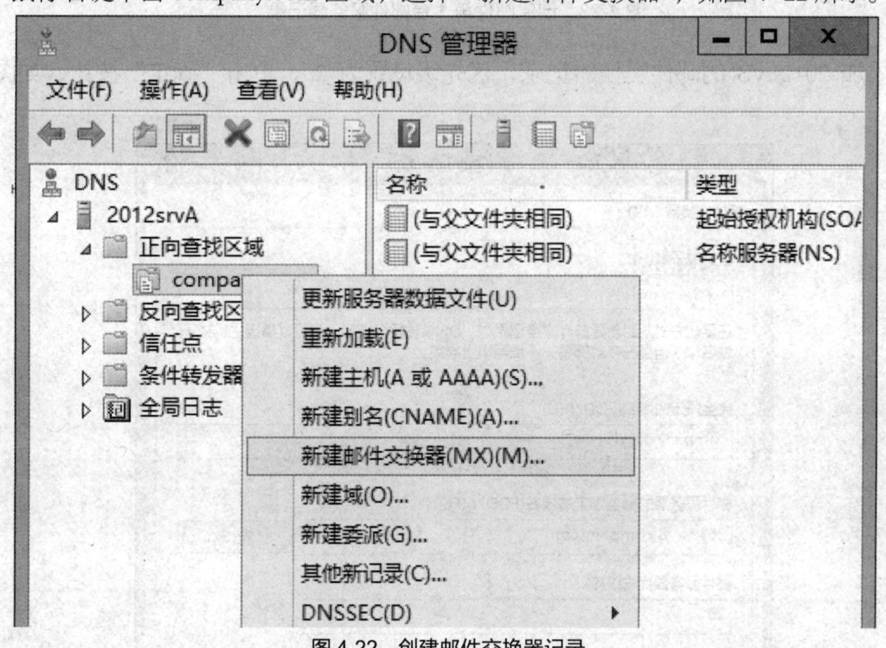

图 4-22　创建邮件交换器记录

5. 在图 4-23 中单击“浏览”按钮，找到区域中的邮件服务器 2012srvA，设置邮件服务器的优先级为 10。MX 记录的优先级数字越小，代表该邮件服务器的优先级越高。

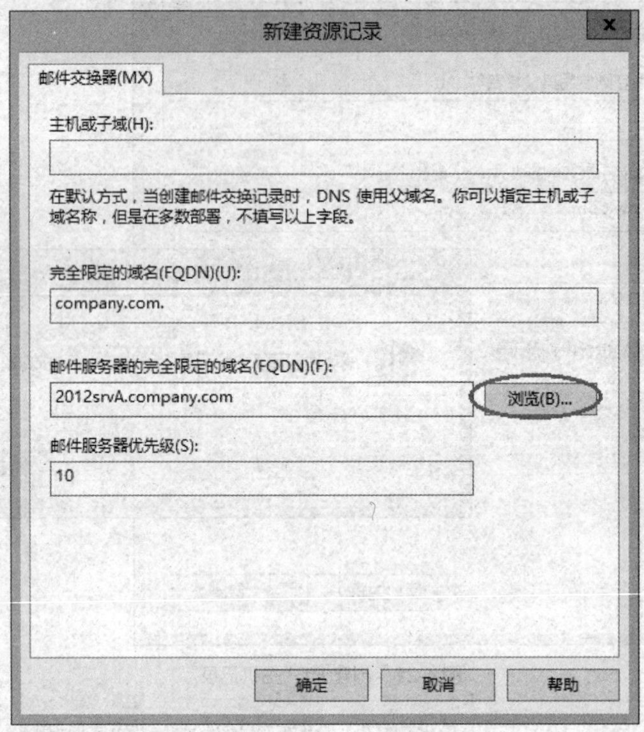

图 4-23　创建邮件第 1 台邮件服务器记录

6. 添加 2012srvB 的邮件交换器记录，优先级设置为 20，单击“确定”按钮，如图 4-24 所示。

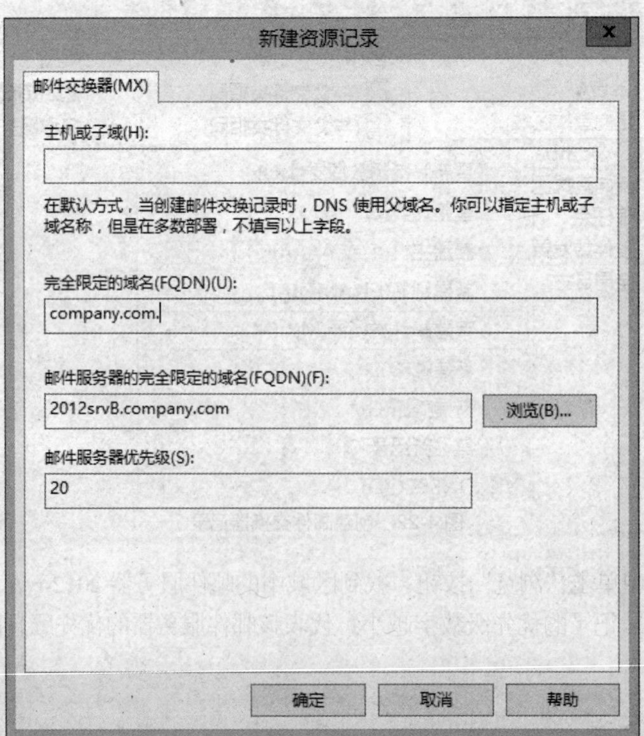

图 4-24　创建邮件第 2 台邮件服务器记录

7. 全部资源记录创建完成后如图 4–25 所示。

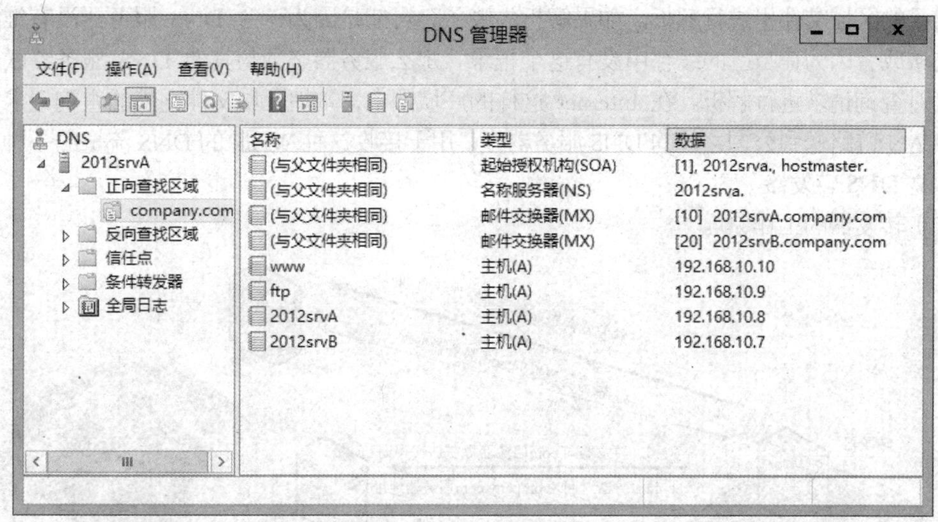

图 4-25 成功创建不同类型的资源记录

4.5 任务 4 转发器与根提示设置

4.5.1 任务说明

DNS 客户端向 DNS 服务器发出查询请求后，若该 DNS 服务器中没有所需的记录，则该 DNS 服务器会代替客户端向位于根提示中的 DNS 服务器或转发器查询。

1. 根提示

根提示中的 DNS 服务器就是图 4–26 中所示的根 DNS 服务器，这个服务器的名称和 IP 地址等数据存储在 %Systemroot%\System32\DNS\cache.dns 文件中。全球有 13 台根服务器。1 个为主根服务器，放置在美国；其余 12 个均为辅根服务器，其中 9 个放置在美国，欧洲 2 个，位于英国和瑞典；亚洲 1 个，位于日本。访问国外域名都要经过这些根服务器。

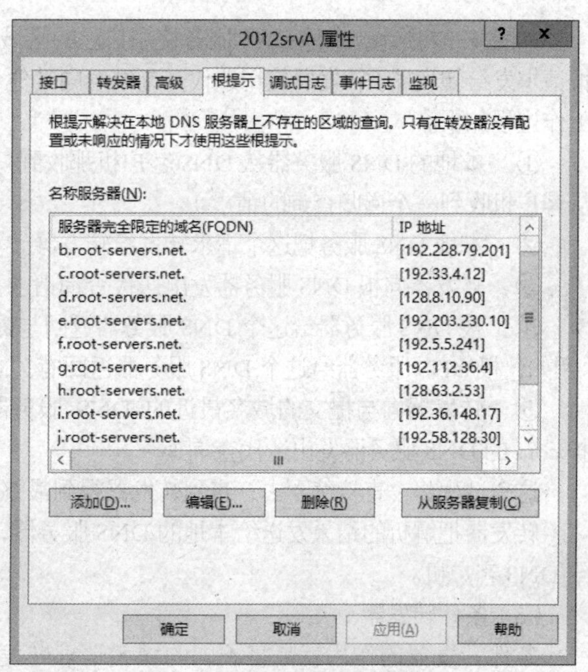

图 4-26 Internet 的根提示服务器

可以在根提示选项卡中添加、删除与编辑 DNS 服务器，也可以利用“从服务器复制”功能，以便从其他的 DNS 服务器复制根提示。

2. 转发器

（1）转发器的作用

转发器是内部 DNS 服务器所指向

的另一台 DNS 服务器，可用于解析外部 DNS 域名。当 DNS 服务器收到查询请求之后，它试图在自己的区域文件里进行解析。如果解析失败了，可能是因为这台 DNS 服务器没有维护被请求的域或者因为在自己的缓存中没有这个记录，那么服务器必须与其他 DNS 服务器联系从而继续对查询请求进行解析。在 Internet 这样的广域网中，本地区域文件之外的查询请求需要跨过 WAN 链路送到公司之外的 DNS 服务器上。用于接收这种 WAN 的 DNS 流量的一种方法就是建立 DNS 转发器。

（2）转发器的工作原理

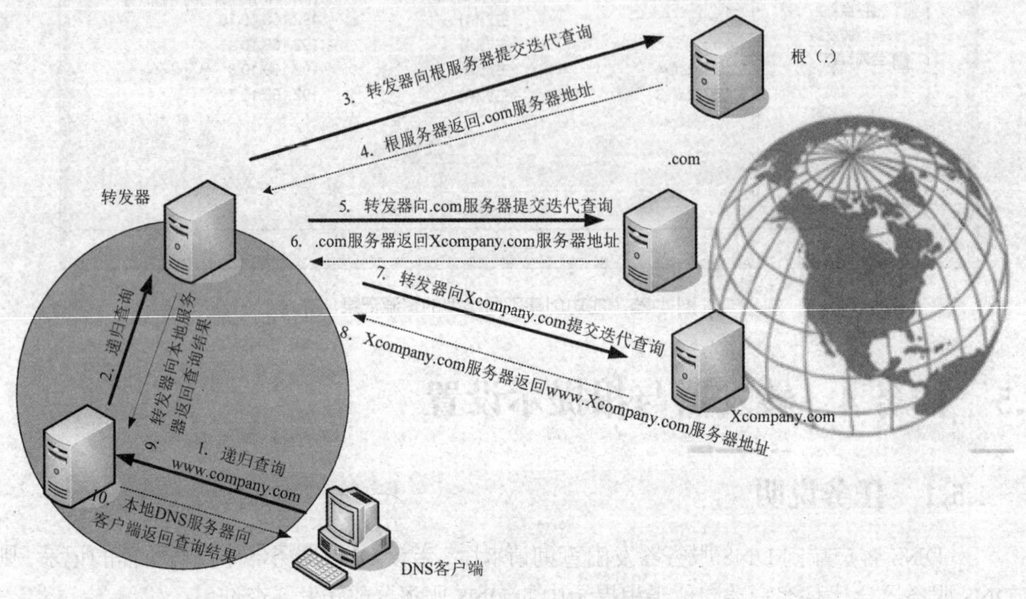

图 4-27　转发器的工作原理

如图 4-27 所示，本地 DNS 服务使用自己的区域文件和缓存不能解析请求的名称，所以它把请求发给转发器。转发器使用迭代查询继续向其他名称服务器发出解析请求。DNS 转发器的工作过程如下。

① 本地的 DNS 服务器从 DNS 客户机那收到一个查询请求（例如，本地的 DNS 服务器从客户机收到一个递归查询的请求）。

② 本地 DNS 服务把这个请求转发给转发器。

③ 转发器向根 DNS 服务器发出迭代查询请求，希望从授权服务器那里解析到名称。

④ 根 DNS 服务器给这个 DNS 服务器返回与提交域名最接近的 DNS 服务器的参照信息（例如，根 DNS 服务器给这个 DNS 服务器返回有关.com 参照信息）。

⑤ 转发器向与提交的域名最近的 DNS 服务器发出迭代查询（例如，转发器接着向维护.com 的 DNS 服务器发出迭代查询）。

这个过程将一直持续下去，直到转发器得到最终的解析答案。

转发器把解析的结果发送给本地的 DNS 服务器，再由本地的 DNS 服务器把解析结果发送给 DNS 客户机。

（3）条件转发器

条件转发器的作用就是将不同的域名请求转发给不同的转发器。如图 4-28 所示，将 Xcompany.com 的域名解析请求转发给 192.168.10.5，将 Ycompany.com 的域名解析请求转发给

192.168.10.6。

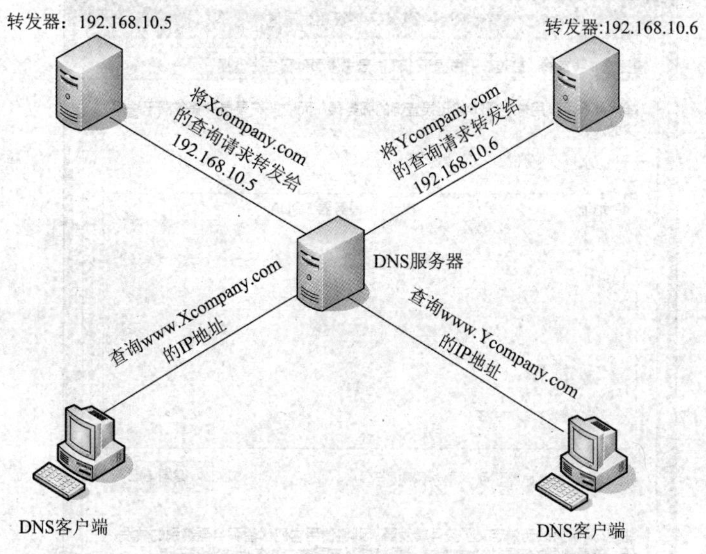

图 4-28　条件转发器工作原理

在此任务中，公司要求内部的 DNS 服务器既能解析公司内部的 Web、FTP 和邮件服务器地址，又能完成外网的解析请求，这就要求在公司内部的 DNS 服务器上设置转发器，指向能够解析外网的当地 ISP 提供的 DNS 地址 59.51.78.210。

4.5.2　任务实施过程

1. 打开 DNS 管理控制台，鼠标右键单击“转发器”，选择“属性”，如图 4-29 所示。

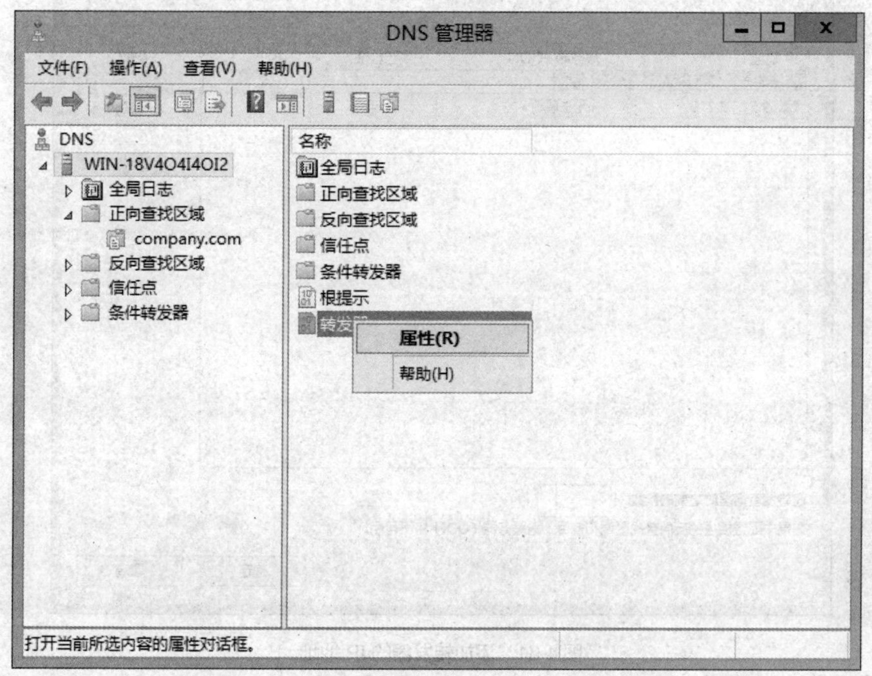

图 4-29　转发器设置

2. 在图 4-30 所示对话框中单击“编辑”按钮。

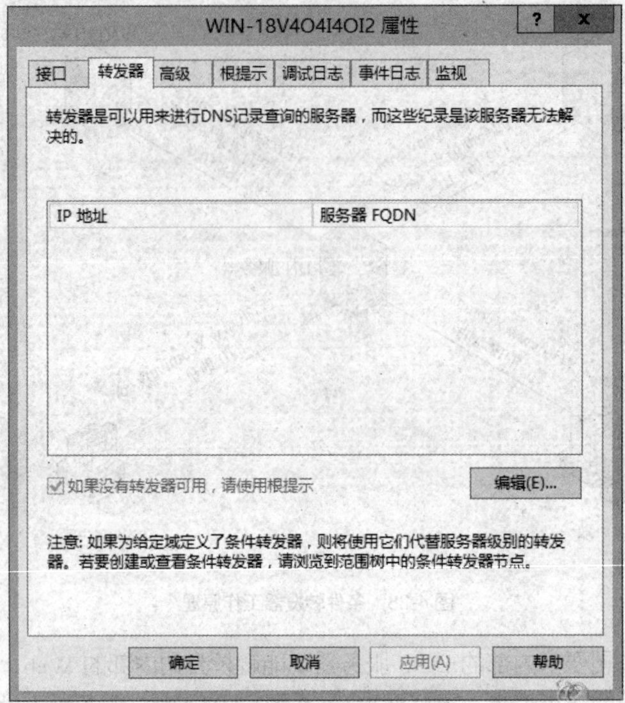

图 4-30　设置转发器的 IP 地址

3. 在转发器服务器的 IP 地址中输入 ISP 的 DNS 地址 59.51.78.210。选择“确定”按钮，如图 4-31 所示，转发器设置成功。

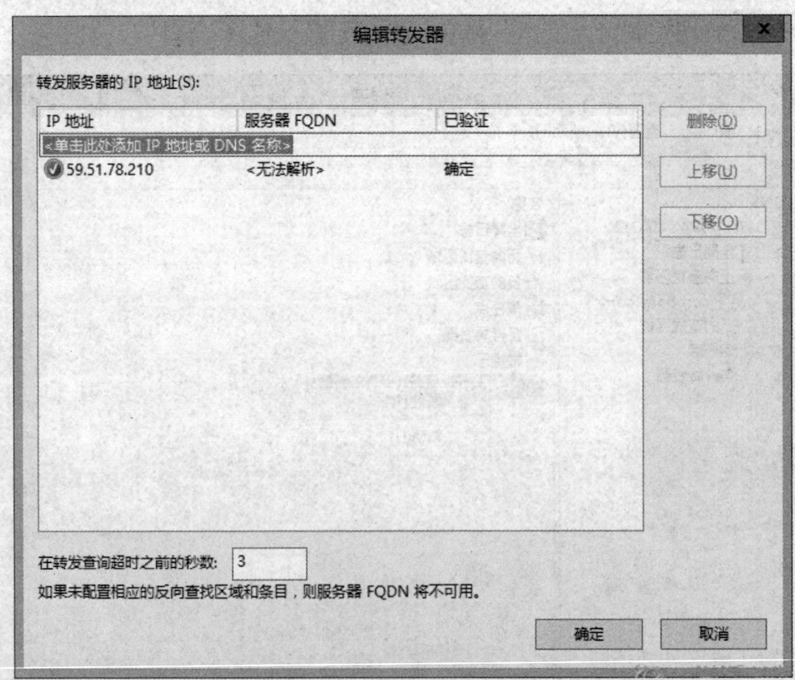

图 4-31　添加转发器的 IP 地址

4.6 任务5 DNS 客户端的设置

4.6.1 任务说明

DNS 服务器配置完成之后，还要对 DNS 的客户机进行配置，才能完成域名解析。后面我们将以 Windows 8 为例，讲解 DNS 客户机的配置方法。

如果 DNS 服务器的设置与运作一切正常，但是 DNS 客户端还是无法通过 DNS 服务器解析到正确的 IP 地址，其原因可能是 DNS 客户端或 DNS 服务器缓存区中有不正确的资源记录，此时，您可以利用以下方法将缓存区中的数据清除。

1. 清除 DNS 客户端缓存区

在 DNS 客户端中运行 ipconfig/flushdns。

2. 清除 DNS 服务器缓存区

在 DNS 控制台中，在 DNS 服务器上单击鼠标右键，选择“清除缓存”命令。

在此任务中，公司计算机要求能够利用域名访问公司内部的各个服务器以及外网，这就要求 DNS 客户端设置公司内部的 DNS 地址 192.168.10.1。公司内部的 DNS 会将自己无法解析的域名通过转发器转发给外网的 DNS 服务器。

4.6.2 任务实施过程

在 DNS 客户端打开 TCP/IP 属性，设置 DNS 的地址 192.168.10.1，如图 4-32 所示。

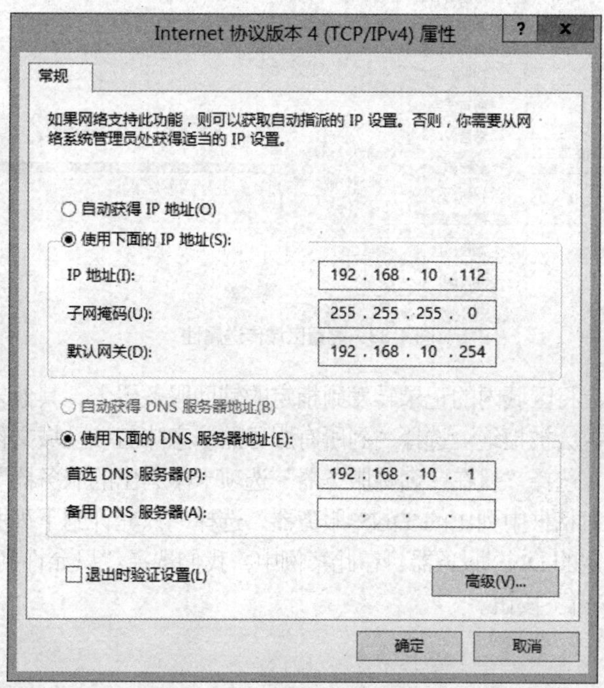

图 4-32 DNS 客户端设置

4.7 知识能力拓展

4.7.1 拓展案例 1 DNS 区域传送

DNS 服务器支持将一个区域文件复制到多个 DNS 服务器上，这个过程叫做区域传送。它是通过从主服务器上将区域文件的信息复制到辅助服务器上来实现的。

案例场景：X 公司收购了 Y 公司，现要求将 Y 公司 DNS 服务器上的 Ycompany.com 区域资源记录复制到 X 公司的 DNS 服务器上统一管理。请你给出一个合适的解决方案。

案例实施过程如下。

1. 在 Y 公司的 DNS 服务器上配置允许区域复制。

（1）打开 DNS 管理，鼠标右键单击“Ycompany.com 区域”，选择“属性”，如图 4-33 所示。

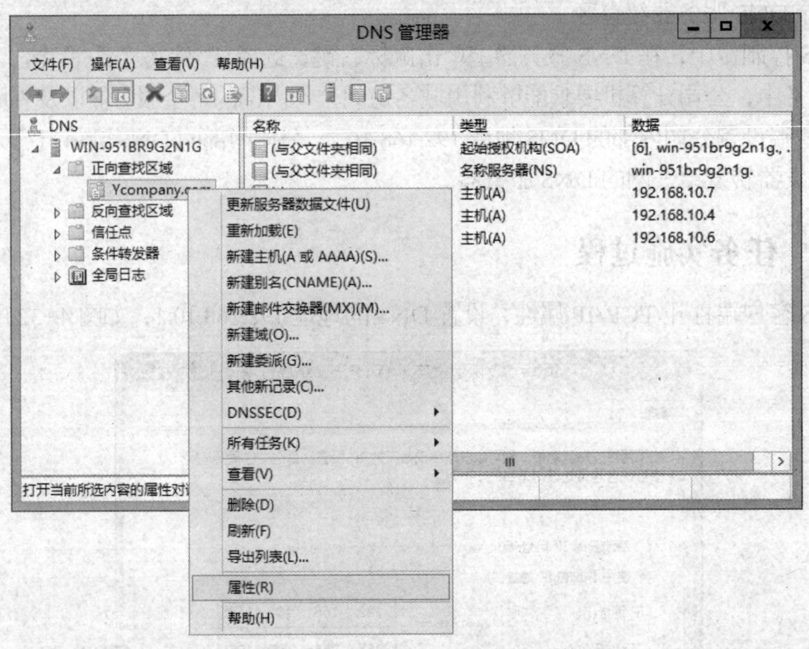

图 4-33 配置区域传送属性

（2）主服务器只会将区域内的记录转发到指定的辅助服务器上，其他未被指定的辅助服务器提出的区域传送请求会被拒绝。选择“到所有服务器”意味着该区域文件可以复制到网络中所有的 DNS 服务器，选择“只在‘名称服务器’选项卡中列出的服务器”意味着该区域文件可以复制名称服务器对话框中列出的 DNS 服务器，选择“只允许到下列服务器”意味着该区域文件允许复制到指定的 DNS 服务器。在此案例中，我们选择“只允许到下列服务器”，如图 4-34 所示，单击“编辑”按钮。

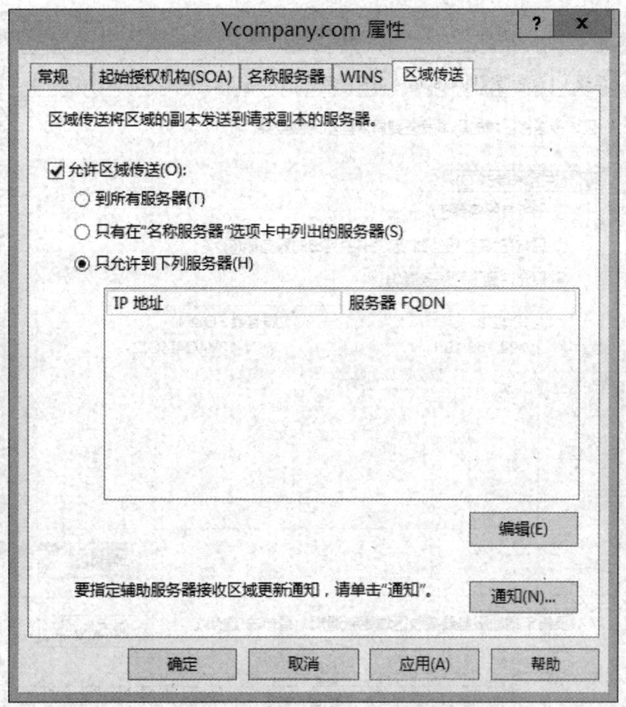

图 4-34　设置允许区域传送服务器

（3）在图 4-35 所示对话框的“辅助服务器的 IP 地址”中输入 X 公司 DNS 服务器的地址 192.168.10.1，单击“确定”按钮。

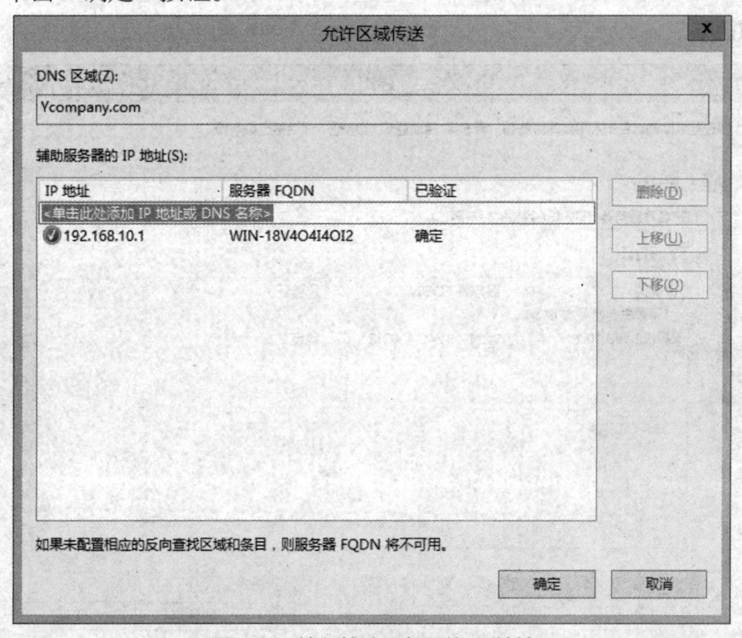

图 4-35　输入辅助服务器的 IP 地址

（4）主服务器区域内的记录有变动时，也可以自动通知辅助服务器，而辅助服务器收到通知后，就可以提出区域传送请求。如图 4-36 所示，单击“通知”按钮。

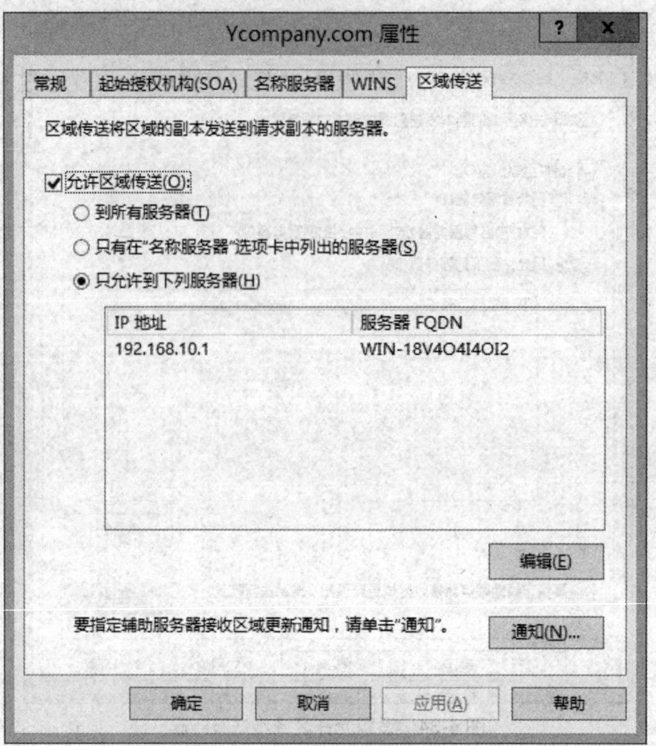

图 4-36　设置自动通知

（5）在图 4-37 中，选择“自动通知”，勾选“下列服务器”，输入辅助 DNS 服务器的 IP 地址 192.168.10.1。

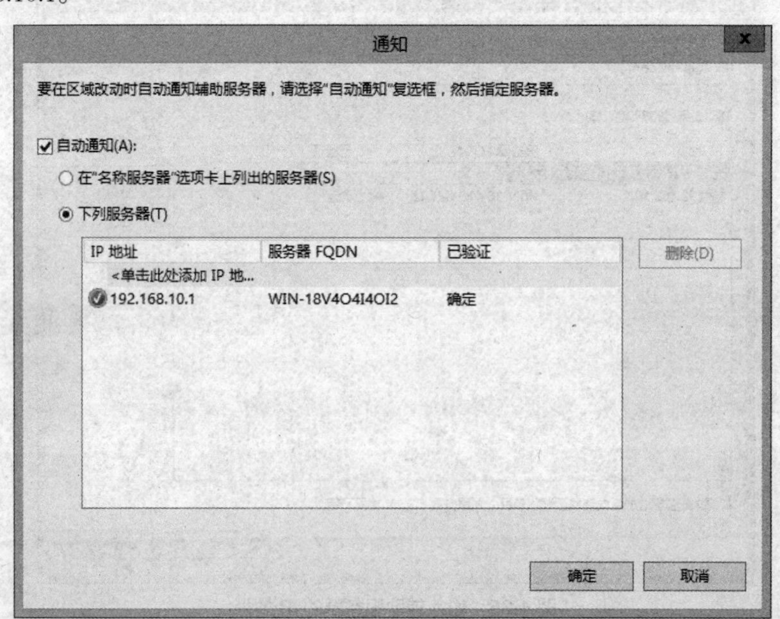

图 4-37　设置自动通知的 DNS 服务器地址

2. 在 X 公司 DNS 服务器创建辅助区域 Ycompany.com。

（1）打开 DNS 管理控制台，鼠标右键单击“正向查找区域”，选择“新建区域”，如图 4-38 所示。

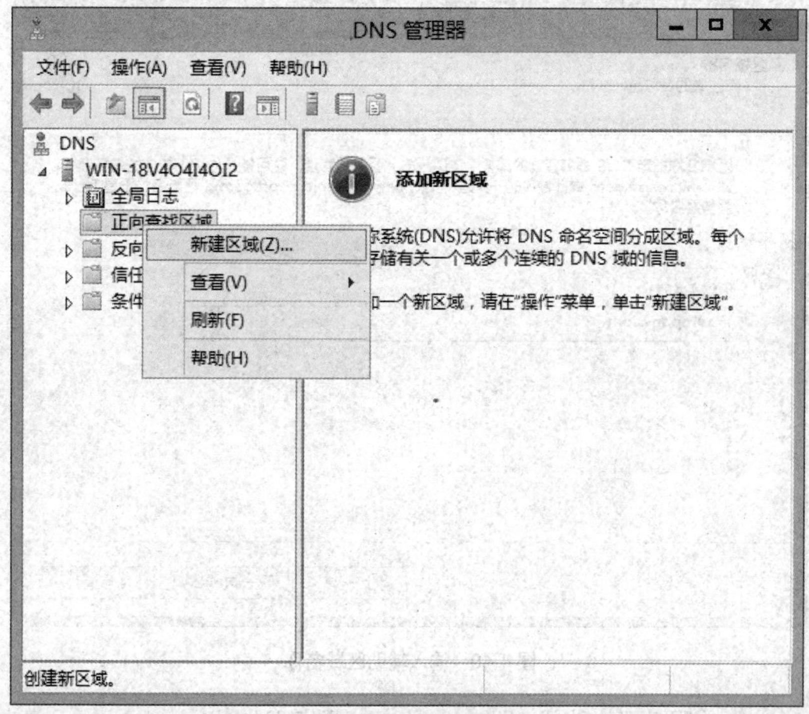

图 4-38 新建区域

（2）在出现的“区域类型”对话框中勾选“辅助区域”，如图 4-39 所示。

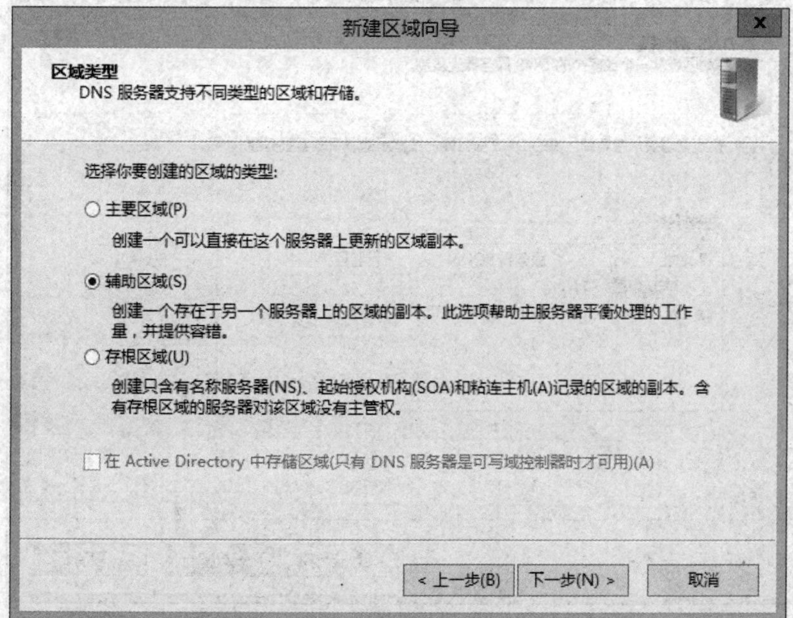

图 4-39 新建辅助区域

（3）输入区域名称“Ycompany.com”，如图 4-40 所示，辅助区域的名称和主要区域名称必须一致。

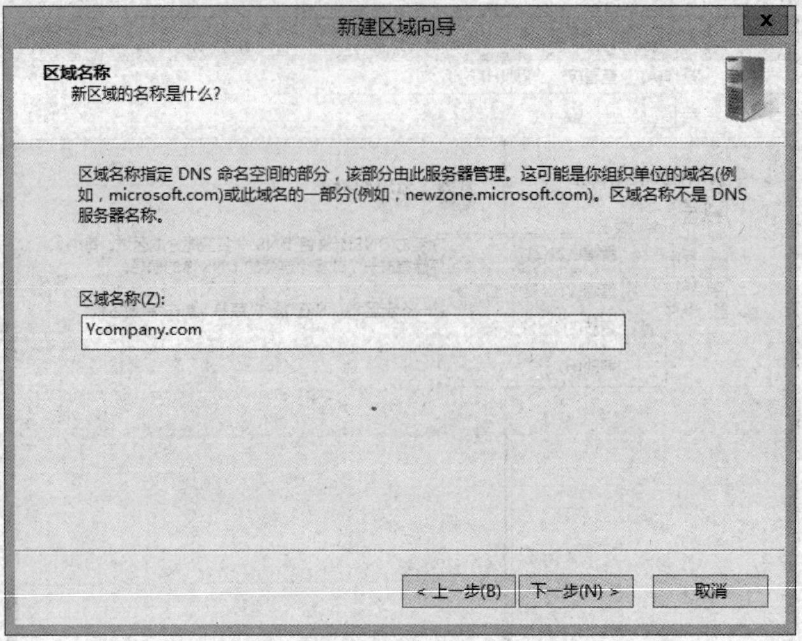

新建区域向导

区域名称
新区域的名称是什么?

区域名称指定 DNS 命名空间的部分，该部分由此服务器管理。这可能是你组织单位的域名(例如，microsoft.com)或此域名的一部分(例如，newzone.microsoft.com)。区域名称不是 DNS 服务器名称。

区域名称(Z):
Ycompany.com

< 上一步(B)　下一步(N) >　取消

图 4-40　输入辅助区域名称

（4）输入主 DNS 服务器的地址，即 Y 公司 DNS 服务器地址 192.168.10.5。单击“下一步”按钮，如图 4-41 所示。

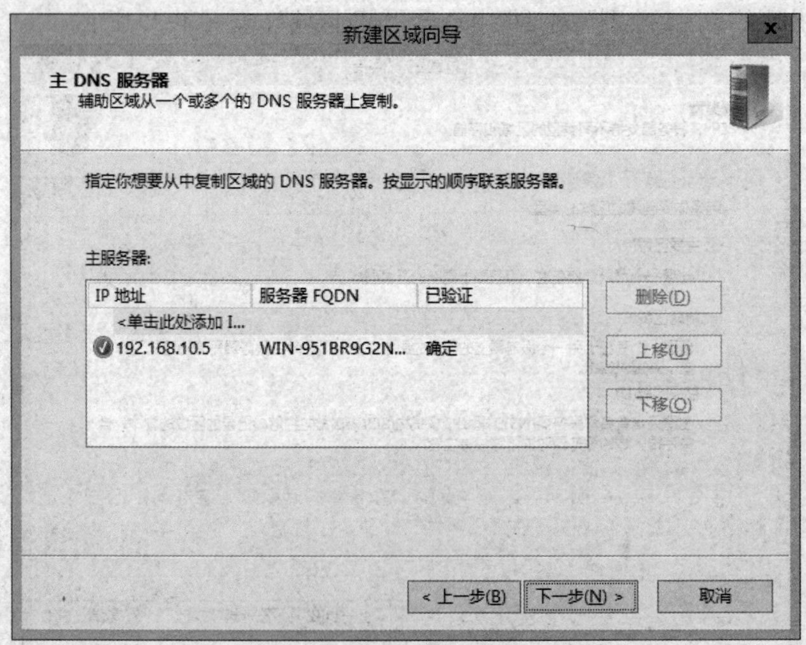

图 4-41　输入主 DNS 服务器的地址

（5）在“正在完成新建区域向导”对话框中单击“完成”按钮，如图 4-42 所示。

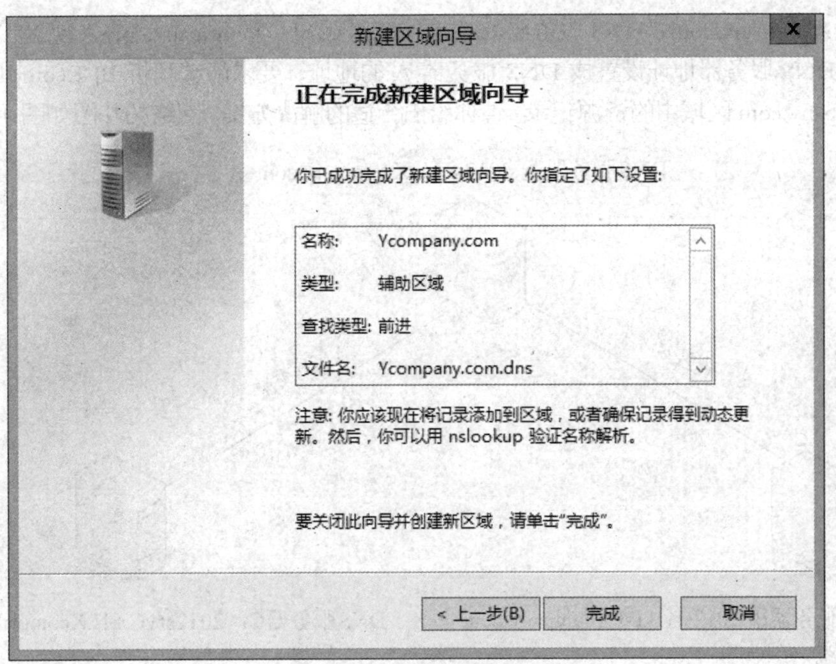

图 4-42　辅助区域创建成功提示

（6）如图 4-43 所示，DNS 区域传送成功。

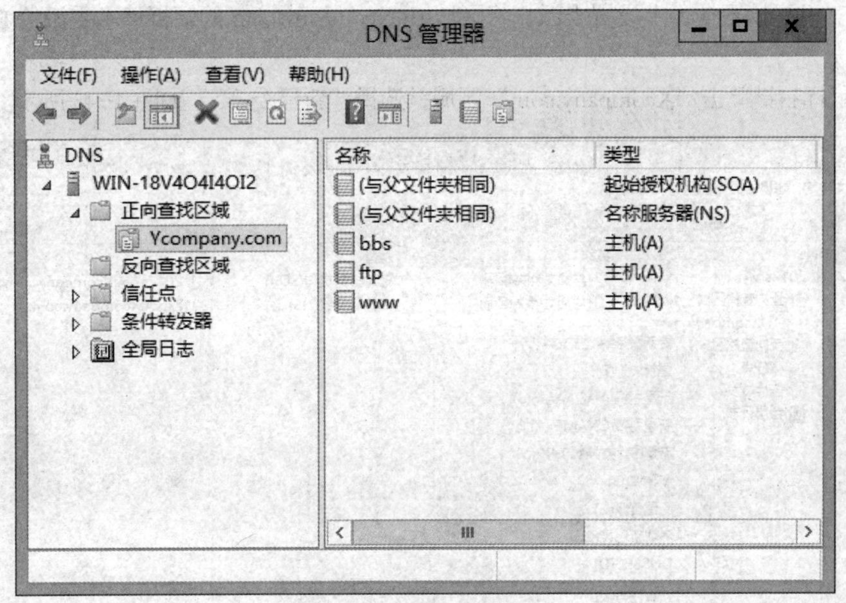

图 4-43　DNS 区域传送成功

4.7.2　拓展案例 2　DNS 子域与委派

一台 DNS 服务器可以把自己无法解析的资源记录委派给网络中另外一台 DNS 服务器进行解析。DNS 的委派一般用在父域和子域之间，即维护父域的 DNS 服务器将子域的一部分委派给维护子域的服务器进行解析。

案例场景：X 公司的 DNS 服务器 A 主要维护区域 Xcompany.com，DNS 服务器 B 主要维护区域 BJ.Xcompany.com，DNS 服务器 C 主要维护区域 SH. Xcompany.com。现 X 公司客户端将首选的 DNS 服务器地址设置成 DNS 服务器 A 的地址，要求能够解析 BJ.Xcompany.com 和 SH. Xcompany.com 区域中的资源记录。请你给出合适的解决方案。网络拓扑图如图 4–44 所示。

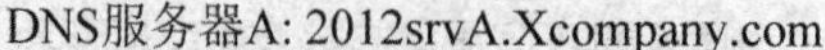

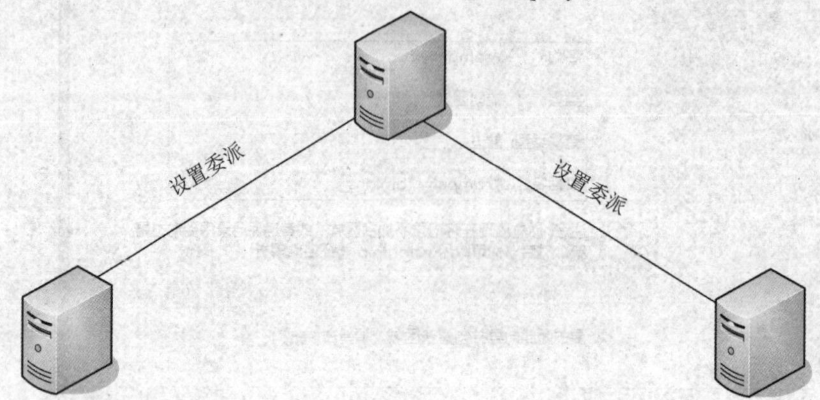

图 4-44　设置委派拓扑图

案例实施过程如下。

1. 在 DNS 服务器 A 上设置委派，将区域 BJ.Xcompany.com 的解析请求委派给 DNS 服务器 B。

（1）鼠标右键单击“Xcompany.com”区域，选择“新建委派”，如图 4–45 所示。

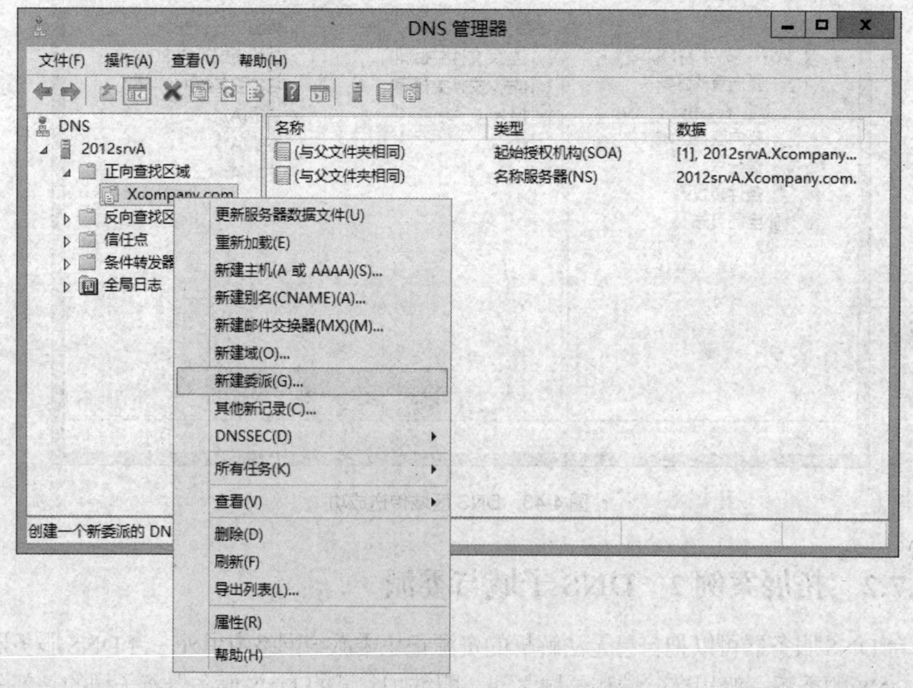

图 4-45　新建委派

（2）在欢迎使用委派向导对话框中单击“下一步”按钮。

（3）在图 4-46 所示对话框中输入要委派的子域名“BJ”，单击“下一步”按钮。

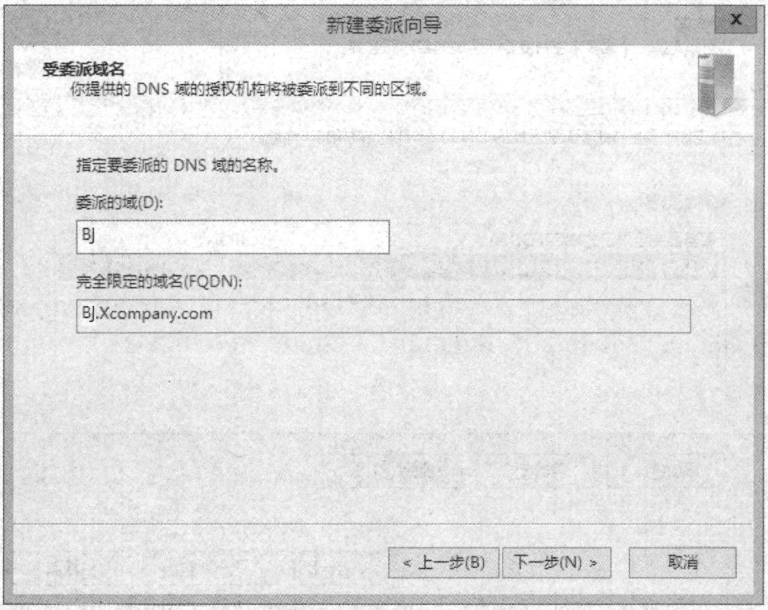

新建委派向导
受委派域名
你提供的 DNS 域的授权机构将被委派到不同的区域。
指定要委派的 DNS 域的名称。
委派的域(D):
BJ
完全限定的域名(FQDN):
BJ.Xcompany.com
< 上一步(B)　下一步(N) >　取消

图 4-46　设置要委派的子域

（4）在图 4-47 所示对话框中，单击“添加”按钮，在服务器完全限定的域名中输入服务器 B 完全合格的域名 2012srvB.Xcompany.com 和 IP 地址（注意一定要是完全合格的域名），也可单击“解析”按钮，得到服务器 B 的 IP 地址，单击“确定”按钮。

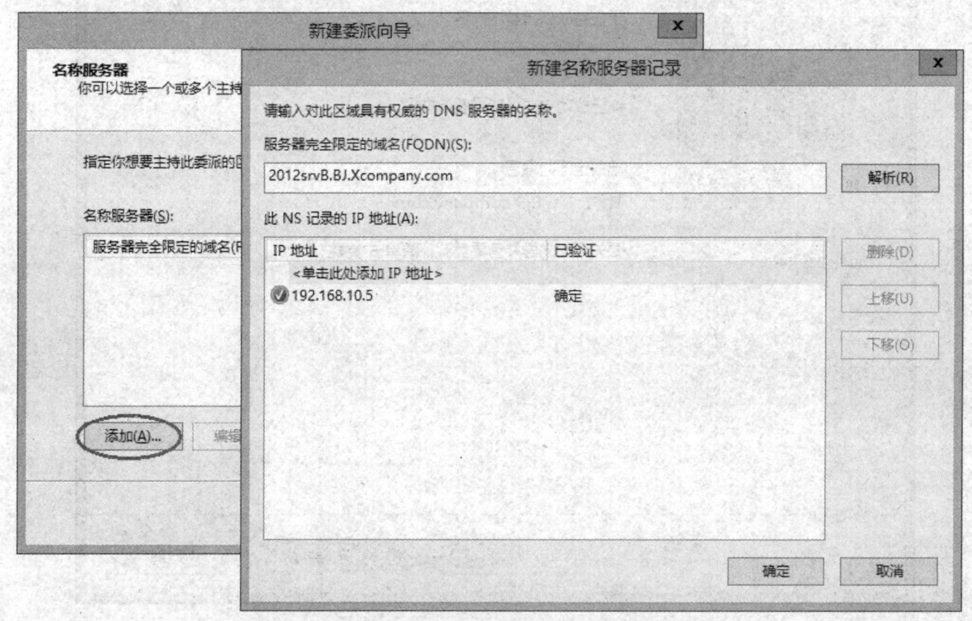

图 4-47　设置接受委派的服务器 B 的域名和 IP 地址

（5）在图 4-48 所示对话框中，单击“下一步”按钮。

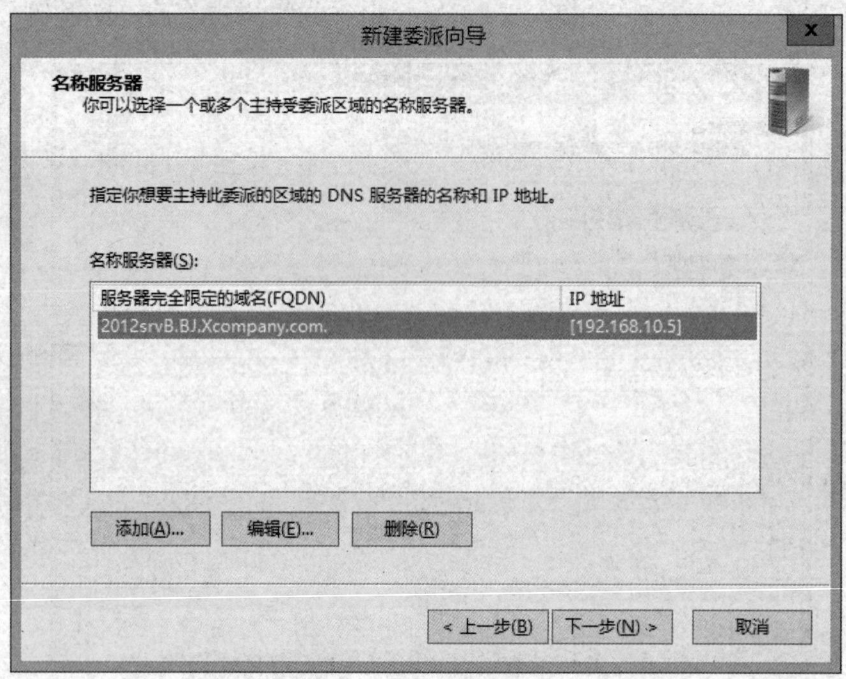

图 4-48　接受委派的服务器 B 的域名和 IP 地址

（6）出现图 4-49 所示新建委派向导时，单击“完成”按钮。

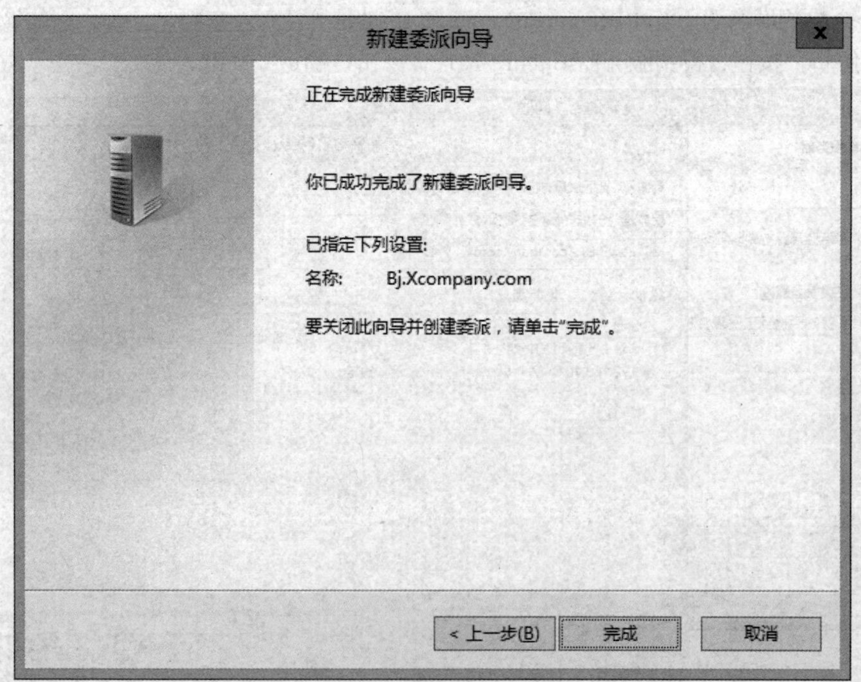

图 4-49　委派创建成功提示

2. 在 DNS 服务器 A 上设置委派，将区域 SH.Xcompany.com 的解析请求委派给 DNS 服务器 C 。

操作步骤同上。

4.8 仿真实训案例

ABC 公司的总部在北京，公司域名是 ABC.com，分公司位于深圳，域名是 SZ.ABC.com，总公司数据中心有 2 台 Windows Server 2012 的服务器安装了 DNS 服务，服务器的名称分别是 2012srvA 和 2012srvB。

你是 ABC 公司的网络管理员，现要求对总公司 DNS 服务器进行配置，要求如下。

1. 要求总公司的 DNS 服务器既能完成公司内部的域名解析请求，又能完成外网的解析请求。
2. 要求总公司的 DNS 服务器能完成分公司的域名解析请求。
3. 要求实现总公司 DNS 服务器的容错。

4.9 课后习题

1. DNS 服务器的作用是什么?
2. DNS 服务器有哪两种查询方式？并举例说明其解析过程。
3. 简述 DNS 服务器区域传送的目的。
4. 简述 DNS 委派的作用。

PART 5 项目 5 Web 服务器的配置与管理

5.0 案例场景

ABC 公司为了提高企业的办公效率，决定在企业内网部署一个基于浏览器/服务器模式（B/S）的办公自动化系统（OA），该系统使用的是微软 ASP.net 编程语言开发软件。ABC 公司的网络管理部门希望在原企业内网的基础上配置一台新的 Windows 2012 服务器（IP：10.1.1.100/8）扮演 Web 服务器的角色，并将该 OA 系统的 Web 站点部署到该 Web 服务器上，使得企业内网用来都能够访问该 OA 系统。网络拓扑图如图 5-1 所示。

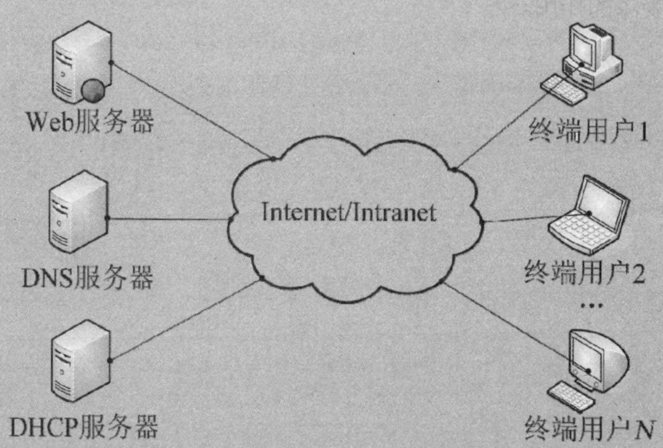

图 5-1 Web 服务器部署拓扑图

在本项目中，我们将通过完成以下 3 个任务来学习 Web 服务器的安装和配置过程。

- 任务 1 Web 服务器的安装
- 任务 2 创建 Web 站点
- 任务 3 配置客户端访问 Web 站点

5.1 知识引入

5.1.1 什么是 Web 服务器

众所周知，现在 Web（网页）程序已经成为网络上最广泛的应用，是人们在线获取信息、沟通交流、休闲娱乐的主要方式。同时由于 Web 程序具有许多良好的特性，如跨平台、便于升级、兼容性好等，在企业级系统中也有广泛的应用。

事实上，Web 程序是由程序开发人员使用各种程序开发语言（如 ASP、JSP、PHP 等）开发出来的。那么用户是如何通过浏览器来使用这些 Web 应用呢？答案很简单，如图 5-2 所示，Web 程序开发完成后会被发布到 Web 服务器上。Web 服务器与用户浏览器之间主要通过 HTTP 协议建立连接，然后浏览器向 Web 服务器请求其所关心的 Web 文件，Web 服务器能够响应该请求，并在找到用于所请求的 Web 文件后，把该文件发送给用户浏览器，浏览器把该文件解析、渲染完毕后呈现给终端用户。

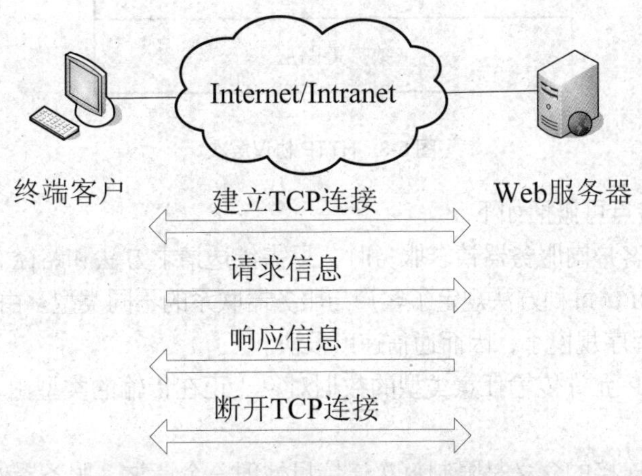

图 5-2　终端客户机与 Web 服务器的交互过程

Web 文档采用的是 HTML 格式化代码。当浏览器阅读 HTML 文件时，如果需要有关图形文件或声音文件的参数，浏览器将请求发送给 Web 服务器，Web 服务器根据请求找到相应文件，并把文件交给浏览器，供浏览器显示。

在这种请求/响应模式中，Web 服务器接收每个请求，并由该站点的 Web 管理器进行分析。实际上，Web 服务器都有专门软件来执行请求文件，这些文件记录了用户的 IP 地址、访问日期和时间等信息。客户端（浏览器）和 Web 服务器通过网络协同工作，使得用户能够浏览 Web 程序。概括地说，客户端程序控制用户的交互作用，并显示用户所关心的信息。Web 服务器程序则负责信息的获取和发送。

目前 Web 服务器有几十种，常见的如适用 Windows 平台的 IIS、适用多平台的 Apache HTTP Server、轻量级的 Nginx 等。

5.1.2　HTTP 简介

在 Web 服务器与终端用户之间的交互主要使用 HTTP 进行请求与响应。HTTP 是 Hyper Text Transfer Protocol（超文本传输协议）的缩写，它是用于从 Web 服务器传输超文本到用户浏览器的传送协议。它不仅保证计算机正确高效地传输超文本文档，还确定传输文档中的哪一部分，以及哪部分内容首先显示（如文本先于图形）等。它的发展是万维网协会（World Wide Web Consortium）和 Intemet 工作小组 IETF 合作的结果，最终发布了一系列的 RFC 来定义 HTTP，其中最著名的是 RFC2616，它定义了今天普遍使用的一个版本：HTTP1.1。

如图 5-3 所示，HTTP 通常承载于 TCP 之上，有时也承载于 TLS 或 SSL 协议层上，这个时候，就成了我们常说的安全 HTTP（HTTPS）。默认情况下，HTTP 的端口号为 80，HTTPS 的端口号为 443。

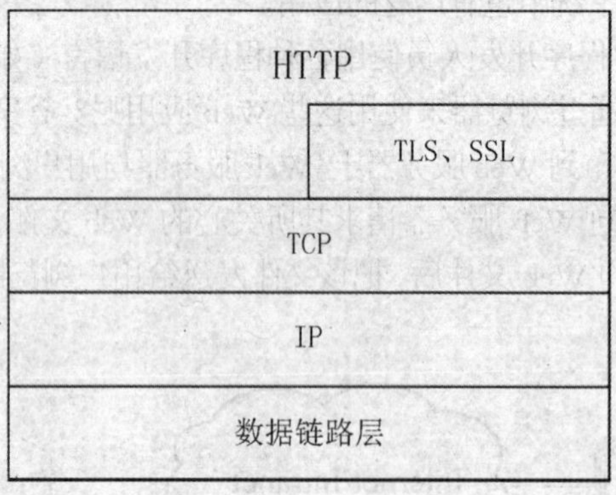

图 5-3 HTTP 协议层次

HTTP 的主要特点可概括如下。

1. 简单快速：客户向服务器请求服务时，只需传送请求方法和路径。请求方法常用的有 GET、HEAD、POST，每种方法规定了客户与服务器联系的不同类型。由于 HTTP 简单，使得 HTTP 服务器的程序规模小，因而通信速度很快。

2. 灵活：HTTP 允许传输任意类型的数据对象。正在传输的类型由 Content-Type 加以标记。

3. 无连接：无连接的含义是限制每次连接只处理一个请求。服务器处理完客户的请求，并收到客户的应答后，即断开连接。采用这种方式可以节省传输时间。

4. 无状态：HTTP 是无状态协议。无状态是指协议对于事务处理没有记忆能力。缺少状态意味着如果后续处理需要前面的信息，则它必须重传，这样可能导致每次连接传送的数据量增大。

在微软公司的 Windows Server 平台下的组件中，主要使用 IIS（Internet Information Services，Intemet 信息服务）来完成 Web 服务器的功能，其中包括 HTTP/HTTPS 服务器、FTP 服务器、NNTP 服务器和 SMTP 服务器，分别用于网页浏览、文件传输、新闻组和电子邮件发送等服务。IIS 最初是 Windows NT 版本的可选包，随后内置在 Windows 后续版本一起发行。在 Windows Server 2012 中，集成了最新版的 IIS 8。

5.2 任务 1 Web 服务器的安装

5.2.1 任务说明

根据案例场景得知如下需求：ABC 公司的网络管理部门希望在原企业内网的基础上配置一台新的 Windows 2012 服务器（IP：10.1.1.100/8）扮演 Web 服务器的角色。接下来，将在此服务器上安装配置 Web 服务器功能（IIS）来满足该需求。

5.2.2 任务实施过程

1. 启动“服务器管理器”，选择“配置此本地服务器”，如图 5-4 所示。

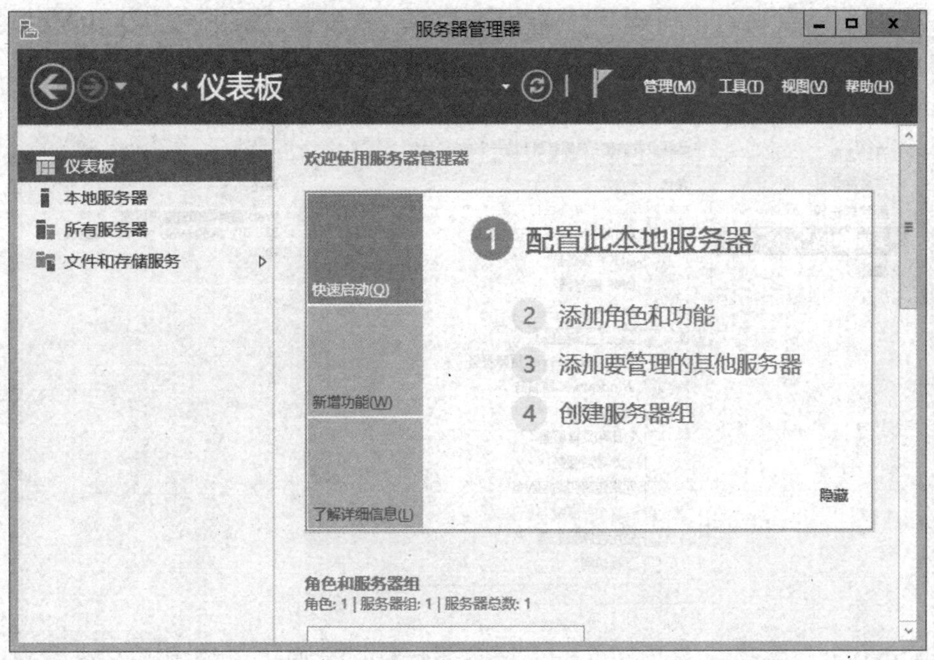

图 5-4　配置此本地服务器

2. 单击“添加角色和功能”按钮，进入“添加角色和功能向导”，单击“下一步”按钮，选择“基于角色或基于功能的安装”，如图 5-5 所示

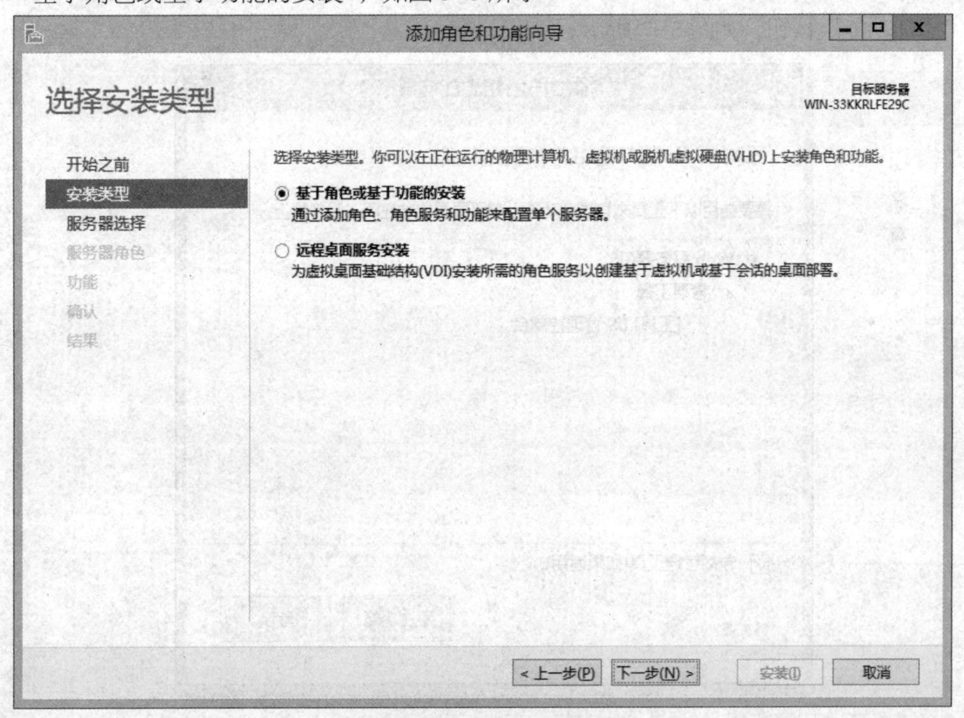

图 5-5　添加角色和功能向导

3. 单击“下一步”按钮，选择“从服务器池中选择服务器”，安装程序会自动检测与显示这台计算机采用静态 IP 地址设置的网络连接，单击“下一步”按钮，在“服务器角色”中，选择“Web 服务器（IIS）”，如图 5-6 所示。

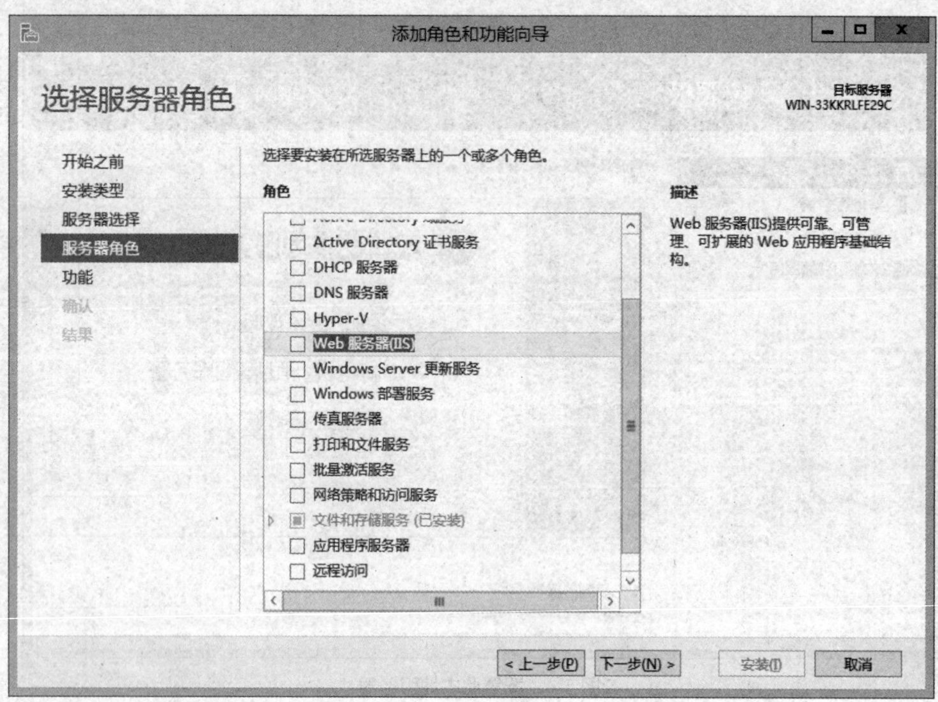

图 5-6　选择服务器角色

4. 选择“Web 服务器（IIS）”会自动弹出“添加 Web 服务器（IIS）所需的功能”对话框，单击“添加功能”按钮，如图 5-7 所示。

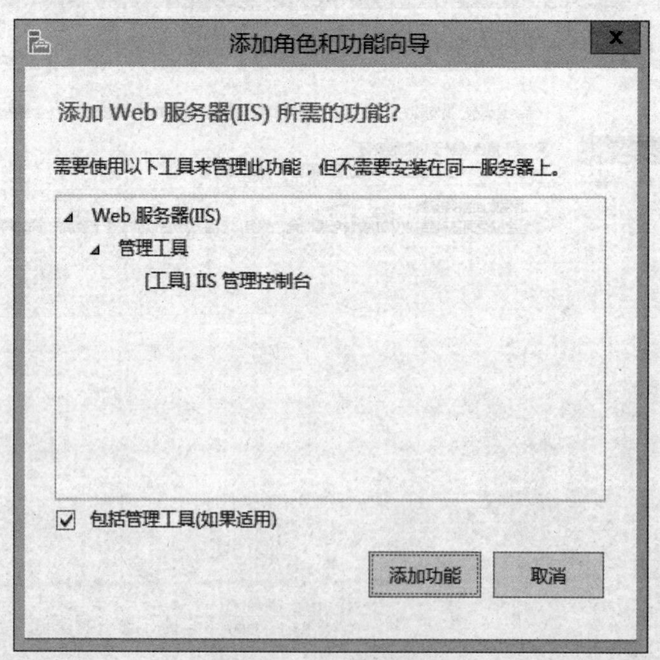

图 5-7　选择添加功能

5. 单击“下一步”按钮继续，在此处选择需要添加的功能，如无特殊需求，此处默认即可，如图 5-8 所示。

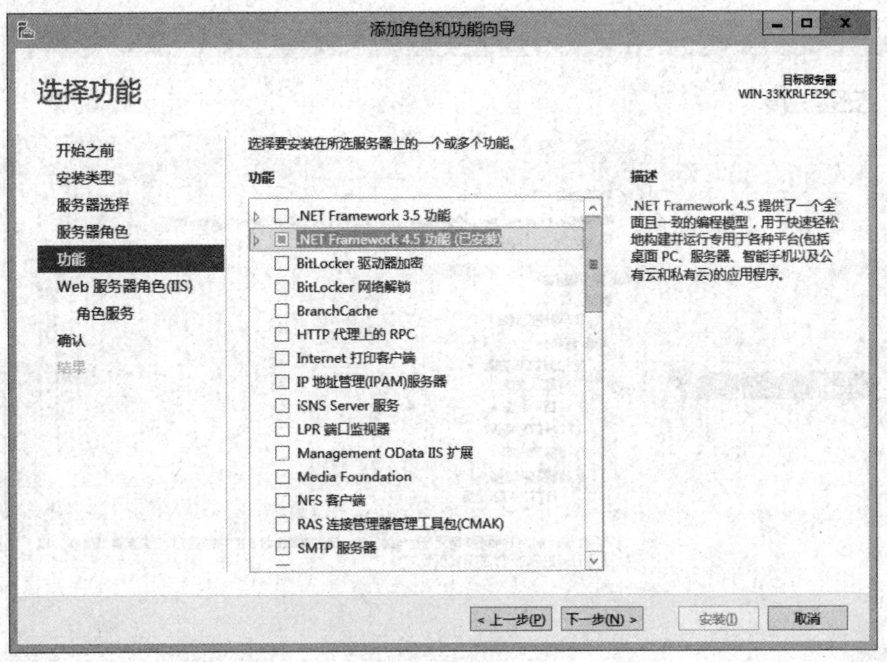

图 5-8　选择添加功能

6. 单击“下一步”按钮继续，来到“为 Web 服务器（IIS）选择要安装的角色服务”对话框，勾选所需要的 Web 服务器里所需的角色（默认即可，安装完成后可以更改），单击“下一步”按钮继续后单击“安装”按钮，如图 5-9 所示。

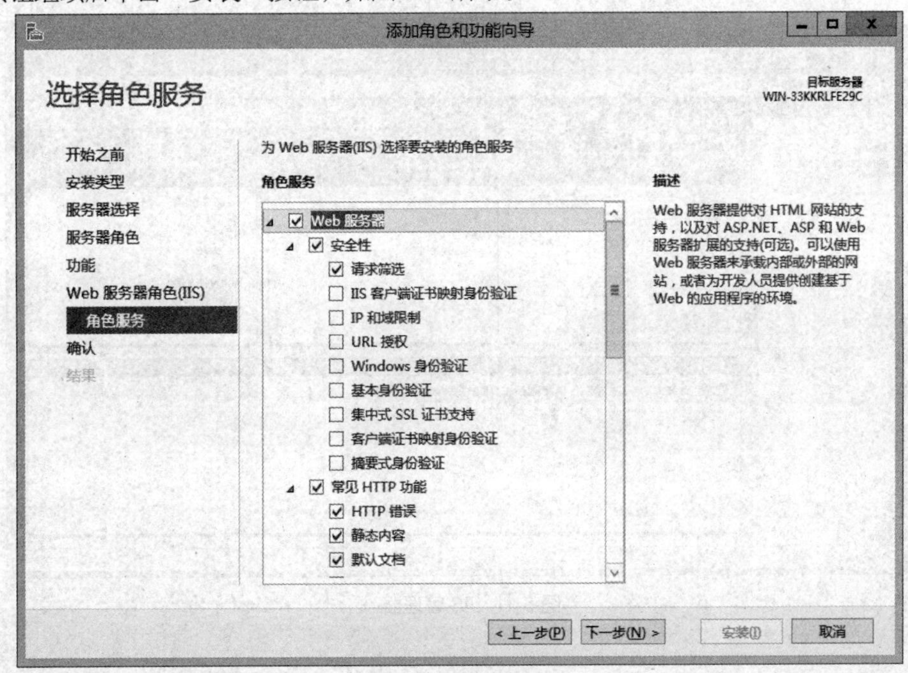

图 5-9　选择添加角色

7. 单击“关闭”按钮完成安装，如图 5-10 所示。

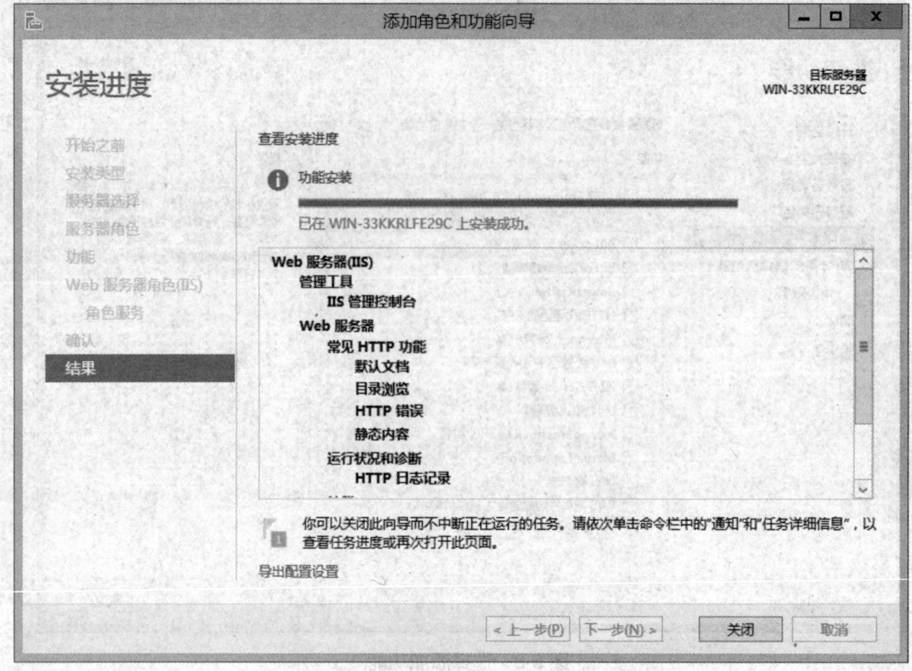

图 5-10　完成安装

8．回到“服务器管理器”，可以看到左侧多了一项“IIS”，单击“工具”→“Internet 信息服务（IIS）管理器”即可对 IIS 进行配置、管理，如图 5-11 所示。

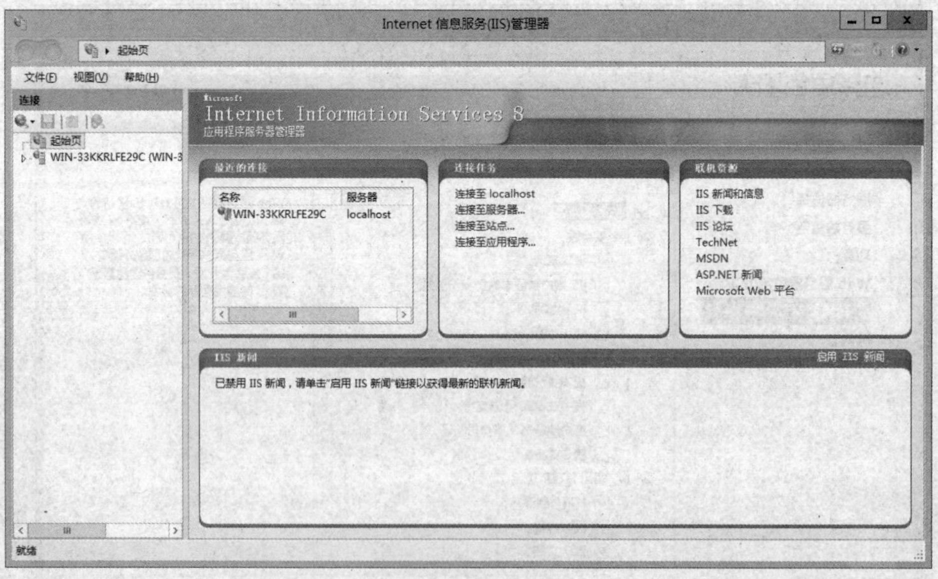

图 5-11　IIS 管理器

5.3 任务 2 创建 Web 站点

5.3.1 任务说明

Web 站点也被称为网站（Website），是指在 Internet 上，根据一定的规则，使用 HTML 等编程语言开发制作的用于展示特定内容的相关资源的集合，这些资源可能包括各种文本、图片、音频、视频、脚本程序、各种程序接口（CGI）、数据库等信息。

在使用浏览器浏览 Web 站点时，会在浏览器的地址栏里输入站点地址，这个地址叫做 URL（Uniform Resource Locator，统一资源定位符）。就像每家每户都有一个唯一的门牌地址一样，每个 Web 资源也都有一个唯一的 URL 地址。使用 URL 可以将整个 Internet 上的资源用统一的格式来进行定位。URL 的一般格式为

HTTP://主机名:端口号/路径/文件名

例如，"http://www.abcoa.com/oa/login.html" 这个 URL 表示在"www.abcoa.com"这台 Web 服务器的网站主目录下的"oa"子目录下的"login.html"这个网页文件（www.abcoa.com 此域名将被 DNS 服务器解析为正确的服务器 IP）。

在本任务中，我们事先用静态 HTML 语言编写了一个只有一个 HTML 页面（oa.html）的简单网站：abcoa.com，将网站文件夹存放到已经安装了 IIS 的 Windows 2012 服务器上的硬盘中（C:\abcoa.com），然后在完成任务 1 的基础上配置 IIS 创建此 Web 站点，把服务器 IP（10.1.1.8）和端口号（80）同该网站绑定起来，最后实现让 Web 服务器能够正常解析该 OA 网站的网页（oa.html）。

5.3.2 任务实施过程

1. 在服务器管理器里打开 Internet 信息服务（IIS）管理器，单击"连接至 localhost"，即可进入 IIS 的本地站点管理，如图 5-12 所示。

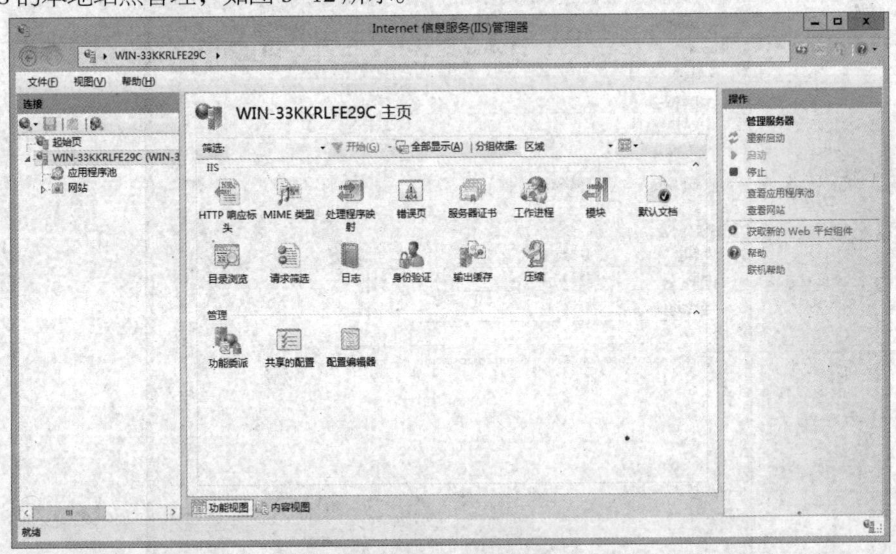

图 5-12 IIS 管理器

2. 展开左侧网站列表，单击默认网站（Default Web Site），选择“管理网站”单击“停止”按钮，如图 5-13 所示。

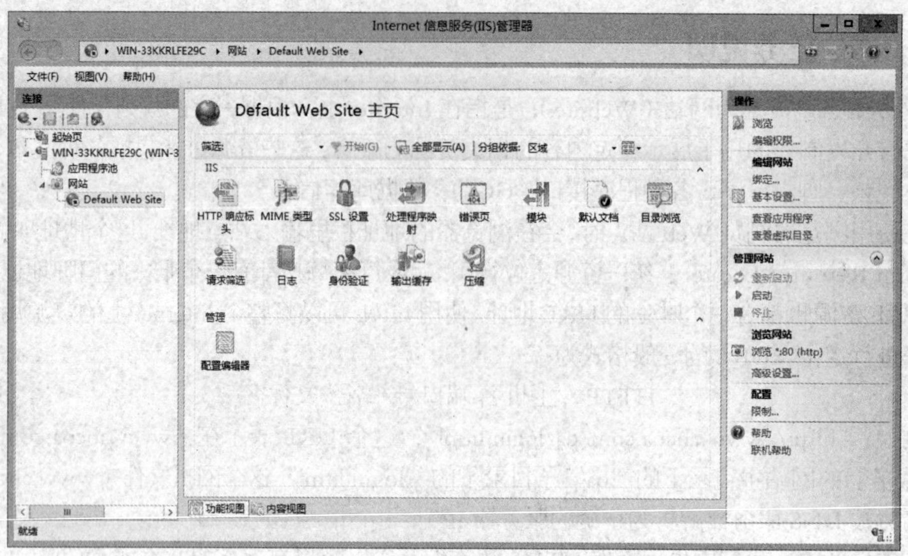

图 5-13 停止默认网站

3. 选中左侧“网站”菜单，单击右侧“添加网站”，设置“网站名称”、“物理路径”、绑定“类型”、“IP 地址”、“端口”，点击“确定”按钮完成，如图 5-14 所示。需要注意的是，网站名称是指用于在 IIS 里与其他网站区分开来的名称（不是指网站的域名），物理路径是指网站文件存储的物理路径（如 C:\abcoa.com），绑定类型为 http，绑定 IP 地址必须是当前服务器上的一个有效 IP，无特殊情况绑定端口一般为默认 80，主机名为空，单击“确定”按钮结束当前配置。

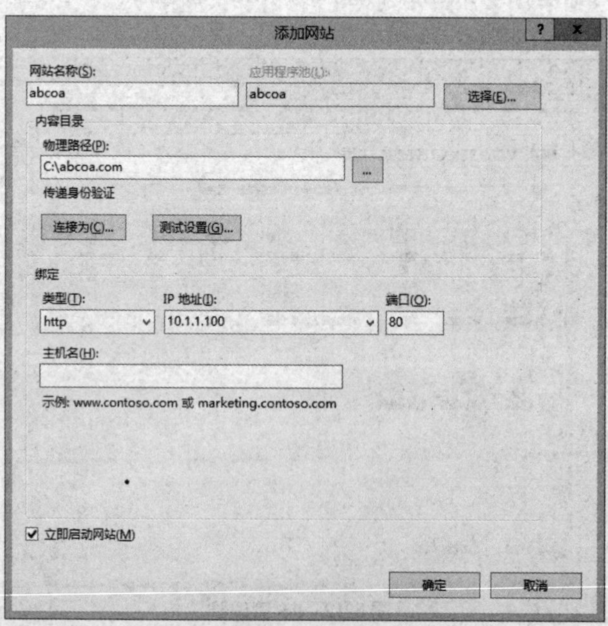

图 5-14 添加网站

4. 在 IIS 管理器选中“abcoa”，双击“默认文档”，如图 5-15 所示。

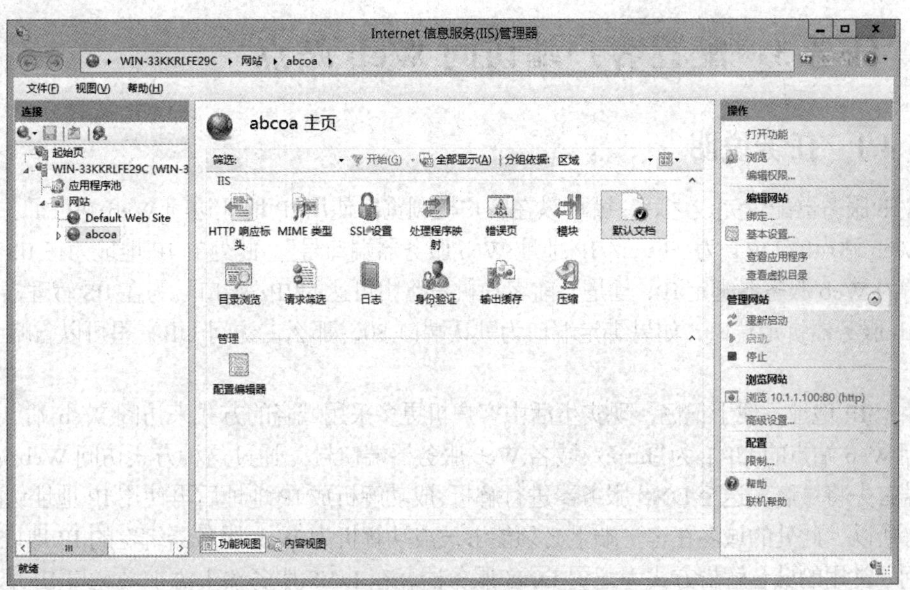

图 5-15　设置默认文档

5. 单击“添加”按钮，根据实际需求，在名称中输入存在本地服务器上的网站首页文件名（如 oa.html）,当前配置的文件为打开 Web 站点的网站首页文件，如图 5-16 所示。

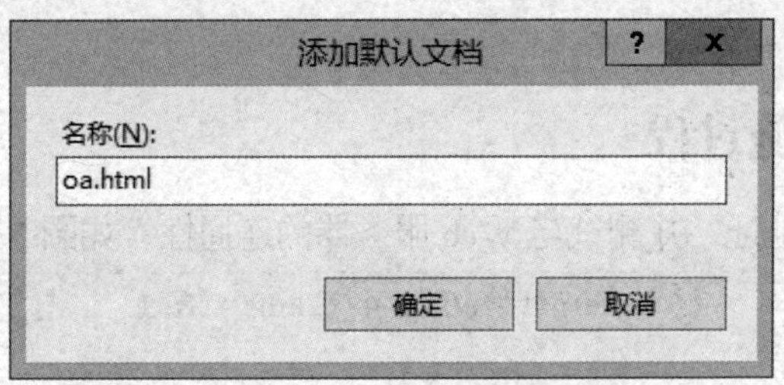

图 5-16　添加默认文档

6. 在 IIS 管理器单击右侧“浏览网站”，或者打开浏览器，在地址栏输入 http://10.1.1.100，即可在本机正常浏览该网站，如图 5-17 所示。

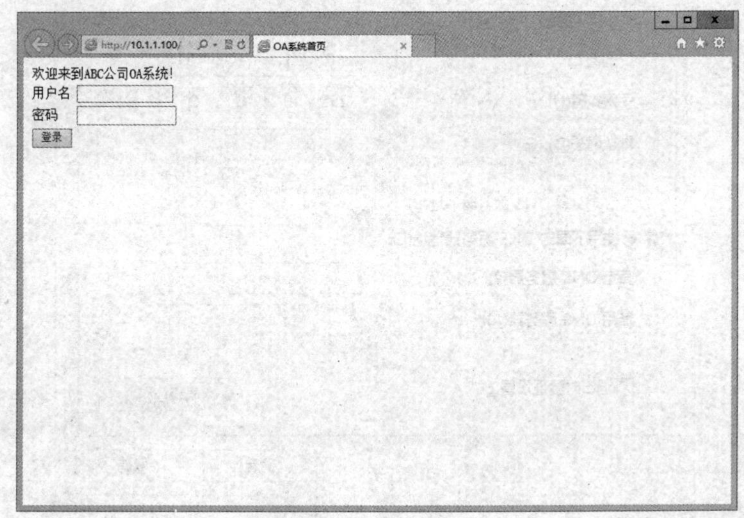

图 5-17　成功打开网站

5.4 任务3 配置客户端访问 Web 站点

5.4.1 任务说明

Web 服务器配置完成之后，就可以在客户机浏览器使用 IP 地址访问 Web 站点了。客户机访问 Web 站点的 URL 为“http://IP 地址:Web 服务器端口号”。此处的 IP 地址为在 IIS 管理器里设置的 Web 服务器绑定 IP，且是当前客户机是路由可达的 IP；端口号为在 IIS 管理器里设置的 Web 服务器绑定端口，如果绑定端口为默认端口 80，那么在访问 URL 里可以省略“:端口号”。

由于 IP 地址不便于记忆，现实生活中客户机更多采用域名的方式来访问 Web 站点。客户机访问 Web 站点的 URL 为“http://域名:Web 服务器端口号”。通过这种方式访问 Web 站点时，客户端首先将域名发送至 DNS 服务器进行解析，成功解析成 IP 地址后再使用 IP 地址访问 Web 站点。所以，此处的域名在客户端上必须能够被成功解析为 Web 服务器绑定的 IP 地址才能正常访问。常用的域名解析方式为配置 DNS 服务器，在 DNS 服务器上添加域名与 IP 地址的映射记录，并且在客户端的 TCP/IP 里配置正确的 DNS 地址。

本任务将在完成任务 2 的基础上，开启一台 Windows 8 系统的机器 PCA 作为客户端，将其 IP 地址配置为与 Web 服务器同一网段（10.1.1.10/8），然后分别尝试使用 IP 地址和域名来访问 Web 站点。

5.4.2 任务实施过程

1. 配置客户端 IP 地址，并测试与 Web 服务器的连通性，如图 5-18 和图 5-19 所示。

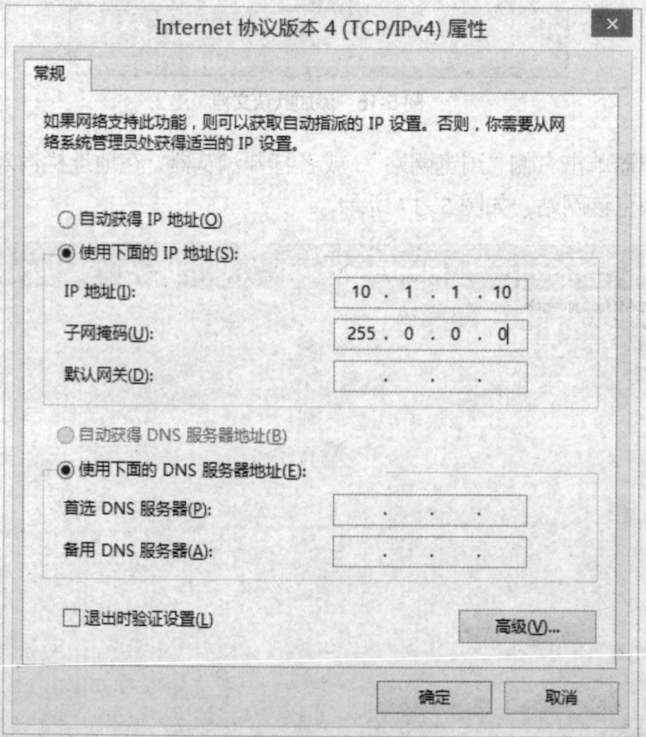

图 5-18 配置客户端 IP 地址

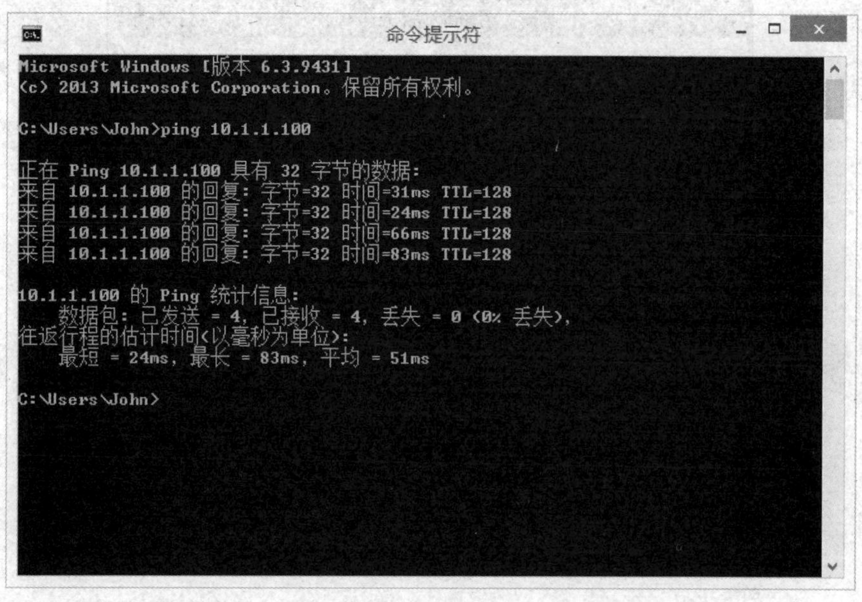

图 5-19　使用 Ping 命令测试客户端与 Web 服务器的连通性

2. 使用 IP 地址访问 Web 站点，如图 5-20 所示。服务器端绑定端口为 80 端口，客户端访问时 URL 可以省略端口号。

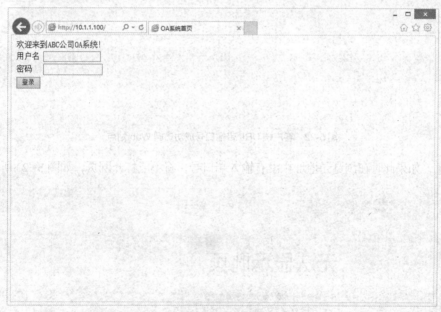

图 5-20　客户端浏览器成功打开 Web 站点

3. 如果服务器端绑定端口为非 80 端口，如 8089 端口，如图 5-21 所示，则客户端访问时 URL 必须加上对应的端口号，如图 5-22 所示。

图 5-21　重新绑定 Web 站点到 8089 端口

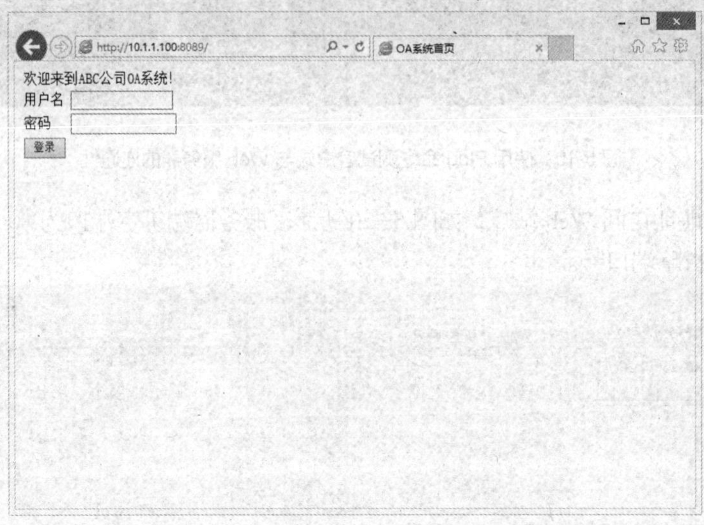

图 5-22　客户端 URL 带端口号成功访问 Web 站点

注意，如果此时在浏览器地址栏没有输入端口号，将不能打开网页，如图 5-23 所示。

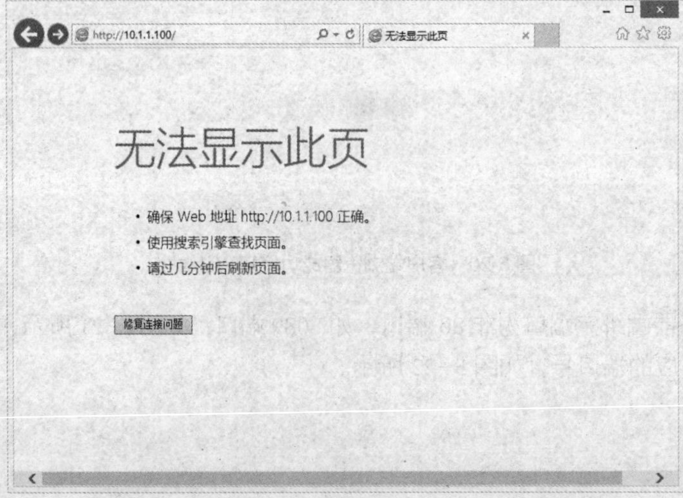

图 5-23　客户端 URL 不带端口号无法访问 Web 站点

4. 客户端使用域名来访问 Web 站点。首先，需要在网段内安装一台 DNS 服务器，根据实际的负载情况可以选择在 Web 服务器上安装，或者选择单独在一台新服务器上安装（本例中我们选择安装在 Web 服务器 10.1.1.100/8 上），然后配置合适的域名解析记录，如图 5-24 和图 5-25 所示。安装配置过程不再赘述，详细过程可参考任务 4 实施过程。

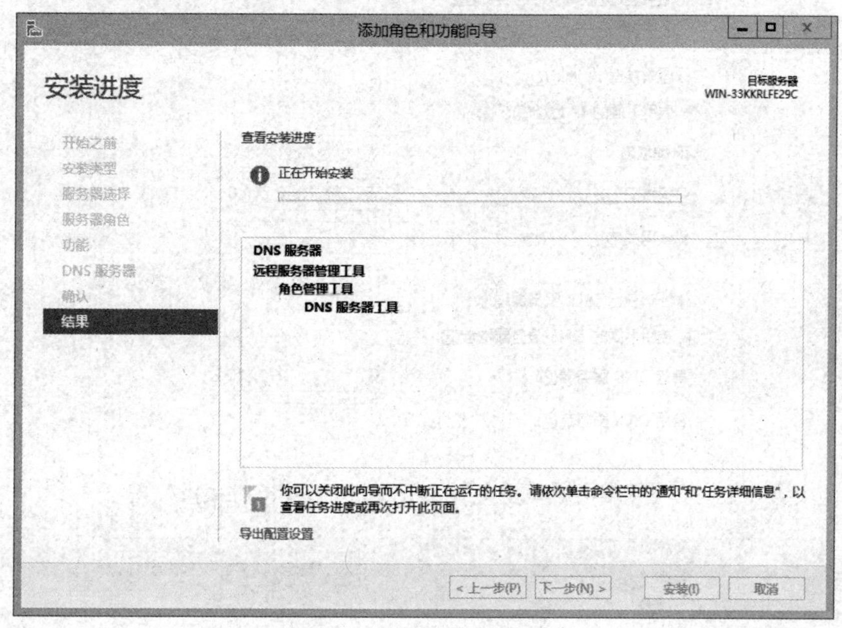

图 5-24 安装 DNS 服务器

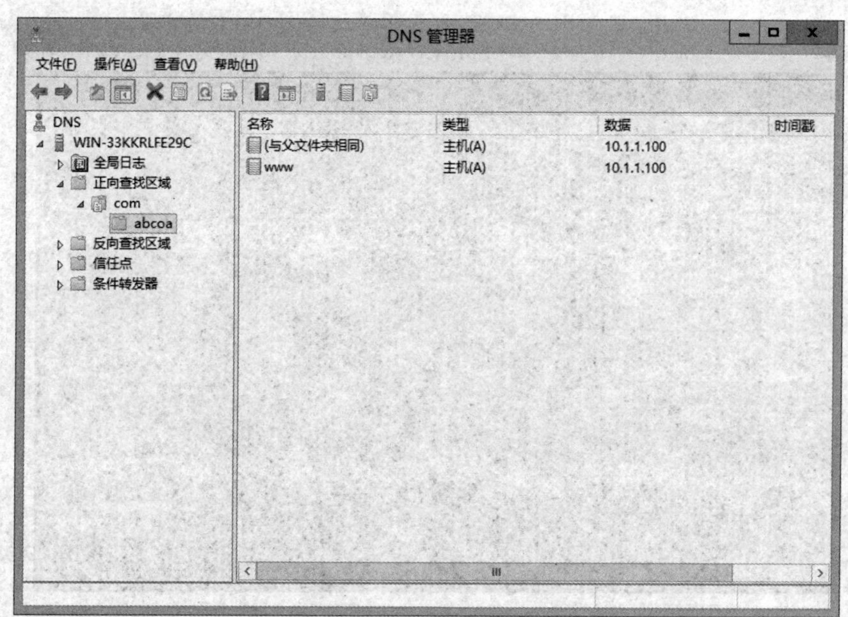

图 5-25 添加主机记录

5. 在客户机上更改 TCP/IP 设置，添加 DNS 服务器地址，并测试域名解析结果，如图 5-26 和图 5-27 所示。

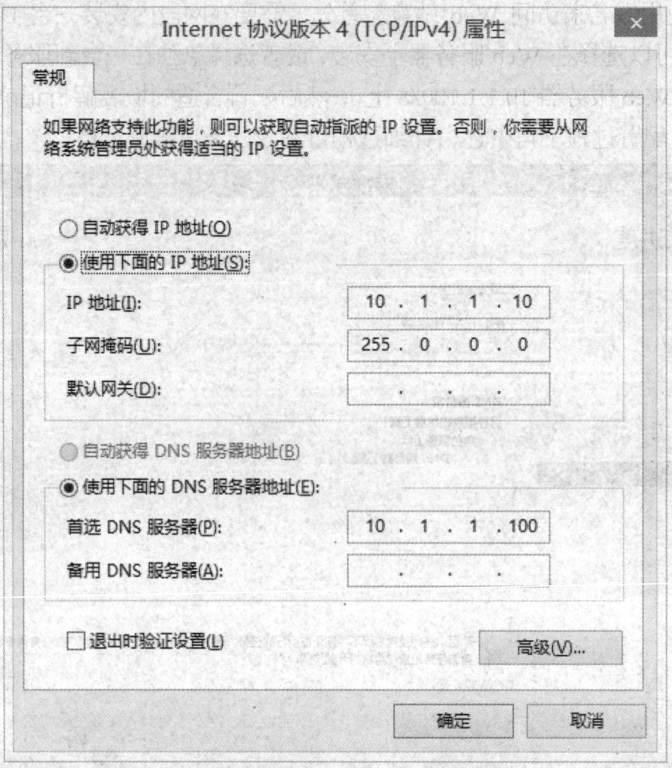

图 5-26　配置客户机 DNS 服务器地址

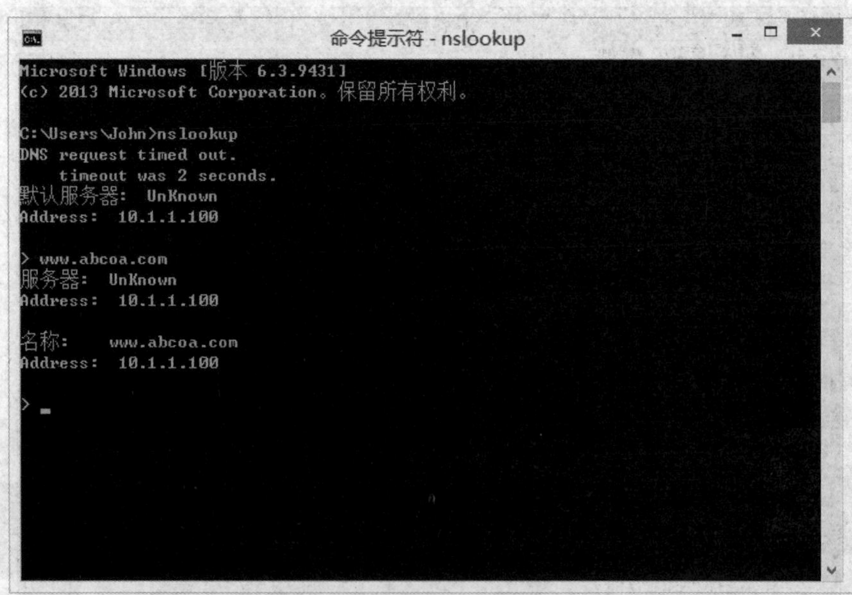

图 5-27　客户机上测试域名解析结果

6. 在客户机浏览器上尝试使用域名 URL 来访问 Web 站点，如图 5-28 所示。

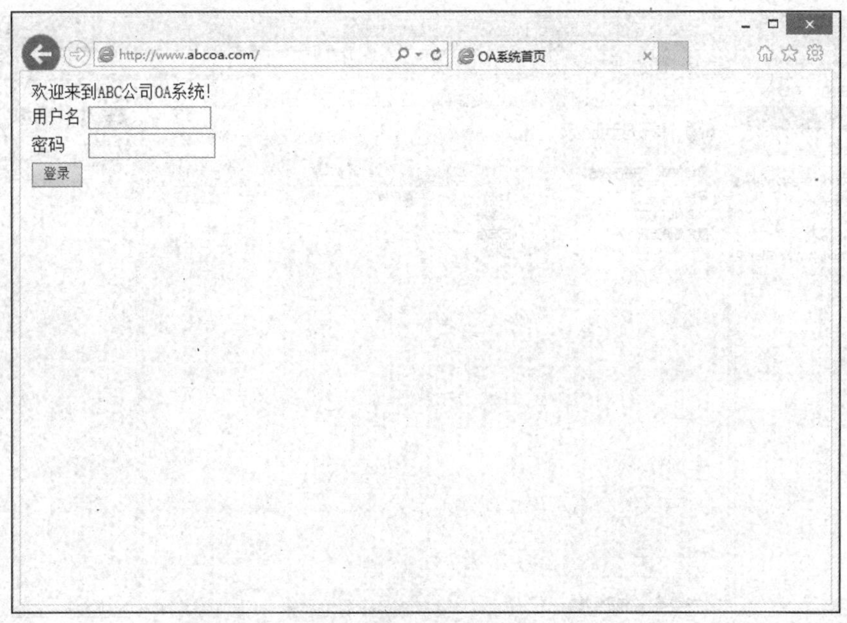

图 5-28　客户机浏览器通过域名成功访问 Web 站点

5.5　知识能力拓展

5.5.1　虚拟目录

一般来说，Web 站点的文件都应当维持在 Web 服务器的某个单独的主目录结构内，以免引起不同网站访问请求混乱的问题。某些情况下，网站建设可能因为需要而使用主目录以外的其他目录，甚至使用其他计算机上的目录来让 Internet 用户作为站点访问。处理虚拟目录时，IIS 会把它作为主目录的一个普通子目录来对待；而对于终端用户来说，访问时并不会察觉到虚拟目录与站点中其他任何目录之间有什么区别，可以像访问其他目录一样来访问这一虚拟目录。

例如，某在线视频网站下除了网页文件外还有大量的视频文件，这些视频文件需要巨大的磁盘空间来存储，基于访问速度的考虑，网站管理人员将这些视频文件分布存储在多个不同的服务器上。这种情况，就可以把这些服务器上的存储视频的目录配置成网站主目录下的虚拟目录，而用户直接通过主目录就能访问到不同服务器上的视频资源。

设置虚拟目录时必须指定它的位置，虚拟目录可以存在于本地 Web 服务器上，也可以存在于远程服务器上（多数情况下虚拟目录都存在于远程服务器上）。此时，用户访问这一虚拟目录时，IIS 服务器将充当一个代理的角色，它将通过与远程计算机联系并检索用户所请求的文件来实现信息服务。

5.5.2　拓展案例 1　Web 站点安全加固

在完成任务 3 的基础上，为了增强 Web 站点的安全性，分别实施如下步骤对 IIS 进行加固。

1. 打开 IIS 管理器，选中左侧网站“abcoa”，双击“身份验证”，这里根据实际需求，编辑 IIS 身份验证，如图 5-29 所示。

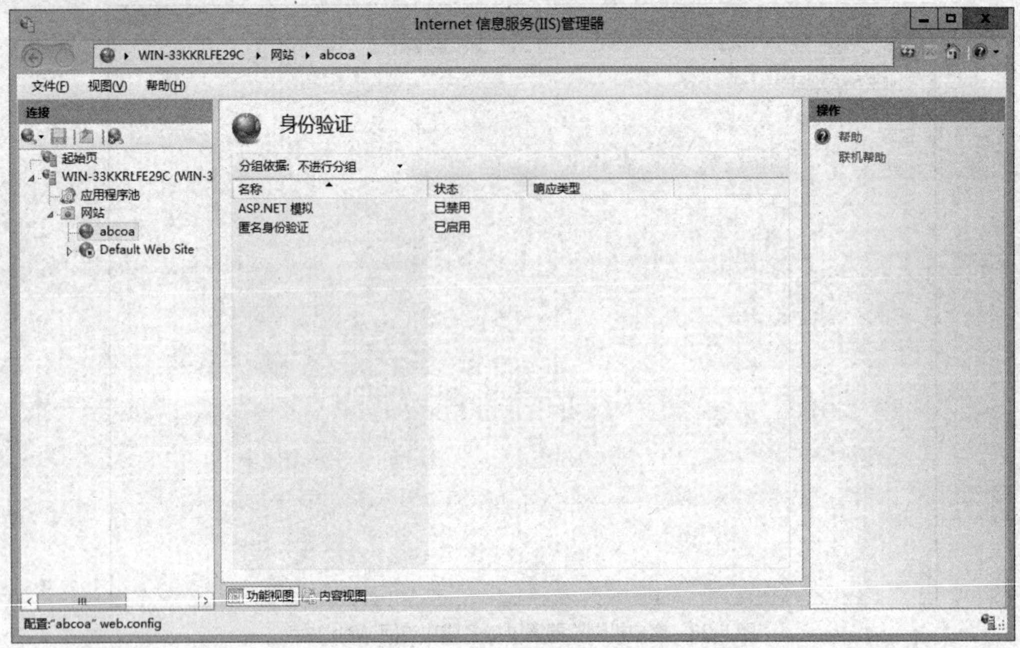

图 5-29　Web 服务器编辑 IIS 身份验证

2. 打开 IIS 管理器，选中左侧网站“abcoa”，鼠标右键单击“编辑权限”，在弹出的对话框中选择“安全”选项卡，开始编辑网站目录的 NTFS 磁盘权限，这里根据实际需求设置合适的权限，如图 5-30 所示。

图 5-30　设置网站目录 NTFS 权限

3. 日志是排查网站安全事件、记录网站访问历史的重要方法。打开 IIS 管理器，选中左侧网站“abcoa”，双击“日志”，开始启用、配置 IIS 日志记录，如图 5-31 和图 5-32 所示。

图 5-31 编辑 IIS 日志基本信息

W3C 日志记录字段

- ☑ 日期(date)
- ☑ 时间(time)
- ☑ 客户端 IP 地址(c-ip)
- ☑ 用户名(cs-username)
- ☐ 服务名称(s-sitename)
- ☐ 服务器名称(s-computername)
- ☑ 服务器 IP 地址(s-ip)
- ☑ 服务器端口(s-port)
- ☑ 方法(cs-method)
- ☑ URI 资源(cs-uri-stem)
- ☑ URI 查询(cs-uri-query)
- ☑ 协议状态(sc-status)
- ☑ 协议子状态(sc-substatus)
- ☑ Win32 状态(sc-win32-status)
- ☐ 发送的字节数(sc-bytes)
- ☐ 接收的字节数(cs-bytes)
- ☑ 所用时间(time-taken)
- ☐ 协议版本(cs-version)
- ☐ 主机(cs-host)
- ☑ 用户代理(cs(User-Agent))
- ☐ Cookie (cs(Cookie))
- ☑ 引用网站(cs(Referer))

确定 取消

图 5-32 筛选 IIS 日志记录字段

5.5.3 拓展案例 2 创建多个 Web 站点

ABC 公司的网络管理部门开发了一个面向内部员工的论坛网站“abcbbs.com”，为了节约开支，网络管理部门想把这个网站也部署到那台已经开启 Web 服务的 Windows 2012 服务器上

(10.1.1.100/8)，并且与之前的OA系统能够互不干扰地同时运行，客户端能够正常浏览。实施步骤如下。

1. 把网站文件拷贝到服务器后，打开IIS管理器，在左侧“网站”菜单上单击鼠标右键选择“添加网站”，如图5-33所示。

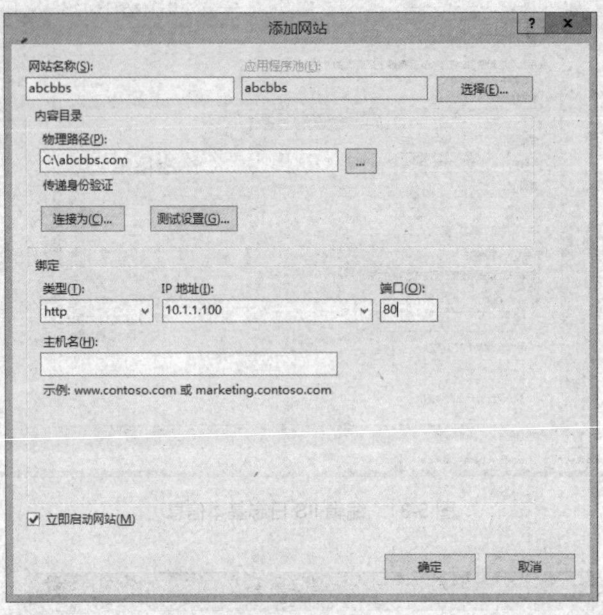

图5-33 添加网站

2. 配置站点绑定信息时，将abcbbs与abcoa配置不同的“主机名”，如图5-34和图5-35所示。这样，当客户端在浏览器输入不同的域名时，IIS可以根据域名来查找主机名从而区分不同的客户端请求，响应不同的网站文件，而不至于冲突；也可以配置不同端口号来区分多个站点，但是由于客户端访问网站都是采用默认的80端口，为了区分不同的网站，客户端在访问不同网站时也要在域名/IP后加上不同的“:端口号”，这会给客户的访问带来一些不便利，所以这种方法在实际中应用不多。

图5-34 编辑网站绑定

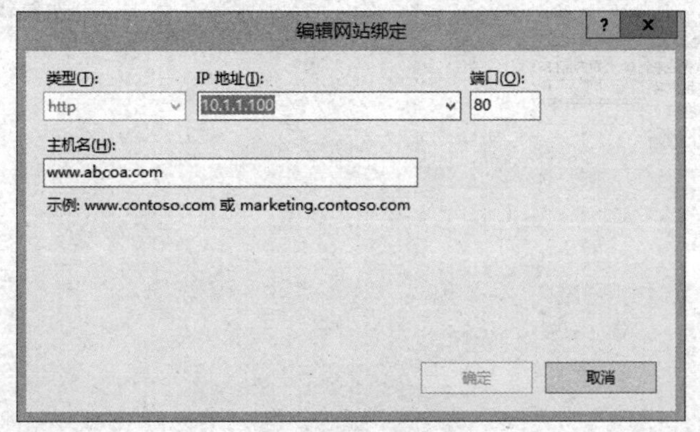

图 5-35　编辑网站绑定

3. 在 DNS 服务器上添加新网站 abcbbs.com 对应的记录，如图 5-36 所示。

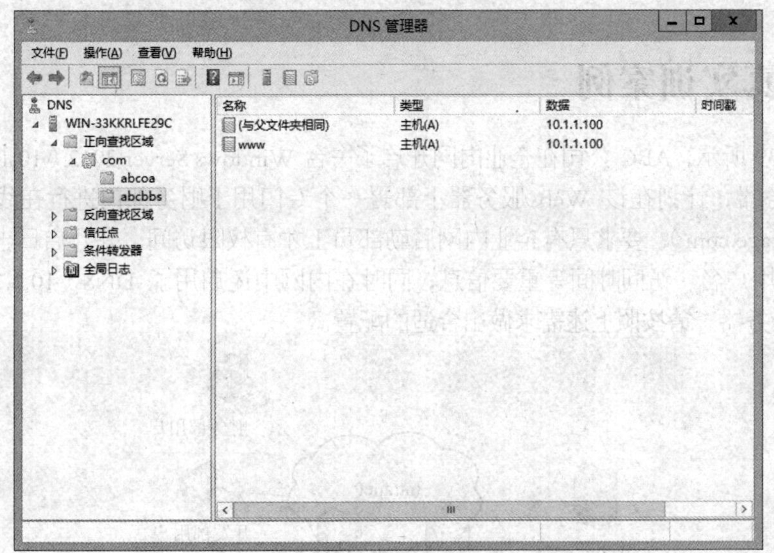

图 5-36　添加 DNS 记录

4. 在客户端浏览器测试访问这两个不同的网站，如图 5-37 和图 5-38 所示。

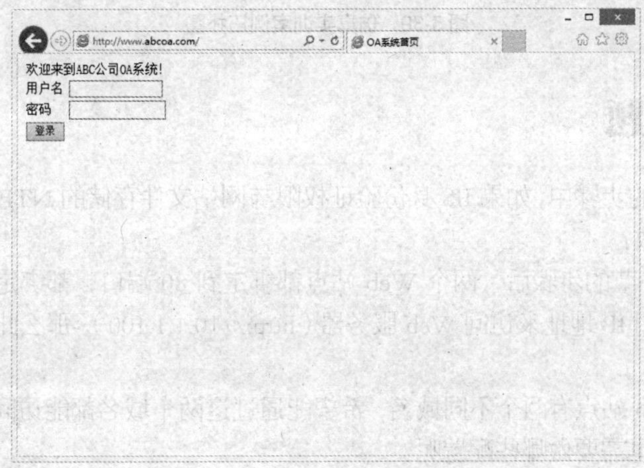

图 5-37　客户端成功访问网站 abcoa

图 5-38 客户端成功访问网站 abcbbs

5.6 仿真实训案例

如图 5-39 所示，ABC 公司在企业内网开启了一台 Windows Server 2012（10.1.1.200/8）来做 Web 服务器，计划在该 Web 服务器上部署一个专门用于财务部门进行在线库存的网站（www.abcstorage.com），要求只有企业内网后勤部员工才有权限访问，并开启日志，每天记录客户端 IP、用户名、访问时间等重要信息；同时在内网中还启用了 DNS（10.1.1.2）、DHCP（10.1.1.1）服务器。请按照上述需求做出合适的配置。

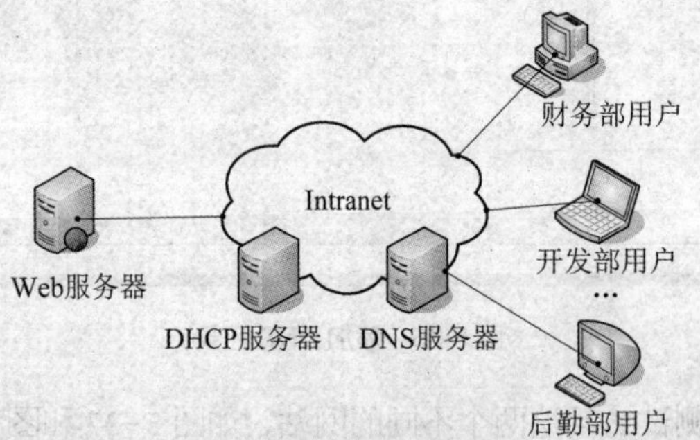

图 5-39 仿真实训案例拓扑图

5.7 课后习题

1.在 5.4.1 小节的步骤中，如果 IIS 身份验证权限与网站文件存储的 NTFS 磁盘权限不一致，那么哪个权限会生效?

2. 完成 5.4.2 小节的步骤后，两个 Web 站点都绑定到 80 端口，都绑定到不同的主机名，如果客户端尝试使用 IP 地址来访问 Web 服务器（http://10.1.1.100），那么此时客户端浏览器会看到哪个网站呢?

3.如果某个 Web 站点有两个不同域名，希望能通过这两个域名都能访问到这个 Web 站点，那么在 IIS 和 DNS 里需要做哪些配置呢?

PART 6 项目 6 FTP 服务器的配置与管理

6.0 案例场景

ABC 公司是一家广告公司，公司内部积累了大量的用于广告设计的图片、视频素材、软件、案例等文件。为了让这些资源能够被公司员工高效、方便地使用，公司决定在企业内网部署一台 FTP 服务器，使得企业网内的用户能够通过 FTP 服务器来使用共享资源。公司的网络管理部门希望在原企业内网的基础上配置一台新的 Windows 2012 服务器（IP：10.1.1.100/8）来做 FTP 服务器，并使得企业内网授权用户通过该 FTP 服务器访问、共享各种资源。网络拓扑图如图 6-1 所示。

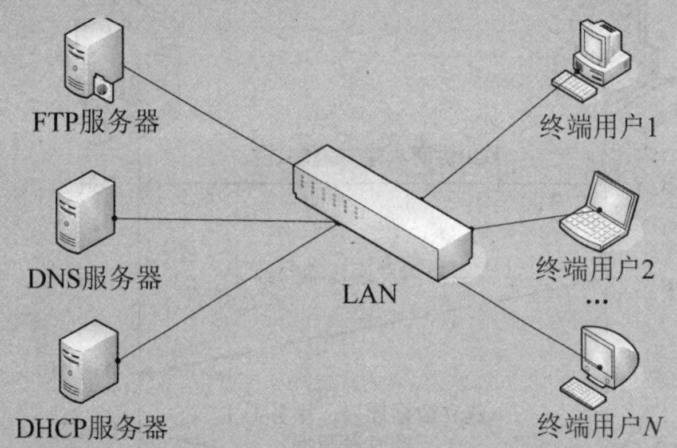

图 6-1　FTP 服务器部署拓扑图

在本项目中，我们将通过完成以下 3 个任务来学习 FTP 服务器的安装和配置过程。

- 任务 1　FTP 服务器的安装
- 任务 2　创建 FTP 站点
- 任务 3　配置客户端访问 FTP 站点

6.1 知识引入

6.1.1 什么是 FTP

FTP 的全称是 File Transfer Protocol（文件传输协议），就是网络上用来传输文件的应用层协议。用户通过 FTP 登录 FTP 服务器，查看服务器上的共享文件，也可以把文件从服务器下载到本地计算机，或把本地计算机的文件上传到服务器。FTP 承载在 TCP 之上，拥有丰富的命令集，支持对登录用户进行身份验证，并且可以设定不同用户的访问权限。

实际上，在万维网（WWW）出现之前，FTP 就已经被用户用来通过命令行方式与服务器之间传输文件。虽然目前传输文件的方式有很多，但是由于 FTP 具有跨平台的特性，可以应用于不同操作系统（Windows、UNIX、Linux、MacOS 等）之间的文件传输，所以仍然被广泛应用。

FTP 采用 C/S（客户端/服务器）模式，用户通过一个支持 FTP 的客户端程序，连接到远端服务器上的 FTP 服务器，向服务器程序发出命令，服务器程序执行用户所发出的命令，并将执行的结果返回到客户端。

通过 FTP 进行文件传输时，服务器与客户端之间会建立两个 TCP 连接：FTP 控制连接和 FTP 数据连接。FTP 控制连接负责客户端与服务器之间交互 FTP 控制命令和应答信息，在整个 FTP 会话过程中一直保持打开；FTP 数据连接负责在客户端与服务器之间进行文件和目录传输，仅在需要传输数据时才建立连接，数据传输完毕后会终止连接。

6.1.2 FTP 数据传输原理

在 FTP 的数据传输过程中，分为两种数据传输方式：主动方式（Port）和被动方式（Pasv）。

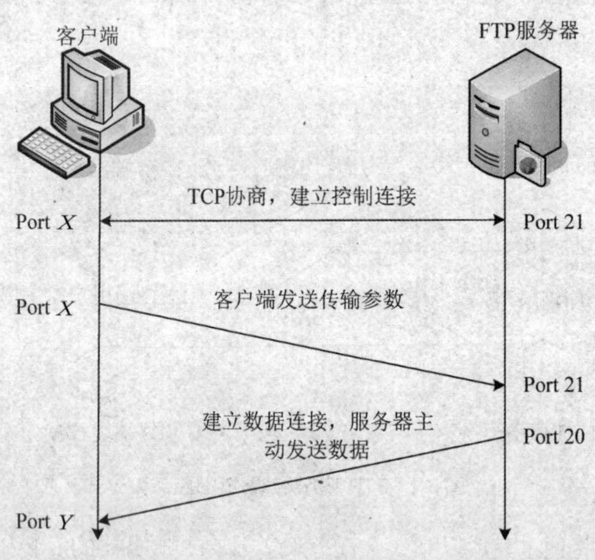

图 6-2 FTP 主动方式传输过程

FTP 主动方式的传输过程如图 6-2 所示，主要分为以下 3 个过程。

1. 客户端使用随机未使用的端口 X（X>1024）与 FTP 服务器的端口 21 之间开始 TCP 协商，通过 3 次握手，TCP 协商成功，建立 FTP 控制连接。

2. 客户端使用已经建立好的控制连接向 FTP 服务器发送传输命令，命令的传输参数中包括一个随机未使用的端口 Y（Y>1024）；

3. FTP 服务器使用端口 20 与客户端的端口 Y 建立 TCP 连接，基于 TCP 连接建立数据连接。数据连接建立完成后，客户端与 FTP 服务器之间使用该连接进行数据传输。

在某些情况下，使用主动方式进行 FTP 传输可能会遇到问题。例如，当客户端处于防火墙内部时，由于客户端会提供一个随机端口而给 FTP 服务器，而出于安全考虑，防火墙只能允许外网主机访问部分内网主机端口而阻断对其他端口的访问，所以 FTP 服务器无法正常与客户端建立数据连接。此时，就需要使用 FTP 的被动方式来传输数据。

FTP 被动方式传输过程如图 6-3 所示，主要分为以下几个步骤。

1. 客户端使用随机未使用的端口 *A*（*A*>1024）与 FTP 服务器的端口 21 之间开始 TCP 协商，通过 3 次握手，TCP 协商成功，建立 FTP 控制连接。

2. 客户端使用已经建立好的控制连接向 FTP 服务器发送传输命令，要求使用被动方式传输数据。

3. FTP 服务器响应客户端请求，打开一个未使用的端口 X（X>1024），将端口号发送给客户端。

4. 客户端收到服务器的响应后，打开一个未使用的端口 *B*（*B*>1024），使用端口 *B* 开始与服务器端口 x 进行 TCP 协商，TCP 连接建立后开始建立数据连接，完成后使用该数据连接传输数据。

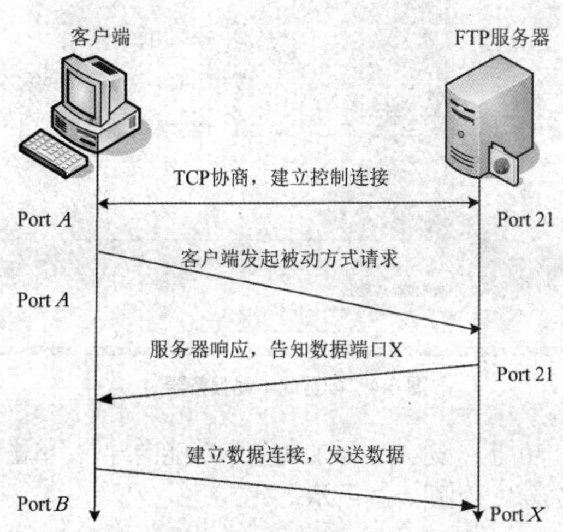

图 6-3　FTP 被动方式传输过程

在 Windows Server 2012 平台下，FTP 服务器既支持主动方式也支持被动方式传输数据。但是在 FTP 客户端上，如果需要支持被动方式传输数据，需要做出合适的配置。

另外，在 Windows Server 2012 平台下还支持 TFTP 的服务器和客户端配置（Trivial File Transfer Protocol，简单文件传输协议，基于 UDP 传输，服务器端口号 69），这种协议也可以完成类似 FTP 的功能，主要进行小文件传输。它不具备通常的 FTP 的许多功能，而只能从文件服务器上获得或写入文件，不能列出目录，不进行身份认证等。由于现在只在较小范围内还有零星应用（如嵌入式系统），此处不再详述。

6.2　任务 1　FTP 服务器的安装

6.2.1　任务说明

根据案例场景的需求描述，在本任务中，我们将通过在一台 Windows Server 2012 服务器（10.1.1.100/8）上配置好 IIS 服务器，然后添加 FTP 服务器角色，即开启 FTP 服务器功能。

6.2.2 任务 1 实施过程

在 Windows Server 2012 平台下的组件中，FTP 服务器的功能是集成在 IIS 里的，IIS 的作用与功能参加第 5 章。

具体实施过程如下：

1. 启动“服务器管理器”，选择“配置此本地服务器”，如图 6-4 所示。

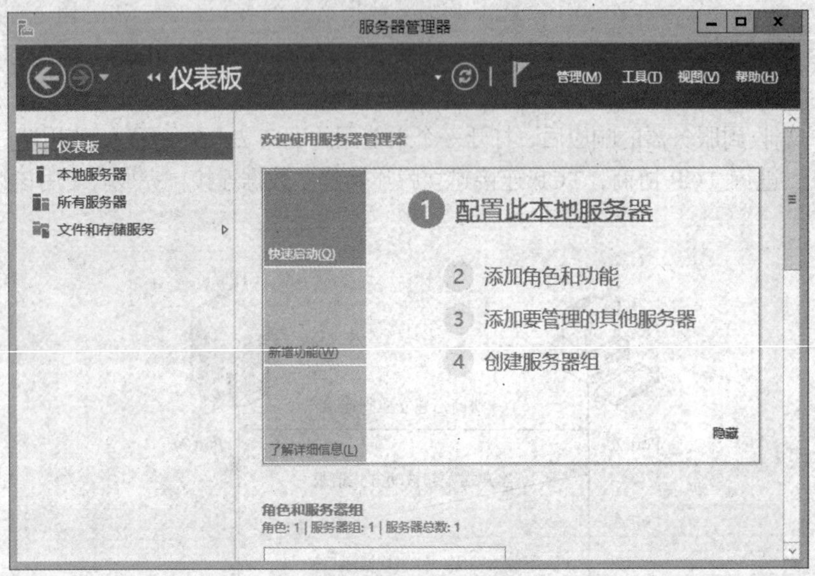

图 6-4 配置此本地服务器

2. 单击“添加角色和功能”，进入“添加角色和功能向导”，单击“下一步”按钮，选择“基于角色或基于功能的安装”，如图 6-5 所示。

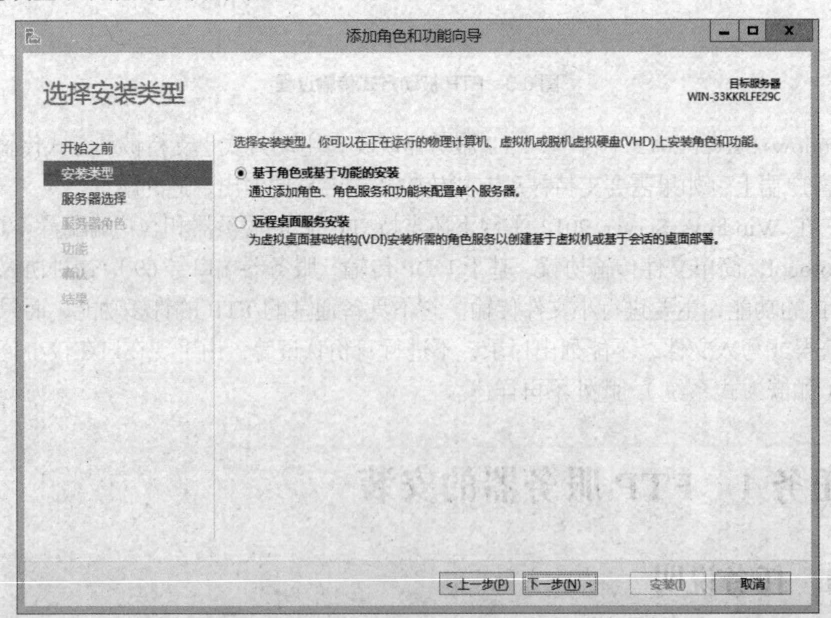

图 6-5 添加角色和功能向导

3. 单击“下一步”按钮，选择“从服务器池中选择服务器”，安装程序会自动检测与显示这台计算机采用静态 IP 地址设置的网络连接，单击“下一步”按钮，在“服务器角色”中，选择“Web 服务器（IIS）”，如图 6-6 所示。

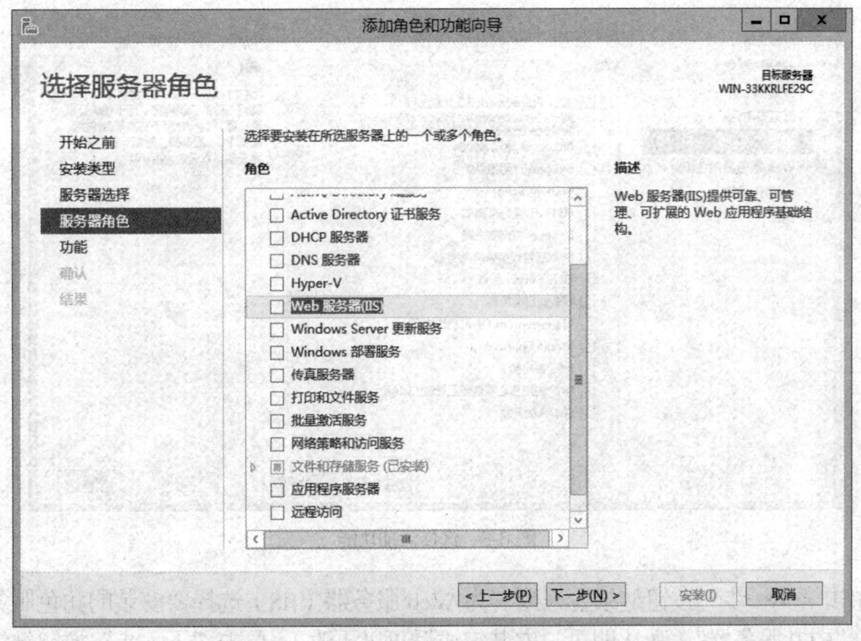

图 6-6　选择服务器角色

4. 选择“Web 服务器（IIS）”会自动弹出“添加 Web 服务器（IIS）所需的功能”对话框，单击“添加功能”按钮，如图 6-7 所示。

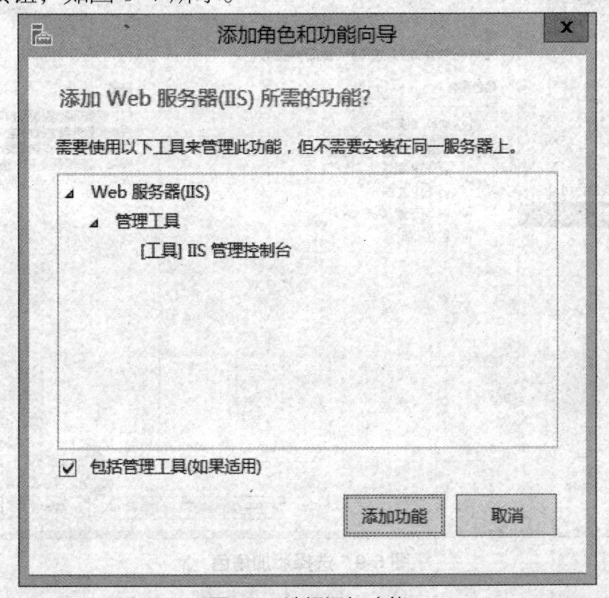

图 6-7　选择添加功能

5. 单击“下一步”按钮继续，在此处选择需要添加的功能，如无特殊需求，此处默认即可，如图 6-8 所示。

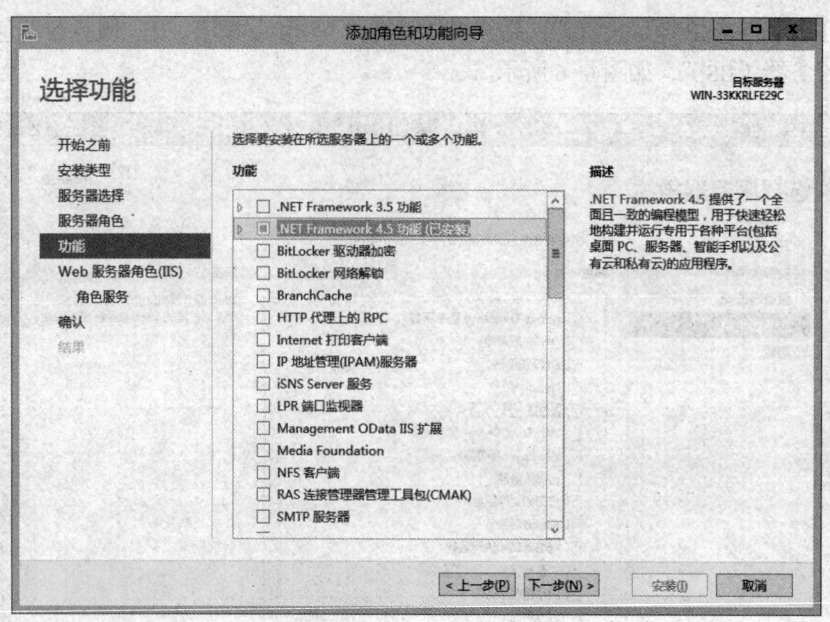

图 6-8　选择添加功能

6. 单击“下一步”按钮继续，来到“为 Web 服务器（IIS）选择要安装的角色服务”对话框，勾选“FTP 服务器”（默认即可，安装完成后可以更改），单击“下一步”按钮继续后单击“安装”按钮，如图 6–9 所示。

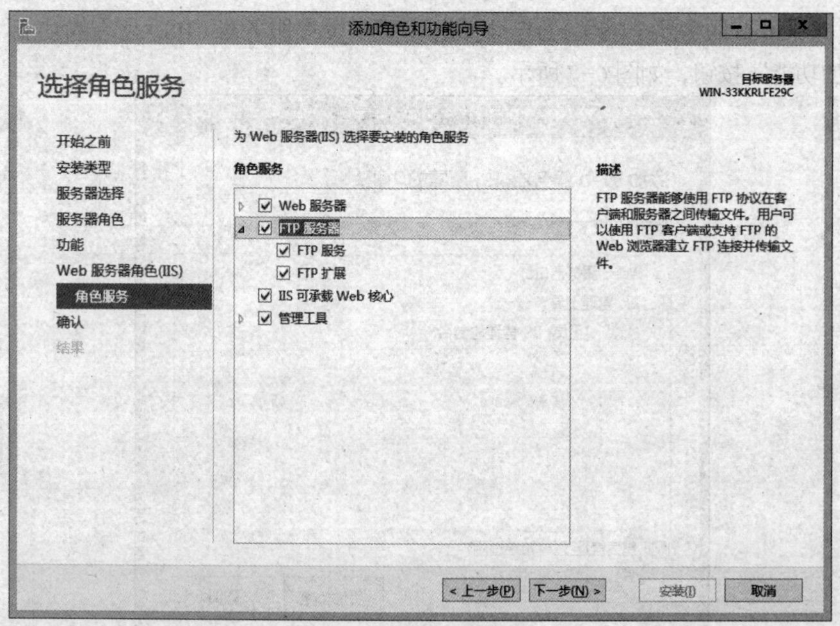

图 6-9　选择添加角色

7. 等待安装进度完成后，单击“关闭”完成安装，如图 6–10 所示。

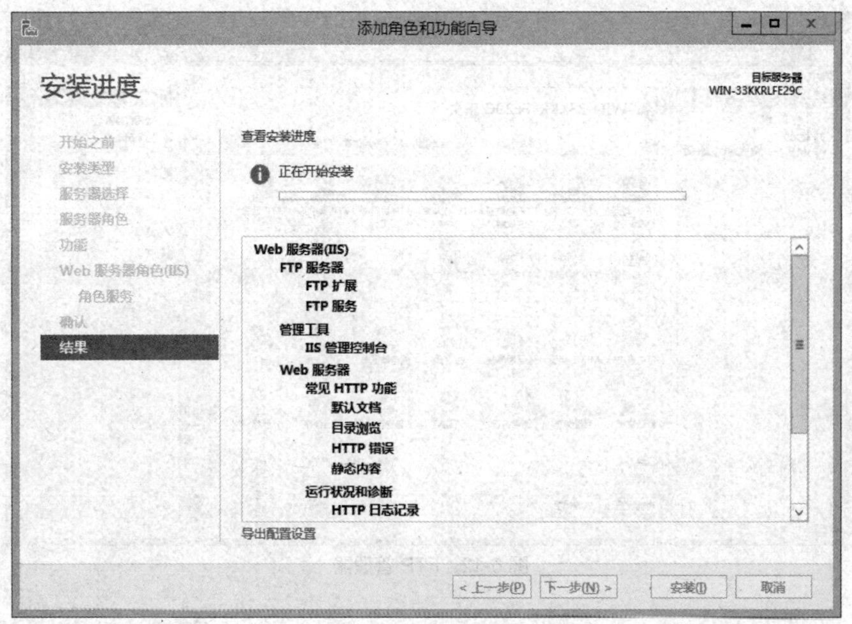

图 6-10　完成安装

8. 回到“服务器管理器”，可以看到左侧多了一项“IIS”，点击后查看“角色和功能”，可以看到“FTP 服务器”及相关功能，如图 6-11 所示。

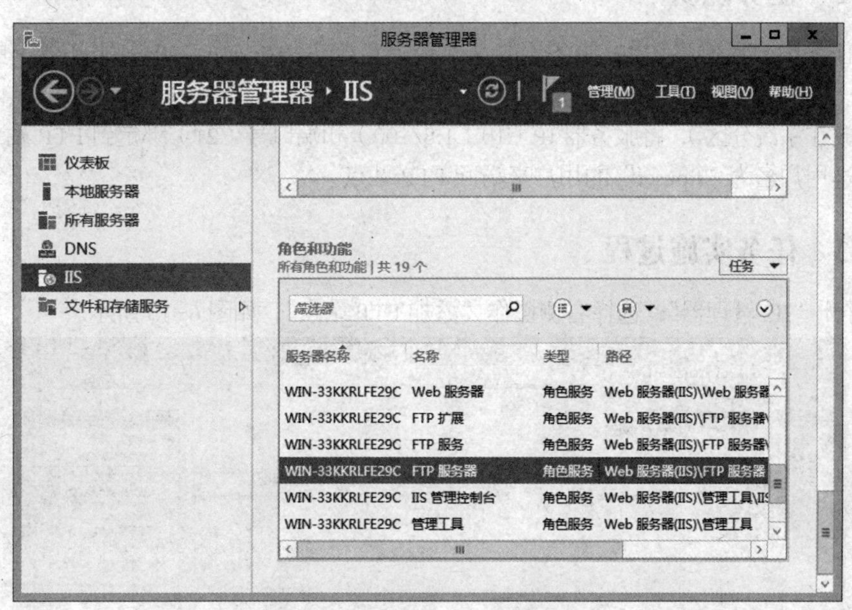

图 6-11　角色和功能：FTP 服务器

9. 单击“工具”→“Internet 信息服务（IIS）管理器”即可开始对 FTP 服务器进行配置、管理，如图 6-12 所示。

图 6-12　FTP 管理器

6.3　任务 2　创建 FTP 站点

6.3.1　任务说明

在此任务中，我们将 FTP 服务器的文件目录存放在 Windows 2012 服务器上的硬盘中（C:\FTP）然后在完成任务 1 的基础上开始创建此 FTP 站点（基于系统性能考虑，实际部署中不建议存放在系统分区），将服务器 IP（10.1.1.8/100）和端口号（21）绑定到 FTP 站点，并指定只能通过用户名为“ftpuser”的用户来访问 FTP 站点。

6.3.2　任务实施过程

1. 打开“IIS 管理器”，选择右侧操作“添加 FTP 站点”，如图 6-13 所示。

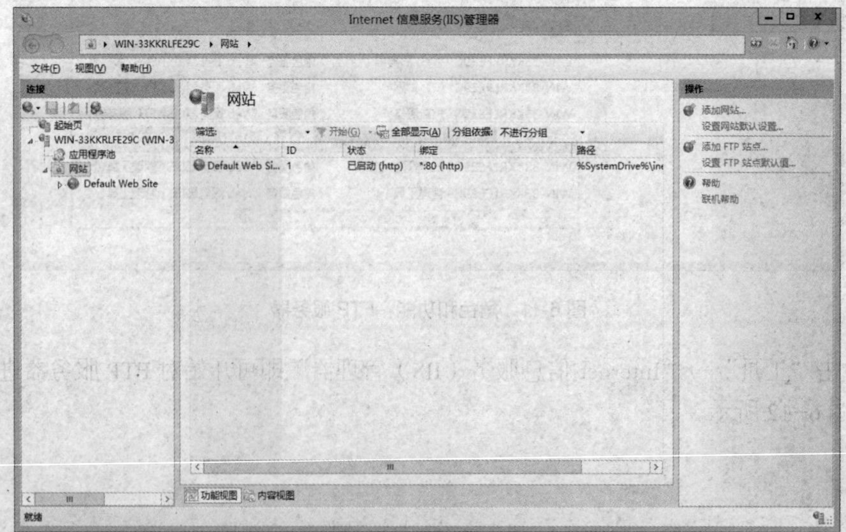

图 6-13　添加 FTP 站点

2. 在弹出的对话框中输入站点名称，设置好物理路径，单击“下一步”按钮继续，如图6-14所示。

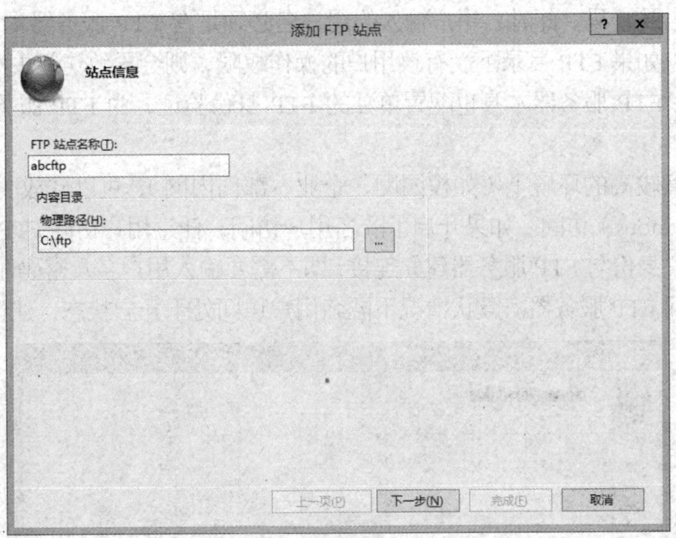

图6-14 添加FTP站点信息

3. 设置FTP站点的IP绑定及端口号如图6-15所示（端口号21不建议修改）。需要注意的是，FTP的数据传输是明文传输的，如果需要在安全性要求较高的环境下使用FTP，可以借助安全套接层（SSL）或者加密VPN来保证FTP传输不被窃听。

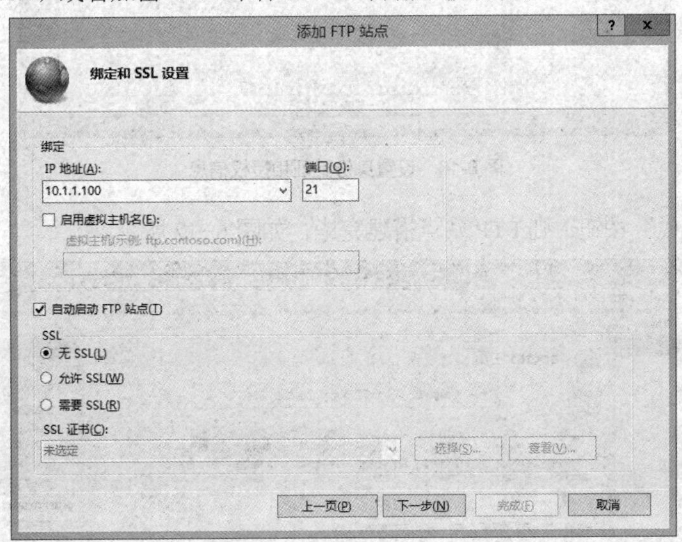

图6-15 FTP绑定和SSL设置

4. 设置FTP站点的身份验证和授权信息。此处，假定ABC公司拒绝匿名访问，并指定只有通过用户名为“ftpuser”的用户来访问FTP站点（相应地，应在FTP服务器本地计算机管理中添加用户“ftpuser”，并在FTP目录文件夹NTFS权限中授予“ftpuser”用户读取和写入权限），如图6-16所示。如果需要客户端能够匿名访问，则勾选身份验证的“匿名”即可。

由于FTP的本质是客户端对FTP服务器磁盘空间的读取或写入，所以出于安全性考虑，有必要对FTP站点进行身份验证。在Windows Server 2012平台下的FTP服务器身份验证主要分为以下两种。

（1）内置身份验证：指使用 Windows 的用户权限管理来进行 FTP 用户身份验证。当客户端尝试连接 FTP 服务器时，服务器会对用户身份进行本地身份验证或者域身份验证，要求用户输入合法的用户名及密码，此时，用户输入的用户名必须是在 FTP 服务器本地 FTP 目录下有合法权限的用户，如果 FTP 目录下没有该用户的操作权限，则会导致访问失败。

（2）自定义：FTP 服务器本身也配置单独的 FTP 身份验证，由 FTP 服务器来控制用户的读取和写入权限。

在某些可信度较高的环境下（如校园网、企业、部门内网），可以开放一种特殊的权限：匿名用户（Anonymous）访问。如果开启了匿名用户访问，任意用户访问 FTP 服务器时，会使用默认的匿名用户身份与 FTP 服务器建立连接，即不需要输入用户名及密码而只需按默认匿名用户的身份来访问 FTP 服务器。默认情况下匿名用户访问处于开启状态，建议手动关闭。

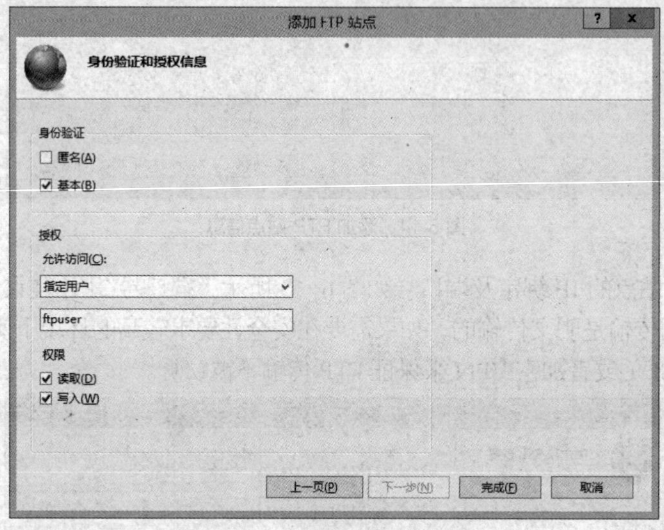

图 6-16　设置身份验证和授权信息

5. 单击“完成”按钮，则 FTP 站点搭建完毕，如图 6-17 所示。

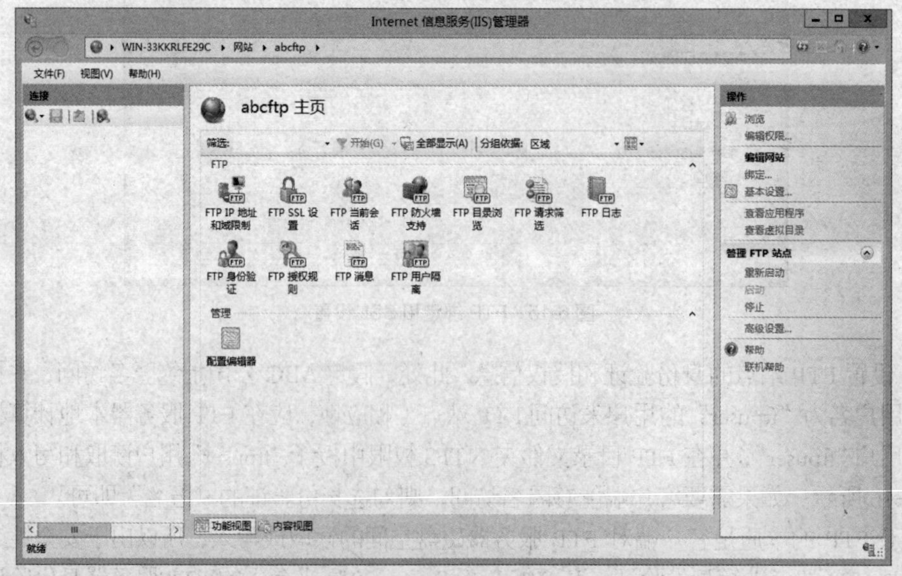

图 6-17　FTP 站点建立完成

6.4 任务3 配置客户端访问 FTP 站点

6.4.1 任务说明

FTP 服务器配置完成之后，就可以在客户机浏览器使用 IP 地址访问 FTP 站点了。客户机访问 FTP 站点的完整 URL 为 ftp://IP 地址:Web 服务器端口号 。此处的 IP 地址为在 IIS 管理器里设置的 ftp 服务器绑定 IP，且是当前客户机路由可达的 IP；端口号为在 IIS 管理器里设置的 ftp 服务器绑定端口，如果绑定端口为默认端口 21，那么在访问 URL 里可以省略端口号。

也可以采用域名的方式来访问 FTP 站点，此时，客户机访问 FTP 站点的完整 URL 为 ftp://域名:Web 服务器端口号。通过这种方式访问 FTP 站点时，客户端首先将域名发送至 DNS 服务器进行解析，成功解析成 IP 地址后再使用 IP 地址访问 FTP 站点。所以，此处的域名在客户端上必须能够被成功解析为 FTP 服务器绑定的 IP 地址才能正常访问。同时，还需要配置 DNS 服务器，在 DNS 服务器上添加 FTP 域名与 FTP 服务器 IP 地址的映射记录，并且要在客户端的 TCP/IP 里配置正确的 DNS 服务器地址。

在完成任务 2 的基础上，开启一台 Windows 8 系统的机器 PCA 作为客户端，将其 IP 地址配置为与 Web 服务器同一网段（10.1.1.10/8），然后分别尝试使用 IP 地址和域名来访问 FTP 站点。客户端软件我们采用 Windows 8 系统内置的文件资源管理器。事实上读者也可以选择使用 Web 浏览器、命令控制台或者其他专用 FTP 客户端软件来完成此任务，如 FileZilla、FlashFTP、CuteFTP 等，任务实施过程如下。

6.4.2 任务实施过程

1. 配置客户端 IP 地址，并测试与 FTP 服务器的连通性如图 6-18 和图 6-19 所示。

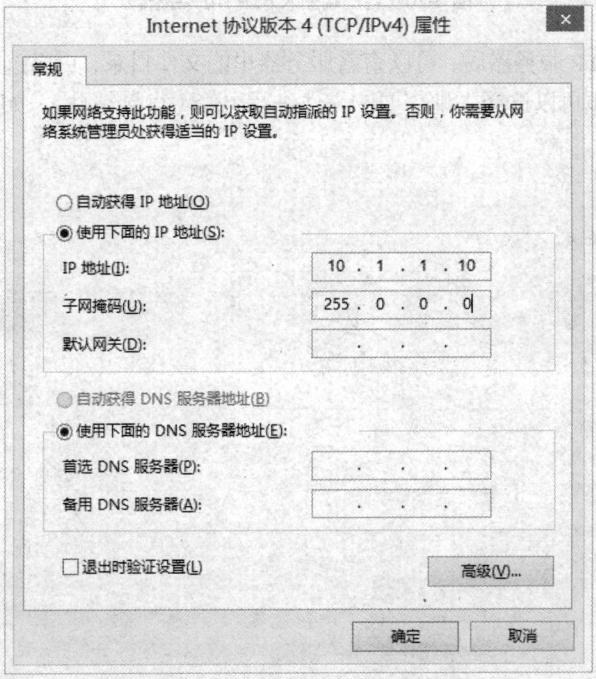

Internet 协议版本 4 (TCP/IPv4) 属性

常规

如果网络支持此功能，则可以获取自动指派的 IP 设置。否则，你需要从网络系统管理员处获得适当的 IP 设置。

○ 自动获得 IP 地址(O)
◉ 使用下面的 IP 地址(S):
IP 地址(I): 10 . 1 . 1 . 10
子网掩码(U): 255 . 0 . 0 . 0
默认网关(D): . . .

○ 自动获得 DNS 服务器地址(B)
◉ 使用下面的 DNS 服务器地址(E):
首选 DNS 服务器(P): . . .
备用 DNS 服务器(A): . . .

☐ 退出时验证设置(L)　　高级(V)...

确定　取消

图 6-18 配置客户端 IP 地址

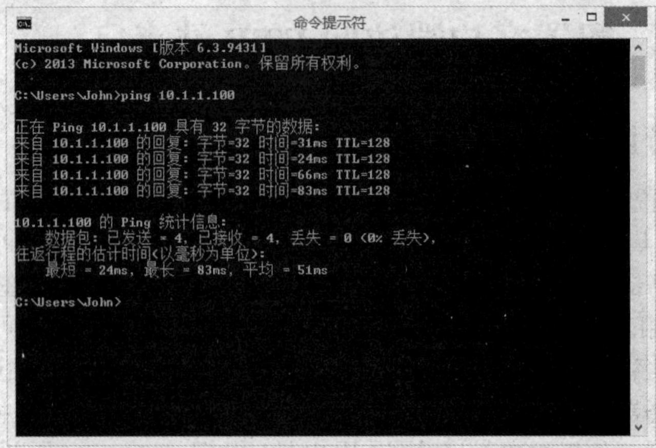

图 6-19　使用 Ping 命令测试客户端与 FTP 服务器的连通性

2. 在浏览器中使用 IP 地址访问 FTP 站点：ftp://10.1.1.100，输入正确的用户名“ftpuser”以及对应的密码（如果服务器开启匿名登录则无需登录），如图 6-20 所示。

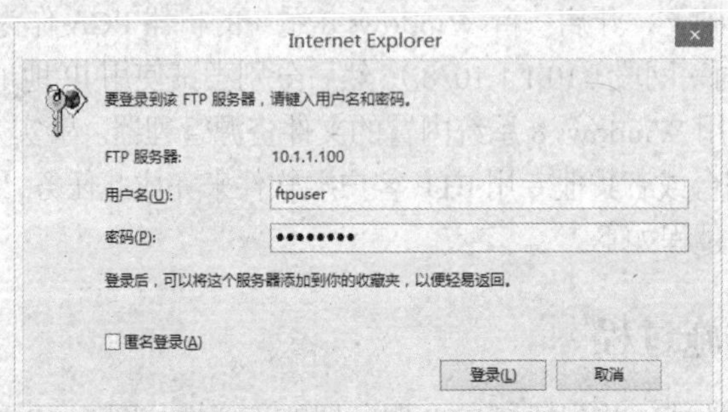

图 6-20　客户端输入 FTP 用户名密码

成功登录进入 FTP 服务器后，可以查看服务器里的文件目录，可以选择需要的文件下载到本地（直接复制），也可以选择本地需要的文件进行上传（直接粘贴），如图 6-21 所示。

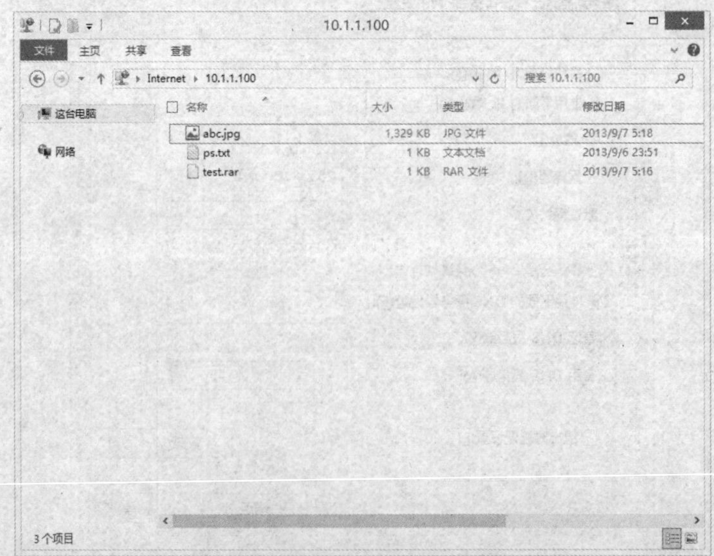

图 6-21　成功打开 FTP 站点

3. 与此同时，在服务器端的 FTP 站点管理里的 FTP 当前会话功能监察当前访问会话，如图 6-22 所示。

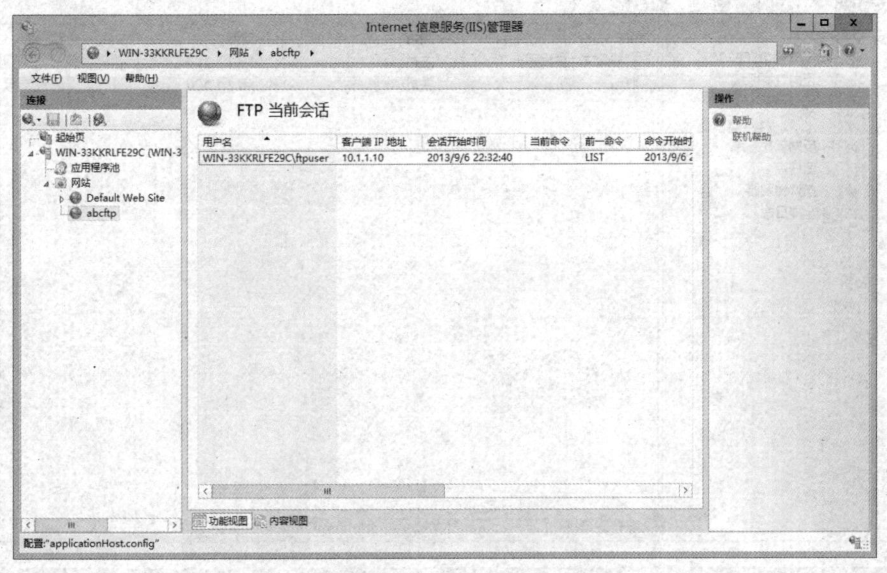

图 6-22 FTP 当前会话

4. 如果客户端需要使用域名来访问 FTP 站点，首先，需要在网段内安装一台 DNS 服务器，如图 6-23 和图 6-24 所示。根据实际的负载情况可以选择在 FTP 服务器上安装，或者选择单独在一台新服务器上安装（本例中我们选择安装在 FTP 服务器 10.1.1.100/8 上）。配置合适的域名解析记录（abcftp.com 映射到 10.1.1.100），安装配置过程详细过程可参考项目 4 的实施过程。

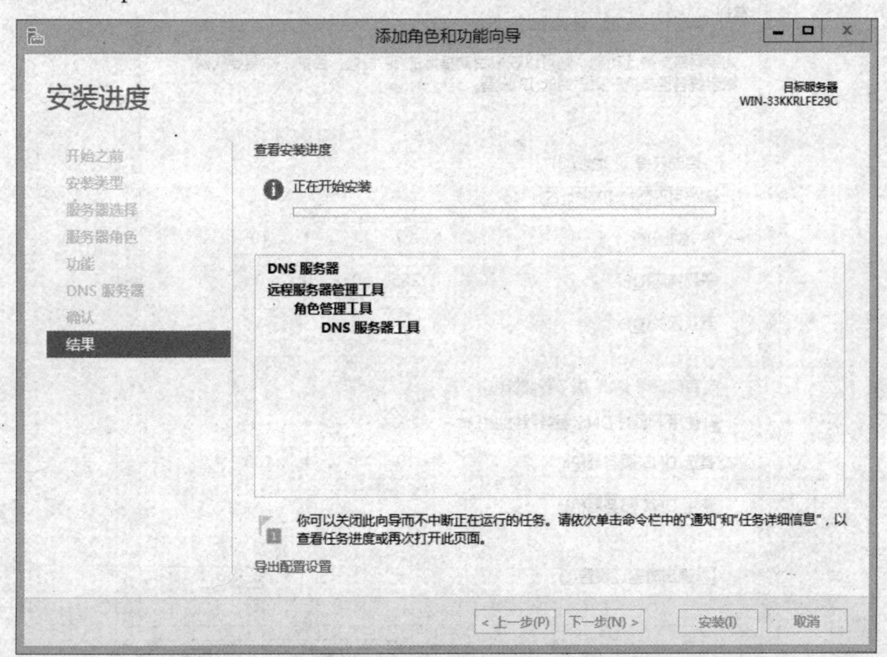

图 6-23 安装 DNS 服务器

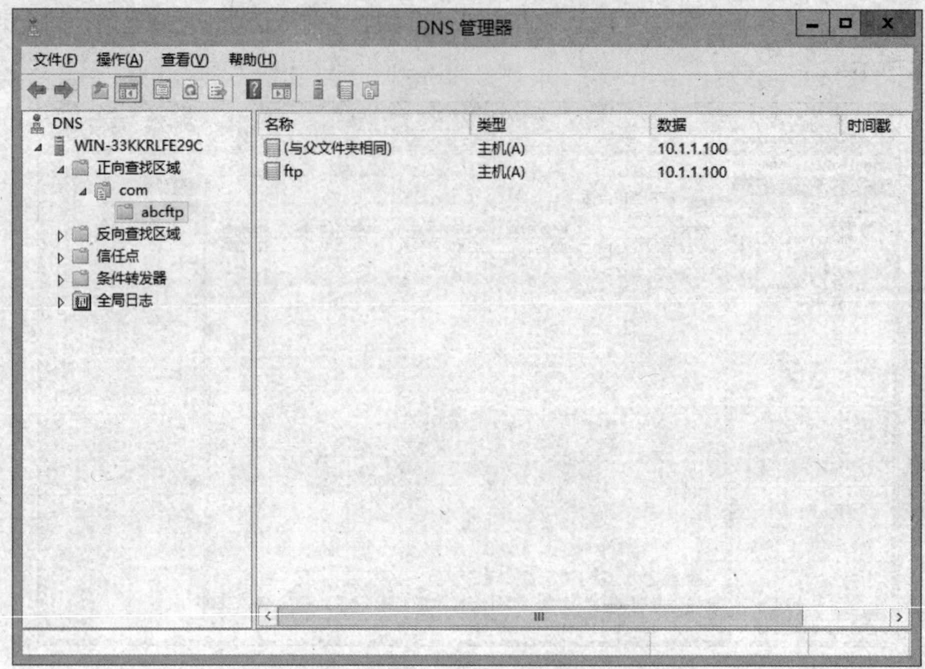

图 6-24 在正向查找区域内添加主机记录

5. 在客户机上更改 TCP/IP 设置，添加 DNS 服务器地址，并测试域名 abcftp.com 解析结果，如图 6-25 和图 6-26 所示。

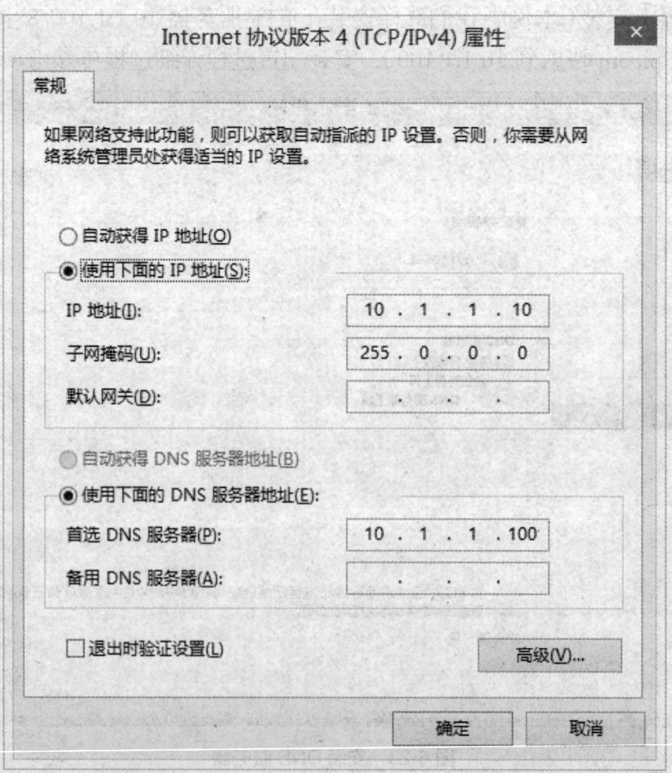

图 6-25 配置客户机 DNS 服务器地址

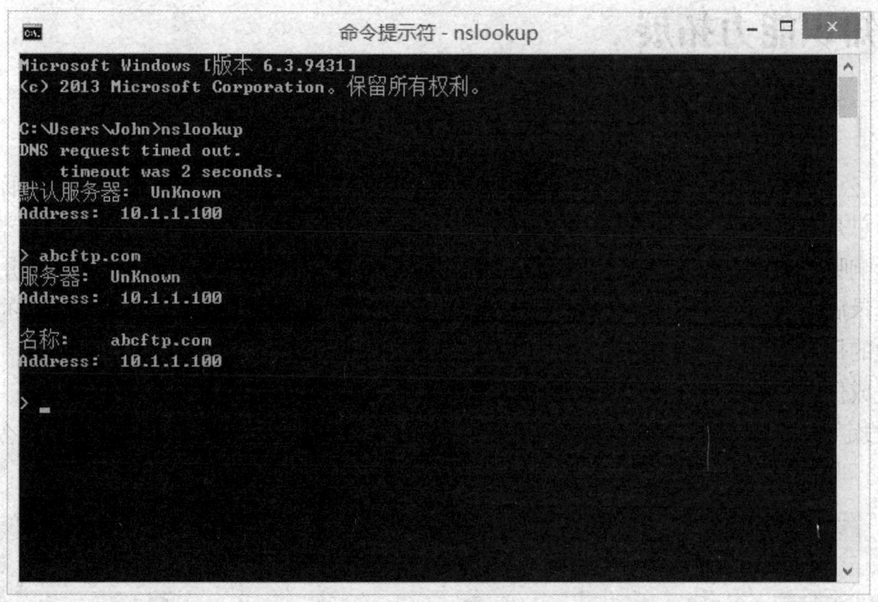

图 6-26 客户机上测试域名解析结果

6. 在客户端尝试使用域名 URL：ftp://abcftp.com 来访问 FTP 站点，如图 6–27 所示。

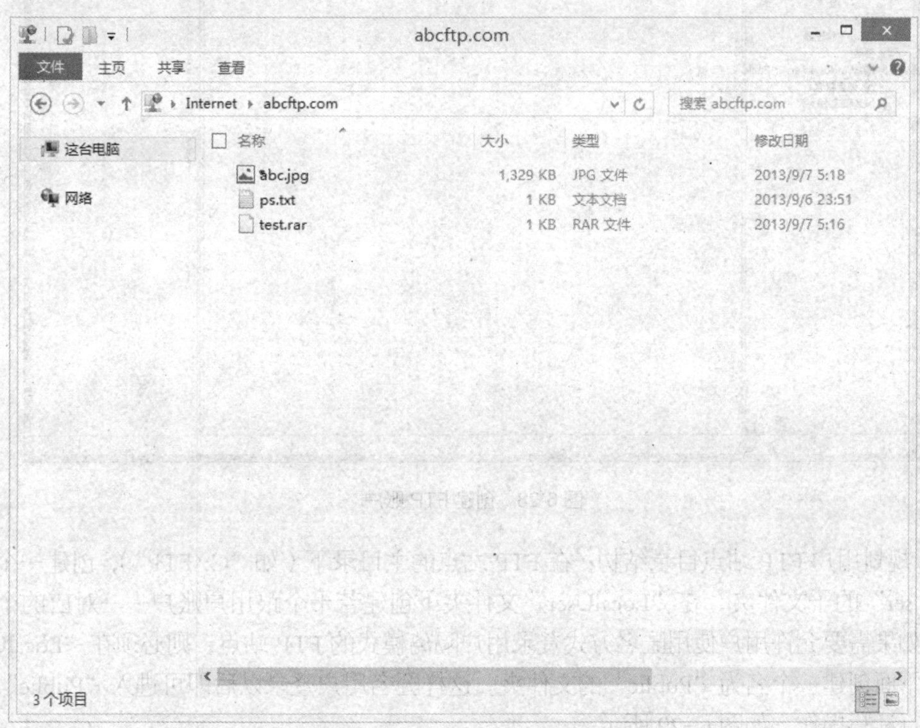

图 6-27 客户端通过域名成功访问 FTP 站点

6.5 知识能力拓展

6.5.1 拓展案例 1 配置 FTP 站点用户隔离

ABC 公司的 FTP 服务器运行了一段时间后，网络管理部门接到大量用户投诉，称自己上传的文件总是被其他用户误删、修改。该如何配置才能让大家共同使用一台 FTP 服务器而又不会相互影响呢？答案就是使用用户隔离。在 FTP 服务器上配置用户隔离后，当用户使用不同的用户名登录后，会看到不同的文件目录，这些文件目录之间是相互隔离的，一个用户的操作只作用于他的目录内部，不会影响其他用户的目录下的文件。

在完成任务 3 的基础上，分别实施如下步骤来实现 FTP 站点的用户隔离。

1. 假定有两个用户“zhangsan”和“lisi”需要在 FTP 服务器上实现用户隔离，那么首先在“计算机管理”中创建这两个账户：如图 6-28 所示。

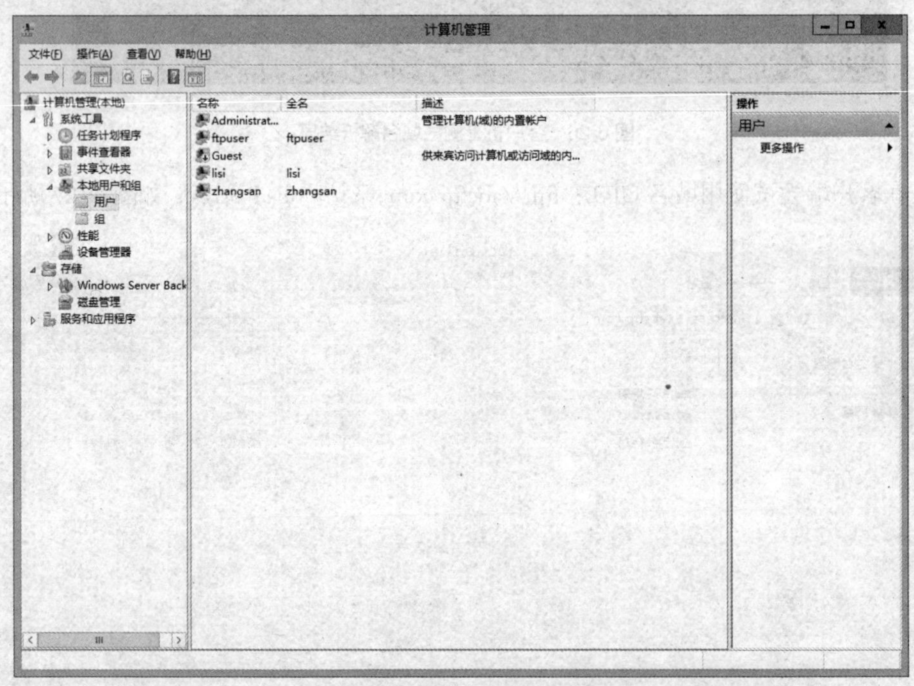

图 6-28 创建 FTP 账户

2. 规划用户 FTP 站点目录结构：在 FTP 站点的主目录下（如“C:\FTP”），创建一个名为“LocalUser”的子文件夹，在“LocalUser”文件夹下创建若干个跟用户账户一一对应的个人文件夹。如果需要允许用户使用匿名方式登录用户隔离模式的 FTP 站点，则必须在“LocalUser”文件夹下面创建一个名为“Public”的文件夹。这样匿名用户登录以后即可进入“Public”文件夹中进行读写操作，如图 6-29 所示。

图 6-29　创建 FTP 目录结构

注意：FTP 站点主目录下的子文件夹名称必须为“LocalUser”，且在其下创建的用户文件夹必须跟相关的用户账户使用完全相同的名称，否则将无法使用该用户账户登录。

3. 打开 IIS 管理器，单击选中左侧网络列表中的“abcftp”，双击“FTP 用户隔离”菜单，选择 FTP 用户隔离，单击右侧“应用”使配置生效（配置用户隔离可能需要重启 IIS 才能生效），如图 6-30 所示。

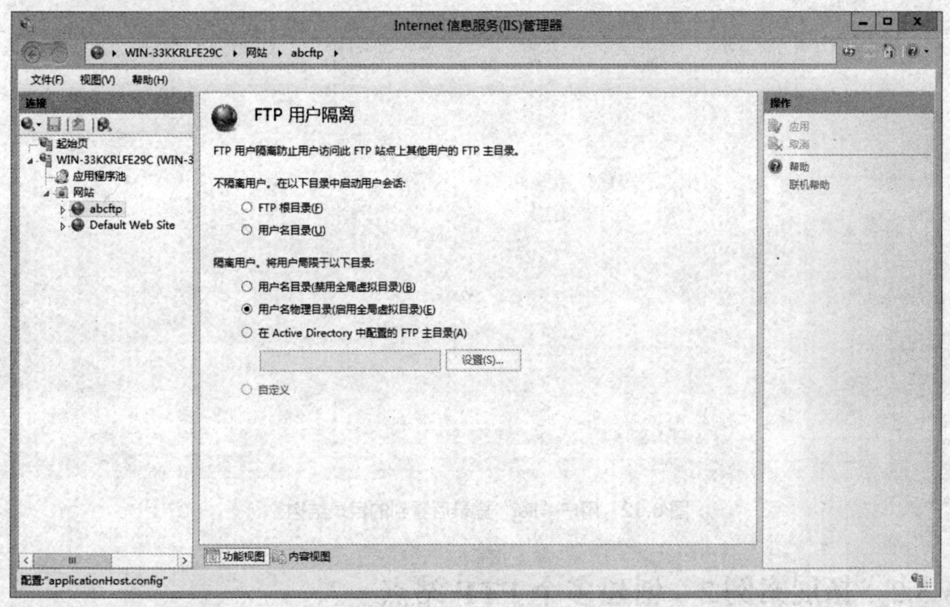

图 6-30　启用 FTP 用户隔离

4. 在客户端分别使用“zhangsan”和“lisi”两个 FTP 账户登录后查看到的目录是不一样的，即可正常实现用户隔离，如图 6-31 和图 6-32 所示。

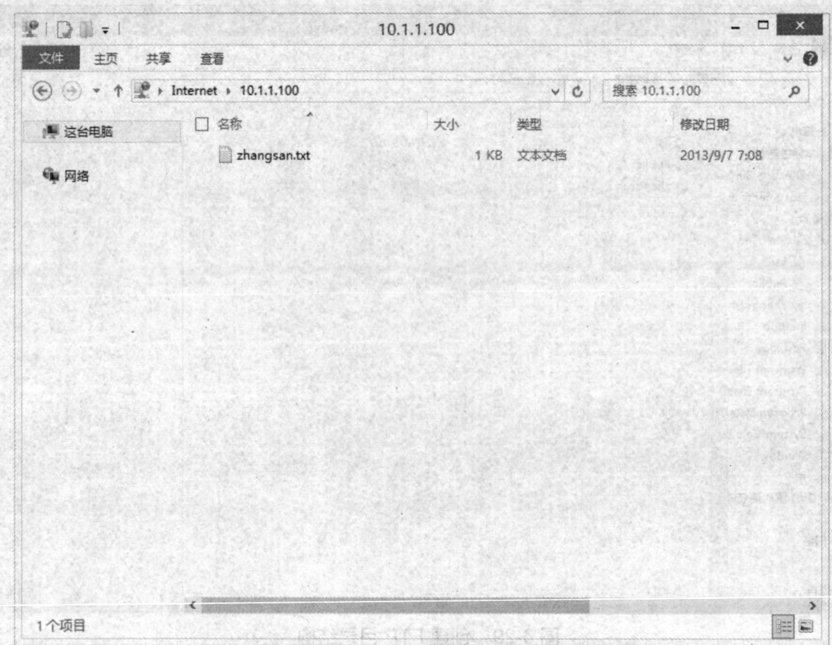

图 6-31　用户“zhangsan”登录后看到的目录结构

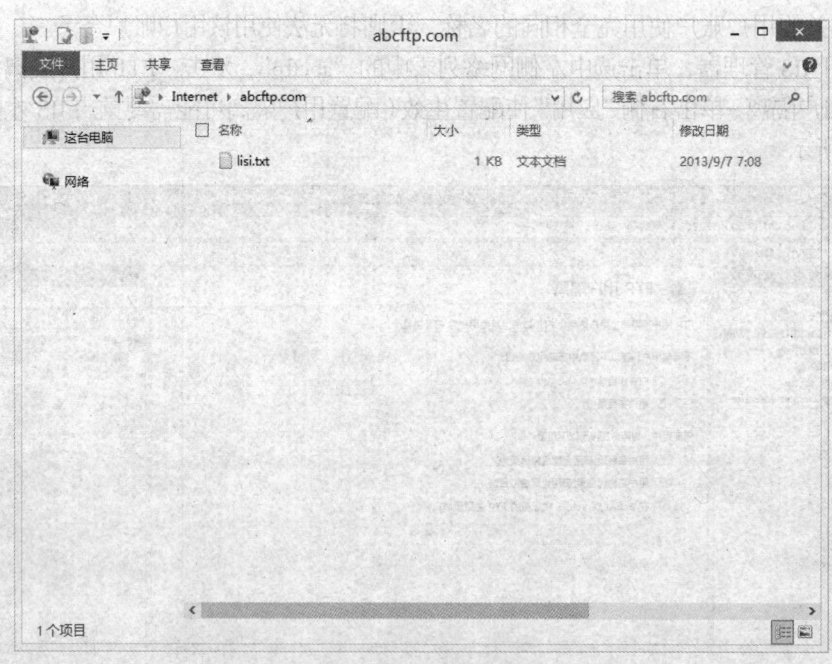

图 6-32　用户“lisi”登录后看到的目录结构

6.5.2　拓展案例 2　创建多个 FTP 站点

ABC 公司的销售部向网络管理部提出申请，计划单独搭建一个新的 FTP 站点专供销售部内部使用，网络管理部门把这个 FTP 站点（abcsalesftp）也部署到那台已经开启 FTP 服务的 Windows 2012 服务器上（10.1.1.100/8），并且与之前的 FTP 站点（abcftp）能够互不干扰、同时运行，实施步骤如下。

1．把网站文件拷贝到服务器后，打开 IIS 管理器，在左侧“网站”菜单上单击鼠标右键选择“添加 FTP 站点”，如图 6-33 所示。

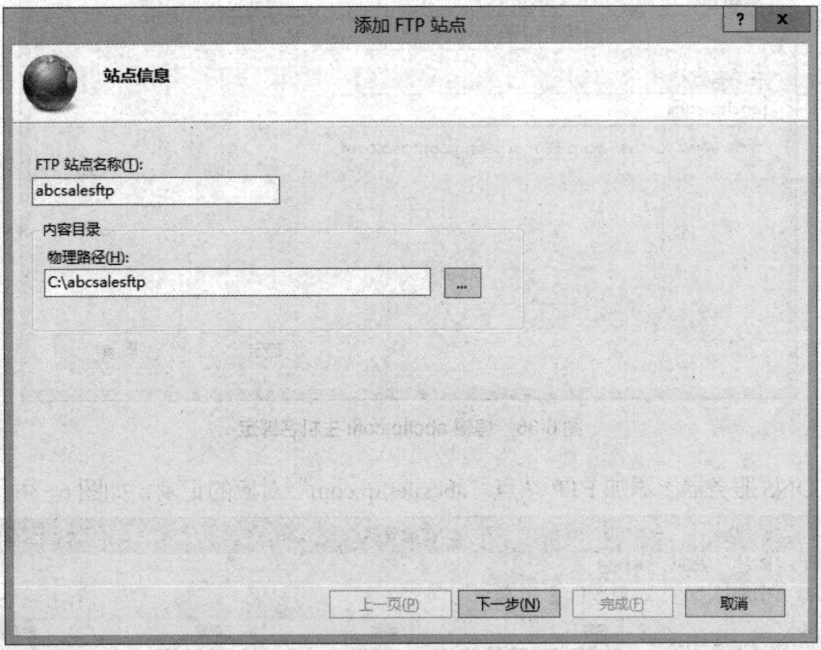

添加 FTP 站点

站点信息

FTP 站点名称(T):

abcsalesftp

内容目录

物理路径(H):

C:\abcsalesftp

上一页(P)　下一步(N)　完成(F)　取消

图 6-33　添加 FTP 站点

2．配置站点绑定信息时，将“abcbbs”与“abcoa”配置不同的“主机名”，如图 6-34 和图 6-35 所示。这样，当在客户端输入不同的域名时，IIS 可以根据域名来查找 FTP 站点从而区分不同的客户端请求，做出不同的响应而不至于冲突。

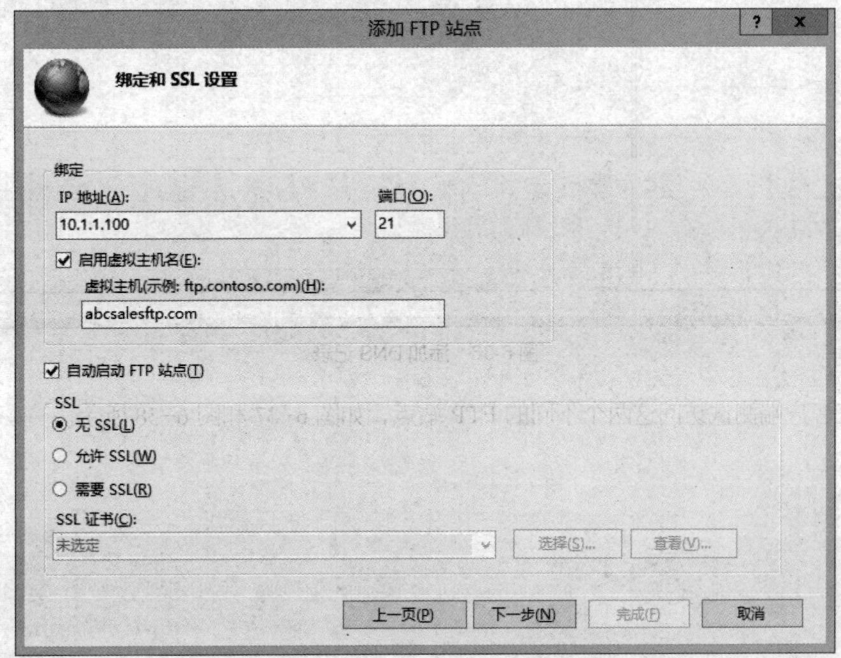

图 6-34　设置 abcsalesftp.com 主机名绑定

图 6-35　编辑 abcftp.com 主机名绑定

3. 在 DNS 服务器上添加 FTP 站点“abcsalesftp.com”对应的记录，如图 6-36 所示。

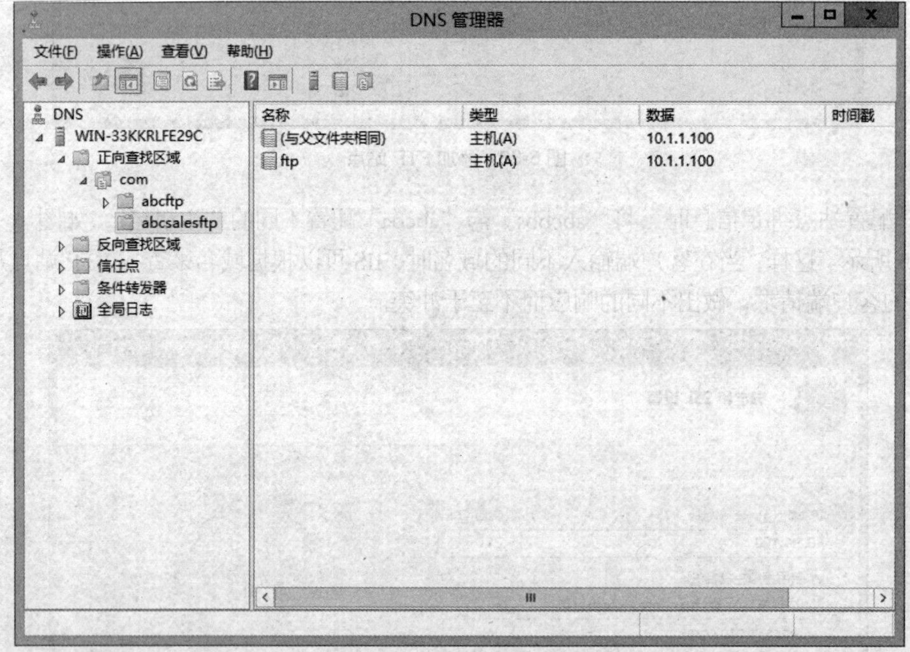

图 6-36　添加 DNS 记录

4. 在客户端测试访问这两个不同的 FTP 站点，如图 6-37 和图 6-38 所示。

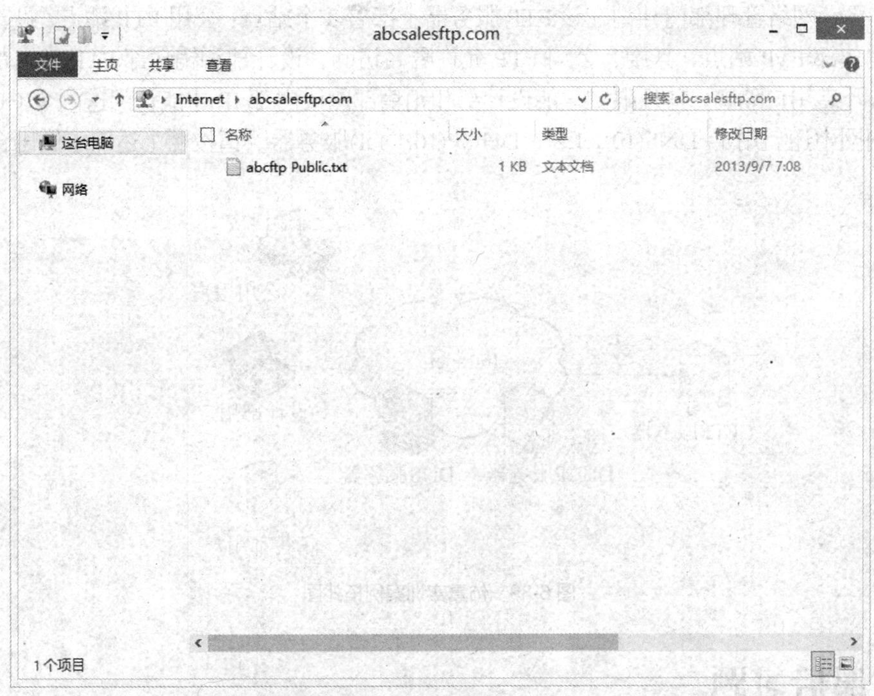

图 6-37　客户端成功访问 FTP 站点 abcsalesftp.com

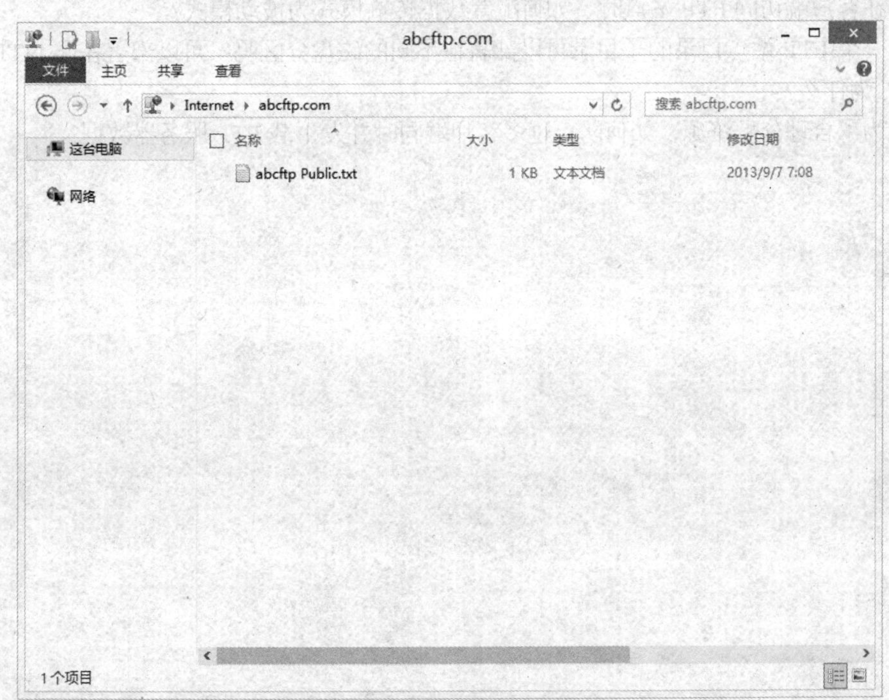

图 6-38　客户端成功访问 FTP 站点 abcftp.com

6.6　仿真实训案例

图 6-39 所示，ABC 公司在企业内网开启了一台 Windows Server 2012（10.1.1.200/8）来做

FTP 服务器，网络管理部门计划在该 FTP 服务器上部署 3 个站点：公用 FTP 站点、设计部 FTP 站点、销售部 FTP 站点，其中，公用 FTP 允许匿名访问，设计部和销售部 FTP 站点都拒绝匿名访问，开启用户隔离，并且限制只能设计部和销售部网段内部 IP 才能访问这两个 FTP 站点。同时在内网中还启用了 DNS(10.1.1.2)、DHCP(10.1.1.1)服务器，请按照上述需求做出合适的配置。

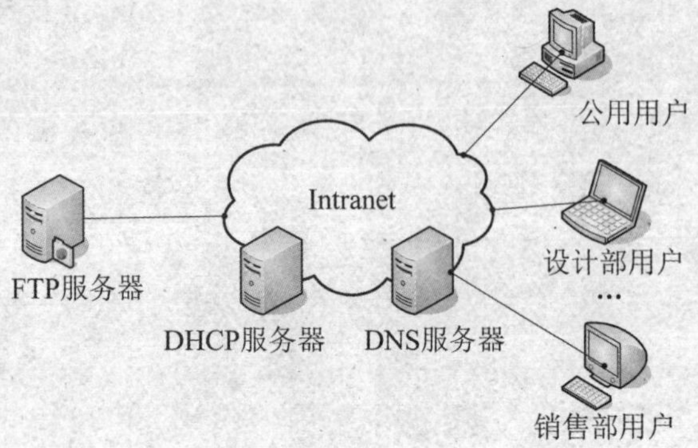

图 6-39　仿真实训案例拓扑图

6.7　课后习题

1. 在客户端访问 FTP 站点时，如何配置数据传输模式为被动模式?

2. 一个 FTP 站点目录的子目录可以部署在不同的磁盘分区吗？可以部署在非 NTFS 磁盘分区吗？为什么?

3. 为了合理分配资源，如何防止过多客户端同时并发下载 FTP 服务器数据?

PART 7

项目 7 证书服务器的配置与应用

7.0 案例场景

最近，ABC 公司的财务部升级了财务系统，将所有财务业务系统都部署到一个专用的 Web 服务器上（IP：10.1.1.100/8）。为了保证财务数据传输的安全性，ABC 公司的网络管理部门计划部署证书服务器来保护财务部的专用 Web 服务器，并且给财务部员工分发数字证书来鉴别员工身份。网络拓扑如图 7-1 所示。

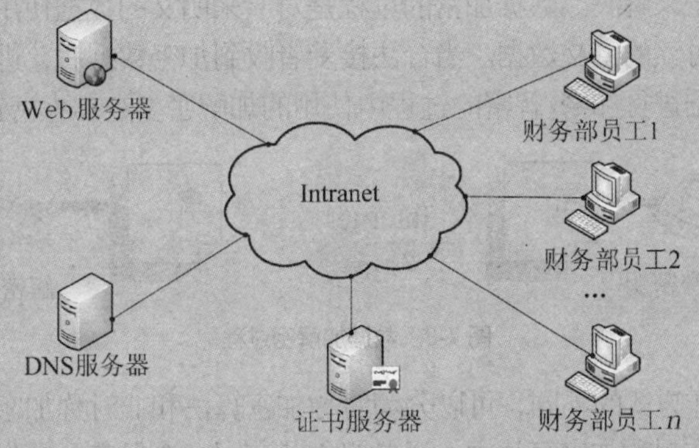

图 7-1 证书服务器部署拓扑图

在本项目中，我们将通过完成以下 3 个任务来学习证书服务器的配置和应用。

- 任务 1 证书服务器的安装
- 任务 2 架设安全 Web 站点
- 任务 3 证书的管理

7.1 知识引入

7.1.1 数据安全技术基础

众所周知，随着网络的发展和普及，各行各业的传统业务都逐步迁移到网络，各种基于网络的新业务、新应用层出不穷，随之而来的安全问题越来越严峻。为了保证数据的安全性，如图 7-2 所示，需要解决 4 个主要问题：数据机密性、数据完整性、身份验证、不可抵赖性。

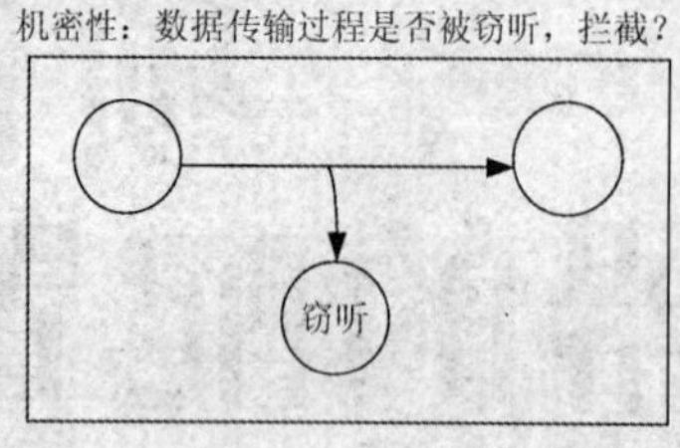

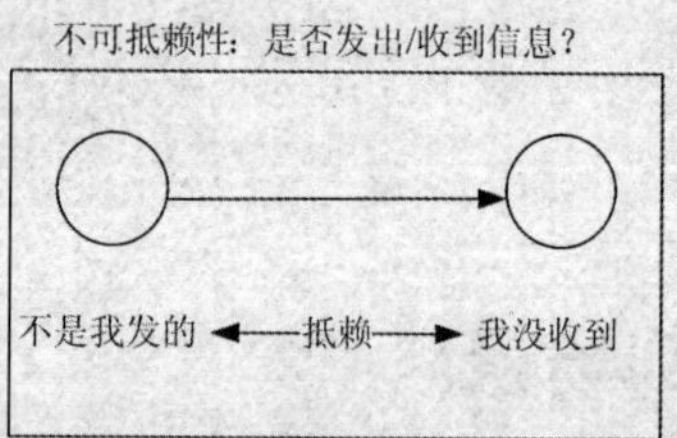

图 7-2　4 个主要安全问题

1. 数据机密性

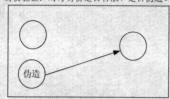

数据机密性是指防止数据由于被非法窃听、拦截，而导致信息泄露。数据机密性问题，主要通过对数据进行加密来解决。数据加密的过程是对原来明文的数据使用加密算法进行处理，将其变为另外一种不可读的密文数据。当合法接受者收到加密数据后，进行数据解密，将密文转换成明文。在对数据进行加密/解密的过程中使用的加解密参数称为密钥，如图 7–3 所示。

图 7-3　数据加解密过程

加密算法根据工作方式的不同，可以分为对称加密算法和非对称加密算法两种。

如图 7–4 所示，在对称加密算法中，通信双方共享同一个保密参数作为加解密的密钥，这个密钥可以是事先约定直接获得的，也可以是通过某种算法计算出来的。一般情况下，这个密钥是严格私有保密的。目前有不少对称加密算法标准，如 DES、3DES、RC4、AES 等。由于对称加密算法执行效率较高，因此对称加密算法一般适用于需要加解密数据量较大的场合。

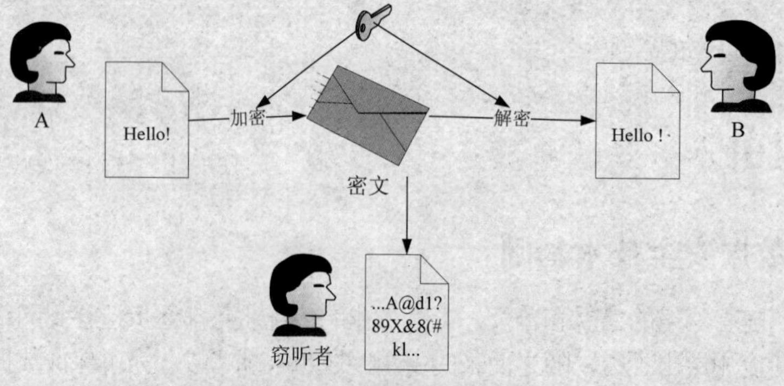

图 7-4　对称加密过程

如图 7-5 所示，在非对称加密算法中，为每个用户分配一对密钥：一个私有密钥（私钥）和一个公开密钥（公钥）。私钥是保密的，由用户自己保存；公钥是公诸于众的，本身不构成严格的秘密。这两个密钥之间没有相互推导关系。用这两个密钥之一加密的数据只有另外一个密钥才能解密。目前主流的非对称加密算法有：DH、RSA、DSA 等。

由于对称加密算法需要消耗较多的系统资源，吞吐量较低，因此对称加密算法不适用于大量数据的加密，一般只用于关键数据的传输，例如，可以配合对称加密算法，通信双方先使用非对称加密算法来传输加密算法的对称密钥，然后使用对称密钥来加解密后面的普通数据传输。

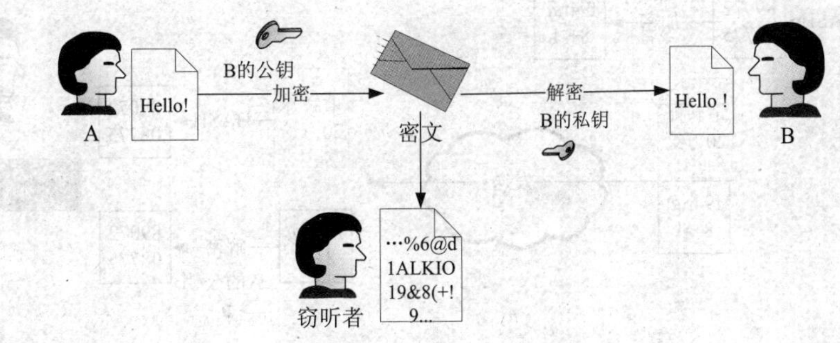

图 7-5 非对称加密过程

2. 数据完整性

数据完整性是指防止数据在传输过程中被非法篡改。为了解决数据完整性问题，需要对数据进行完整性校验，通常使用摘要算法（HASH）。HASH 算法对不同长度的数据进行 HASH 运算，得出一段固定长度的结果，该结果称为“摘要”。如果原数据稍有变化，都会导致最后计算结果的摘要值不同。所以，可以通过对比原始摘要值和接收到数据的摘要值是否一致来判断数据在传输过程中是否被篡改。

HASH 算法的处理过程如图 7-6 所示。HASH 算法具有单向性，无法根据摘要值推导出原始数据。常用的 HASH 算法有 MD5、SHA1、SHA256 等。

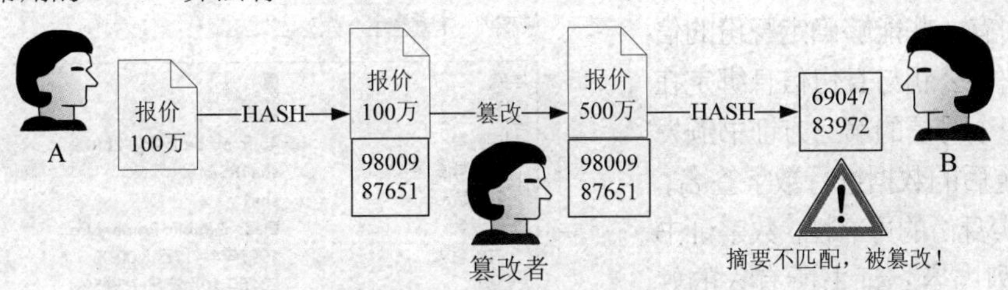

图 7-6 完整性校验过程

3. 身份验证与不可抵赖

身份验证是指数据接受者需要某种机制来验证数据发送方是正确的发送者，而不是伪造身份者。不可抵赖是指在数据传输过程中，所有的数据发送、接收操作都不具有可否认性。为了解决这两个问题，需要使用数字签名技术。简单地说，数字签名技术对待发数据进行加密处理，生成一段信息，附在原文上一起发送。这段信息类似于现实生活中在文件上的签名或印章，接收方对此信息做出验证来判断签名合法性。验证通过则代表身份合法，且身份唯一，不可抵赖。

数字签名技术使用 HASH 算法和非对称加密算法的扩展应用。具体过程如图 7-7 所示。发送方首先将待发送的原始数据进行 HASH 运算，得到摘要值后，再使用自己的私钥对该摘要值进行加密，把得到的密文附在原文后面一起发送给接收方。接收方收到数据后，也使用HASH算法计算出原文的摘要值，然后对发送方发过来的密文使用发送方的公钥进行解密，把解密后的值与摘要值进行对比，如果完全相等，则可证实数据确为发送方发送，且未被篡改。需要注意的是，数字签名是用发送方的私钥做加密，而如果是为了保证数据机密性做数据加密的话，需要用接收方的公钥加密。

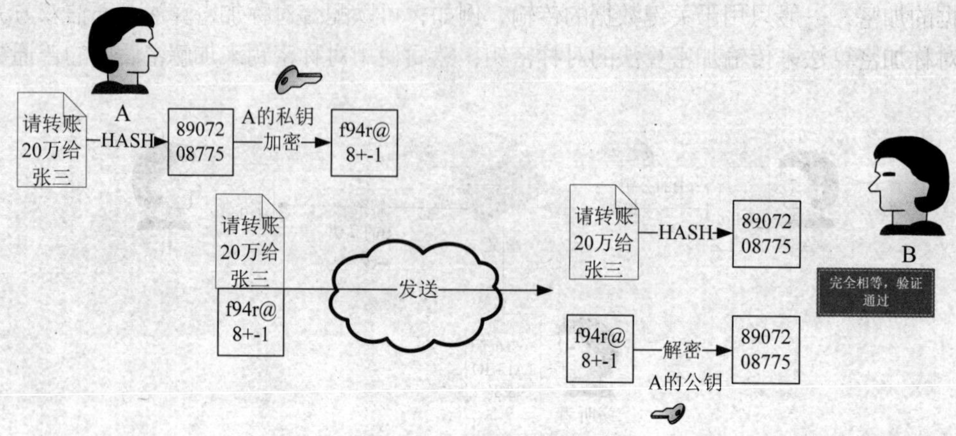

图 7-7　数字签名过程

7.1.2　公共密钥体系 PKI

使用非对称加密可以解决数据机密性、身份验证、不可抵赖性 3 个安全问题，但是在实际应用中，还有一个问题需要解决：如何保证公钥的安全性？在加密过程中需要使用接收方的公钥加密，在数字签名中需要使用发送方的公钥解密，如何保证公钥不是伪造的呢？如何把公钥安全地分发给其他人呢？解决方法是使用数字证书。

数字证书相当于电子化的身份证明，里面有一些能够确定身份的信息资料。它将公钥与身份信息绑定在一起，由一个可信的第三方证书颁发机构对绑定后的数据进行数字签名，以此来证实身份的可靠性。数字证书里包括下列内容：证书所有人的姓名、证书所有人的公钥、证书颁发机构名称、证书颁发机构的数字签名、证书序列号、证书有效期等信息。在 Windows 系统中，打开 Internet Explorer 浏览器，单击“工具”按钮，在“Internet 选项”菜单里找到内容选项卡，单击“证书”按钮，将会看到 Windows 系统中的一些数字证书，点开一个数字证书的详细信息选项

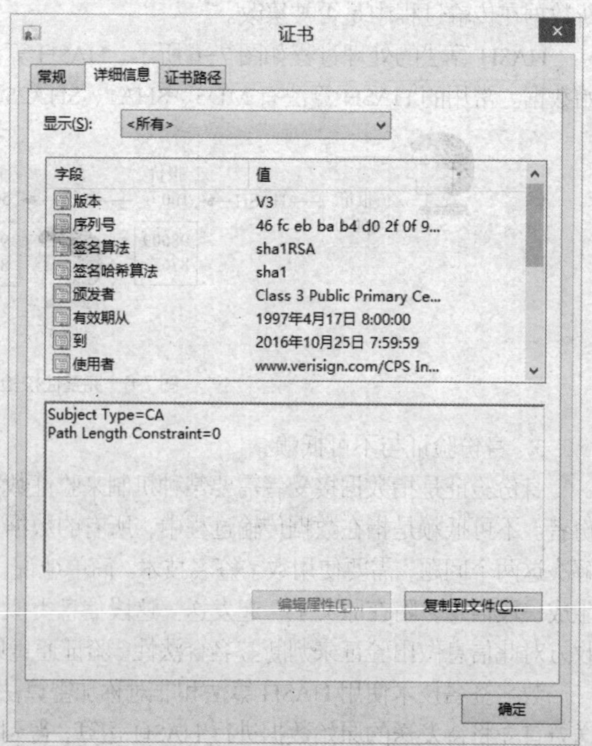

图 7-8　数字证书详细信息

卡可以看到数字证书的详细内容，如图 7-8 所示。

数字证书是由一个可信的第三方权威机构——证书授权中心（CA）颁发给使用者的。它的作用包括发放证书、规定证书有效期、证书的作废等。图 7-9 所示，CA 按照层次结构工作，这个层次叫证书链。最高的一级称为根 CA，以下各级依次为二级 CA、三级 CA……依此类推。CA 的层级工作模式属于下级隶属上级，在不同层级注册的用户，只要具有某个同样的上级 CA，则相互之间就能完成身份验证。

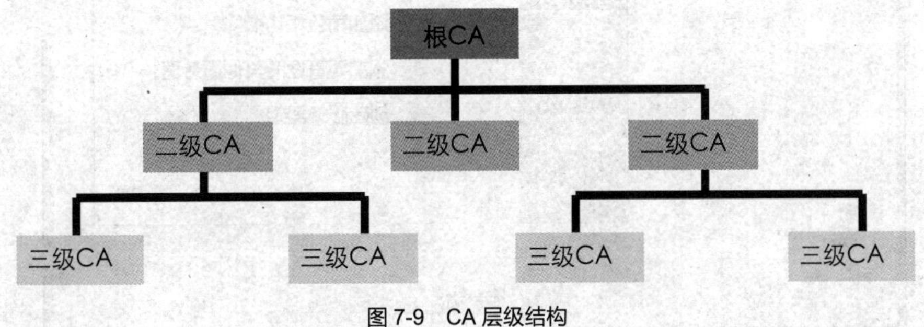

图 7-9　CA 层级结构

证书授权中心（CA）是公钥基础设施（PKI）的信任基础。PKI 为所有网络应用提供加密和数字签名等密码服务及所必需的密钥和证书管理体系，简单来说，PKI 就是利用公钥理论和技术建立的提供安全服务的基础设施。PKI 的基础技术包括加密、数字签名、数据完整性机制、数字信封、双重数字签名等。

PKI 是一种基础设施，其目标是要充分利用公钥密码学的理论基础，建立起一种普遍适用的基础设施，为各种网络应用提供全面的安全服务。完整的 PKI 系统必须具有 CA、数字证书库、密钥备份及恢复系统、证书作废系统、应用接口（API）等基本构成部分。

7.2　任务 1　证书服务器安装

7.2.1　任务说明

任务 1 将在 Windows Server 2012 平台下的组件中，安装配置证书（CA）服务器。在 Windows Server 2012 平台下的组件中，主要使用 Active Directory 证书服务来完成证书服务器的功能。CA 服务器将是整个网络中证书验证、颁发、作废、吊销的管理机构，同时也是整个证书链信任体系中的核心组件。在本任务中，将通过在服务器（10.1.1.100/8）上配置 Active Directory 证书服务来完整 CA 的安装。

需要注意，安装 CA 服务器将会自动安装 Web 服务器（IIS）功能，并添加证书注册 Web 站点到 IIS，为了避免冲突，如果服务器上已经安装了 IIS，在安装 CA 之前建议先将 IIS 组件删除。

7.2.2　任务实施过程

1. 启动“服务器管理器”，选择“配置此本地服务器”，如图 7-10 所示。

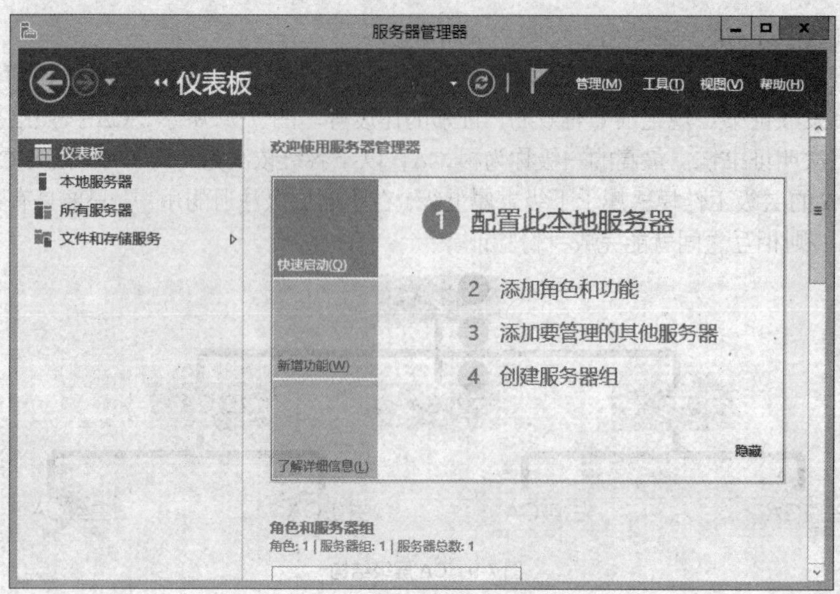

图 7-10　配置此本地服务器

2. 单击“添加角色和功能”按钮，进入“添加角色和功能向导”，单击“下一步”按钮，选择“基于角色或基于功能的安装”，如图 7–11 所示。

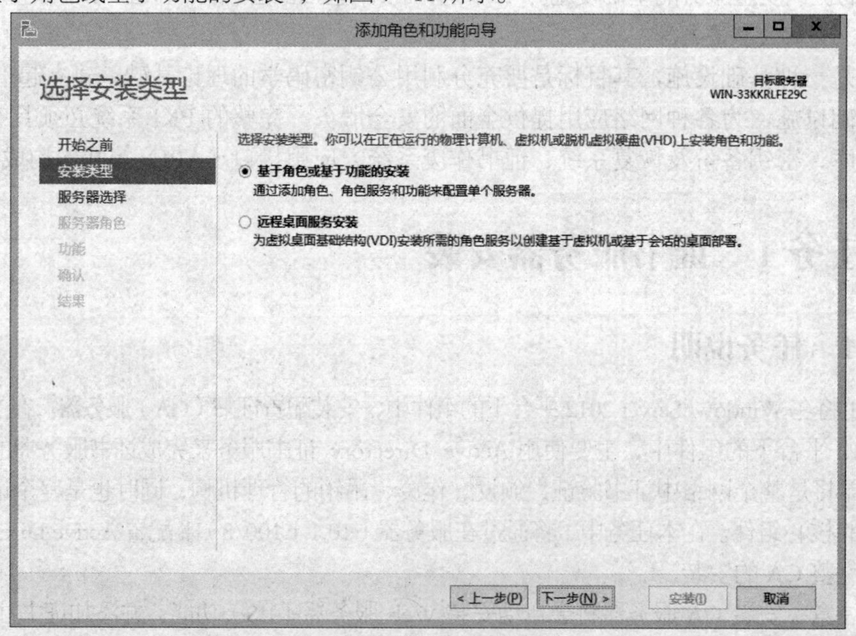

图 7-11　添加角色和功能向导

3. 单击“下一步”按钮，选择“从服务器池中选择服务器”，安装程序会自动检测与显示这台计算机采用静态 IP 地址设置的网络连接，单击“下一步”按钮，在“服务器角色”中，选择“Active Directory 证书服务”，如图 7–12 所示。

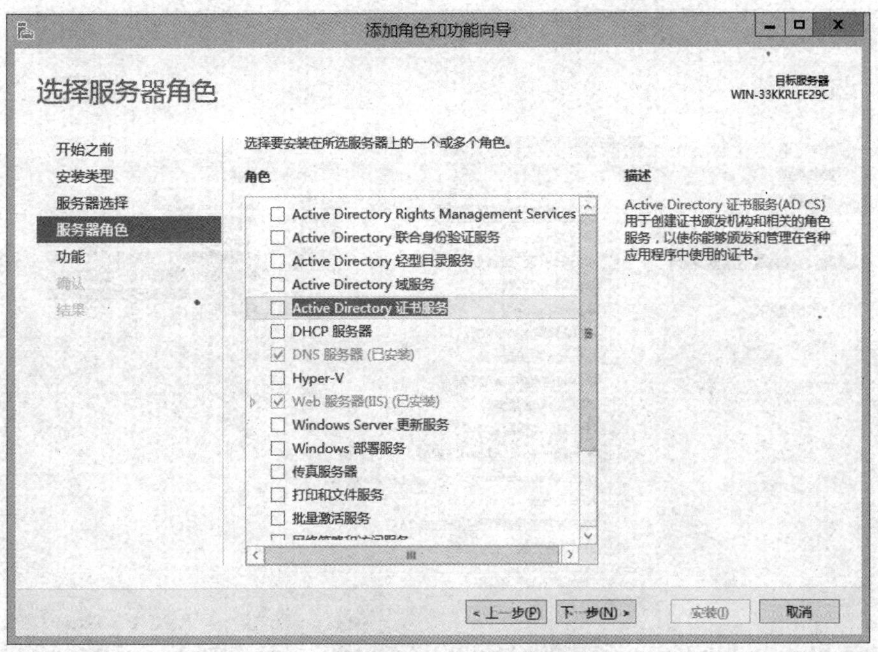

图 7-12　选择服务器角色

4. 选择“Active Directory 证书服务”会自动弹出“添加 Active Directory 证书服务所需的功能”对话框，单击“添加功能”按钮，如图 7-13 所示。

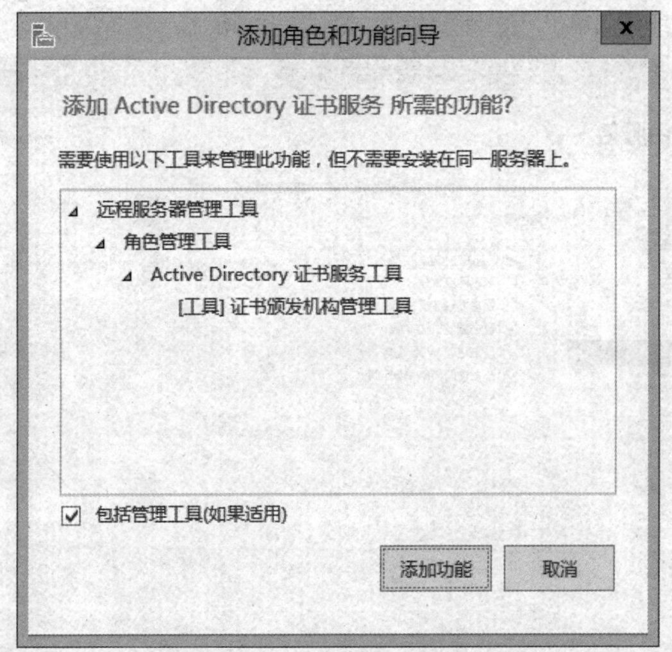

图 7-13　选择添加功能

5. 单击“下一步”按钮继续，在此处选择需要添加的功能，如无特殊需求，此处默认即可，如图 7-14 所示。

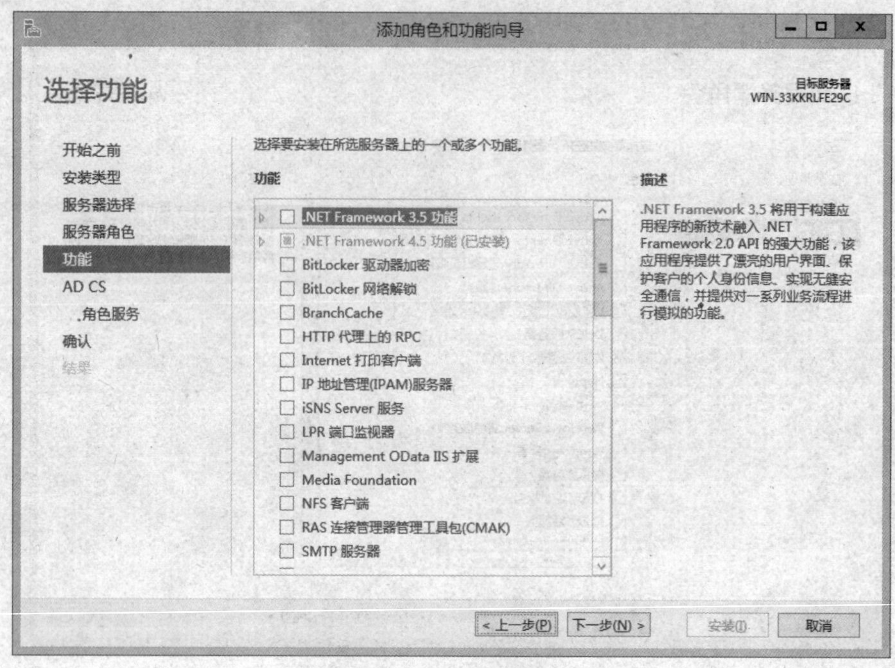

图 7-14　选择添加功能

6. 单击“下一步”按钮继续，来到“为 Active Directory 证书服务 选择要安装的角色服务”，勾选证书服务器所需要的两个基本角色服务：“证书颁发机构”、“证书颁发机构 Web 注册”，单击“下一步”按钮继续后单击“安装”按钮，如图 7-15 所示。

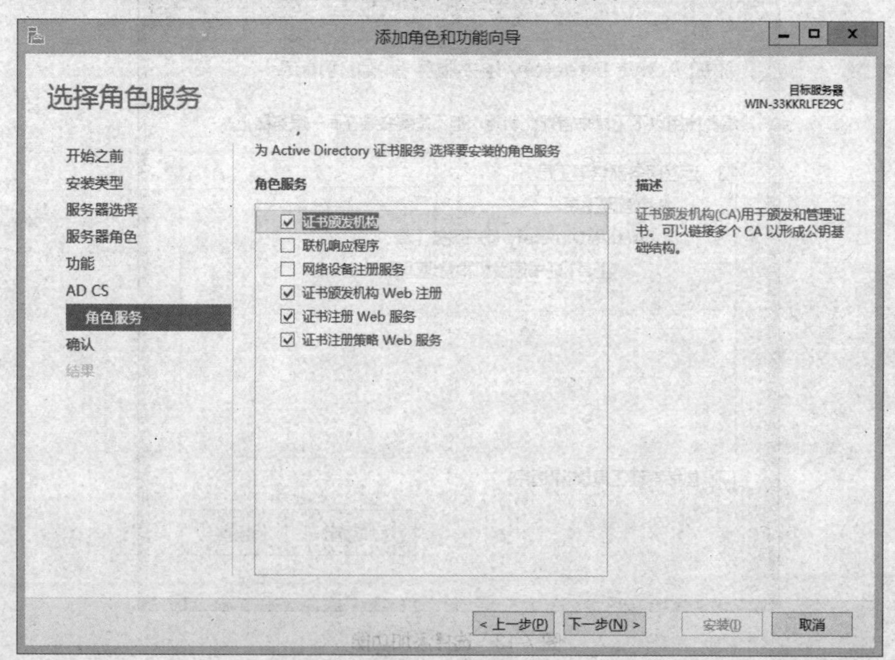

图 7-15　选择添加角色

7. 单击“关闭”按钮完成安装，如图 7-16 所示。

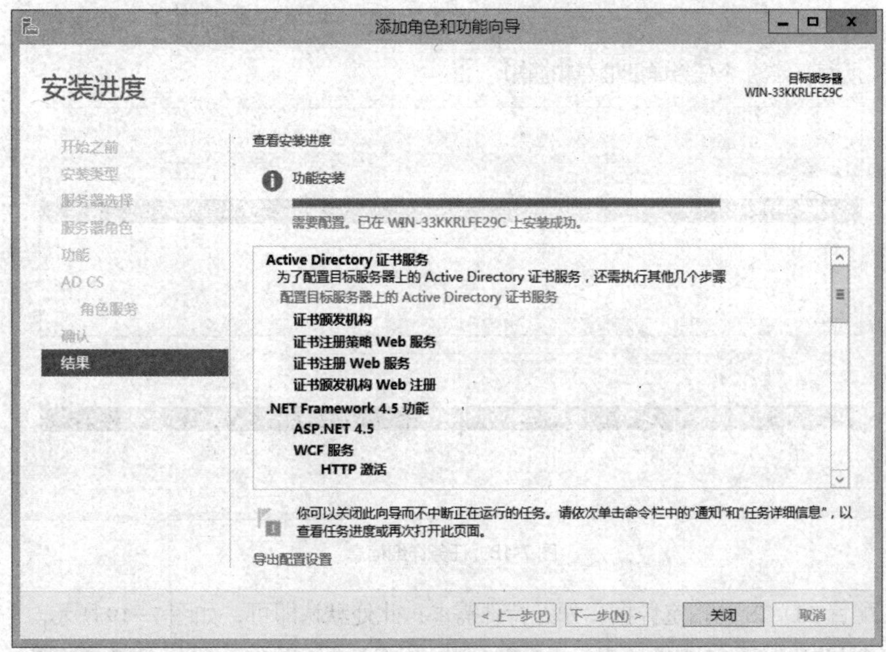

图 7-16　完成安装

8. 回到“服务器管理器”，可以看到左侧多了一项“AD CS”，如图 7–17 所示。但是服务器管理器提示需要完成更多 Active Directory 证书服务配置，单击“更多”按钮继续配置。

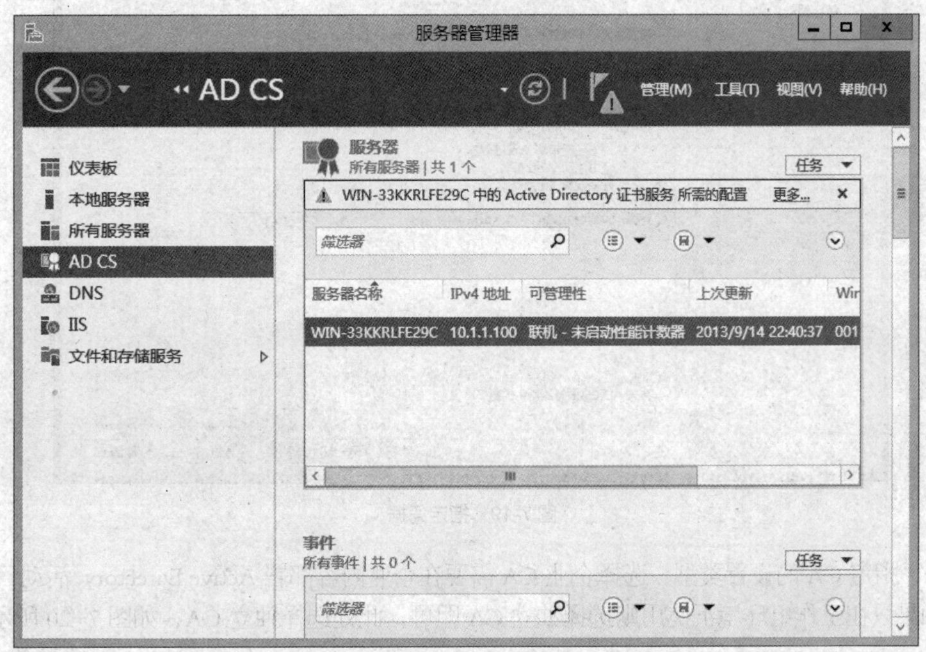

图 7-17　AD CS 面板

9. 单击配置目标服务器上的 Active Directory 证书服务超链接继续配置，如图 7–18 所示。

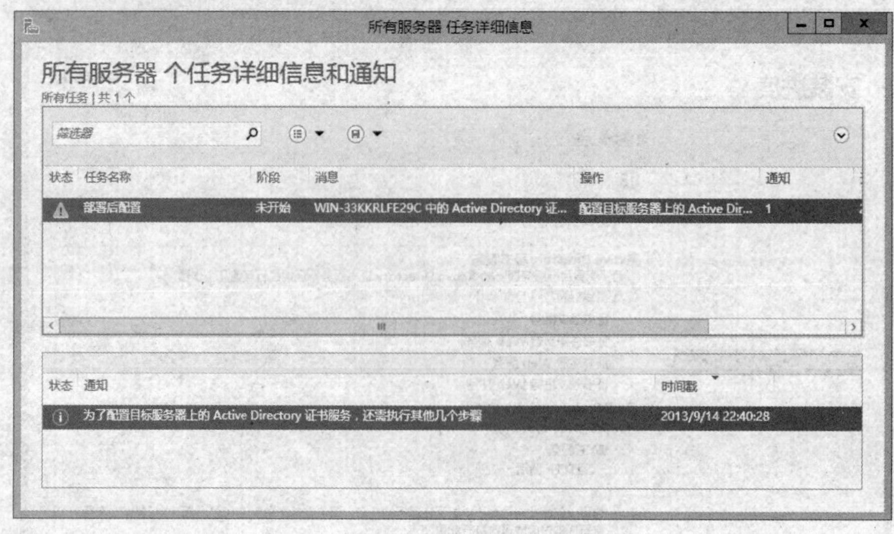

图 7-18　任务详细信息

10. 配置 AD CS 的指定凭据，如无特殊需求，此处默认即可，如图 7-19 所示。

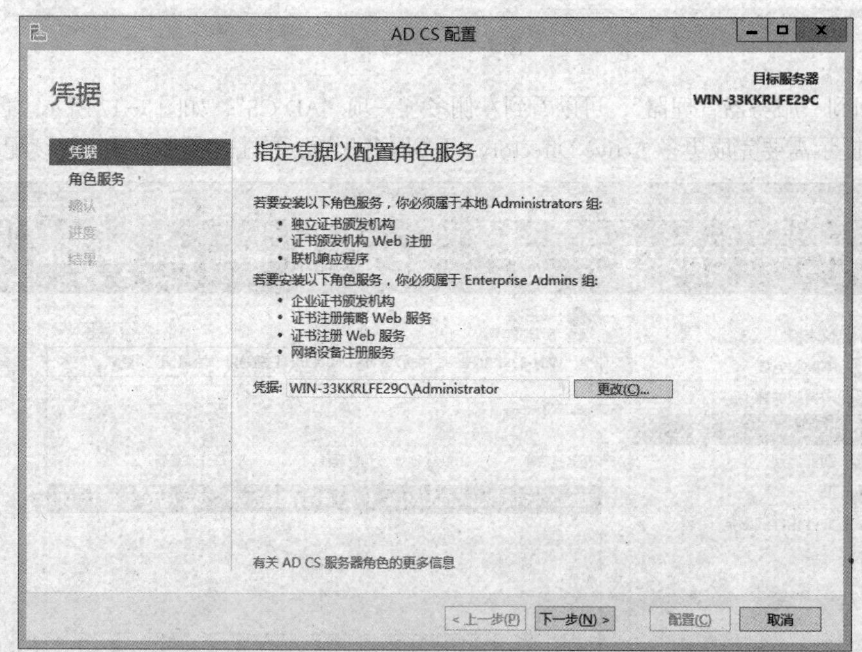

图 7-19　指定凭据

11. 指定 CA 的设置类型，选择企业 CA 需要在企业内容部署 Active Directory 活动目录环境，如果只在工作组环境下使用则选择独立 CA 即可，此处选择独立 CA，如图 7-20 所示。

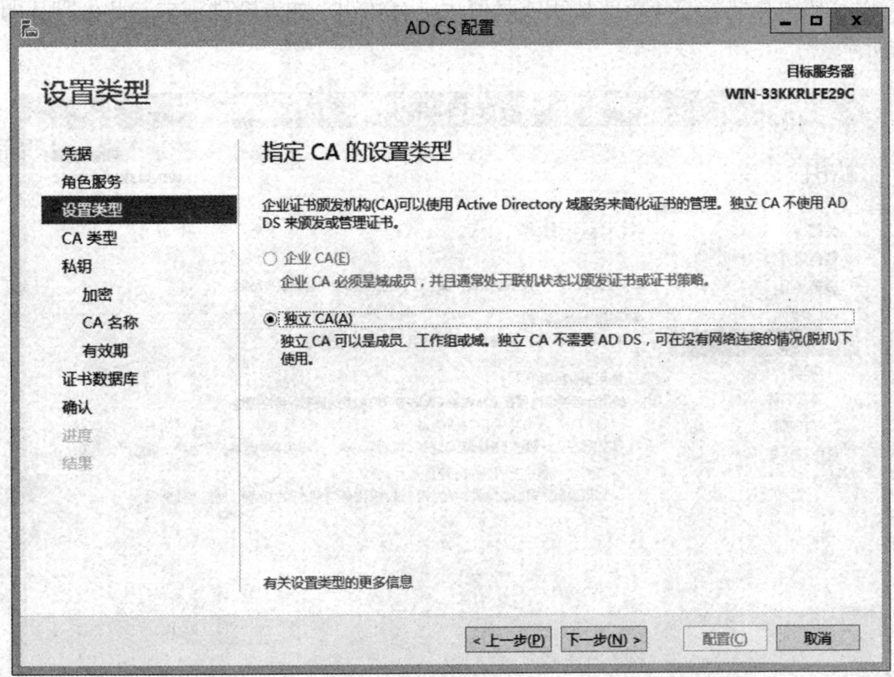

图 7-20　指定 CA 设置类型

12. 指定 CA 类型，如果是企业内部第一台 CA，那么选择根 CA；如果企业内部已有根 CA，新建某二级部门的 CA 需要与之连接信任关系，那么选择从属 CA，此处选择根 CA，如图 7-21 所示。

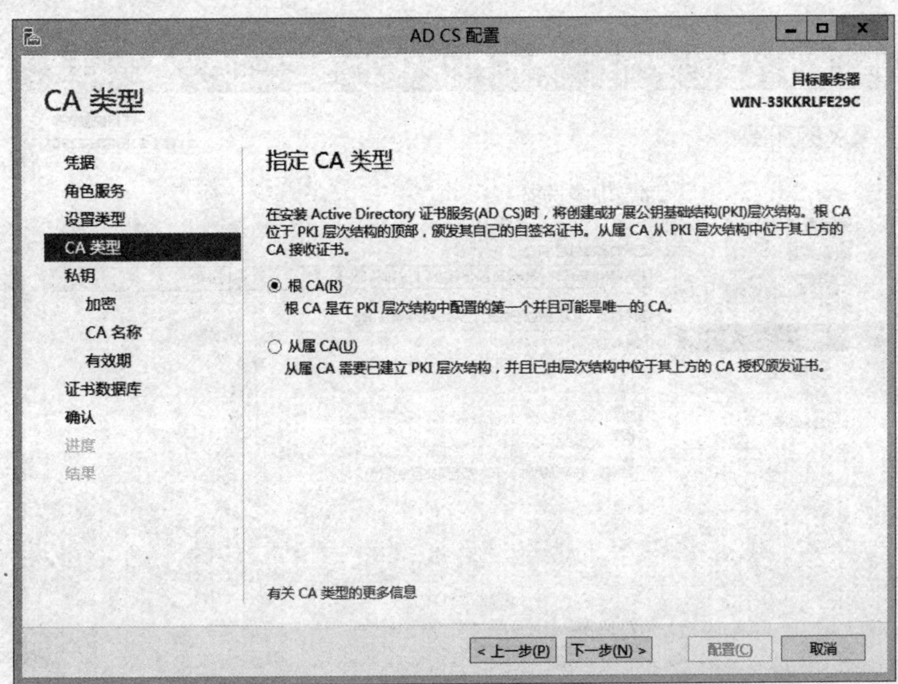

图 7-21　指定 CA 类型

13. 指定私钥类型，选择新建私钥或者使用已有私钥，如无特殊需求，此处默认即可，如图 7-22 所示。

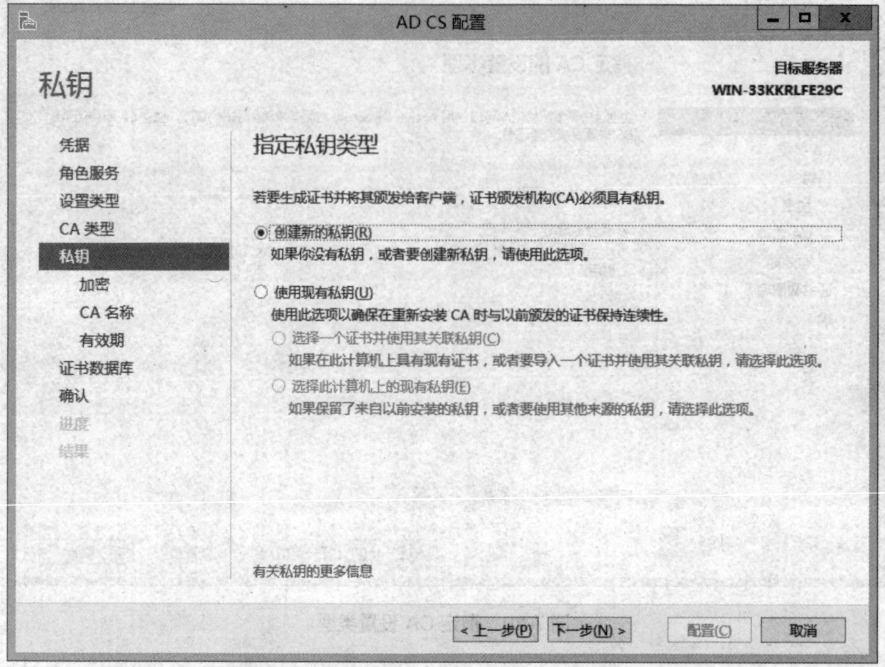

图 7-22　指定私钥类型

14. 指定加密选项，配置证书加密、签名算法。如无特殊需求，此处默认即可，如图 7-23 所示。

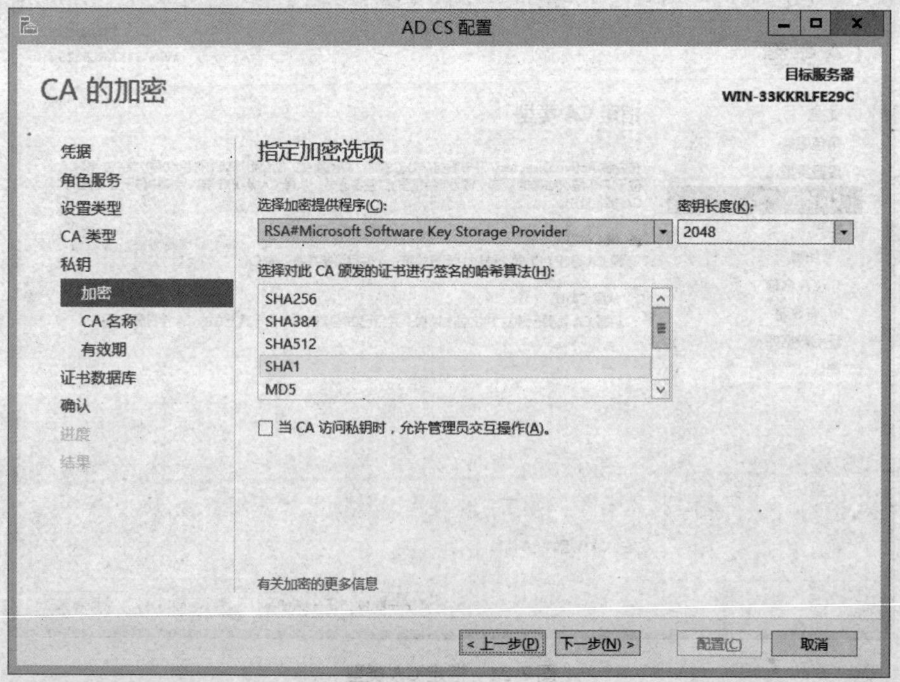

图 7-23　指定加密选项

15. 指定 CA 名称，配置 CA 服务器的名称，此处选择默认名称，如图 7-24 所示。

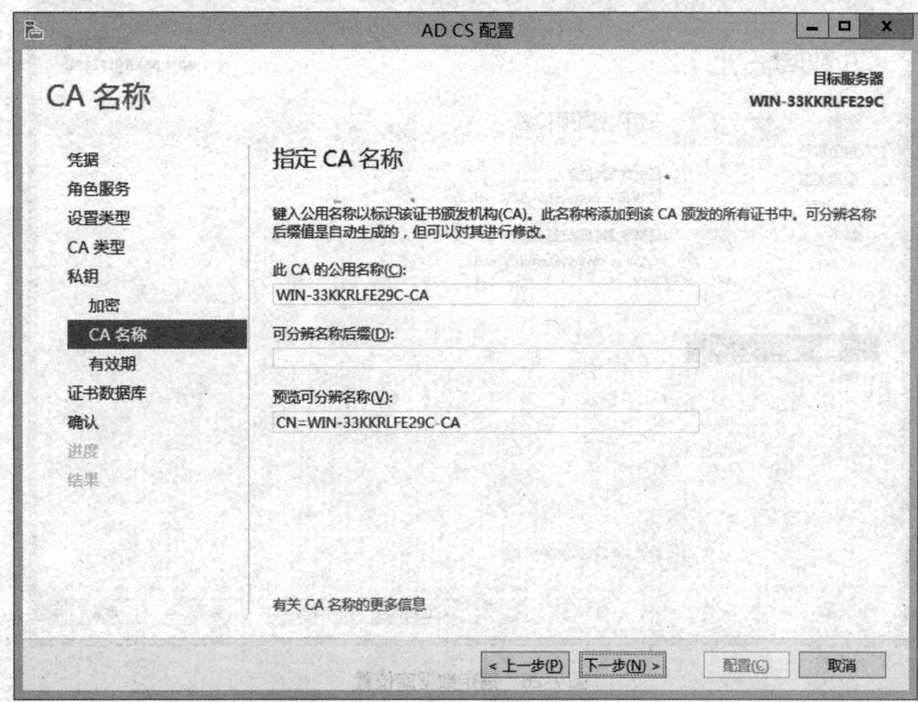

图 7-24 指定 CA 名称

16. 指定此 CA 颁发证书的有效期，此处选择默认的 5 年，如图 7-25 所示。

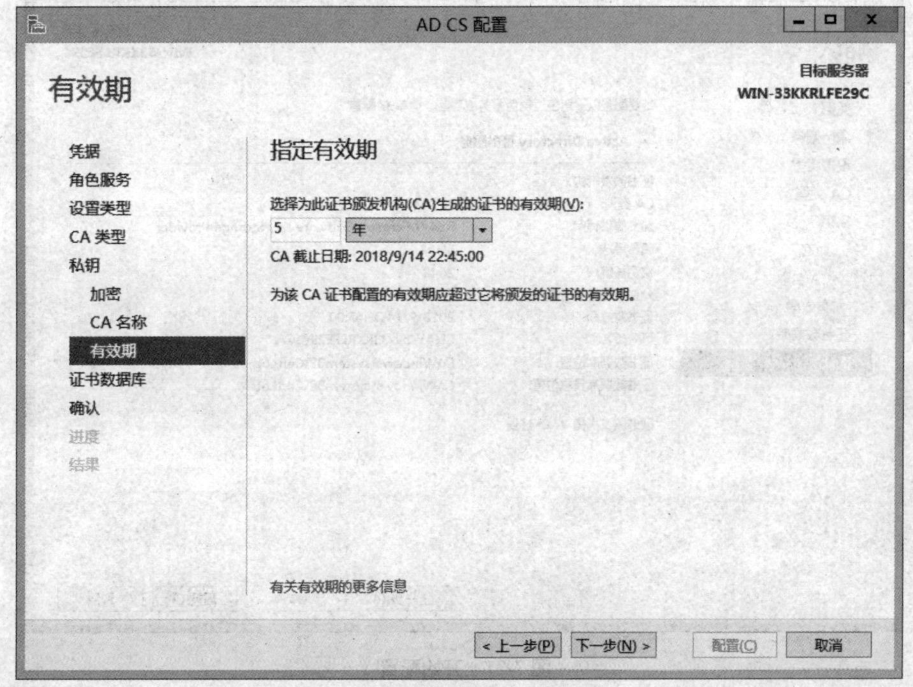

图 7-25 指定有效期

17. 指定此 CA 证书数据库的存放位置和证书数据库日志的存放位置，此处选择默认路径，如图 7-26 所示。

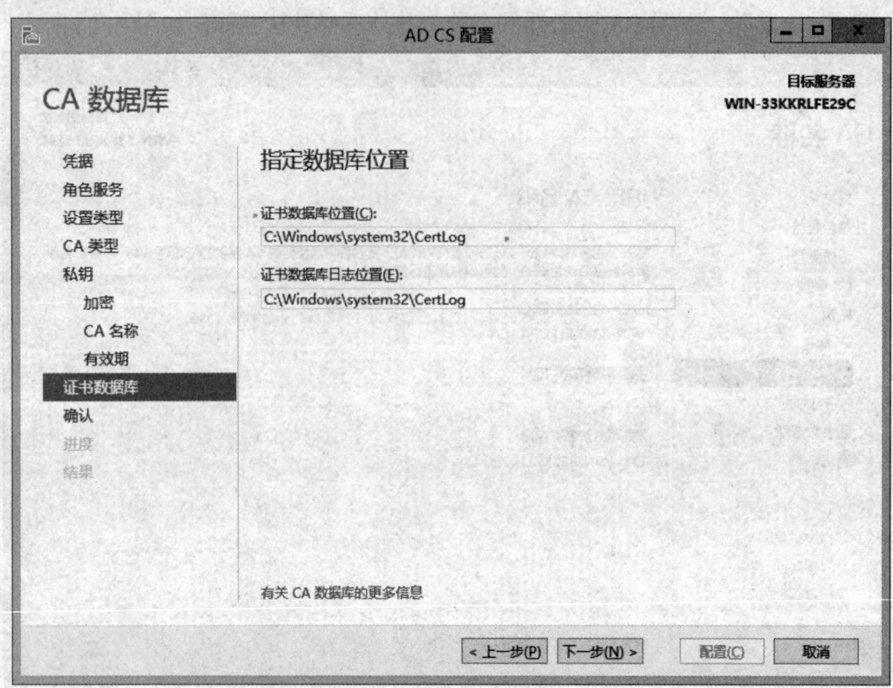

图 7-26　指定数据库位置

18. 单击“配置”按钮开始配置刚才设置的参数，如图 7-27 所示。

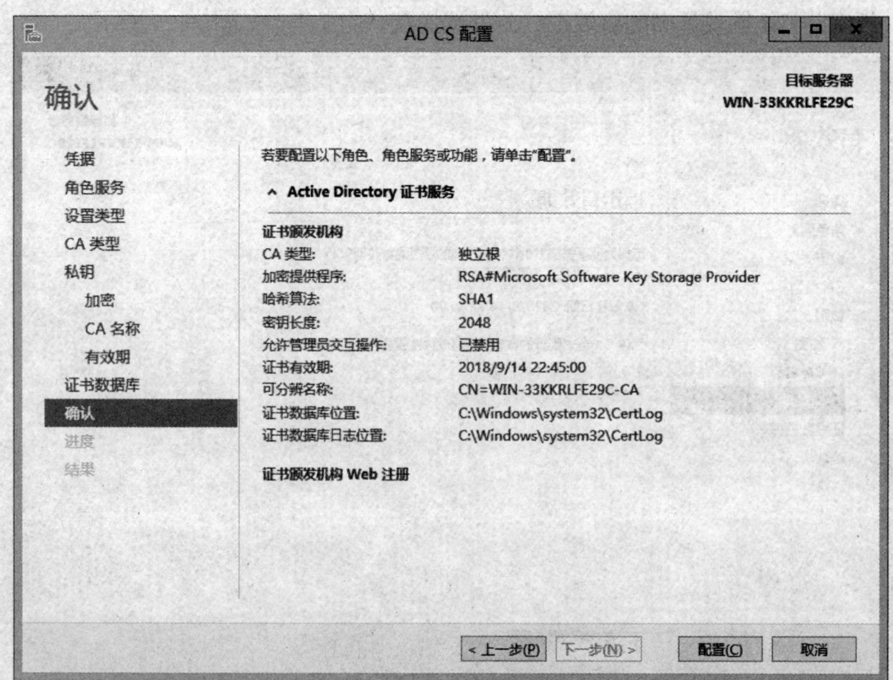

图 7-27　开始配置

19. 单击“关闭”按钮完成配置，如图 7-28 所示。

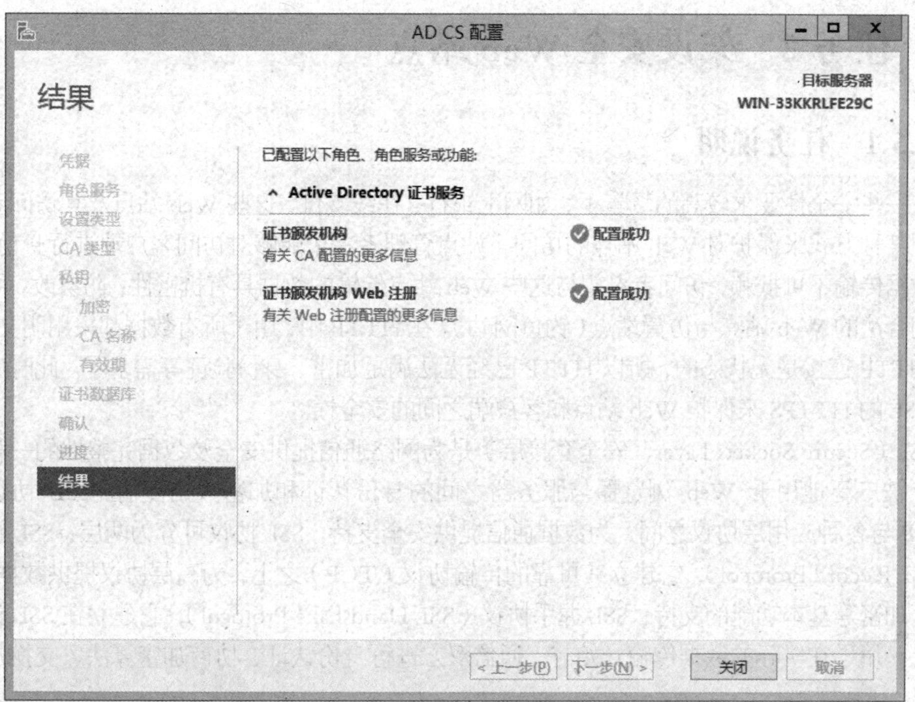

图 7-28　完成配置

20. 回到“服务器管理器”，在工具菜单中选择“证书颁发机构”打开证书颁发机构控制台，如图 7–29 所示。证书服务器完成安装。

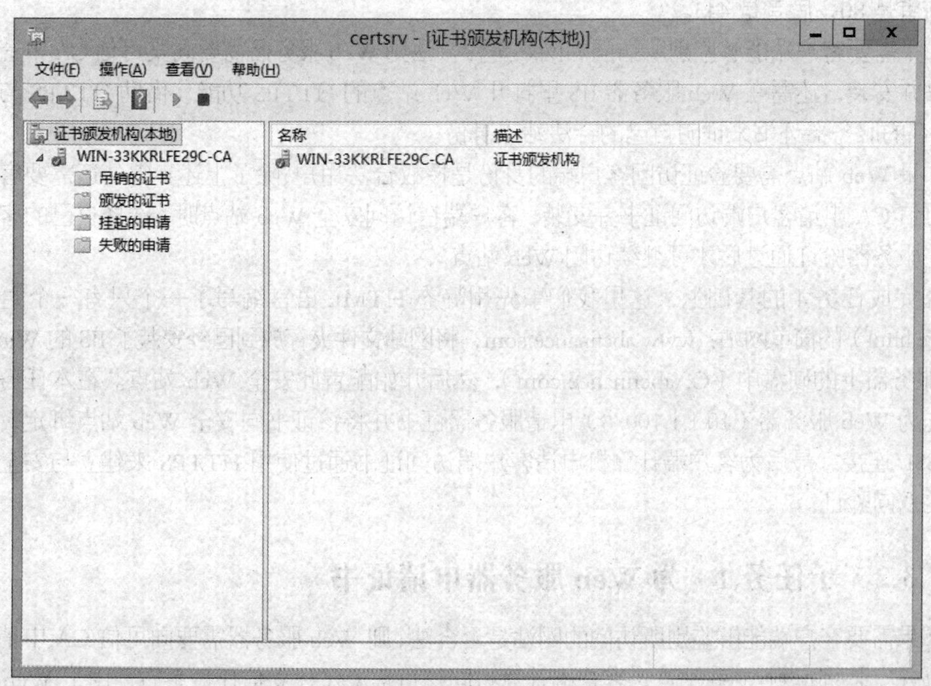

图 7-29　证书颁发机构控制台

7.3 任务2 架设安全Web站点

7.3.1 任务说明

在一些安全性要求较高的场景下，如网上银行、在线支付，这些Web站点及其访问者都需要采用某种方式来保护对Web站点的访问，站点管理者希望能够对访问客户端进行身份验证，所有数据传输不可抵赖，访问者希望与这些Web站点传输的数据具有机密性，防篡改，同时能够鉴别合法的Web站点与仿冒站点（钓鱼网站）。在HTTP中，由于所有数据都采用明文传输，而且HTTP连接是无状态的，所以HTTP已经无法满足加密、身份验证等需求了。此时应使用基于SSL的HTTPS来保护Web站点和客户端之间的安全性。

SSL（Secure Sockets Layer，安全套接层）是为网络通信提供安全及数据完整性的一种安全协议，被广泛地用于 Web 浏览器与服务器之间的身份认证和加密数据传输。SSL 协议位于TCP/IP与各种应用层协议之间，为数据通信提供安全支持。SSL协议可分为两层：SSL记录协议（SSL Record Protocol），它建立在可靠的传输协议（TCP）之上，为高层协议提供数据封装、压缩、加密等基本功能的支持；SSL握手协议（SSL Handshake Protocol），它建立在SSL记录协议之上，用于在实际的数据传输开始前，通信双方进行身份认证、协商加密算法、交换加密密钥等。

HTTPS（Hypertext Transfer Protocol over Secure Socket Layer）是以安全为目标的HTTP通道，简单讲是HTTP的安全版。即HTTP下加入SSL层，HTTPS的安全基础是SSL，因此加密的详细内容就需要SSL。HTTP和HTTPS使用的是完全不同的连接方式，用的端口也不一样，前者是80，后者是443。

如果需要客户端能够鉴别所访问的网站是否合法则Web服务器需要向某可信CA申请服务器证书并安装，还需在Web服务器IIS里打开Web站点的HTTPS功能，借助HTTPS与带有CA签名的服务器证书来证明自己的合法站点身份。

如果Web站点需要验证访问客户端的身份是授权合法用户，除了上述步骤外还需要客户端向某可信CA申请客户端访问证书并安装，客户端在访问安全Web站点时，选择自己的客户端证书，服务器验证通过后才可继续访问Web站点。

在完成任务1的基础上，这里我们事先用静态HTML语言编写了一个只有一个主页面（finance.html）的简单网站：www.abcfinance.com，将网站文件夹存放到已经安装了IIS的Windows 2012服务器上的硬盘中（C:\abcfinance.com），然后开始配置此安全Web站点。在本任务中，我们先为Web服务器（10.1.1.100/8）申请服务器证书并将该证书同安全Web站点绑定，然后启用SSL连接，最后为客户端计算机申请客户端访问证书通过使用HTTPS来建立与安全站点之间的双向验证。

7.3.2 子任务1 为Web服务器申请证书

如果需要客户端能够鉴别所访问的网站是否合法，则Web服务器需要向可信CA申请服务器证书并安装绑定到Web站点，客户端计算机同该可信CA建立信任关系后，由于Web站点的服务器证书是由可信CA数字签名并验证，所以客户端与服务器之间建立起了信任证书链关系，即客户端将认为该Web站点是可信的。本任务具体实施过程如下。

1. 打开IIS管理器，在本地服务器的主页导航里找到“服务器证书”项，如图7-30所示，双击打开。

图 7-30　IIS 管理器

2. 单击右侧的“创建证书申请选项”，如图 7–31 所示。

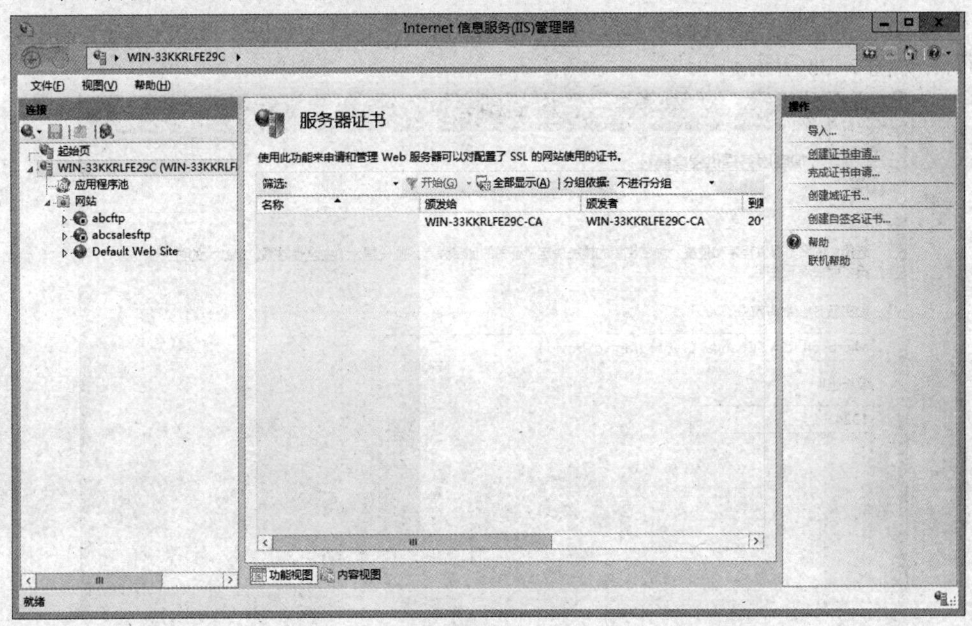

图 7-31　服务器证书

3. 填写证书申请的详细信息，注意，这里的通用名称一定要与需要保护的 Web 站点名称一致，即“www.abcfinance.com”，如图 7–32 所示。

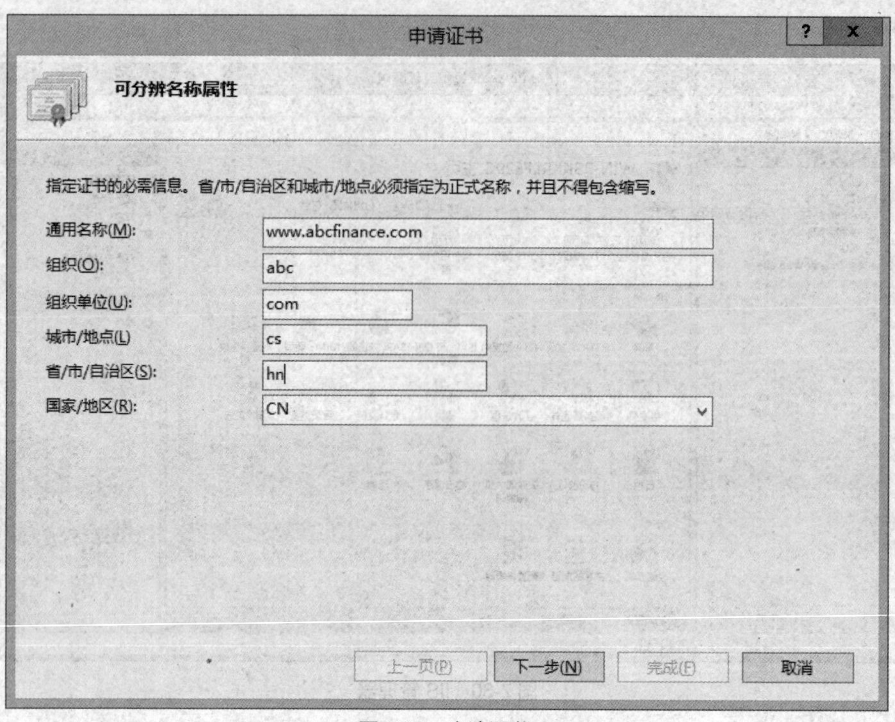

图 7-32　申请证书

4. 选择“加密服务提供程序属性”，即选择加密算法，密钥长度。此处如无特殊需求，默认即可，如图 7-33 所示。

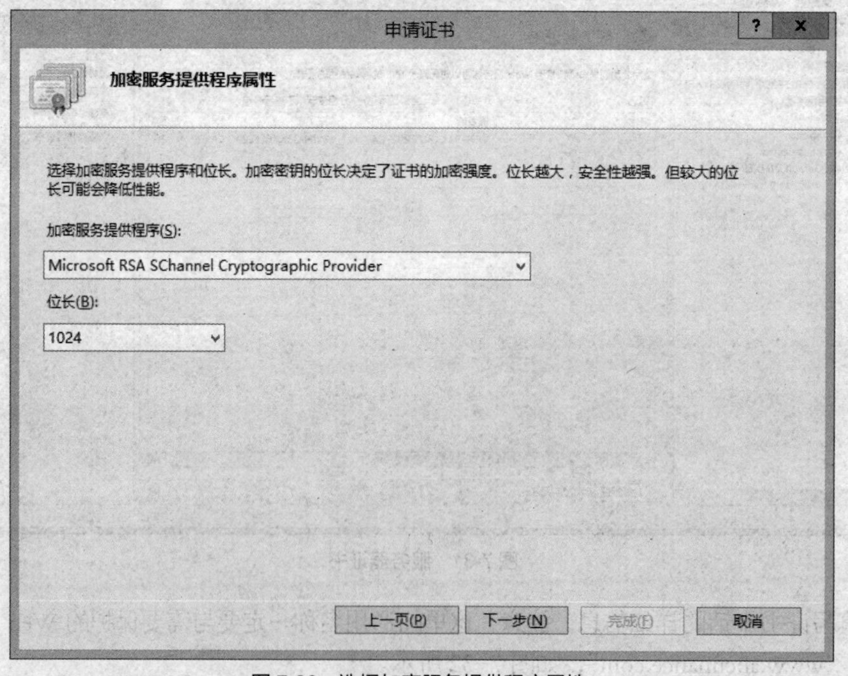

图 7-33　选择加密服务提供程序属性

5. 选择将申请证书信息以文本文件保存到本地，此处保存到桌面的“abcfinance.txt”文件，如图 7-34 所示。

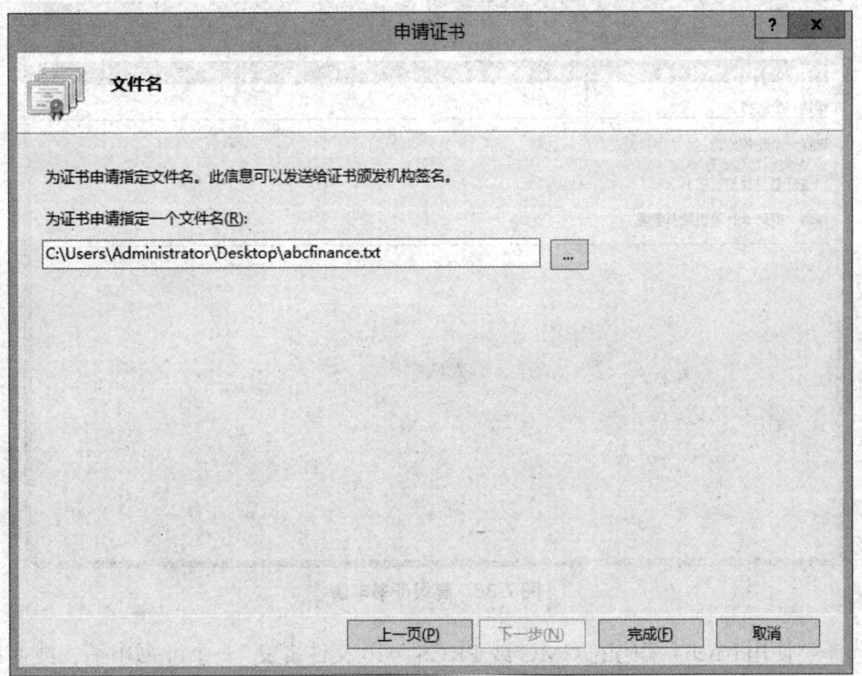

图 7-34　申请证书保存到本地

6. 打开 Internet Explorer 浏览器，在地址栏输入 http://10.1.1.100/certsrv，打开企业内网 CA 服务器在线申请网站，单击“申请证书”按钮，如图 7-35 所示。

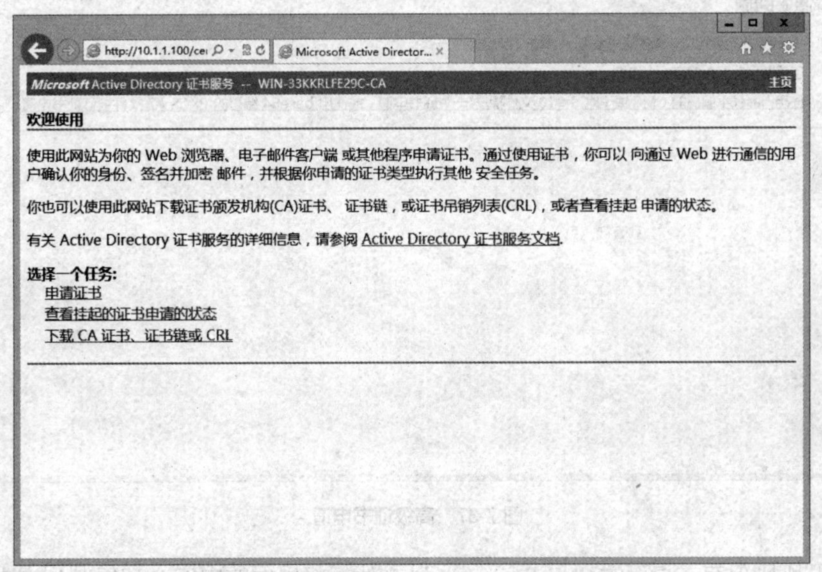

图 7-35　申请证书保存到本地

7. 单击“高级证书申请”按钮，如图 7-36 所示。

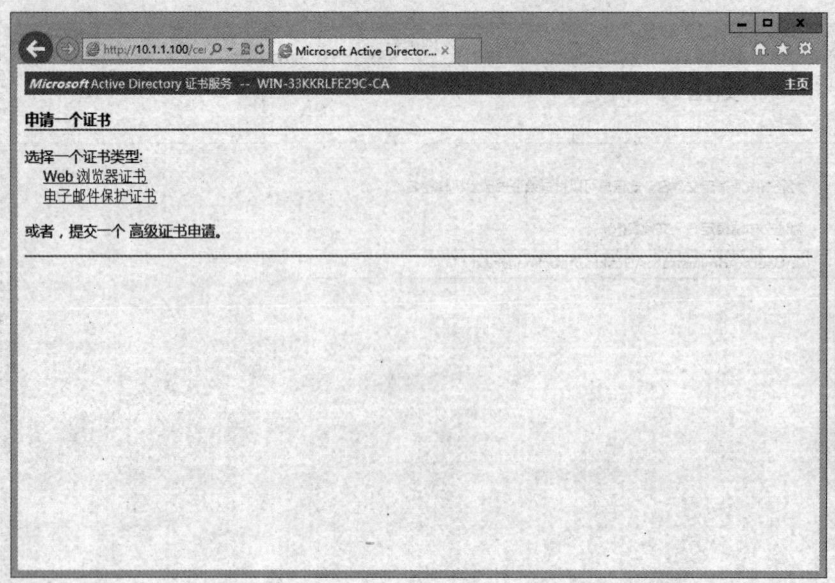

图 7-36　高级证书申请

8. 选择“使用 base64 编码的 CMC 或 PKCS #10 文件提交 一个证书申请，或使用 base64 编码的 PKCS #7 文件续订证书申请”，如图 7-37 所示。

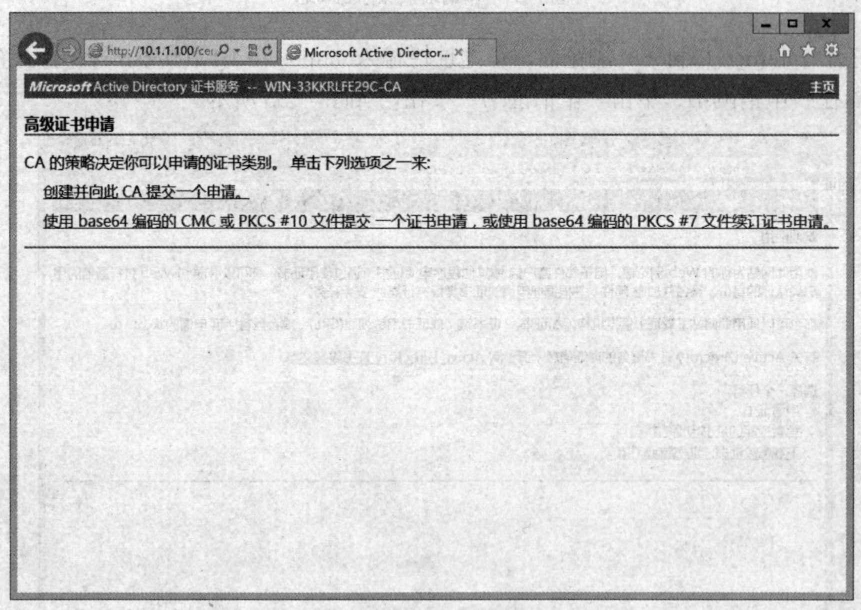

图 7-37　高级证书申请

9. 打开刚刚保存在桌面的“abcfinance.txt”文件，将里面的内容全部复制到文本框内，然后提交，如图 7-38 所示。

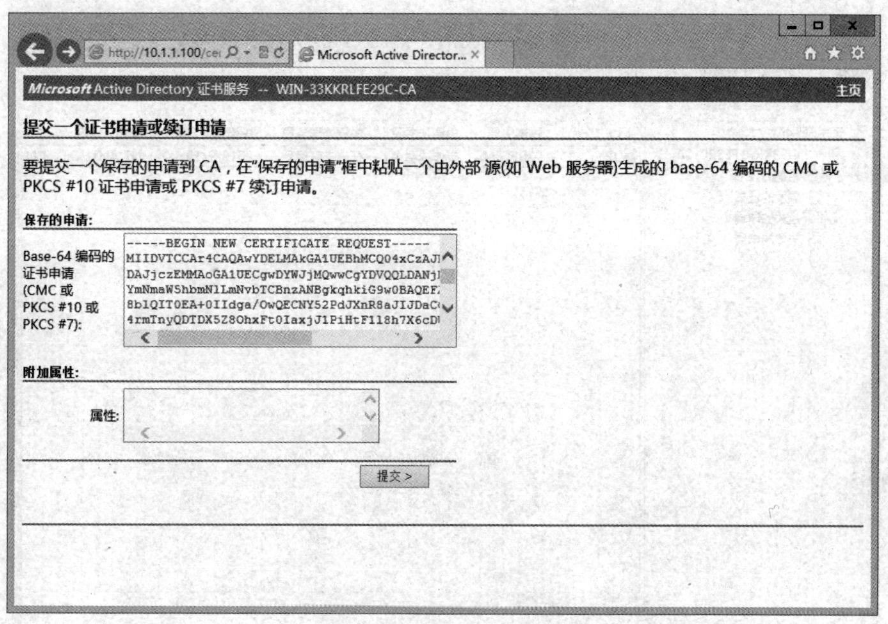

图 7-38 高级证书申请

10. 提交完成后，网站会提示证书申请正处于“挂起”状态，如图 7-39 所示。

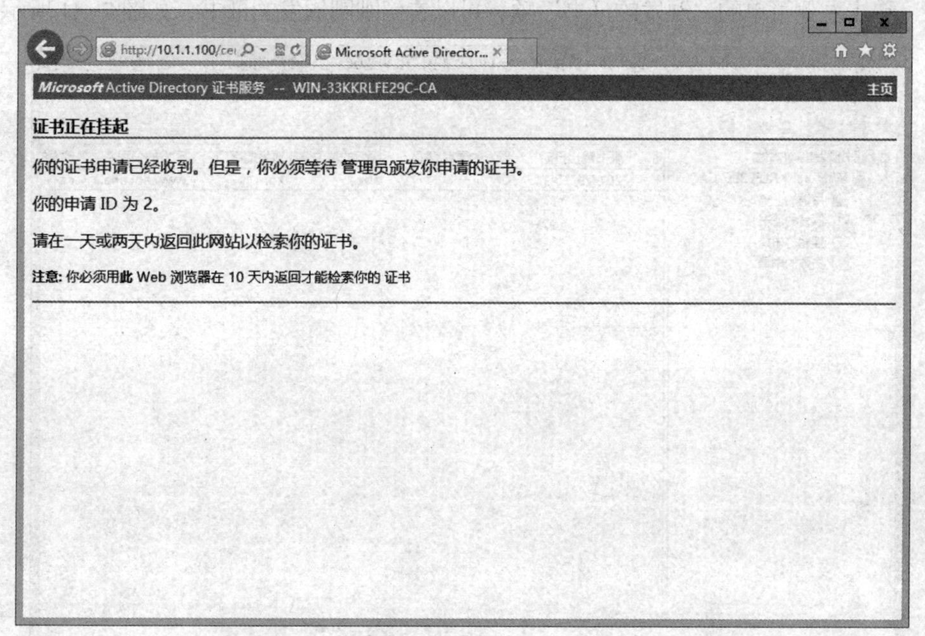

图 7-39 完成证书申请

11. 打开安装了 CA 服务器的“证书颁发机构”工具，单击左侧菜单的“挂起的申请”项，可以看到刚刚提交的高级证书申请，单击鼠标右键，选择“颁发”，如图 7-40 所示。

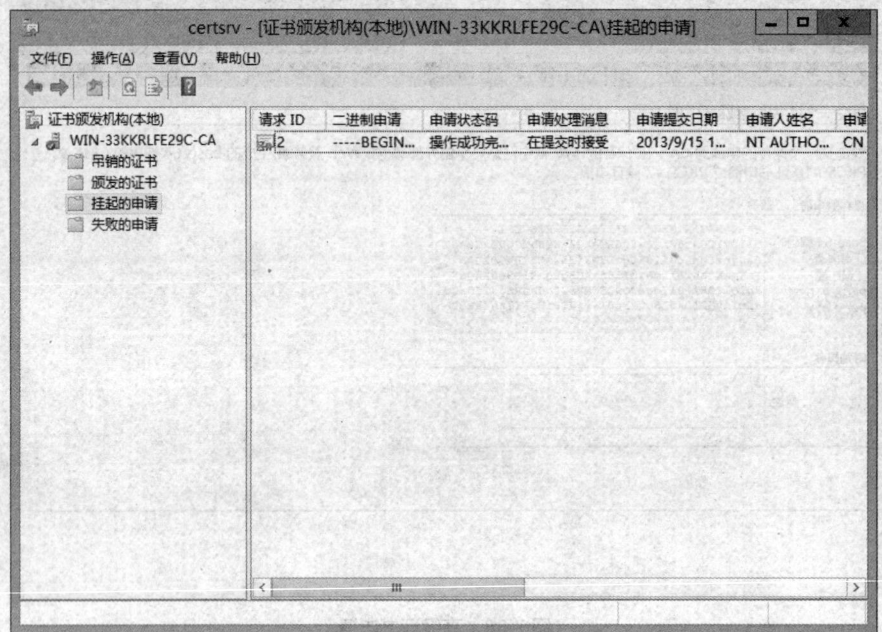

图 7-40　证书颁发机构

12. 单击左侧菜单的“颁发的证书”项，可以看到刚刚颁发的证书，如图 7−41 所示。

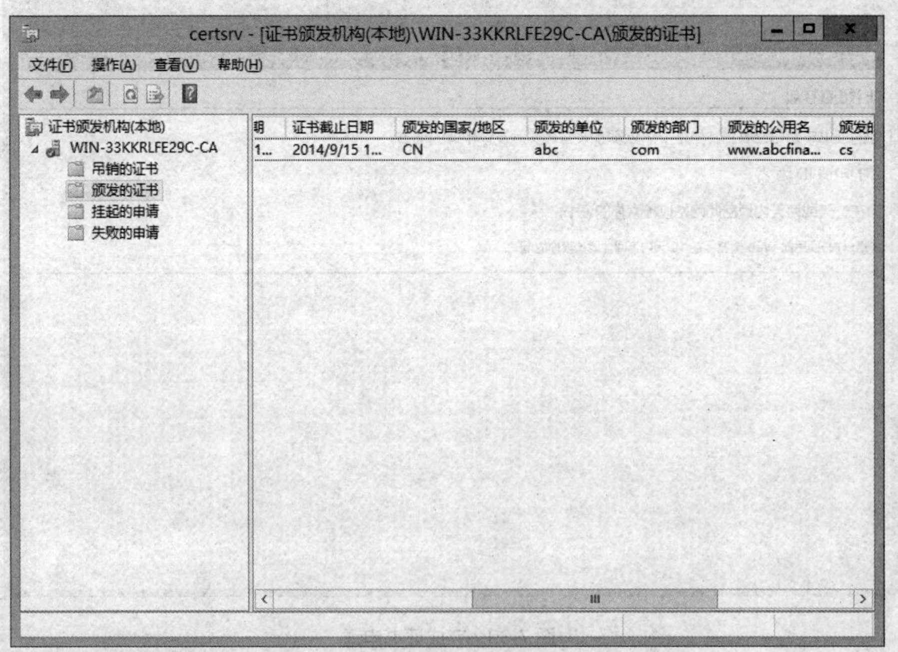

图 7-41　证书颁发机构

13. 打开 Internet Explorer 浏览器，在地址栏输入 http://10.1.1.100/certsrv，打开企业内网 CA 服务器在线申请网站，单击“查看挂起的证书申请的状态”，如图 7−42 所示。

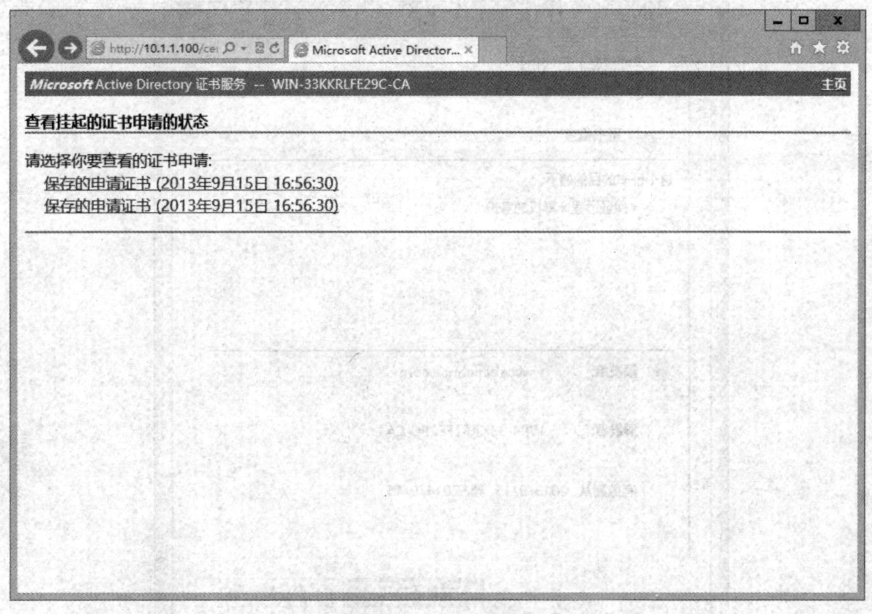

图 7-42　查看证书申请状态

14. 单击“下载证书”按钮，将刚刚通过申请的服务器证书下载到本地保存，如图 7-43 所示。

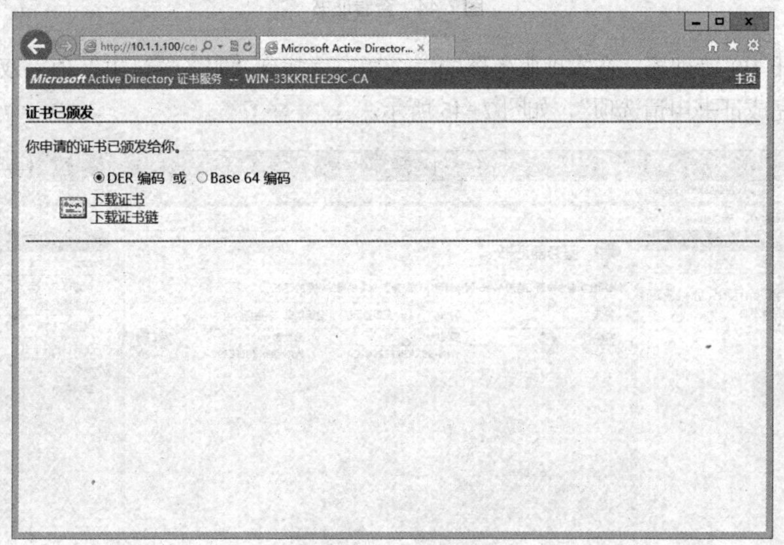

图 7-43　下载证书

15. 在本地找到下载的证书，双击打开查看证书信息，如图 7-44 所示。

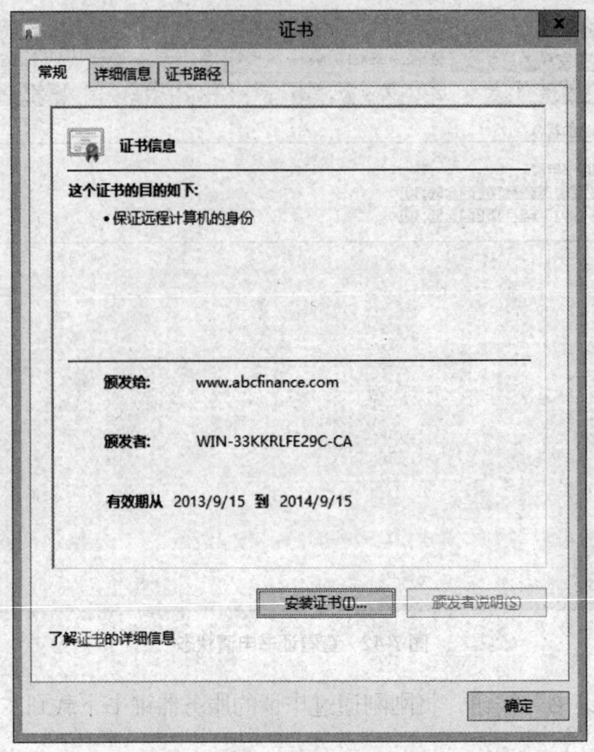

图 7-44　查看证书

16. 打开 IIS 管理器，在本地服务器的主页导航里找到“服务器证书”项，双击打开后单击右侧的“完成证书申请选项”，如图 7−45 所示。

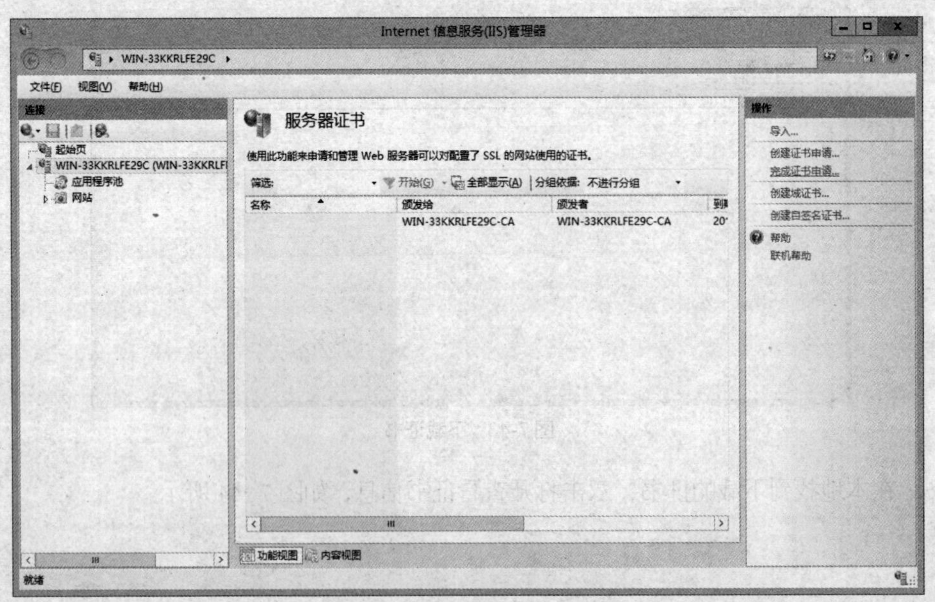

图 7-45　完成证书申请

17. 选择证书存放位置，“好记名称”里要与服务器证书申请时的通用名字一致，即“www.abcfinance.com”，选择证书存储为“个人”，单击“确定”按钮，服务器证书申请完成，如图 7−46 所示。

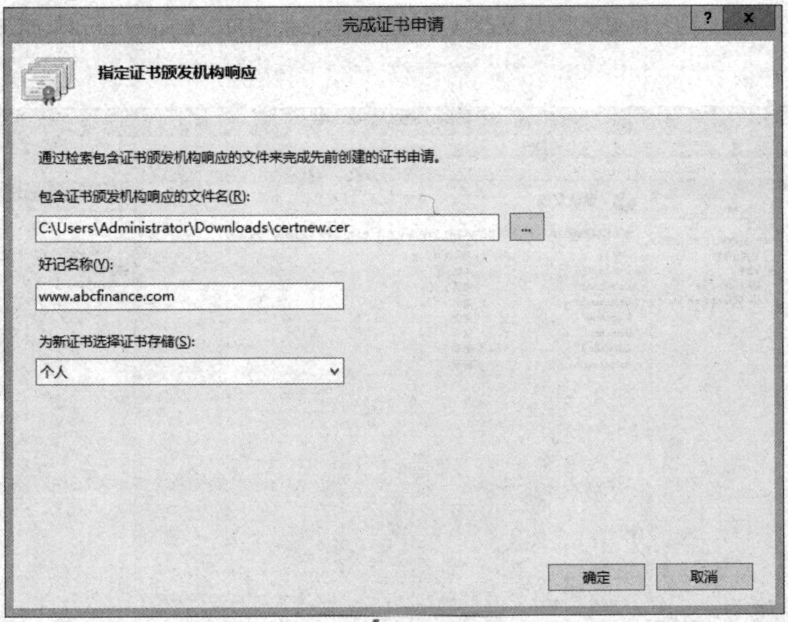

图 7-46　完成证书申请

7.3.3　子任务 2　为 Web 服务器绑定证书并启用 SSL

服务器证书申请完成并安装后，Web 服务器上还需要将客户端访问 Web 站点的方式由 HTTP 升级到 HTTPS，方法是开启 SSL 连接，把服务器证书同安全 Web 站点关联起来。本任务具体实施过程如下。

1. 打开 IIS 管理器，在“网站”菜单上点击鼠标右键，将我们预先做好的网站“abcfinance.com”添加进来，配置绑定类型为“https”，端口为“443”，IP 地址为服务器 IP“10.1.1.100”，主机名为“www.abcfinance.com”，SSL 证书为已添加的服务器证书，名称为“www.abcfinance.com”。

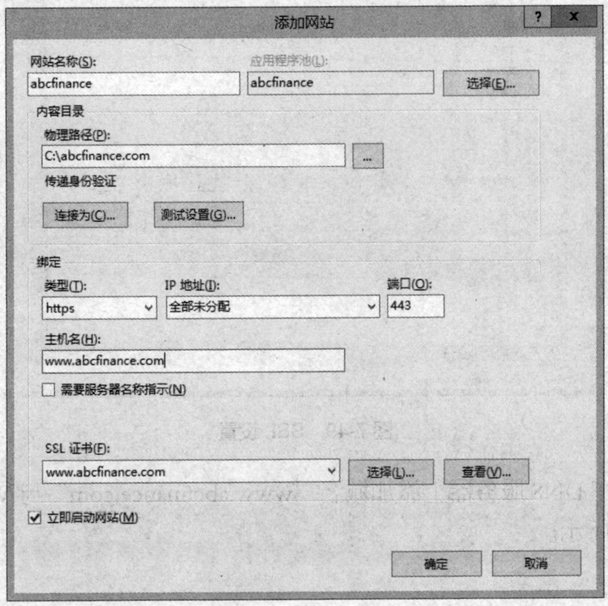

图 7-47　添加 HTTPS 网站

2. 在 IIS 里配置好网站的默认文档（首页文件），把网页“finance.html”添加进来，如图 7-48 所示。

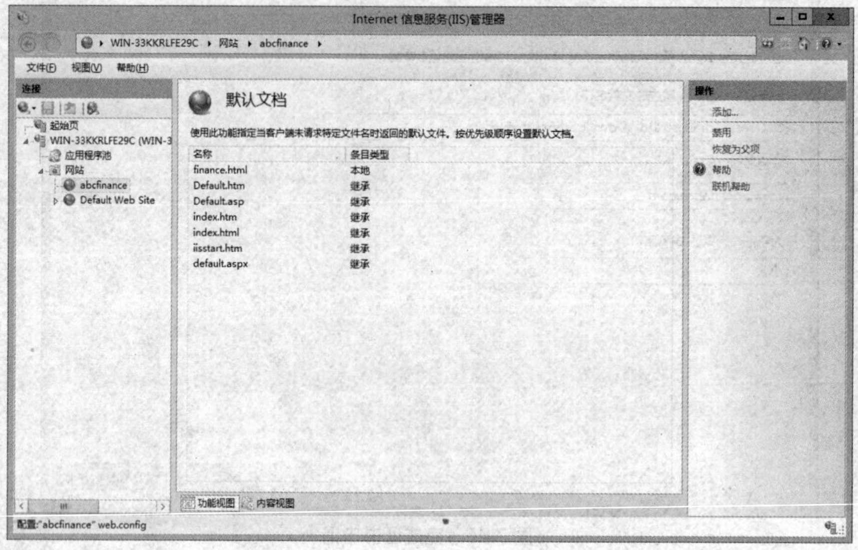

图 7-48　添加 HTTPS 网站的默认文档

3. 在 IIS 管理器里双击网站名，找到“SSL 设置”，选择“要求 SSL”,客户端证书选择“忽略”，如图 7-49 所示。配置完成后，将强制要求只能使用 HTTPS 访问网站，Web 服务器使用证书证明自身合法身份。

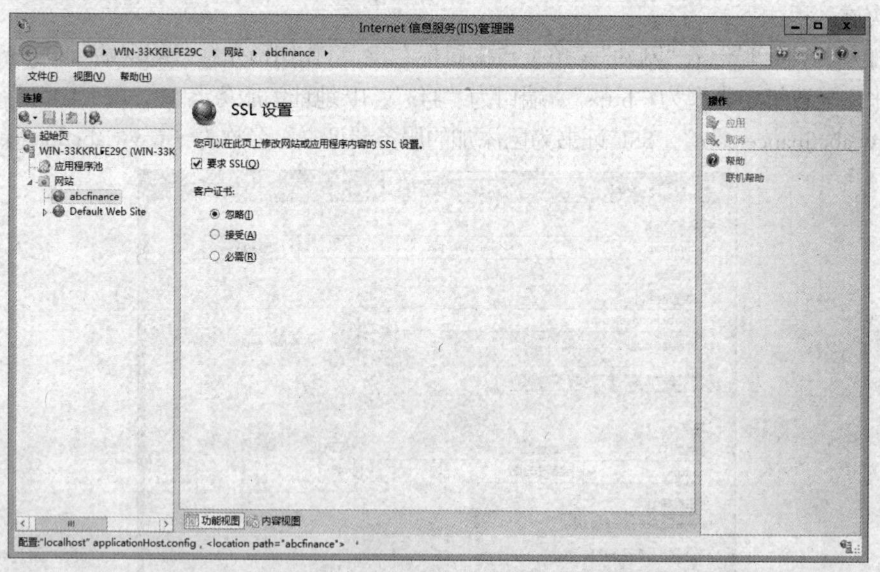

图 7-49　SSL 设置

4. 同时，需要在 DNS 服务器上添加域名“www.abcfinance.com”与 Web 服务器的正确映射记录，如图 7-50 所示。

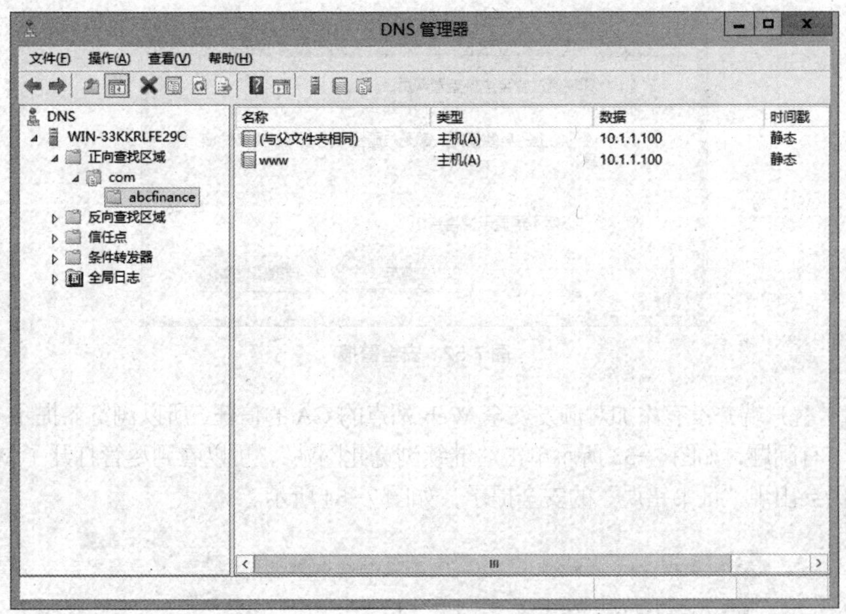

图 7-50　DNS 记录

5. 在客户端浏览器里，在地址栏输入 http://www.abcfinance.com，尝试打开安全 Web 网站，网站无法打开，因为在 IIS 的网站 SSL 配置里，设置了“要求 SSL”，所以此时只能通过 HTTPS 来访问安全站点，如图 7-51 所示。

图 7-51　访问安全站点

6. 在客户端浏览器里，在地址栏输入 https://www.abcfinance.com，出现安全警报，单击“确定”按钮，如图 7-52 所示。

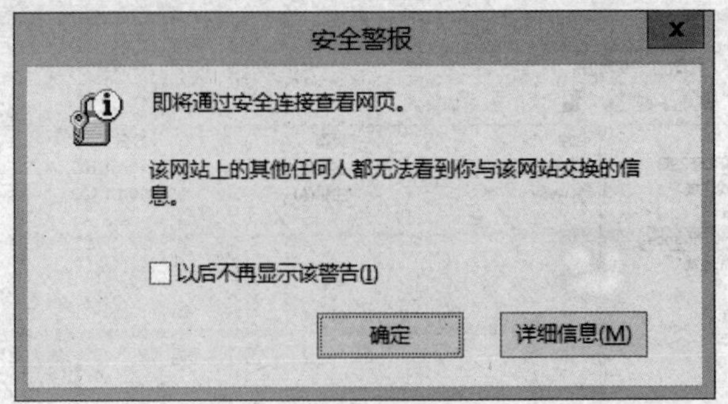

图 7-52　安全警报

7. 由于客户端并没有添加对颁发安全 Web 站点的 CA 的信任，所以浏览器提示 Web 站点的安全证书有问题，如图 7-53 所示单击“继续浏览此网站”，可以看到尽管打开了 Web 站点，在地址栏仍会出现“证书错误”的安全提示，如图 7-54 所示。

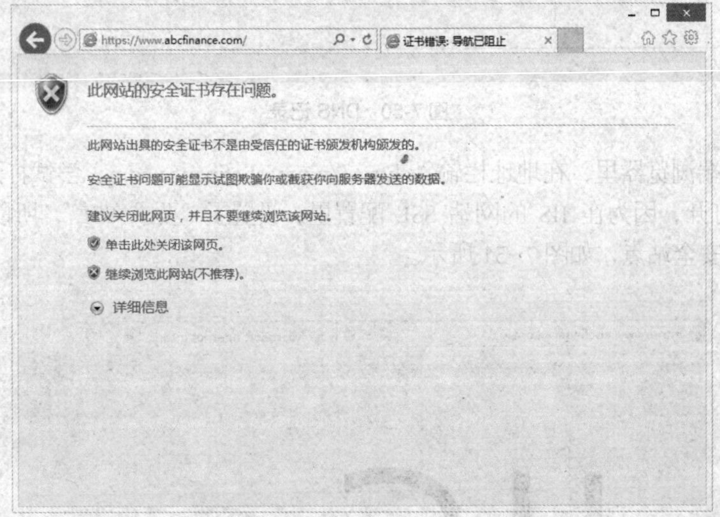

图 7-53　网站证书警报

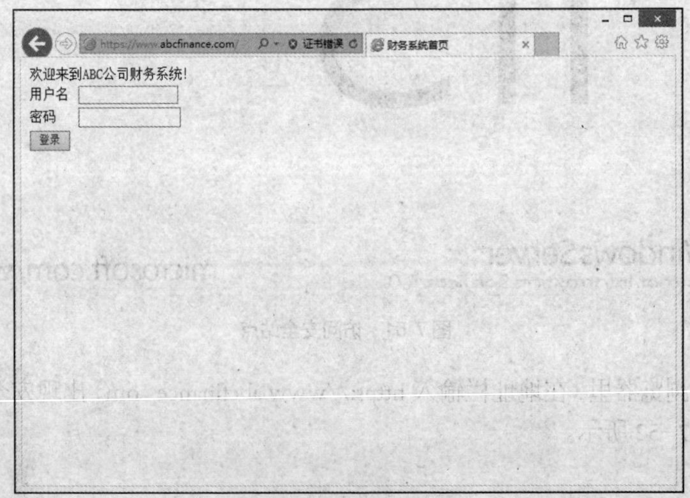

图 7-54　证书错误警报

双击证书错误安全提示，可以看到颁发 Web 服务器的证书的 CA 未被客户端所信任，如图 7-55 所示。

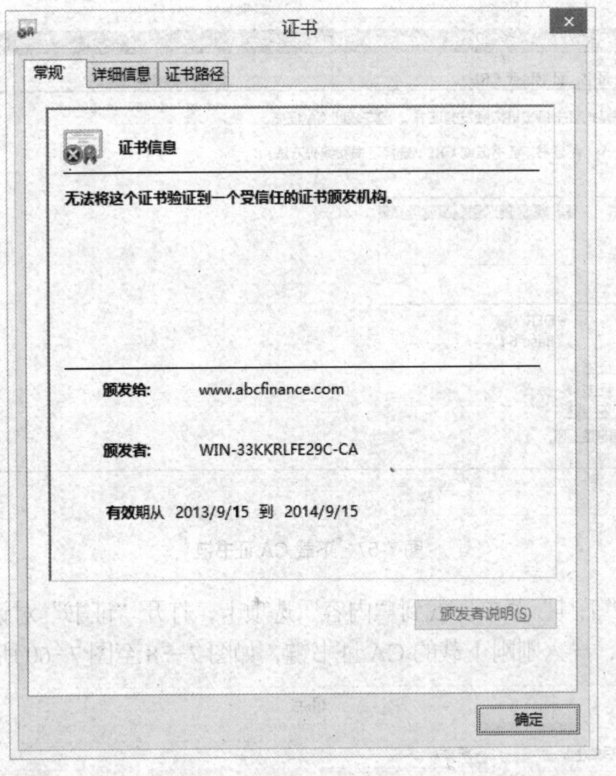

图 7-55　查看 Web 服务器证书

8. 为了解决"证书错误"的问题，需要在客户端导入 CA 服务器的根证书，实施的方法是打开 CA 服务器的申请证书 Web 站点：10.1.1.100/certsrv，单击"下载 CA 证书、证书链或 CRL"，如图 7-56 所示。

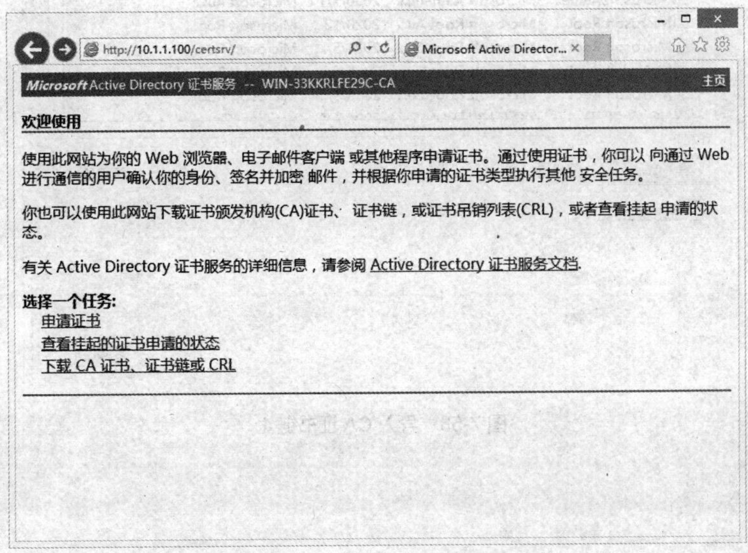

图 7-56　查看证书服务器

单击下载 CA 证书链，将 CA 证书信任链保存到本地，如图 7−57 所示。

http://10.1.1.100/certsrv/certcarc.asp
Microsoft Active Director...
Microsoft Active Directory 证书服务 -- WIN-33KKRLFE29C-CA
主页
下载 CA 证书、证书链或 CRL
若要信任从此证书颁发机构颁发的证书，请安装此 CA 证书。
要下载一个 CA 证书、证书链或 CRL，选择证书和编码方法。
CA 证书:
当前 [WIN-33KKRLFE29C-CA]
编码方法:
DER
Base 64
安装 CA 证书
下载 CA 证书
下载 CA 证书链
下载最新的基 CRL

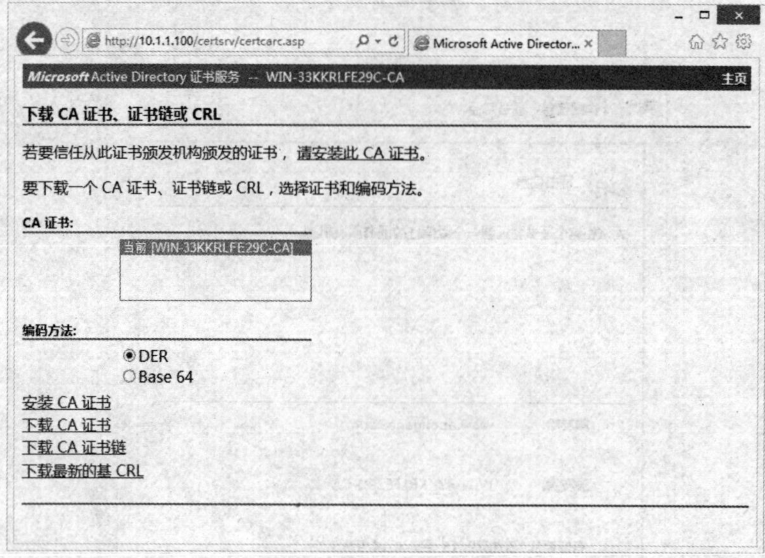

图 7-57　下载 CA 证书链

打开浏览器的“工具”菜单，找到“内容”选项卡，打开“证书”对话框，选择“受信任的根证书颁发机构”，导入刚刚下载的 CA 证书链，如图 7−58 至图 7−60 所示。

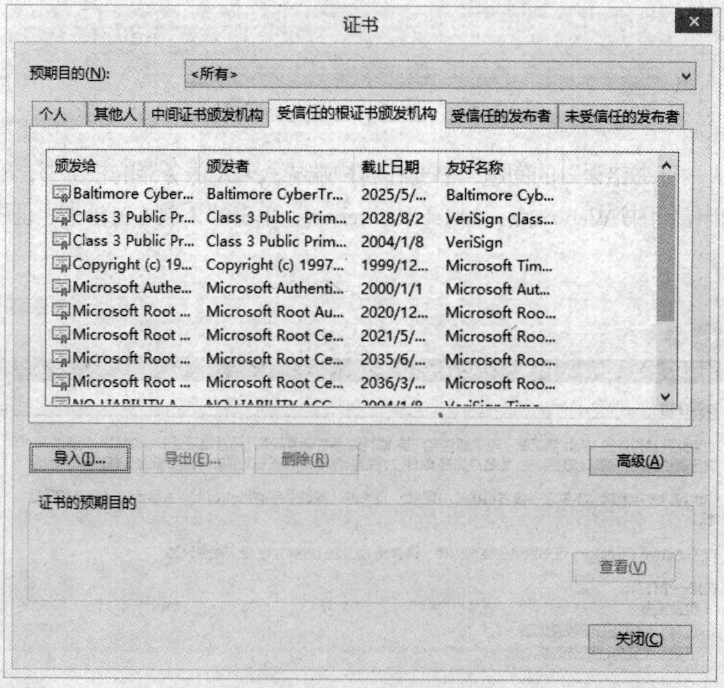

证书
预期目的(N):
<所有>
个人
其他人
中间证书颁发机构
受信任的根证书颁发机构
受信任的发布者
未受信任的发布者
颁发给
颁发者
截止日期
友好名称
Baltimore Cyber...
Baltimore CyberTr...
2025/5/...
Baltimore Cyb...
Class 3 Public Pr...
Class 3 Public Prim...
2028/8/2
VeriSign Class...
Class 3 Public Pr...
Class 3 Public Prim...
2004/1/8
VeriSign
Copyright (c) 19...
Copyright (c) 1997...
1999/12...
Microsoft Tim...
Microsoft Authe...
Microsoft Authenti...
2000/1/1
Microsoft Aut...
Microsoft Root ...
Microsoft Root Au...
2020/12...
Microsoft Roo...
Microsoft Root ...
Microsoft Root Ce...
2021/5/...
Microsoft Roo...
Microsoft Root ...
Microsoft Root Ce...
2035/6/...
Microsoft Roo...
Microsoft Root ...
Microsoft Root Ce...
2036/3/...
Microsoft Roo...
导入(I)...
导出(E)...
删除(R)
高级(A)
证书的预期目的
查看(V)
关闭(C)

图 7-58　导入 CA 证书链 1

图 7-59　导入 CA 证书链 2

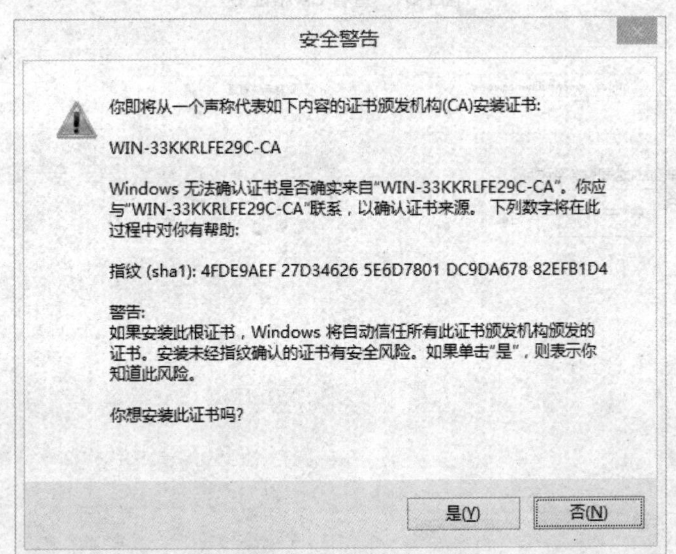

图 7-60　导入 CA 证书链 3

9. 导入完成后，在受信任的根证书颁发机构里能看到 CA 的根证书，再次访问安全 Web 站点，实现正常访问，如图 7-61 和图 7-62 所示。

图 7-61　查看 CA 根证书

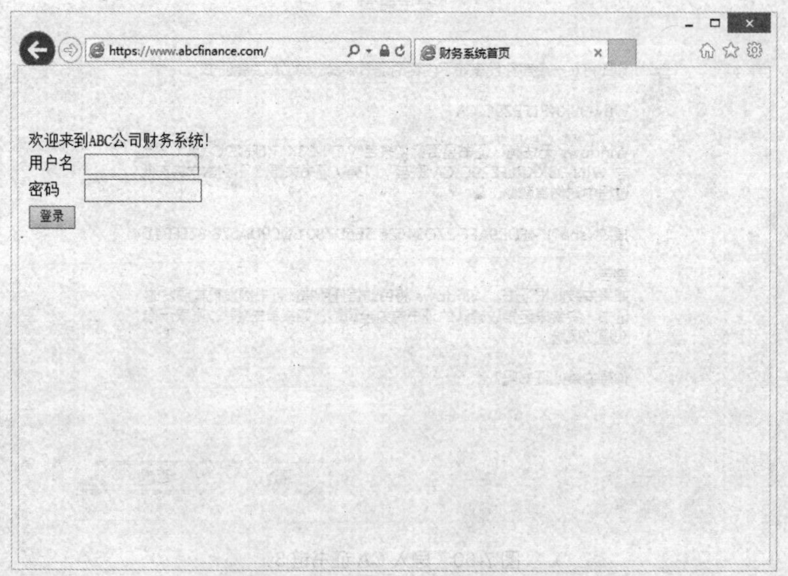

图 7-62　客户端正常访问安全 Web 站点

7.3.4　子任务 3　为客户端申请证书并验证 HTTPS 访问安全 Web 站点

在子任务 2 里，通过使用 Web 站点在 CA 申请的服务器证书，要求使用 SSL 连接来安全访问 Web 站点，客户端可以通过信任根 CA 来鉴别网站的安全性。那么 Web 服务器如何判断客户端是合法用户呢？可以仍然通过使用 CA 认证服务器来对客户端身份进行验证，服务器强制要求每个访问者都提供有效的数字证书，如果没有可信 CA 颁发的数字证书，那么就被拒绝访问。因此，在此子任务中，我们先为客户端计算机向可信 CA 申请客户端证书，并在 Web 服务器上开启要求客户端证书，客户端在访问安全 Web 站点时能够提供数字证书，并且该证书是由 Web 服务器所信任的 CA 颁发，则该 CA 的签名的客户端证书和服务器证书可以让服务器和客户端建立双向的信任关系。

在完成子任务 2 的基础上，具体实施过程如下。

1. 打开 IIS 管理器，双击需要配置的安全 Web 站点“abcfinance”，找到 SSL 设置项，选择“要求 SSL”，客户证书选择“必需”，单击右侧“应用”，如图 7-63 所示。

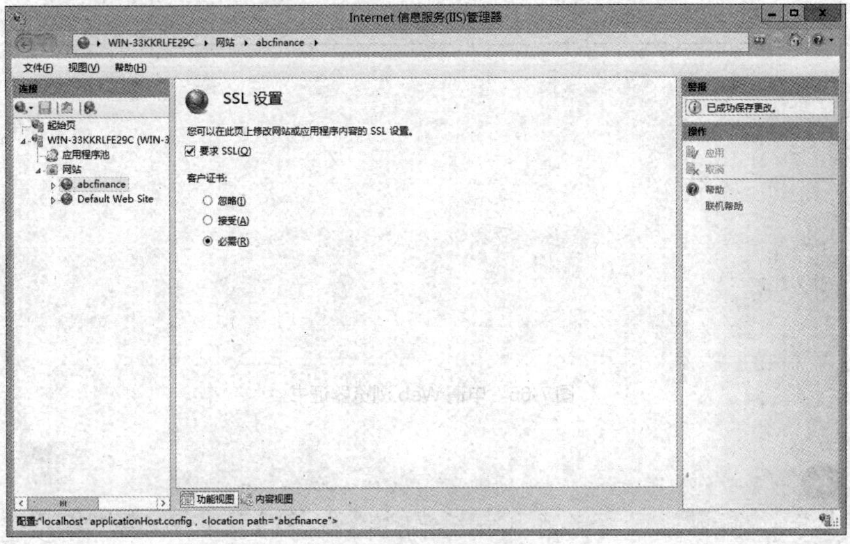

图 7-63　SSL 设置

2. 此时在客户端打开安全 Web 站点，显示拒绝访问，原因是没有安装客户端证书，如图 7-64 所示。

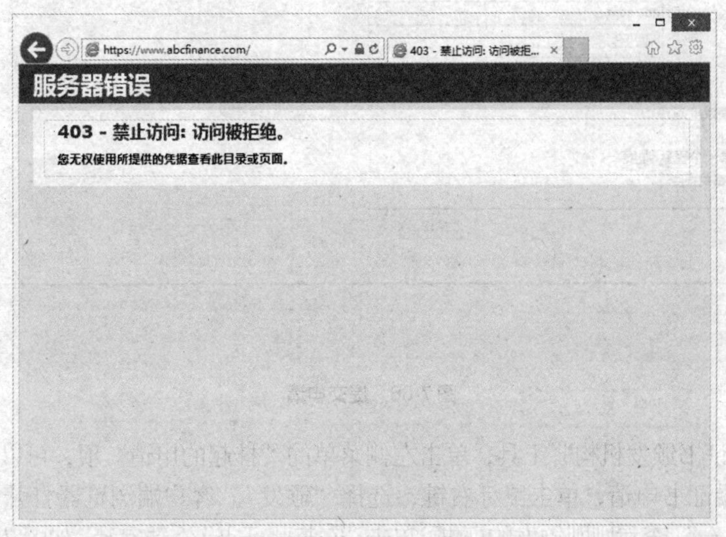

图 7-64　拒绝访问

3. 在客户端打开证书注册网站“10.1.1.100/certsrv”，开始申请“Web 浏览器证书”，输入正确的信息后单击“提交”按钮，如图 7-65 和图 7-66 所示。

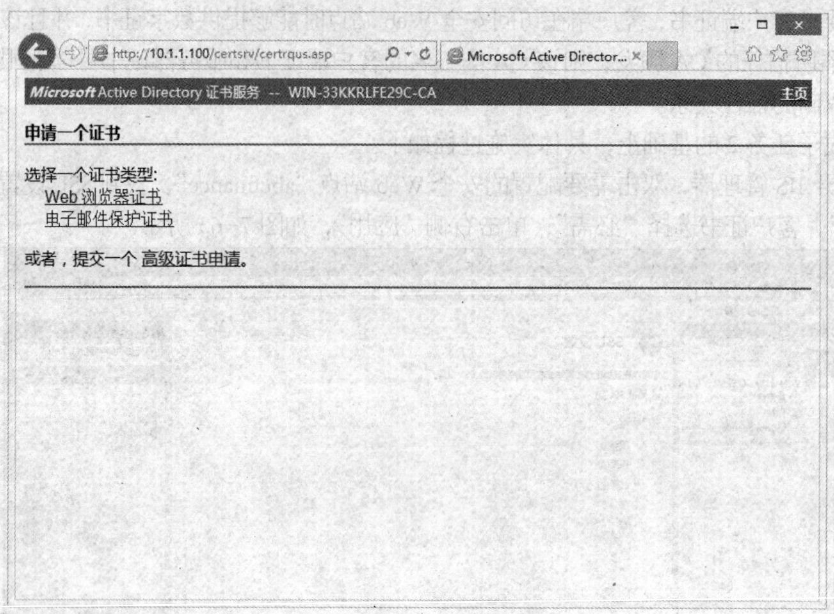

图 7-65　申请 Web 浏览器证书

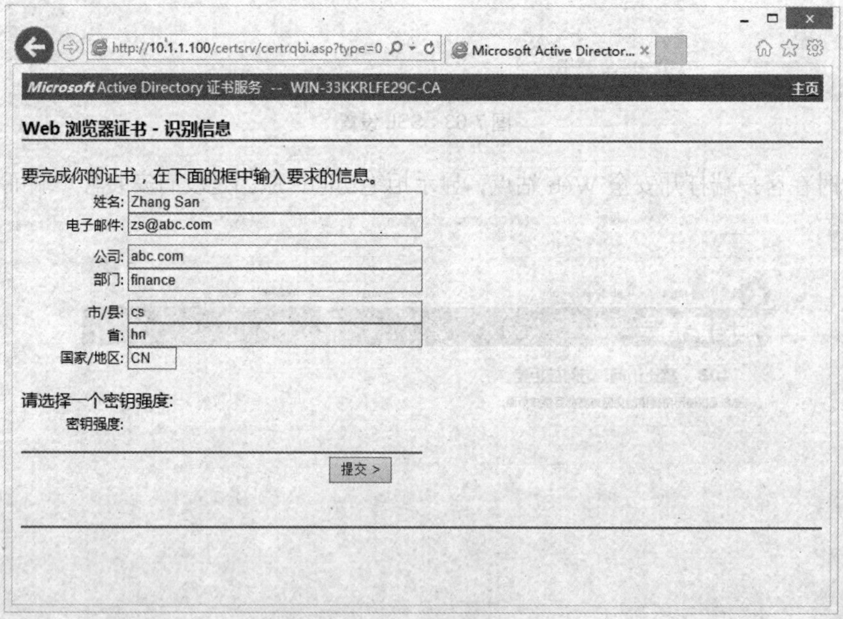

http://10.1.1.100/certsrv/certrqbi.asp?type=0
Microsoft Active Director...
Microsoft Active Directory 证书服务 -- WIN-33KKRLFE29C-CA
主页
Web 浏览器证书 - 识别信息
要完成你的证书，在下面的框中输入要求的信息。
姓名: Zhang San
电子邮件: zs@abc.com
公司: abc.com
部门: finance
市/县: cs
省: hn
国家/地区: CN
请选择一个密钥强度:
密钥强度:
提交 >

图 7-66　提交申请

4. 打开“证书颁发机构”工具，单击左侧菜单的“挂起的申请”项，可以看到刚刚提交的 Web 浏览器证书申请，单击鼠标右键，选择“颁发”。客户端浏览器打开证书注册网站“10.1.1.100/certsrv”，查看刚刚颁发的证书，单击“安装此证书”下载安装，如图 7-67 和图 7-68 所示。安装完成后，客户端可以在浏览器“工具”菜单“内容”选项卡“证书”项目中的“个人”查看 Web 浏览器证书，如图 7-69 所示。过程类似于子任务 1，此处不再赘述。

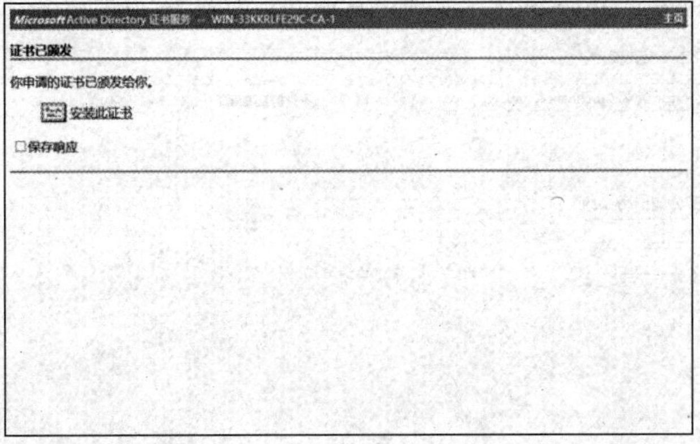

图 7-67　安装证书 1

Microsoft Active Directory 证书服务 -- WIN-33KKRLFE29C-CA-1　主页

证书已安装

你的新证书已成功安装。

图 7-68　安装证书 2

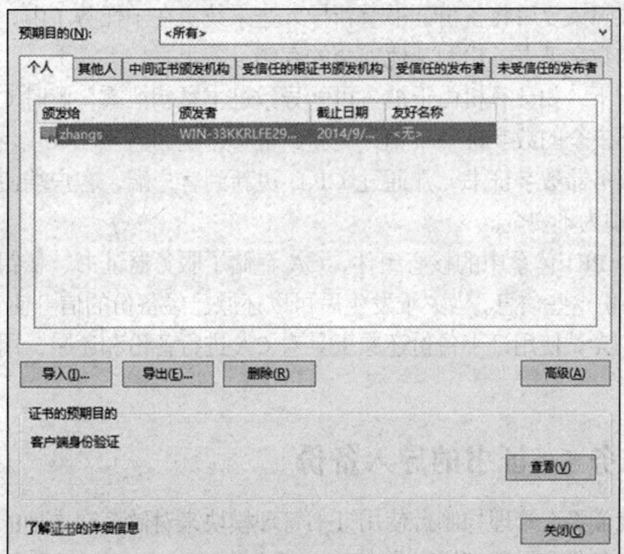

图 7-69　查看已安装证书

5. 再次尝试访问安全 Web 站点，实现正常访问，如图 7-70 所示。

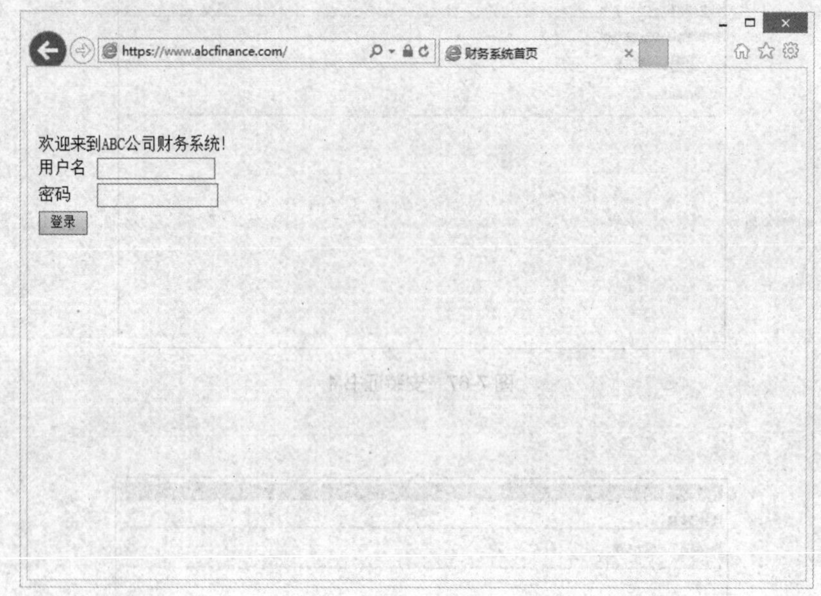

图 7-70　成功访问安全 Web 站点

7.4　任务 3　数字证书的管理

7.4.1　任务说明

使用数字证书可以很好地解决数据传输安全和身份验证问题。为了防止安装了数字证书的服务器或个人电脑因为操作系统故障导致数字证书丢失，可以把数字证书导入备份到其他安全的设备上，在系统故障恢复后将备份证书重新导入进系统。在子任务 1 中，我们将使用证书导出工具将本机安装的数字证书备份到其他安全的存储设备上。

在某些特殊情况下，如计算机由于被盗可能导致证书私钥泄露，此时 CA 可以针对失效的证书做出吊销，将不安全的数字证书吊销并更新到证书吊销列表（CRL）。在子任务 2 中，我们将尝试吊销一个服务器数字证书，并通过 CRL 更新到客户端，客户端使用该数字证书的安全 Web 站点重新判别为不安全。

由于 CA 是整个 PKI 体系中的核心组件，CA 存储了服务器证书、私钥、证书数据库等关键信息，需要及时备份这些信息，当灾难发生后可以还原已经备份的信息使 CA 快速恢复正常。在子任务 3 中，我们尝试使用证书备份还原工具对 CA 进行备份和还原，用以应对可能的灾难风险。

7.4.2　子任务 1　证书的导入备份

在本任务中，我们将在管理控制台使用证书管理模块来对储存在本地的数字证书（包括公钥和私钥）进行导出备份和导入还原操作。

1. 在 Windows Server 2012 打开 Windows PowerShell（在 Windows 8 系统下打开“命令、提示符”工具），输入“mmc”并按回车键，如图 7-71 所示系统将打开控制台。

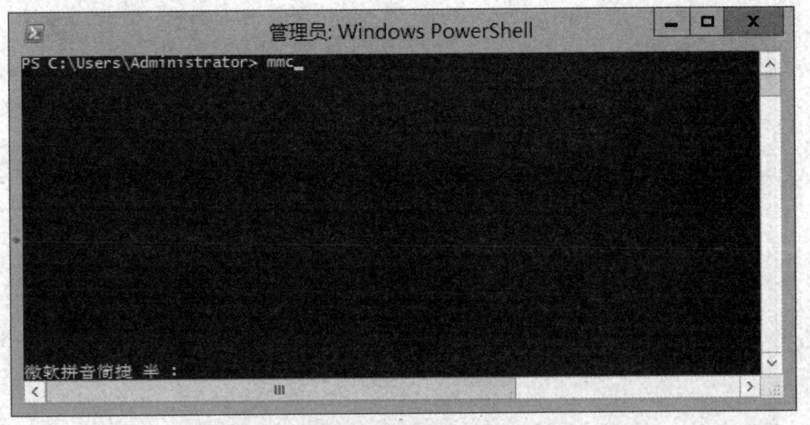

图 7-71 Windows PowerShell

2. 在控制台上单击“文件”菜单，单击“添加或删除管理单元”，选中“证书”，单击“添加”按钮，如图 7-72 所示。

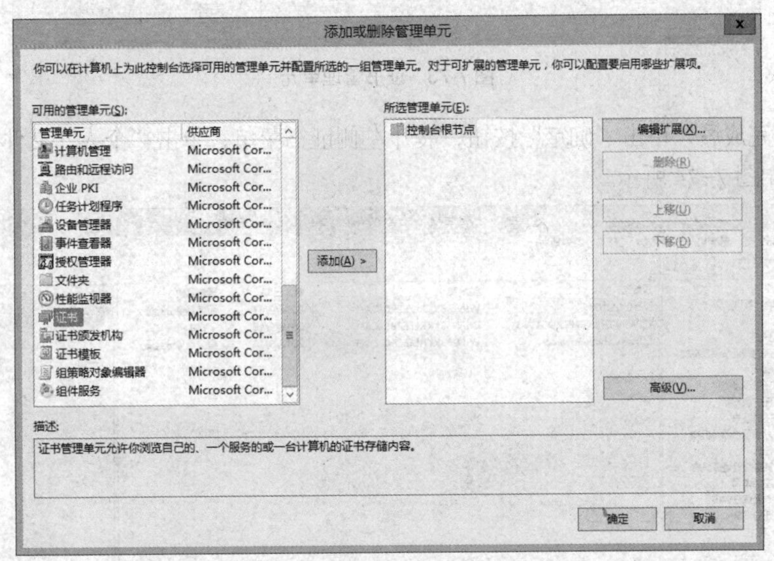

图 7-72 添加删除管理单元

3. 如果需要导出计算机服务器的数字证书，在弹出的对话框中选择“计算机账户”，如果需要导出当前用户的数字证书，在弹出的对话框中选择“我的用户账户”，如果需要导出某项服务（如 Active Directory 服务器）的数字证书，在弹出的对话框中选择“服务账户”，如图 7-73 所示。

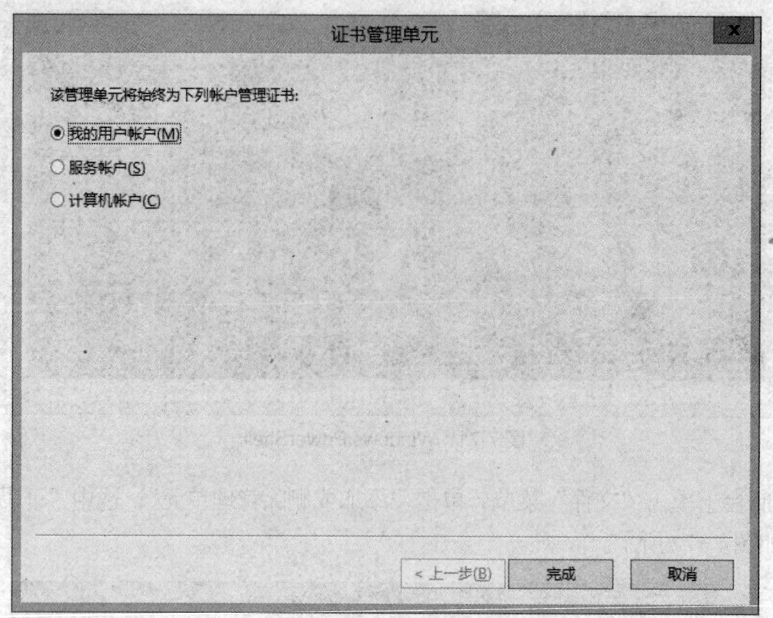

图 7-73 证书管理单元

4. 添加完成后，单击“确定”按钮，展开左侧证书菜单，单击“个人”文件下的“证书”子文件夹，如图 7-74 所示。

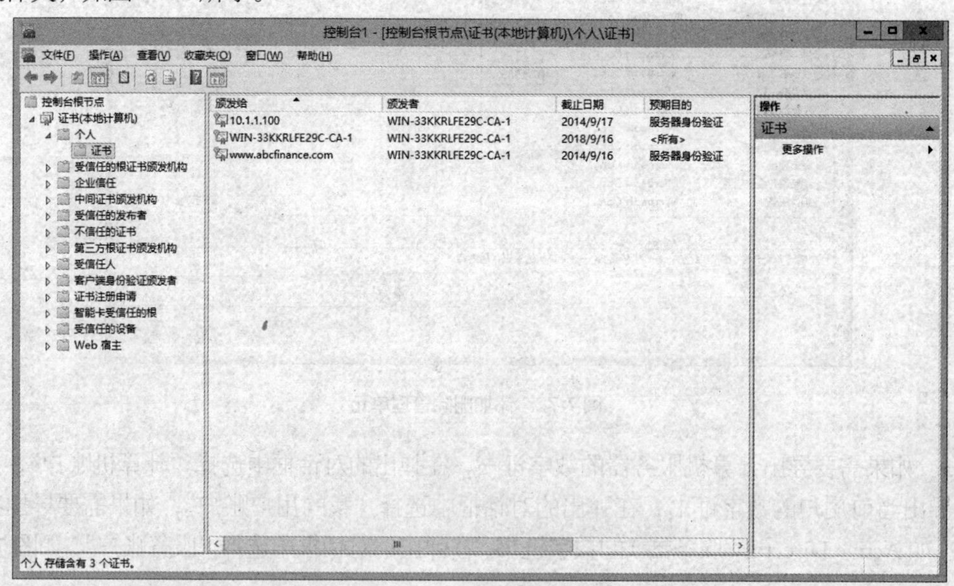

图 7-74 本地计算机证书管理

5. 选择需要导出的数字证书，如颁发给“www.abcfinance.com”的证书，选中后在上面单击鼠标右键，选择“所有任务”中的“导出”，按照弹出的证书导出向导进行配置，如图 7-75 所示。

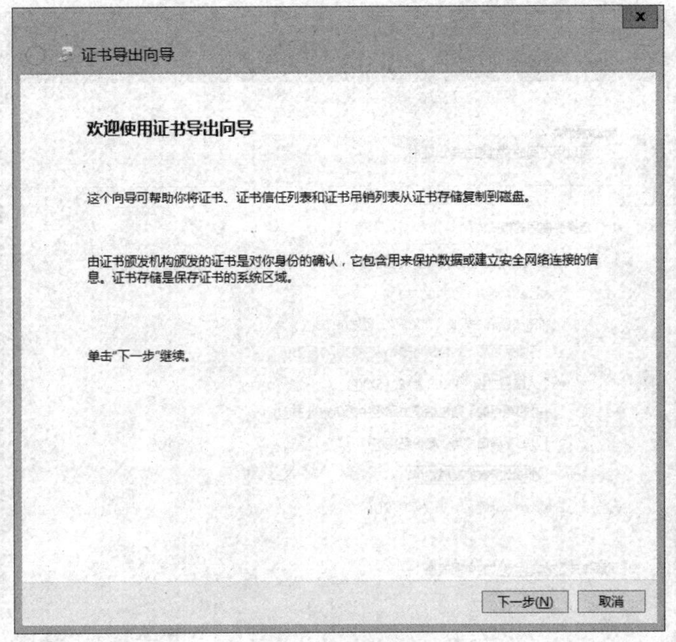

图 7-75　证书导出向导

6. 选择是否导出私钥，如果在申请数字证书时选择了“禁止私钥导出”，会导致“是，导出私钥”选项为灰色，无法选中，单击“下一步”按钮继续，如图 7-76 和图 7-77 所示。

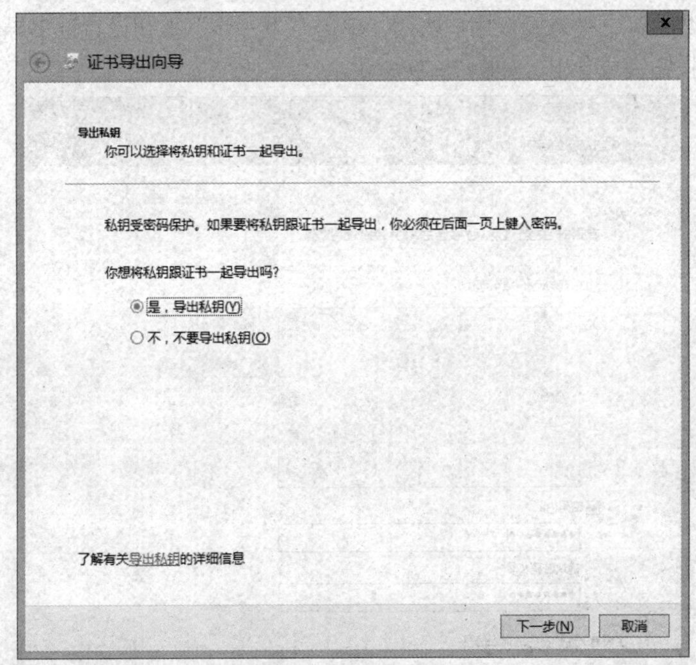

图 7-76　证书导出向导 1

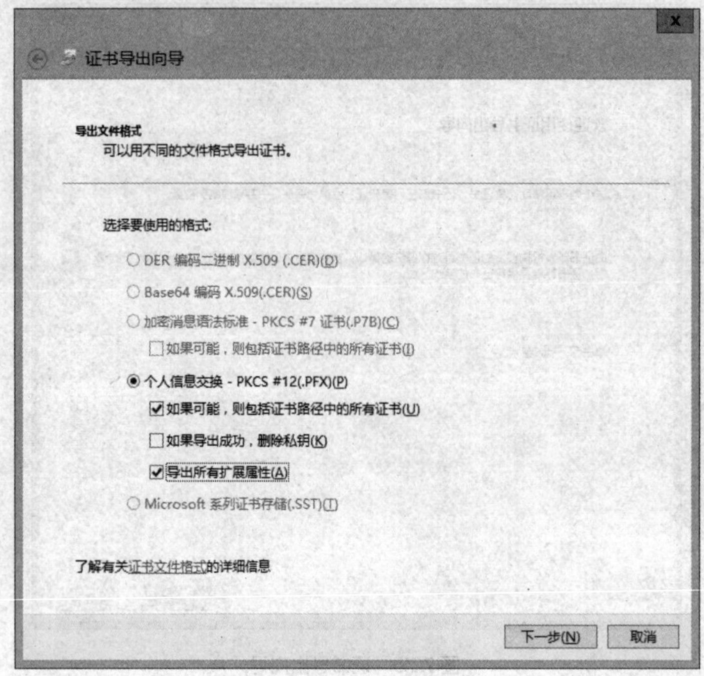

图 7-77　证书导出向导 2

7. 为了保证数字证书的安全，需要为数字证书配置导出密码，如图 7–78 所示，此密码的作用是用于防止数字证书被未授权用户盗用，单击“下一步”按钮设置证书导出路径和名称，单击“下一步”按钮完成导出，如图 7–79 所示。

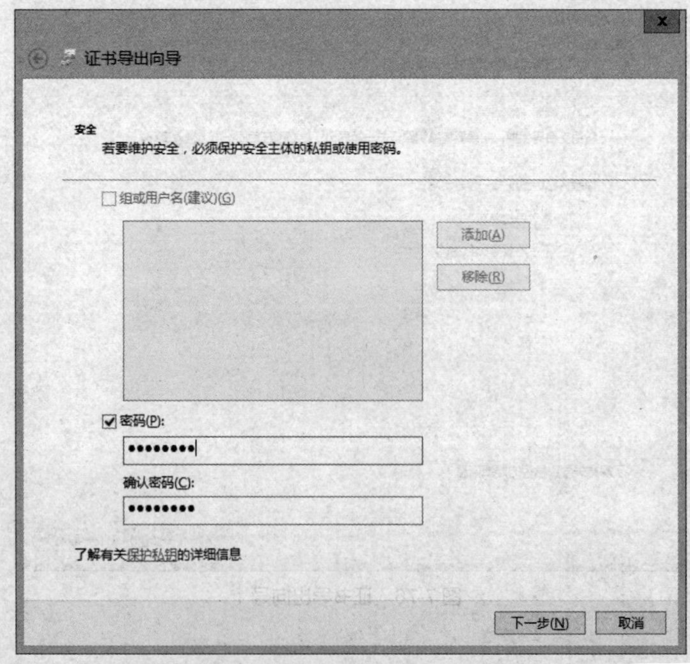

图 7-78　设置数字证书导出密码

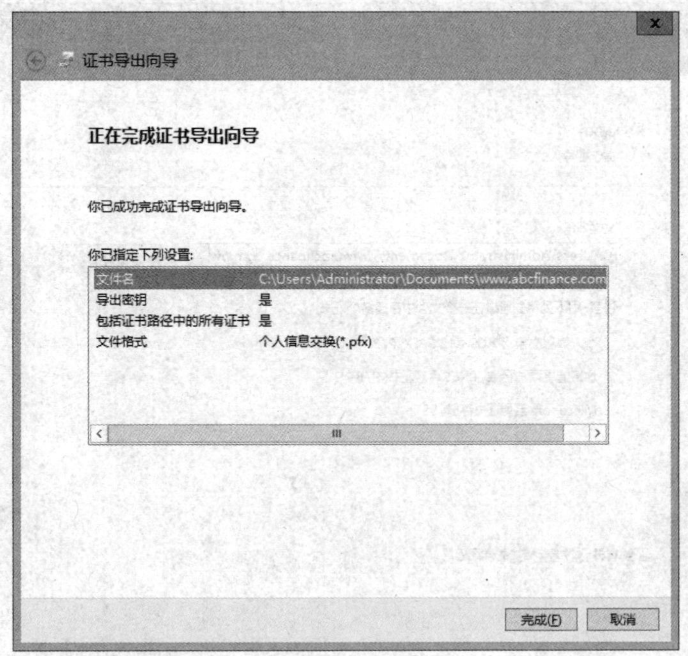

图 7-79 完成数字证书导出

8. 数字证书的导入：找到数字证书文件，双击打开“证书导入向导”，选择添加到当前用户的证书列表或者本地计算机的证书列表，单击“下一步”按钮继续，如图 7-80 和图 7-81 所示。

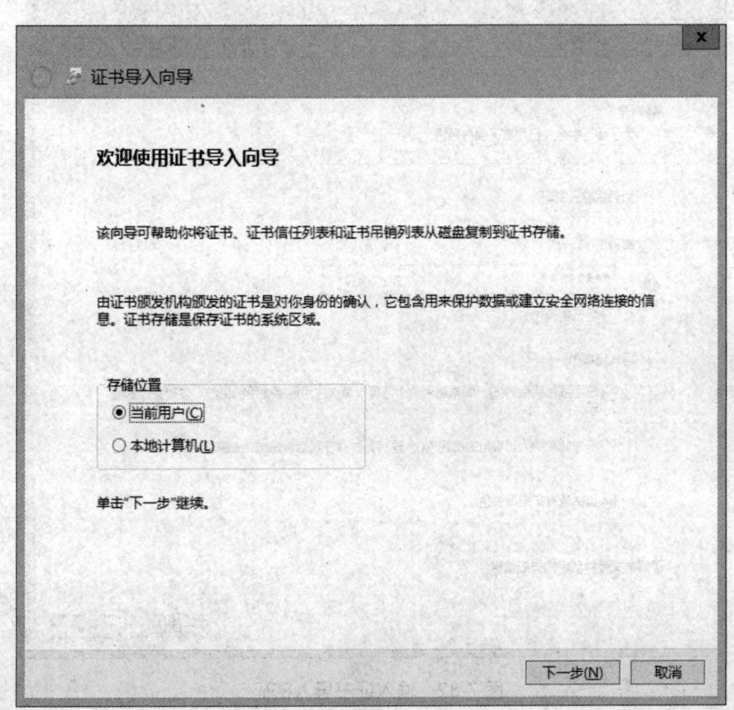

图 7-80 选择证书导入对象

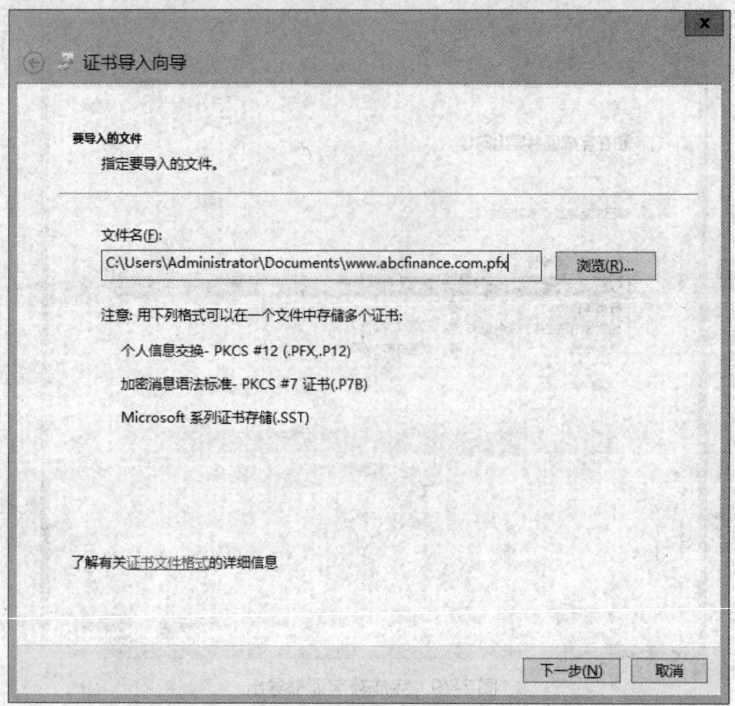

图 7-81　选择证书导入文件

9. 输入我们之前设置的证书保护密码，单击“下一步”按钮继续，最终完成证书导入。

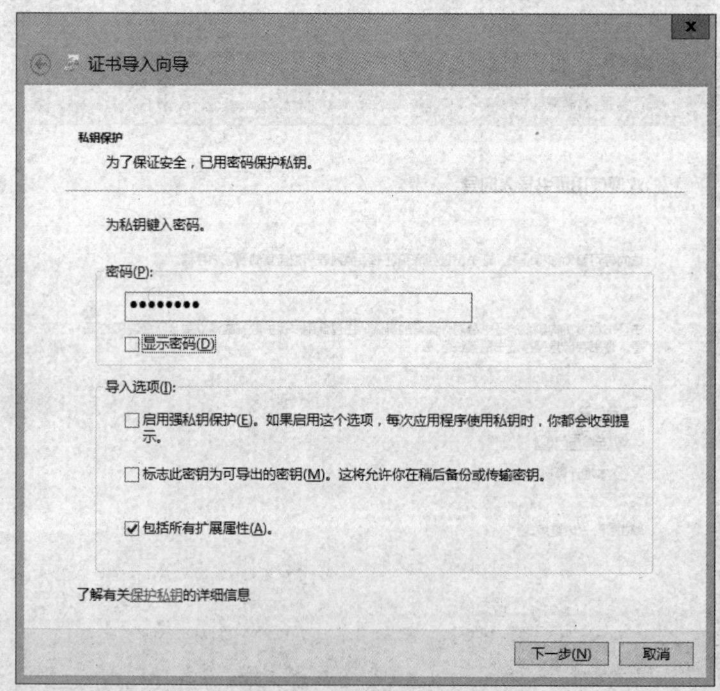

图 7-82　输入证书导入密码

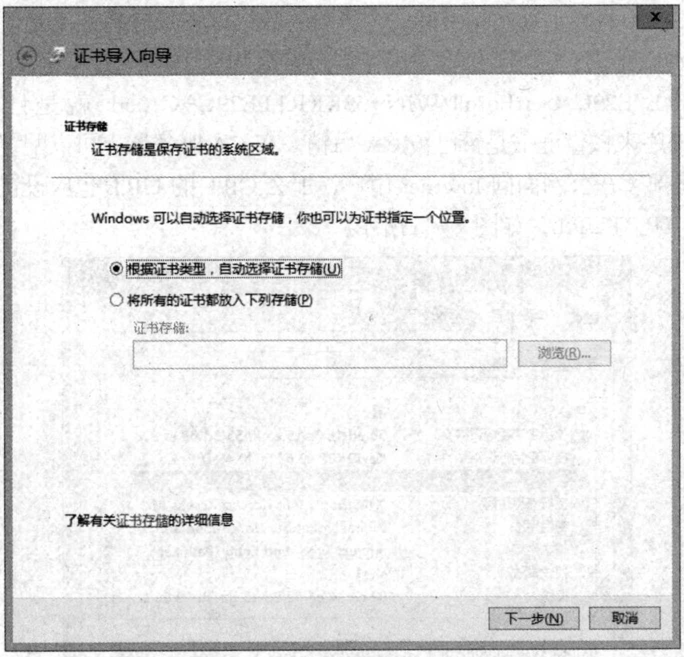

图 7-83　证书导入向导

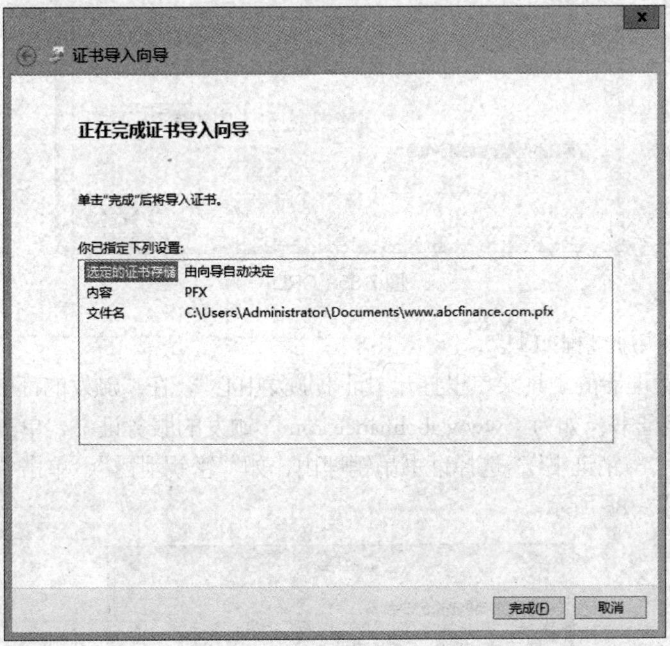

图 7-84　完成数字证书导入

7.4.2　子任务 2　证书的吊销与 CRL

数字证书是存在有效期的，超出有效期将会被视为无效证书。如果数字证书没有超出有效期，但是发生了诸如密钥泄露、证书更新这样的安全事件，CA 是否有办法提前作废证书呢？答案是肯定的，事实上，操作系统或者应用程序在检查证书是否有效时，除了检查有效期外，还需要检查 CA 上的证书吊销列表（CRL），查看证书是否被提前吊销。如果发生安全事故，管理员可以通过 CA 服务器主动吊销具有安全风险的数字证书，并将被吊销证书添加到 CRL。

查看任意数字证书的“详细信息”，可以看到“CRL 分发点”字段。此处的 file://WIN-33KKRLFE29C/CertEnroll/WIN-33KKRLFE29C-CA.crl 就是证书吊销列表的 URL，用于其他程序来核查证书是否已被 CA 吊销。在 CA 服务器上可以配置 CRL 的 URL，如果 CA 服务器是部署在公网面向 Internet 用户，那么 CRL 的 URL 也应设置为公网用户能直接访问的基于 HTTP 的 URL，如图 7-85 所示。

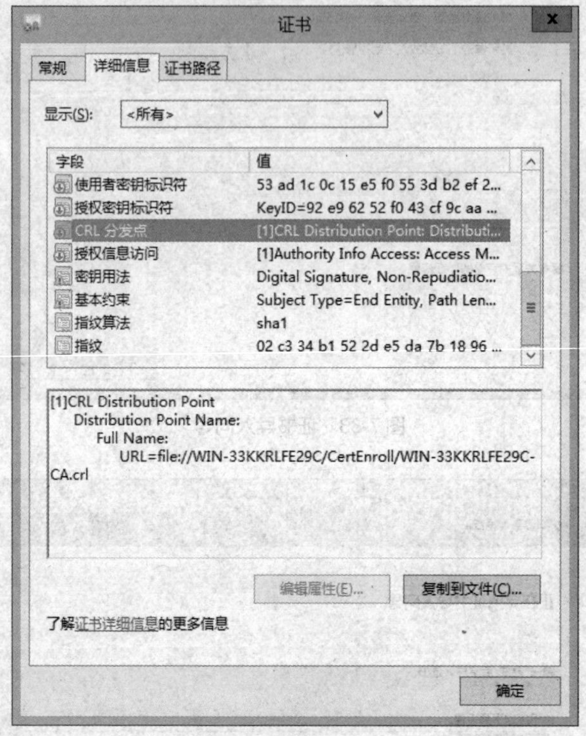

图 7-85　CRL

证书吊销具体实施过程如下。

1. 在服务器管理器的工具菜单里打开“证书颁发中心”，在“颁发的证书”文件夹中选择需要被吊销的数字证书，如为“www.abcfinance.com”颁发的服务证书，单击鼠标右键，选择“所有任务”中的“吊销证书”，选择证书吊销理由，如“密钥泄露”，单击“是”按钮确认将此证书吊销，如图 7-86 所示。

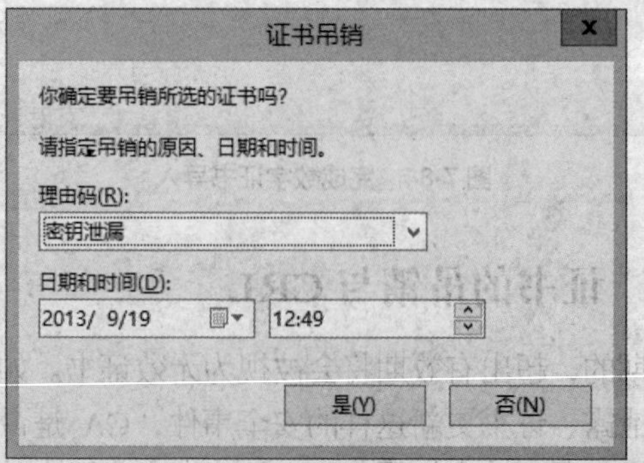

证书吊销

你确定要吊销所选的证书吗?

请指定吊销的原因、日期和时间。

理由码(R):

密钥泄漏

日期和时间(D):

2013/ 9/19　12:49

是(Y)　否(N)

图 7-86　证书吊销

2. 被吊销的证书将出现在证书颁发机构的“吊销的证书”文件夹内，如图 7–87 所示。安全风险解除后，可以在此证书上，单击鼠标右键，选择“所有任务”中的“解除吊销证书”将证书恢复为有效（仅限于证书吊销的原因为“证书待定”）；

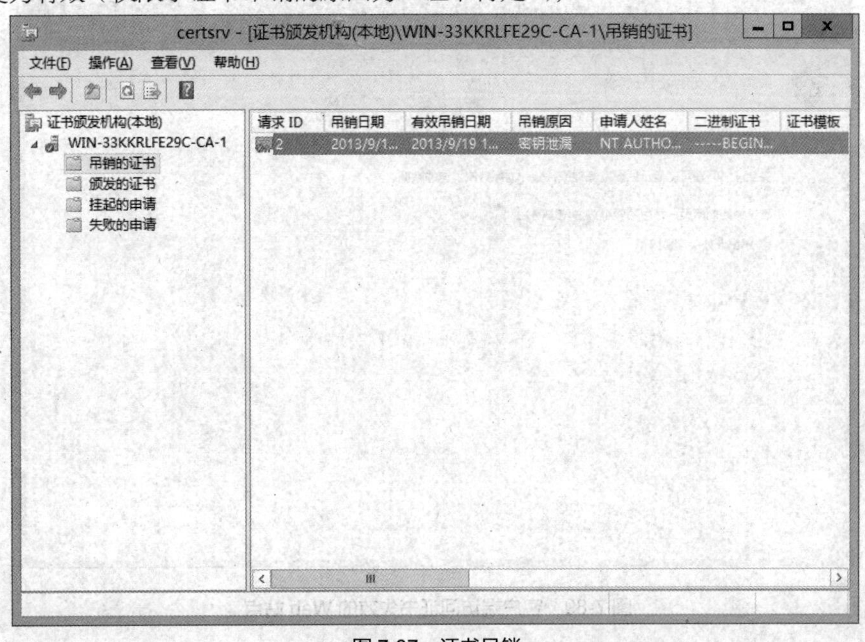

图 7-87　证书吊销

3. 需要注意的是，CRL 默认更新周期为 1 周，所以证书被吊销后，客户端不会马上察觉到。如果需要立即生效，则可以更新 CRL，选中“吊销的证书”文件夹，单击鼠标右键查看“属性”，勾选“发布增量”，单击“应用”按钮后，将马上发布 CRL 更新，如图 7–88 所示。

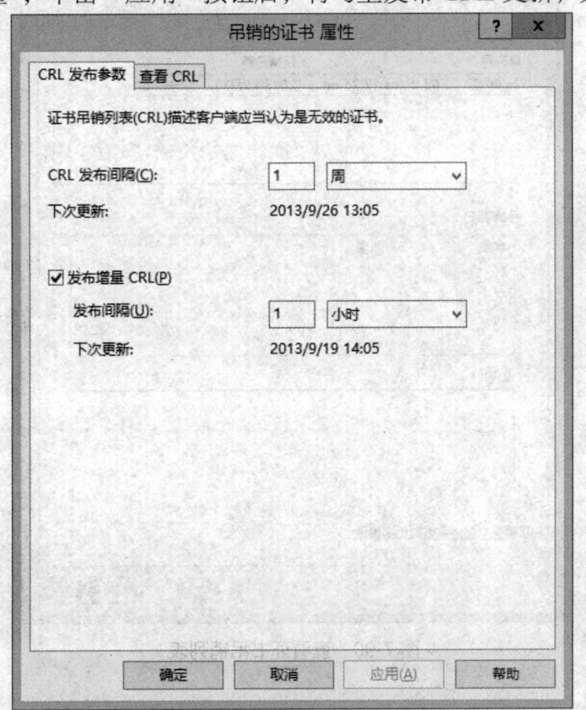

图 7-88　设置 CRL 发布

4. 此时通过浏览器访问安全 Web 站点“www.abcfinance.com”，浏览器将提示“此网站安全证书有问题”的安全风险，如图 7-89 所示。

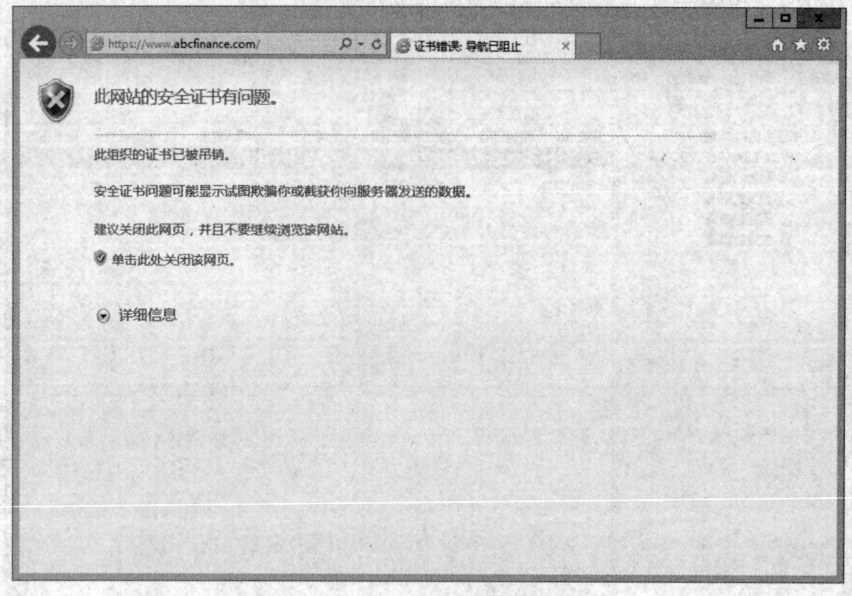

图 7-89　客户端访问证书失效的 Web 站点

5. 客户端可以通过 CRL 的 URL 来查看已被吊销的证书列表，如图 7-90 所示。（注意：有的客户端程序不会实时检查 CRL，需要手工更新 CRL）

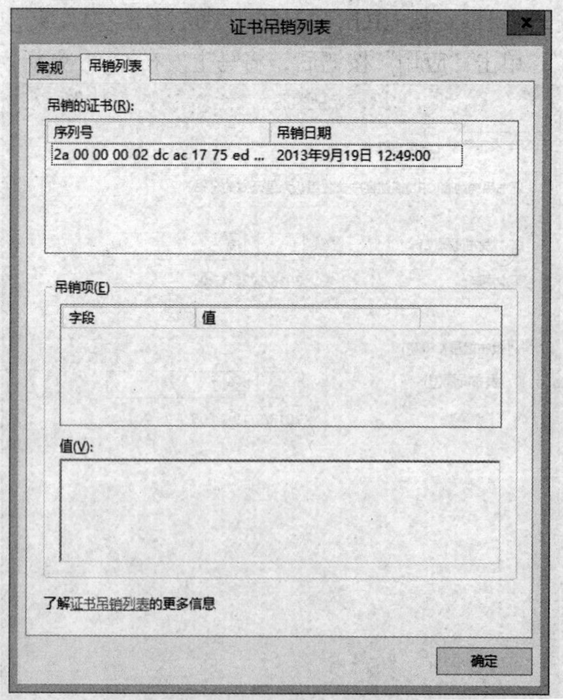

图 7-90　查看证书吊销列表

7.4.3 子任务 3 CA 的备份与还原

由于 CA 存储了服务器证书、私钥、证书数据库等关键信息，需要及时备份这些信息，当灾难发生后可以还原已经备份的信息使 CA 快速恢复正常。证书颁发机构工具提供了方便的 CA 备份还原方式，具体实施步骤如下。

1. 在服务器管理器的工具菜单里打开“证书颁发中心”，选中需要备份的 CA 服务器，单击鼠标右键，选择“所有任务”中的“备份 CA”菜单，单击“下一步”按钮继续，如图 7-91 所示。

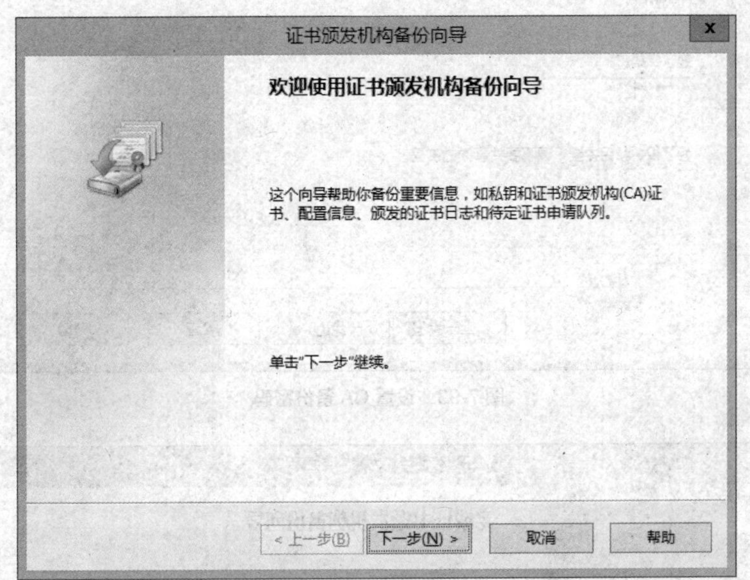

图 7-91 CA 备份向导

2. 勾选需要备份的项目（增量备份需要在之前已备份的基础上才能使用）和备份文件存放路径，如图 7-92 所示。

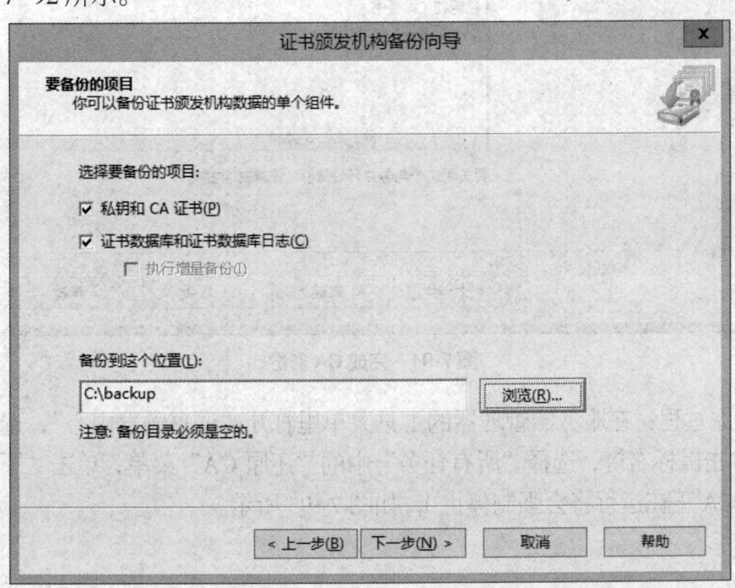

图 7-92 选择 CA 备份项目

3. 为保护备份文件的安全，设置加密密码，之后单击“完成”按钮结束 CA 备份，如图 7–93 和图 7–94 所示。

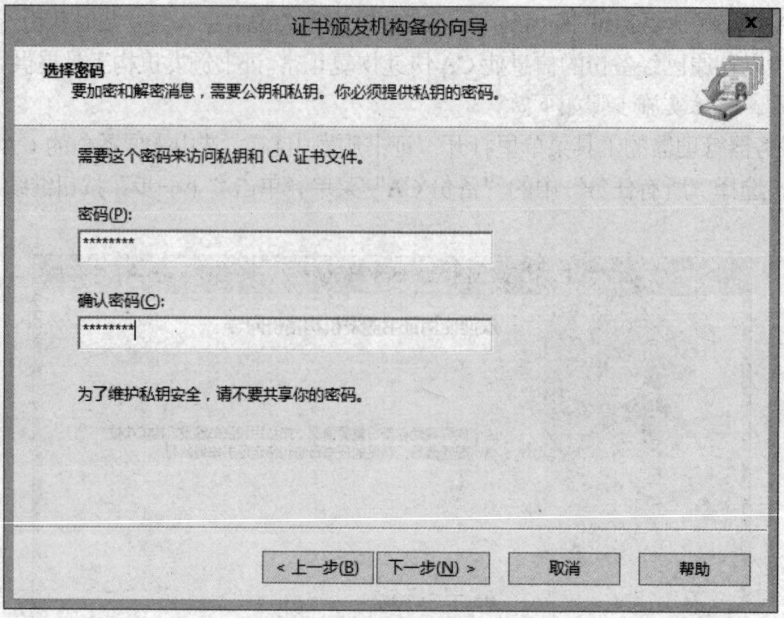

图 7-93 设置 CA 备份密码

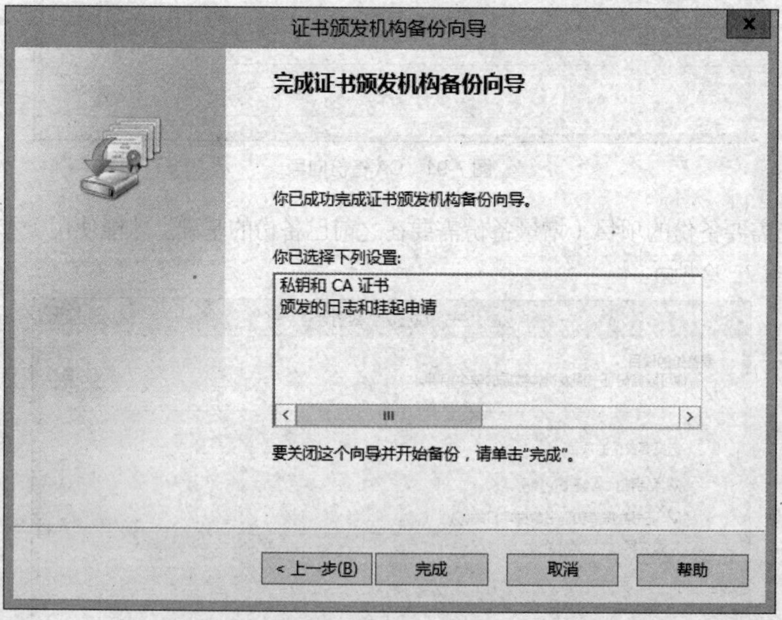

图 7-94 完成 CA 备份

4. CA 还原过程：在服务器管理器的工具菜单里打开“证书颁发中心”，选中需要还原的 CA 服务器，单击鼠标右键，选择“所有任务”中的“还原 CA”菜单，单击“下一步”按钮继续（如果当前 CA 正在运行将会强制停止），如图 7–95 所示。

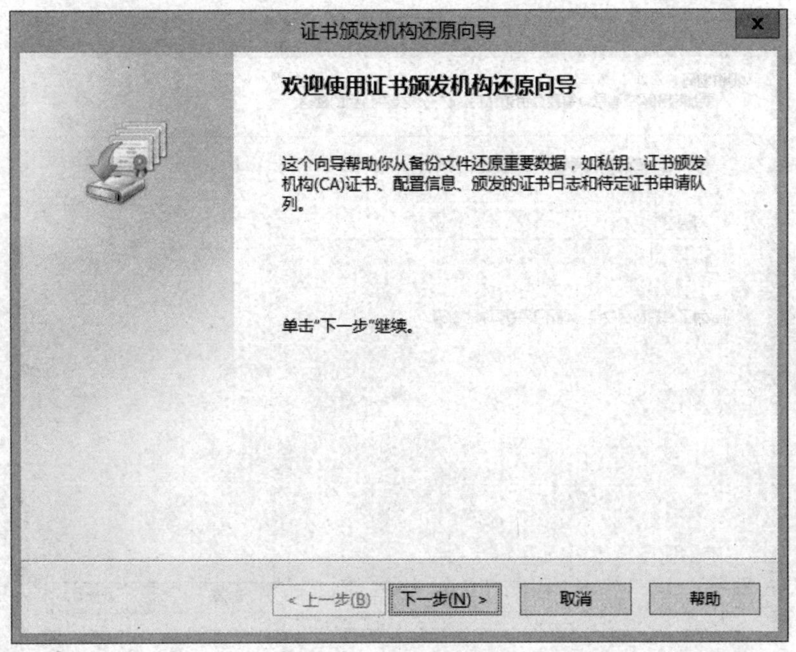

图 7-95　CA 还原向导

5. 勾选需要还原的项目和备份文件存放的路径，如图 7–96 所示。

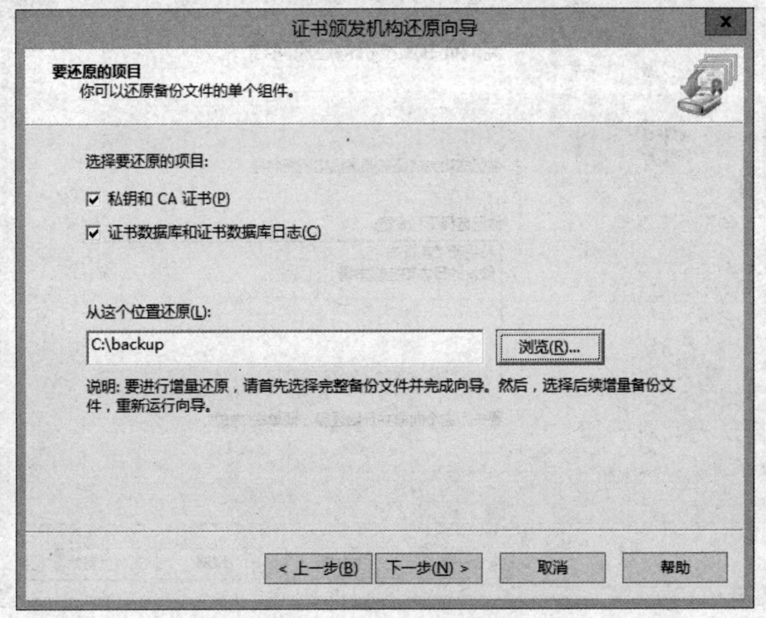

图 7-96　选择 CA 还原项目

6. 输入之前设置的还原密码，单击“完成”按钮，结束 CA 还原，如图 7–97 和图 7–98 所示。

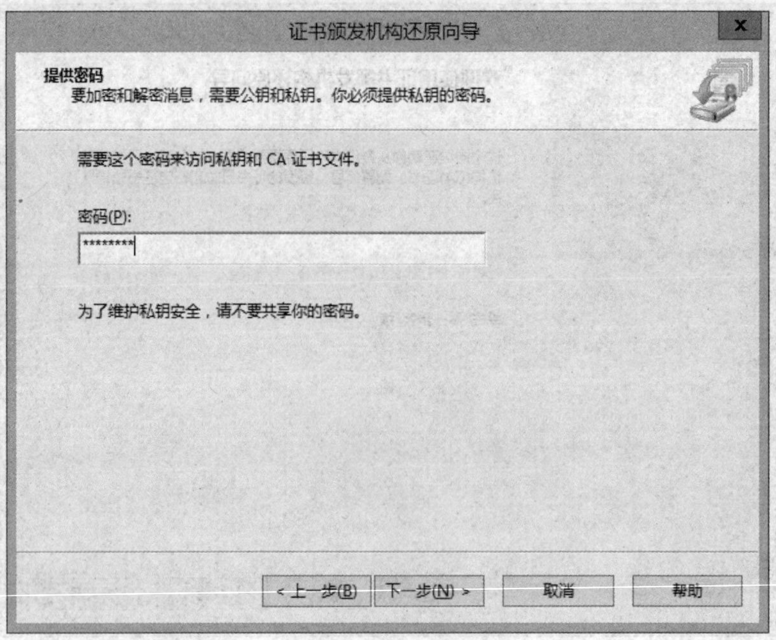

图 7-97　输入 CA 备份密码

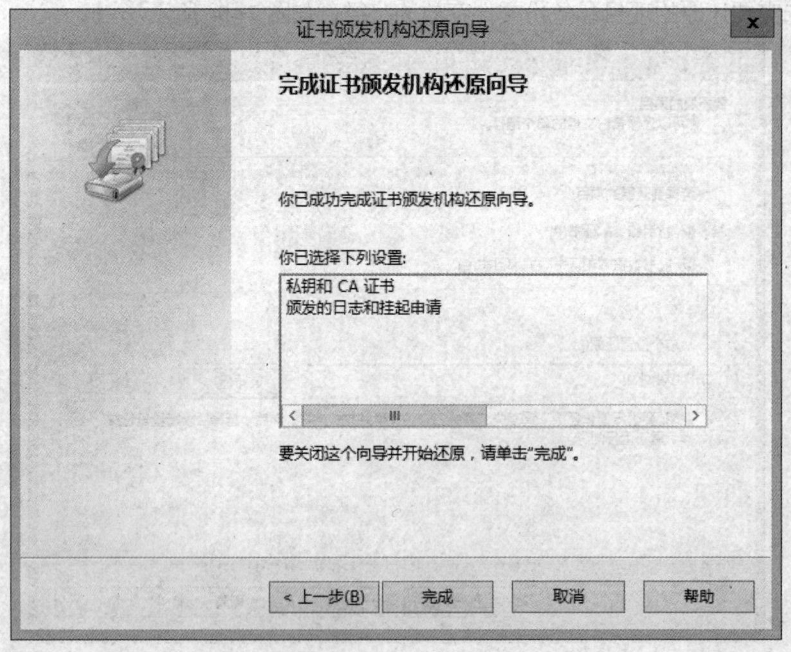

图 7-98　完成 CA 还原

7.5　仿真实训案例

图 7-99 所示，ABC 公司在企业内网部署了 3 台 Windows Server 2012：(10.1.1.201/8、10.1.1.202/8、10.1.1.203/8) 分别来做 DNS 服务器、Web 服务器、企业根 CA 服务器。出于安全考虑，财务部单独申请了一台 CA 服务器 (10.1.1.204/8) 来做财务部子 CA，这台子 CA 服

务器需要与企业根 CA 建立信任关系，财务部员工通过财务部子 CA 申请客户端浏览器证书，用于 HTTPS 访问 Web 服务器上的安全站点“www.abcfinance.com”，请按照上述需求做出合适的配置。

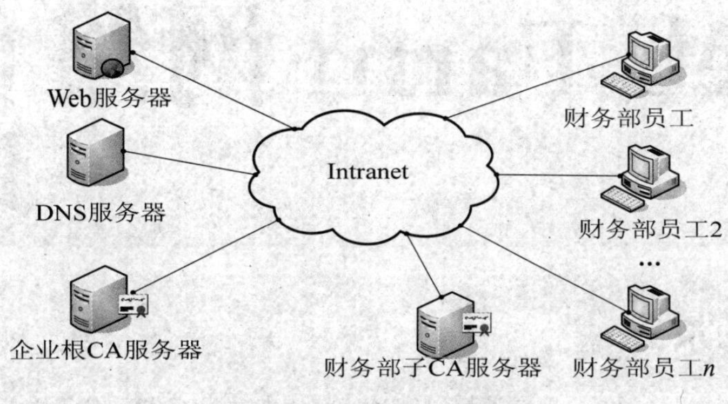

图 7-99 仿真实训案例拓扑图

7.6 课后习题

1. 使用本章中案例来谈谈数据发送方和接收方之间交换公钥的过程。

2. 数字证书除了可以来保护 Web 访问，还可以使用来保护其他类型的数据传输，如电子邮件，那么该如何配置邮件客户端使用数字证书呢？

3. 在一个 IIS 服务器上能同时部署两个不同的安全 Web 站点吗？通过实验说明之。

PART 8 项目 8 Web Farm 网络负载均衡

8.0 案例场景

ABC 公司原来有一台 Web 服务器可以正常访问，现在由于公司规模扩大，人员增多，访问量增加，公司内部的 Web 服务器总是出现死机的现象，为了满足公司对 Web 服务器的访问需求，现要求对 Web 服务器进行整改，请你给出合适的解决方案。

该网络拓扑图如图 8-1 所示。

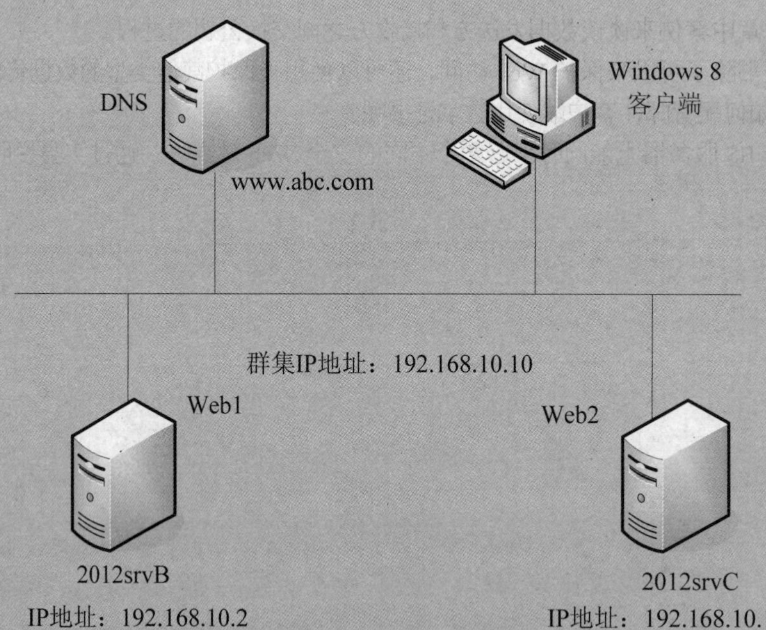

图 8-1 负载均衡部署拓扑图

在本项目中，通过完成以下 3 个任务，来完成 Web Farm 网络负载均衡的配置。

- 任务 1 安装网络负载均衡功能
- 任务 2 创建 Windows NLB 群集
- 任务 3 测试 NLB 与 Web Farm 的功能

8.1　知识引入

8.1.1　什么是 Web Farm

Web Farm 是指将多台 IIS Web 服务器组成一起，Web Farm 可以提供一个具备容错与负载平衡功能的高可用性网站，为用户提供一个不间断的、可靠的网站服务。Web Farm 的主要功能如下。

1. 当 Web Farm 接收到不同用户的连接网站请求时，这些请求会被分散送给 Web Farm 中不同的 Web 服务器来处理，因此可以提高网页的访问效率。

2. 如果 Web Farm 中有 Web 服务器出现故障，此时会由 Web Farm 中的其他 Web 服务器继续为用户提供服务，因此 Web Farm 具有容错功能。

8.1.2　Web Farm 的架构

在 Web Farm 的架构中，为了避免单点故障而影响到 Web Farm 的正常运行，架构中的每一个设备，包括（防火墙、负载平衡器、Web 服务器）都不止一台，如图 8-2 所示。

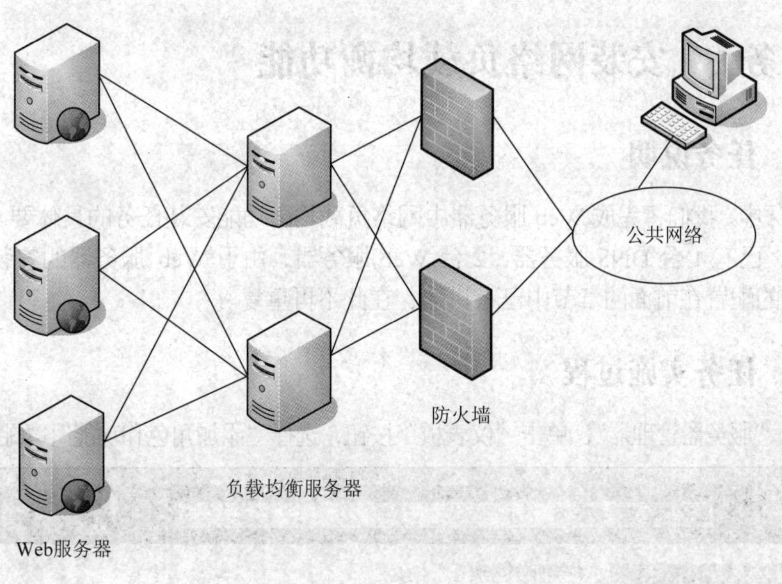

图 8-2　Web Farm 的一般架构

8.1.3　Windows 系统的网络负载平衡

在 Windows Server 2012 系统内置了网络负载平衡功能（Windows NLB），所以可以通配置 Windows NLB 功能代替图 8-2 中的负载均衡服务器，达到提供容错和负载均衡的目的。

在图 8-3 中，Web Farm 内每一台 Web 服务器的外网卡都有一个固定的 IP 地址，这些服务器对外的流量都是通过静态 IP 地址送出的。新建 NLB 群集后，启用外网卡的 Windows NLB，将 Web 服务器加入到 NLB 群集后，它们还会共享一个相同的群集 IP 地址，并通过这个群集 IP

地址来接收外部的访问请求，NLB 群集接收到这些请求后，会将它们分散交给群集中的 Web 服务器处理，因此可以达到负载均衡和容错的目的。

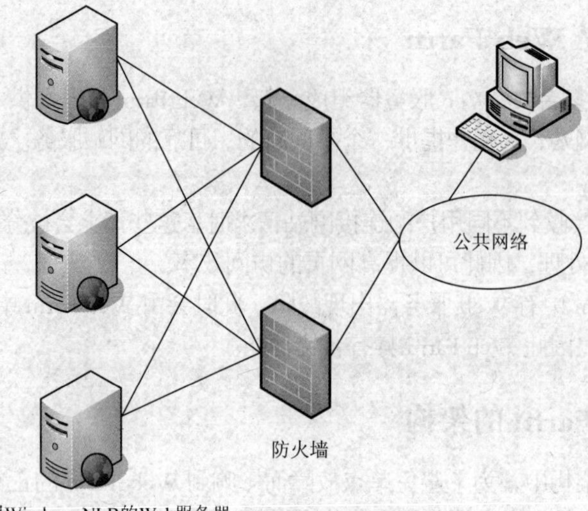

图 8-3　启用 Windows NLB 的 Web Farm 架构

8.2　任务 1　安装网络负载均衡功能

8.2.1　任务说明

在本任务中，我们将完成 Web 服务器中网络负载均衡功能安装任务的具体要求。在本案例拓扑结构中，已有 1 台 DNS 服务器，2 台 Web 服务器，由于 Web 服务器的安装与配置以及 DNS 服务器的配置在前面的章节中已有讲述，在此不再重复。

8.2.2　任务实施过程

1. 打开“服务器管理器”，单击“仪表板”按钮，选择“添加角色和功能”，如图 8-4 所示。

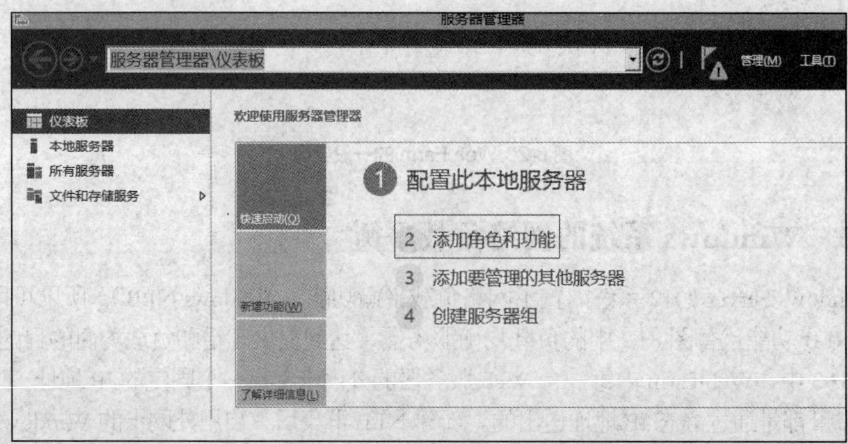

图 8-4　添加服务器角色

2. 在显示的“开始之前”对话框中，单击“下一步”按钮，如图 8-5 所示。

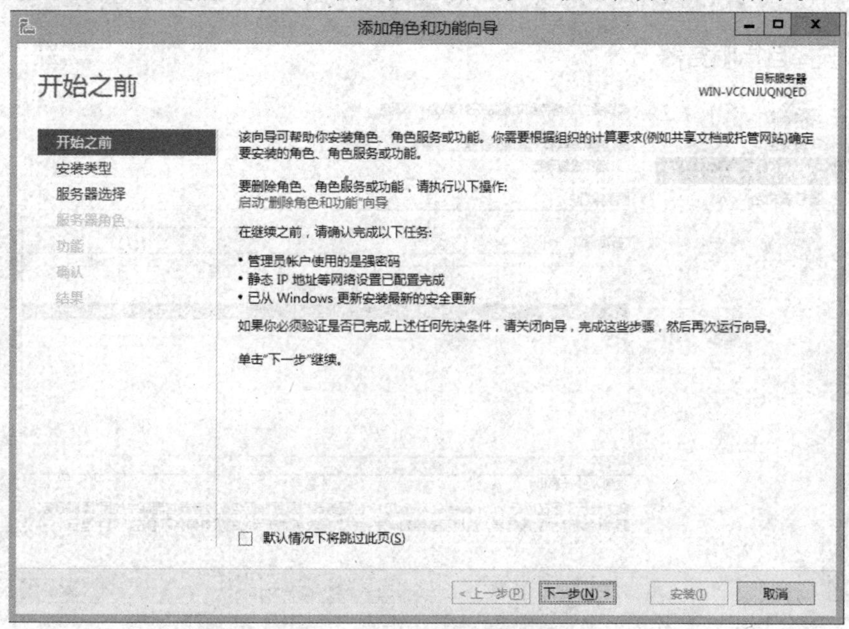

图 8-5　添加角色和功能向导

3. 在出现的“选择安装类型”对话框中，选择“基于角色或基于功能的安装”，单击“下一步”按钮，如图 8-6 所示。

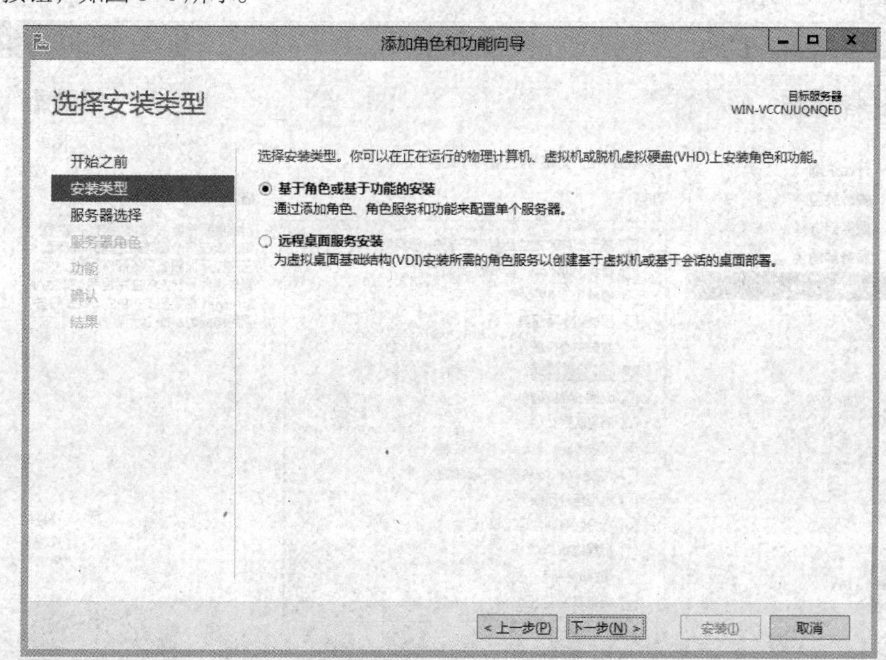

图 8-6　基于角色或功能的安装

4. 在出现的“选择目标服务器”对话框中，选择“从服务器池中选择服务器”，安装程序会自动检测与显示这台计算机采用静态 IP 地址设置的网络连接，单击“下一步”按钮，如图 8-7 所示。

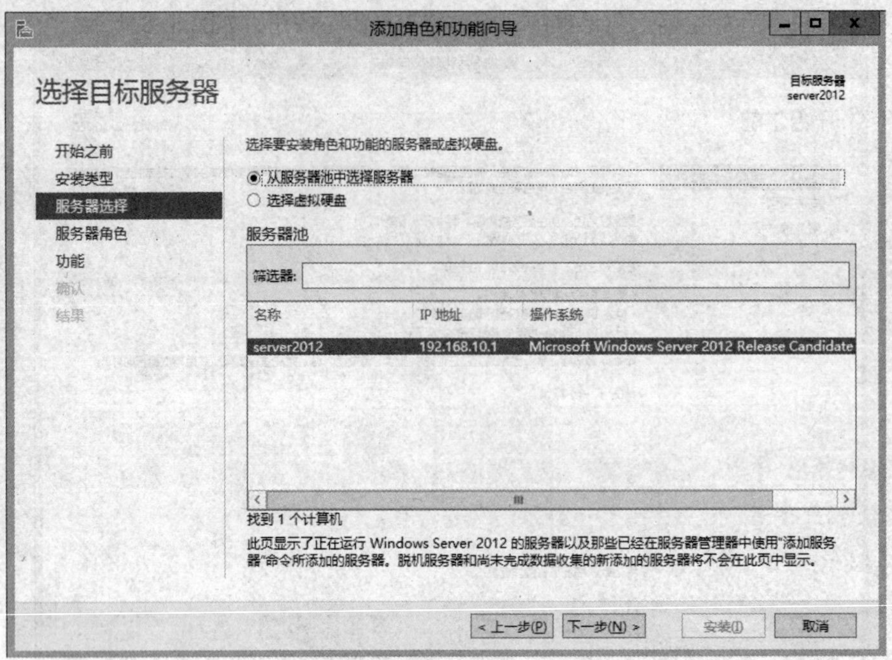

图 8-7 从服务器池中选择服务器

5. 在如图 8–8 所示的对话框中单击“功能”按钮，勾选“网络负载平衡”，单击“下一步”按钮，如图 8–8 所示。

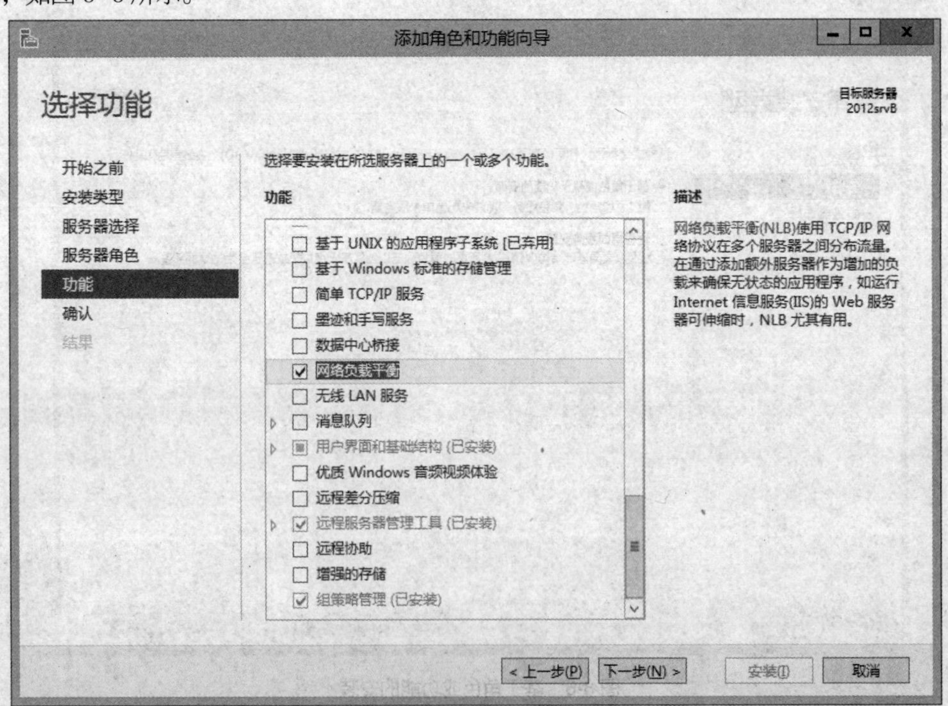

图 8-8 选择服务器角色

6. 在“确认安装所选内容”对话框中，单击“安装”按钮，如图 8-9 所示。

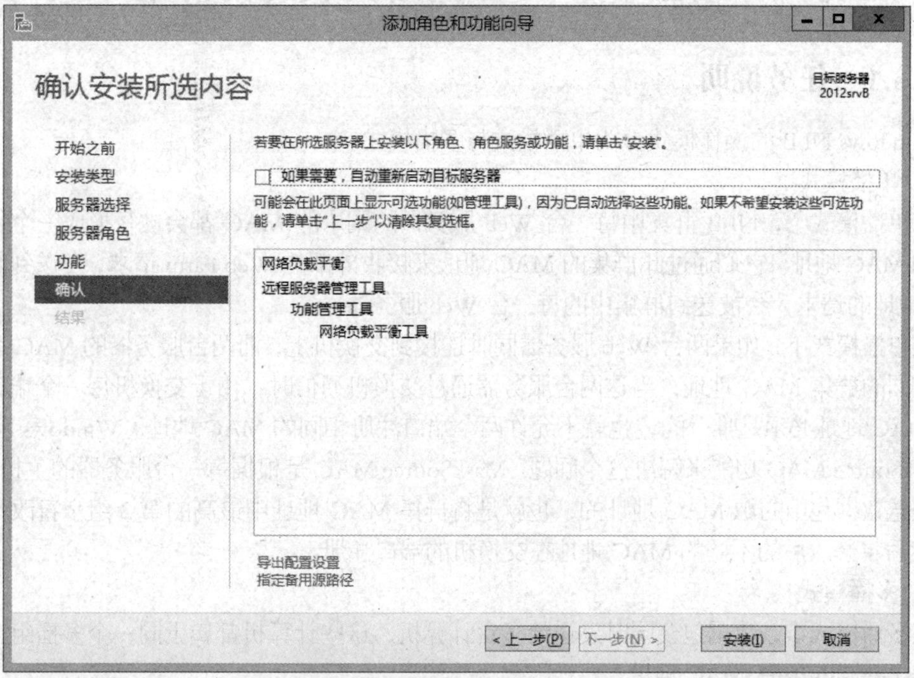

图 8-9　确认安装内容

7. 网络负载均衡功能安装完成后如图 8-10 所示，单击“关闭”按钮。

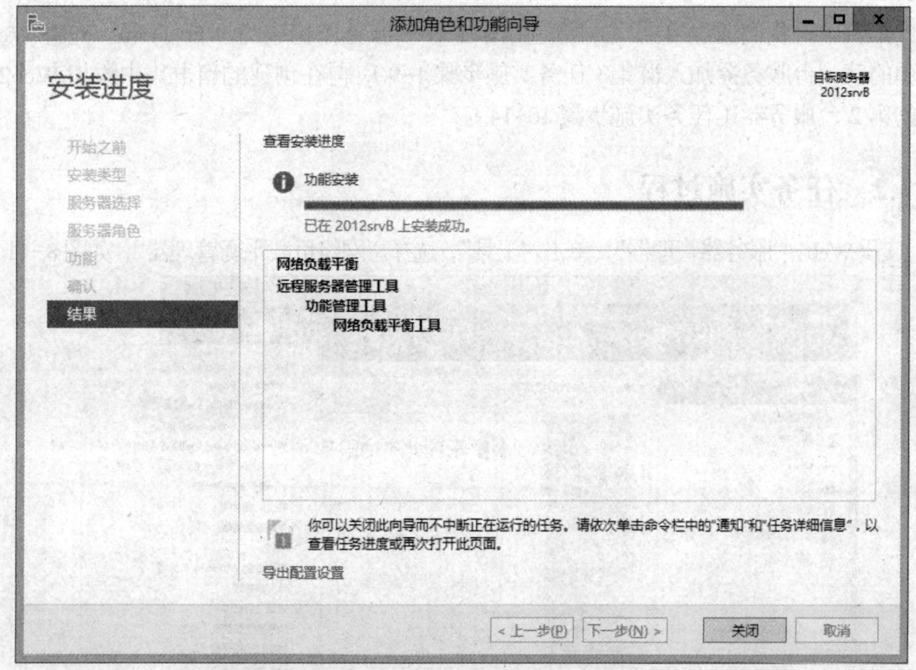

图 8-10　Web Farm 功能安装成功提示

8.3 任务2 创建 Windows 网络负载均衡群集

8.3.1 任务说明

Windows NLB 的操作模式分为单播模式与多播模式。

1. 单播模式

在单播模式下，NLB 群集中每一台 Web 服务器的网卡的 MAC 都会被替换成一个相同的群集的 MAC 地址。它们通过此群集的 MAC 地址来接收外部的 Web Farm 请求，发送到此群集 MAC 地址的请求，会被送到群集中的每一台 Web 服务器。

在单播模式下，如果两台 Web 服务器同时连接到交换机上，而两台服务器的 MAC 地址被改成相同的群集 MAC 地址，当这两台服务器通过交换机通信时，由于交换机每一个端口所注册的 MAC 地址必须是唯一的，也就不允许两个端口注册相同的 MAC 地址。Windows NLB 利用 MaskSource MAC 功能来解决这个问题。MaskSource MAC 是根据每一台服务器的主机 ID 来更改外送数据包中的源 MAC 地址的，也就是将群集 MAC 地址中最高的第 2 组字符改为主机 ID，然后将修改后的不同的 MAC 地址在交换机的端口注册。

2. 多播模式

在多播模式下，数据包会同时发送给多台计算机，这些计算机都属于同一个多播组，它们拥有一个共同的多播 MAC 地址。

在多播模式下，NLB 群集中每一台服务器的网卡仍然会保留原来的唯一的 MAC 地址，因此群集成员之间可以正常通信，而且交换机中每一个端口所注册的 MAC 地址就是每台服务器唯一 MAC 地址。

在此案例中，我们通过单播模式配置由两台 Web 服务器构成的 Web Farm。先将 Web1 作为群集中的第 1 台服务器加入群集（任务实施步骤 1~9），再在创建的新群集中添加 Web2 作为群集中的第 2 台服务器（任务实施步骤 10~14）。

8.3.2 任务实施过程

1. 打开 Web1 “服务器管理器”，单击 “工具”，选择 “网络负载平衡管理器”，如图 8-11 所示。

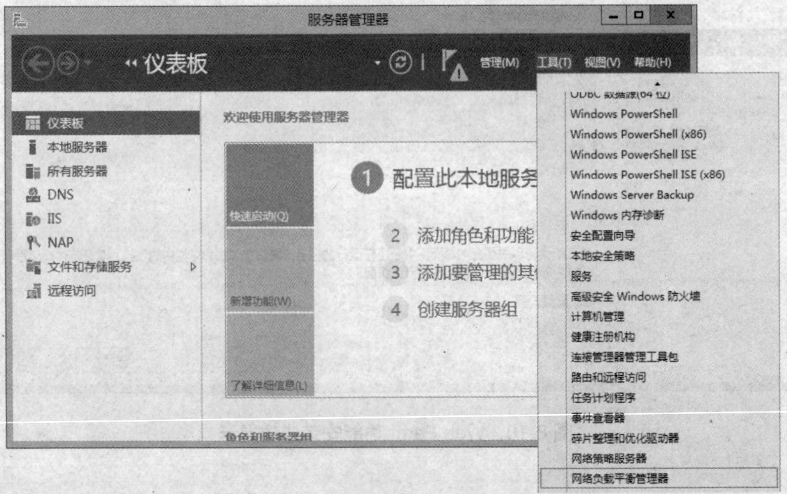

图 8-11 打开网络负载平衡管理器

2. 如图 8-12 所示，鼠标右键单击“网络负载平衡群集”，选择“新建群集”。

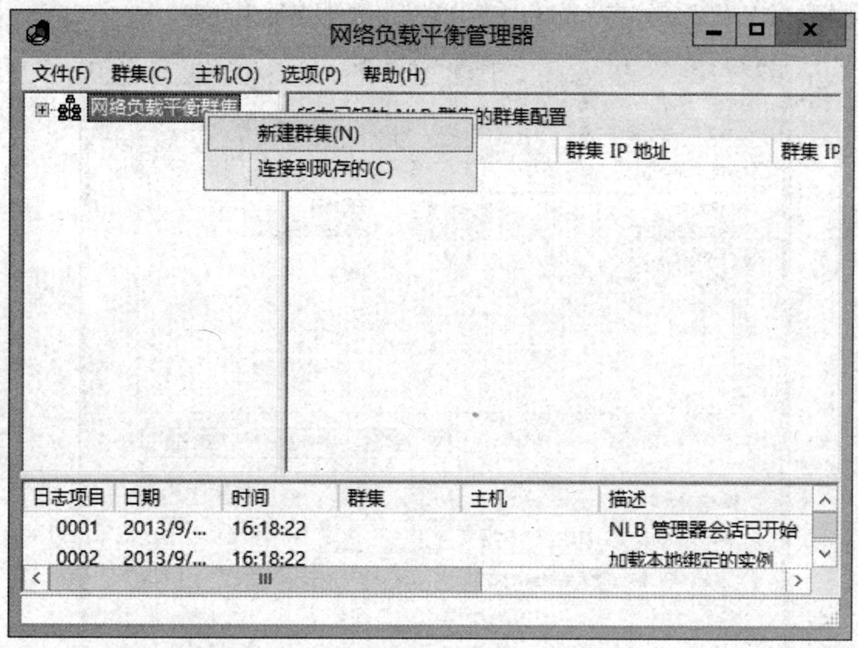

图 8-12 新建群集

3. 如图 8-13 所示，在主机中输入群集中第 1 台 Web 服务器的主机名 2012srvB，单击“连接”按钮。

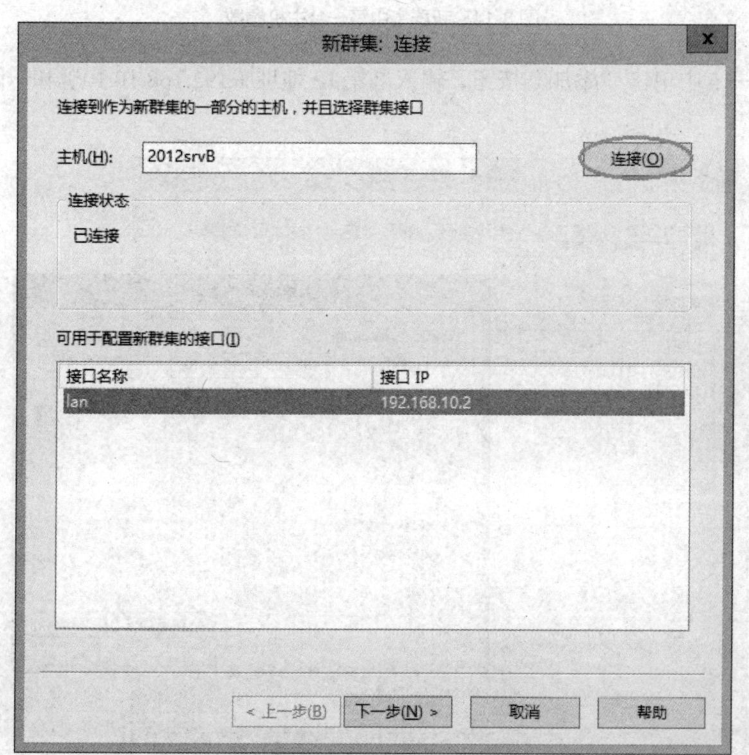

图 8-13 连接新群集的第 1 台 Web 服务器

4. 在图 8-14 中单击“下一步”按钮。图中的“优先级（单一主机标识符）”就是 Web1

的 host ID，每台服务器的 host ID 必须是唯一的。若群集接收到的数据包未定义在端口规则中，则会将此数据包交给优先级较高（host ID 数字较小）的服务器来处理。

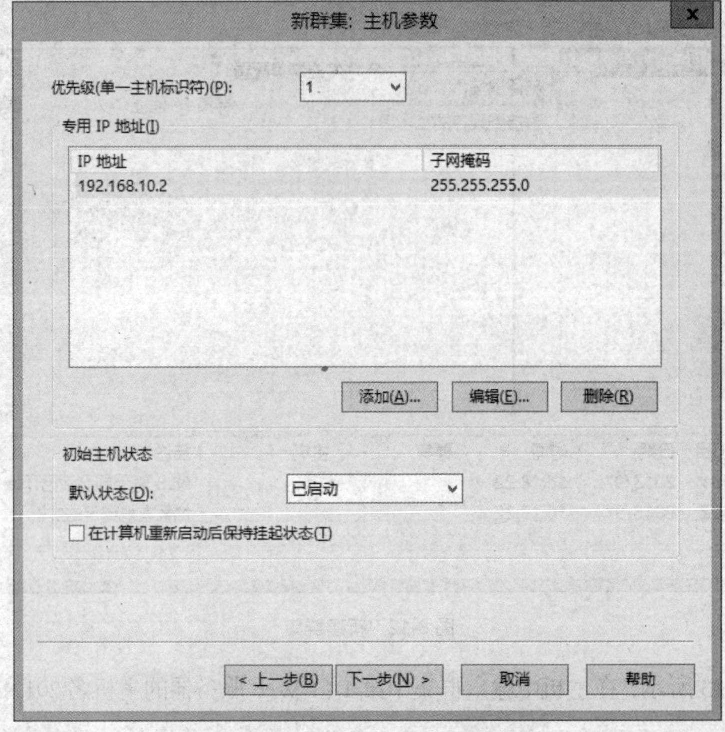

图 8-14　新群集中第一台主机参数

5. 在图 8-15 中单击"添加"按钮，输入群集 IP 地址（192.168.10.10）和子网掩码。单击"确定"按钮。

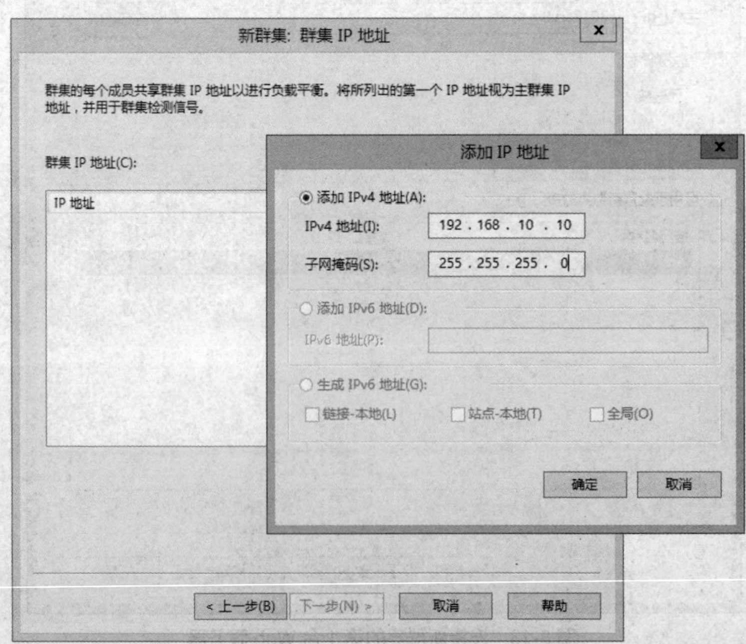

图 8-15　设置群集 IP 地址

6. 如图 8-16 所示，单击“下一步”按钮。

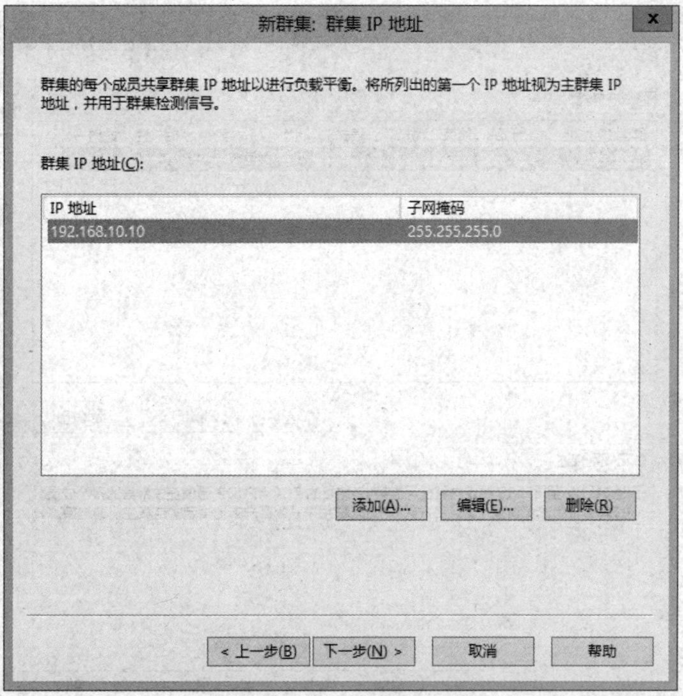

新群集：群集 IP 地址

群集的每个成员共享群集 IP 地址以进行负载平衡。将所列出的第一个 IP 地址视为主群集 IP 地址，并用于群集检测信号。

群集 IP 地址(C):

IP 地址	子网掩码
192.168.10.10	255.255.255.0

添加(A)... 编辑(E)... 删除(R)

< 上一步(B) 下一步(N) > 取消 帮助

图 8-16　显示新群集 IP 地址

7. 在此任务案例中，群集操作模式选择“单播”模式，如图 8-17 所示，单击“下一步”按钮。

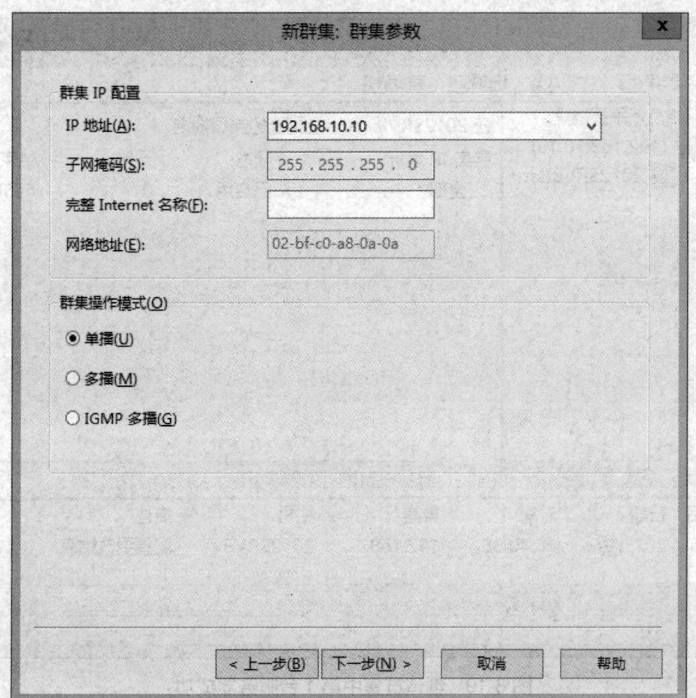

图 8-17　新群集参数

8．选择默认端口规则，如图 8−18 所示，单击“完成”按钮。

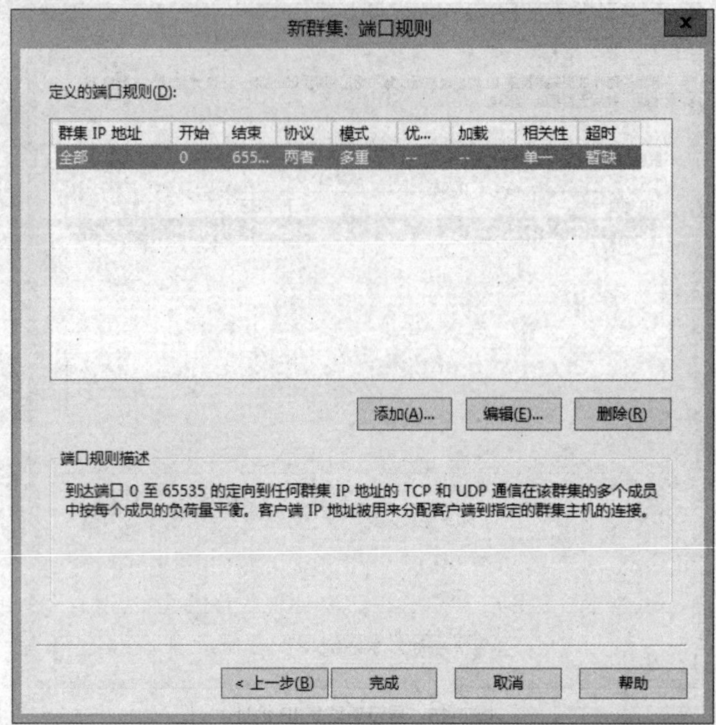

图 8-18　端口规则

9．将 2012srvB 做为群集中的第 1 台服务器加入群集后，如图 8−19 所示。

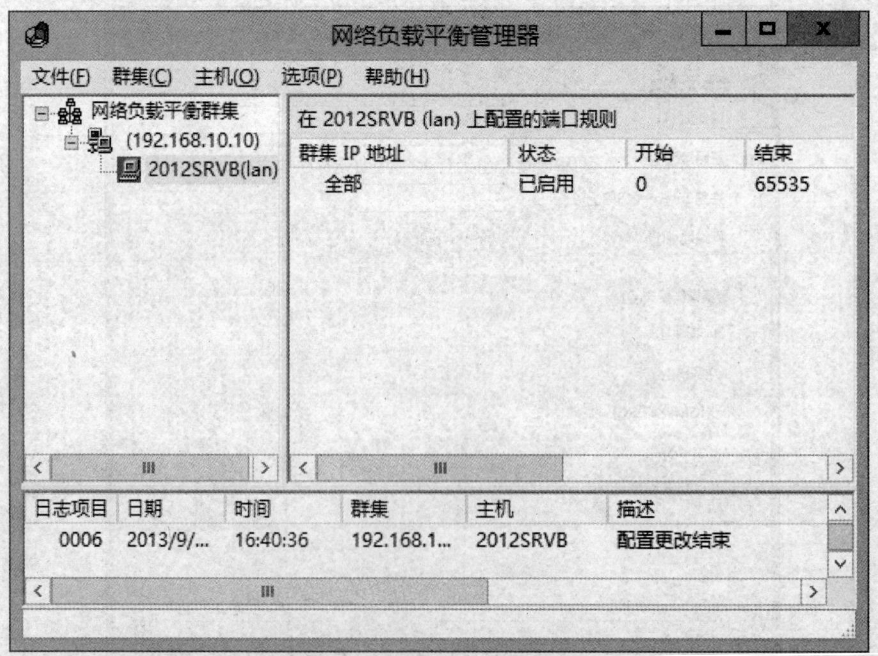

图 8-19　创建群集中第 1 台服务器成功

10．鼠标右键单击群集 IP 地址，选择“添加主机到群集”，如图 8−20 所示。

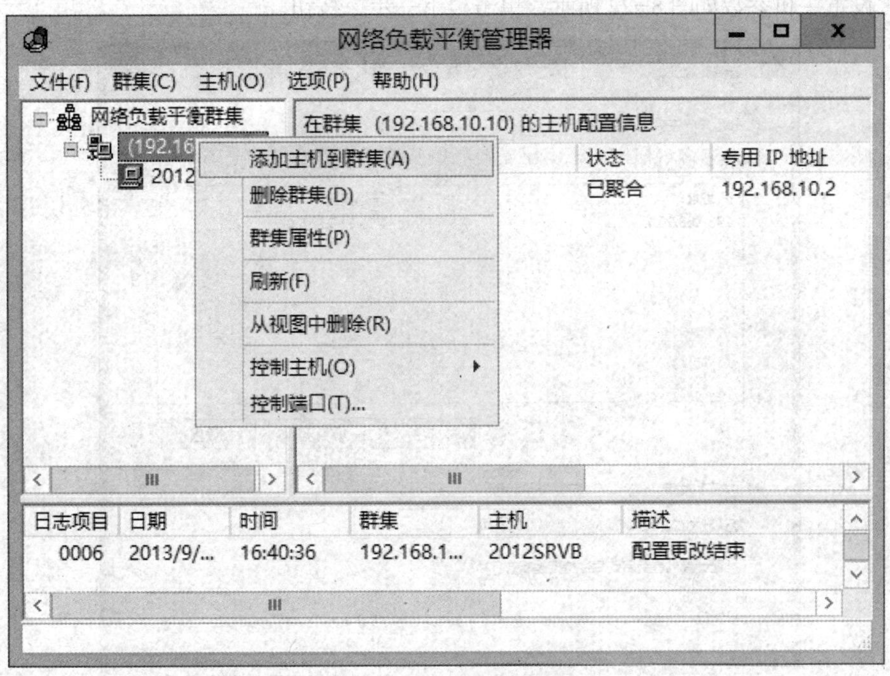

图 8-20 添加第 2 台服务器到群集

11. 在主机中输入群集中第 2 台 Web 服务器主机名 2012srvC，如图 8-21 所示，单击“连接”按钮。

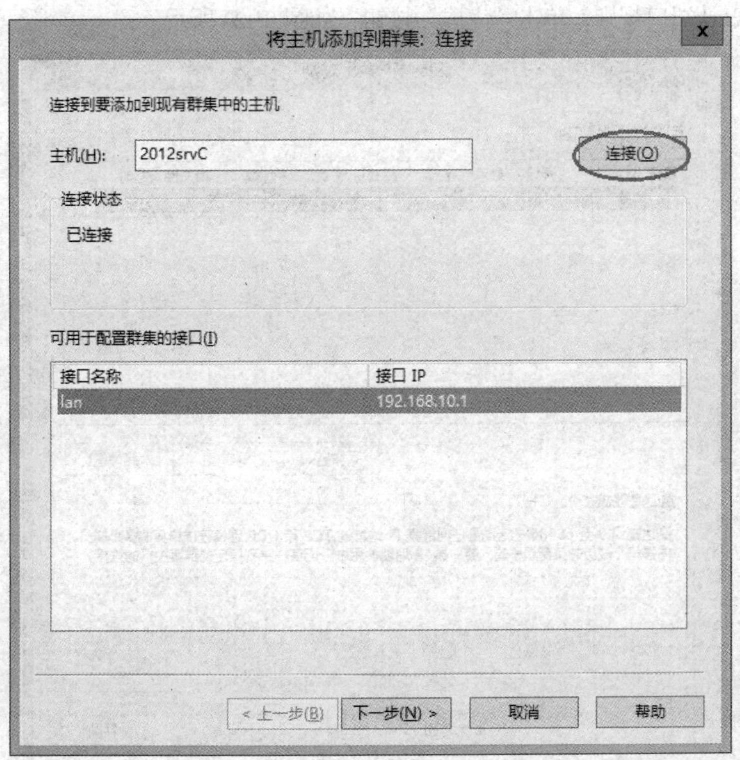

图 8-21 连接群集的第 2 台 Web 服务器

12. 设置主机参数如图 8-22 所示，单击“下一步”按钮。

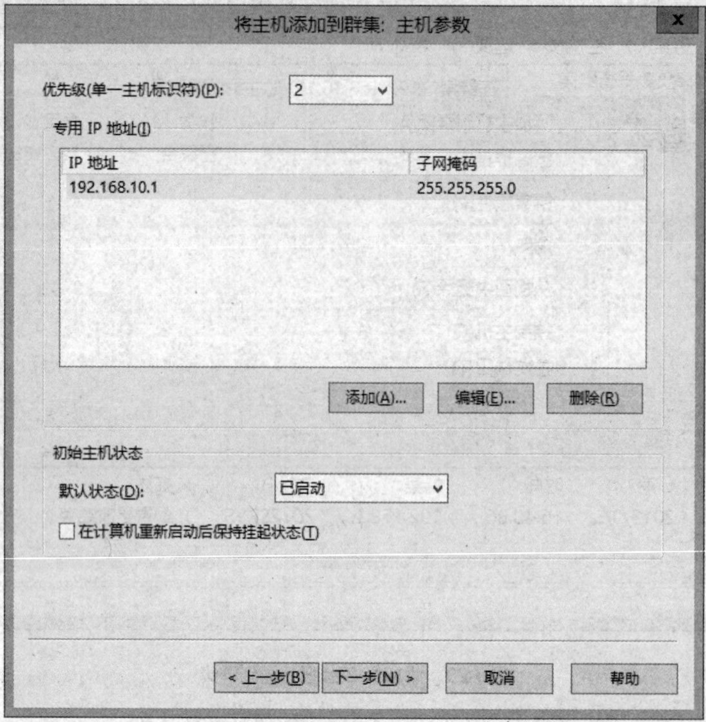

图 8-22　新群集中第 2 台主机参数

13. 选择默认端口规则，单击“完成”按钮，如图 8-23 所示。

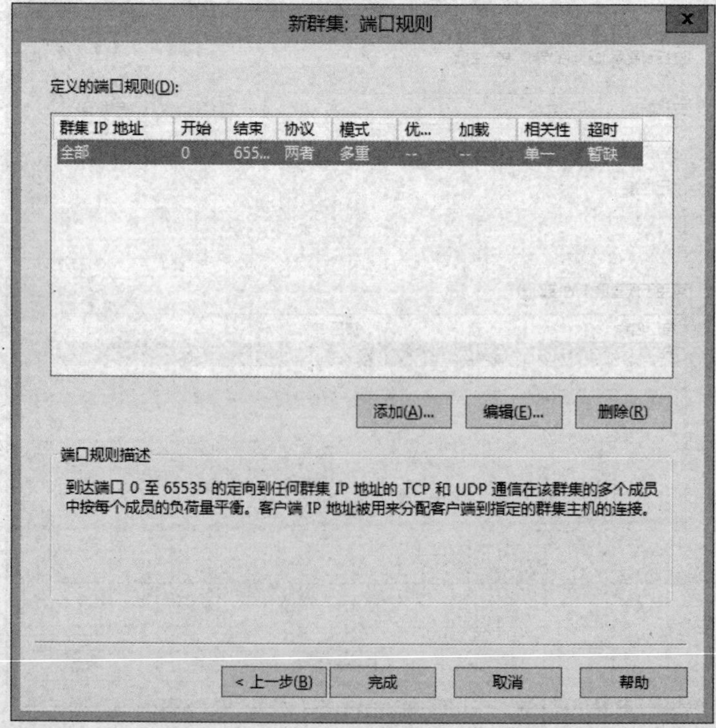

图 8-23　端口规则

14. 稍待一段时间后，群集状态会显示成“已聚合”状态。设置完成后如图 8-24 所示。

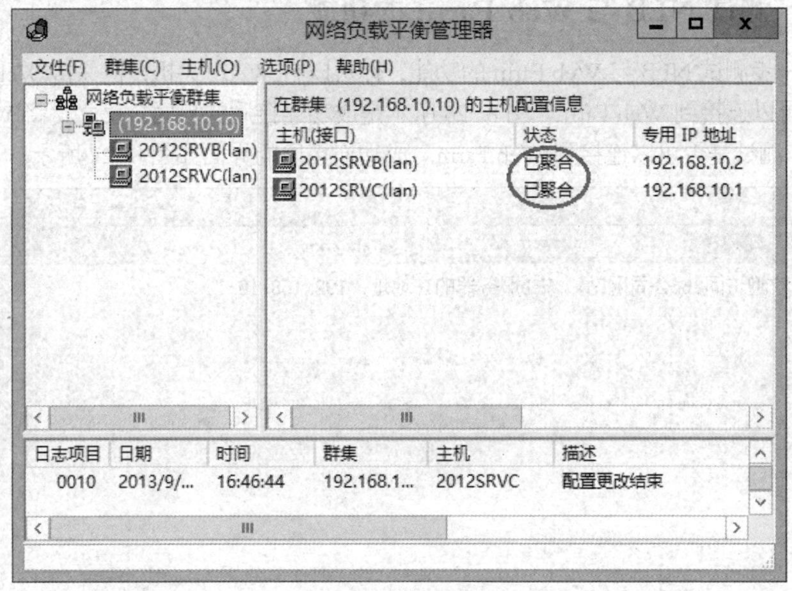

图 8-24 群集配置成功

8.4 任务 3 测试 NLB 与 Web Farm

8.4.1 测试连通性

完成以上设置后，可以在客户端上测试是否可以连接到 Web Farm 网站，打开 IE 浏览器，输入“www.abc.com”，注意这里要使用到 DNS 这一项目的知识，将域名 www.abc.com 与对应的群集 IP 地址 192.168.10.10 的记录添加到公司的 DNS 服务器的正向查找区域里。成功连接后的界面如图 8-25 所示。

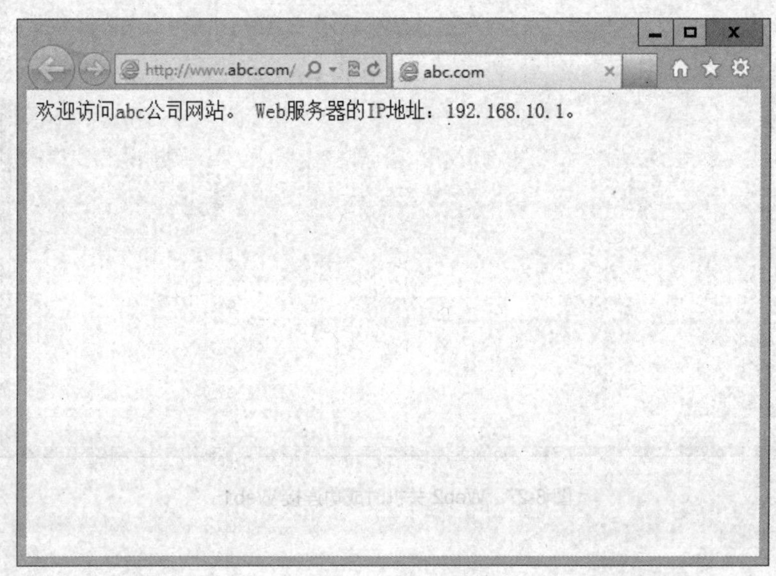

图 8-25 成功连接

8.4.2 测试 NLB 与 Web Farm 的功能

为了进一步测试 NLB 与 Web Farm 的功能，你可以将 Web1 关机，但保持 Web2 开机，然后测试是否可以连接到 Web Farm。图 8-26 所示是成功连接后的界面。反之，将 Web2 关机，Web1 开机，测试是否可以连接到 Web Farm。成功连接后的界面如图 8-27 所示。

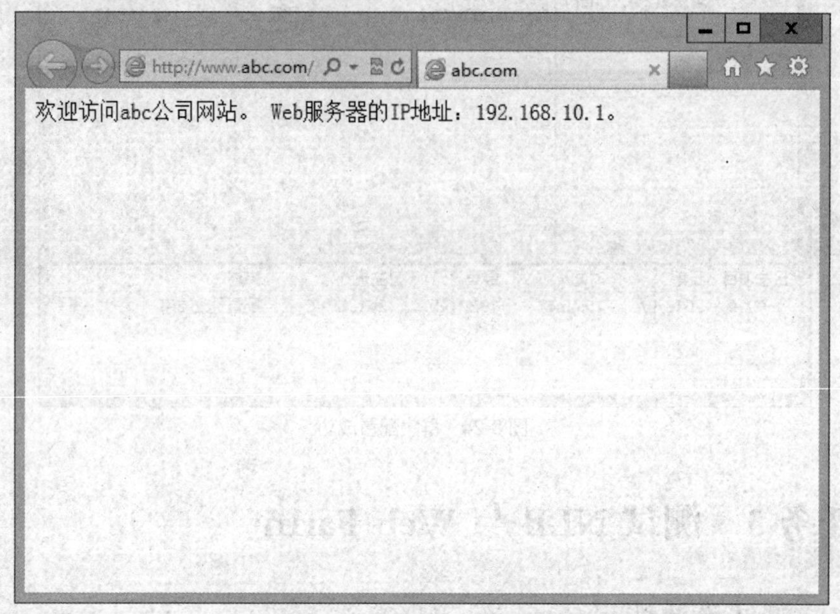

图 8-26　Web1 关机时成功连接 Web2

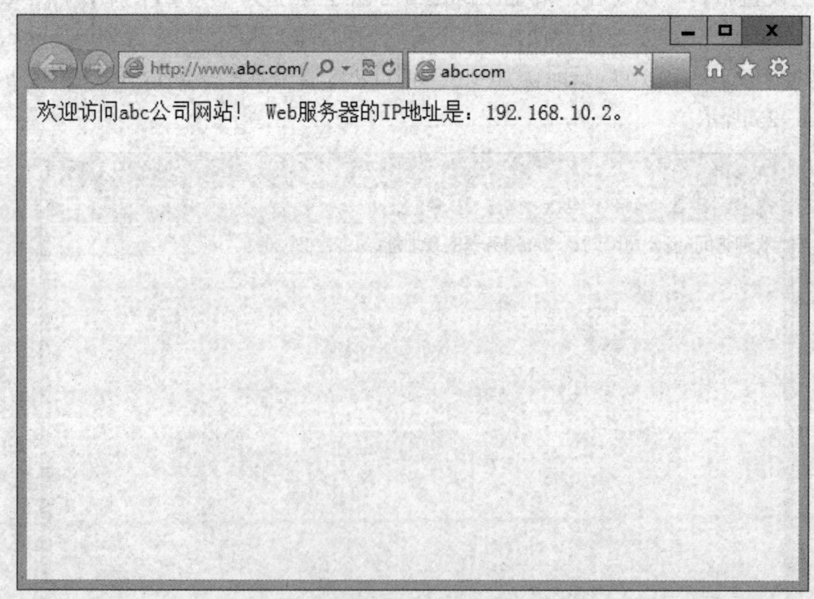

图 8-27　Web2 关机时成功连接 Web1

8.5 知识能力拓展

8.5.1 拓展案例 1 负载均衡群集故障排除

Web Farm 由多台 IIS 服务器所组成，这些服务器将同时对使用者提供不中断且可靠的网站服务。当 Web Farm 接收到不同使用者的连接网站请求时，这些要求会被分给 Web Farm 中不同在网站服务器来处理，因此可以提高网页的存取效率。此外，若 Web Farm 中网站服务器因故无法对使用者提供服务的话，会由其他正常运作的服务器继续对使用者提供服务。因此 Web Farm 具备容错功能。

案例场景：作为 ABC 公司的网络管理员，你发现 ABC 的网络负载均衡群集中有一个节点，2012SrvC 出现硬件故障，无法继续对使用者提供服务，您必须将这个节点从群集中删除，并新添加一台主机到群集。请问你要怎么实现？

任务的实施过程如下。

1. 打开群集管理器，鼠标右键单击 2012SrvC，选择"删除主机"，如图 8-28 所示。

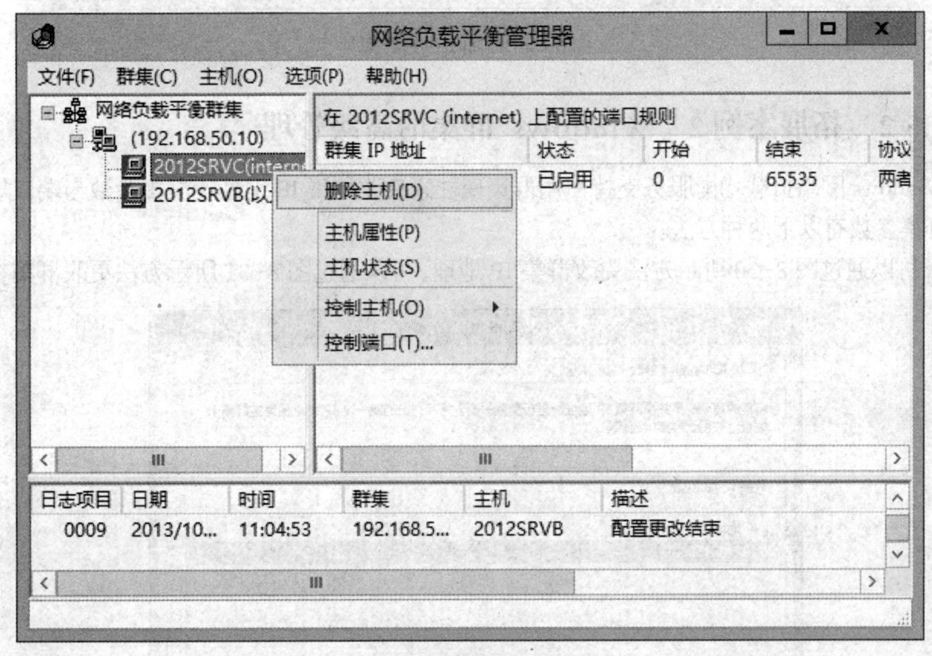

图 8-28 删除群集主机

2. 打开群集管理器，鼠标右键单击群集 IP 地址，选择"添加主机到群集"，如图 8-29 所示。

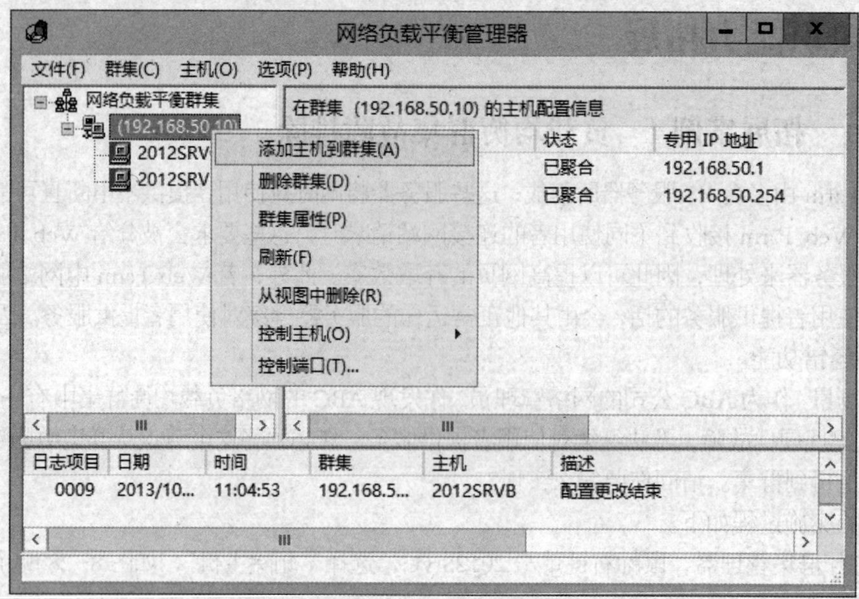

图 8-29 添加主机到群集

8.5.2 拓展案例 2 Windows 群集的高级管理

Windows 网络负载均衡服务支持使用群集属性来更改群集 IP 地址、群集参数与端口规则。更改群集参数有以下两种方法。

1. 可以通过图 8-30 所示方法更改群集 IP 地址，可以通过图 8-31 所示方法更改群集参数。

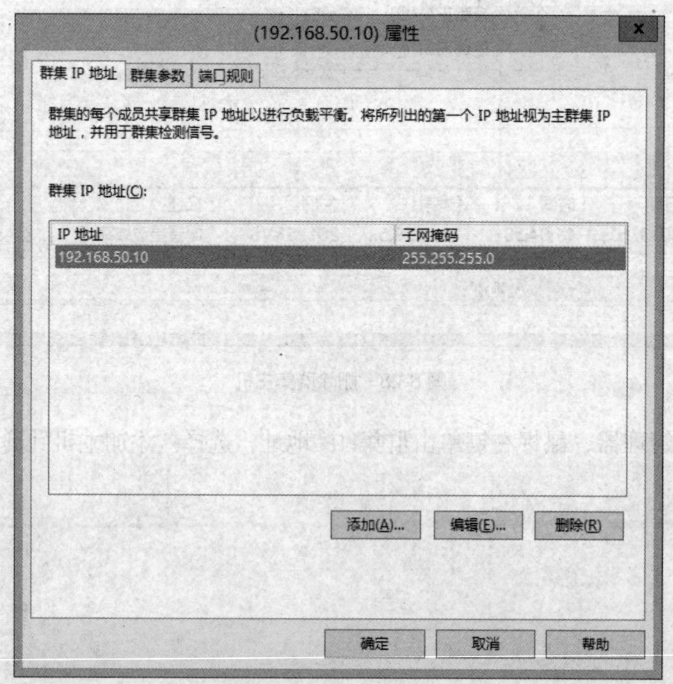

图 8-30 更改群集 IP 地址

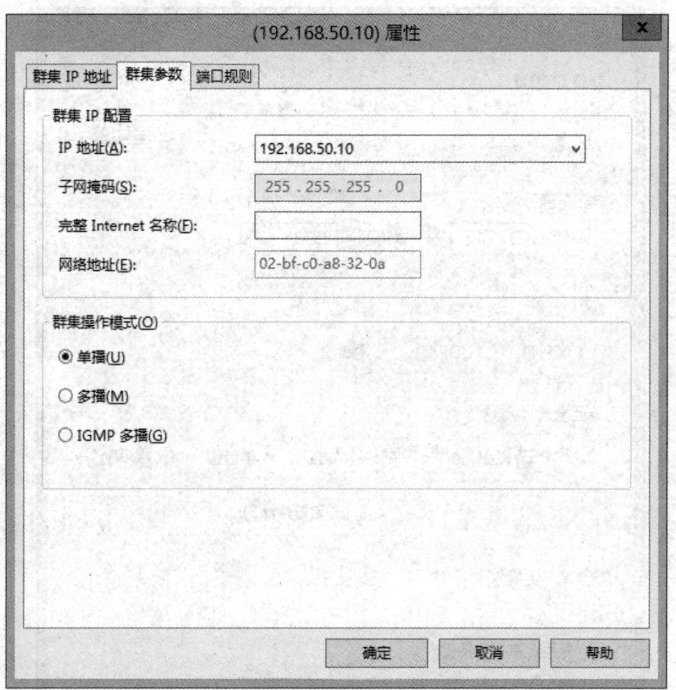

图 8-31　更改群集参数

2. 可以通过图 8-32 和图 8-33 所示方法更改和定义端口规则，下面我们对端口规则做进一步说明。

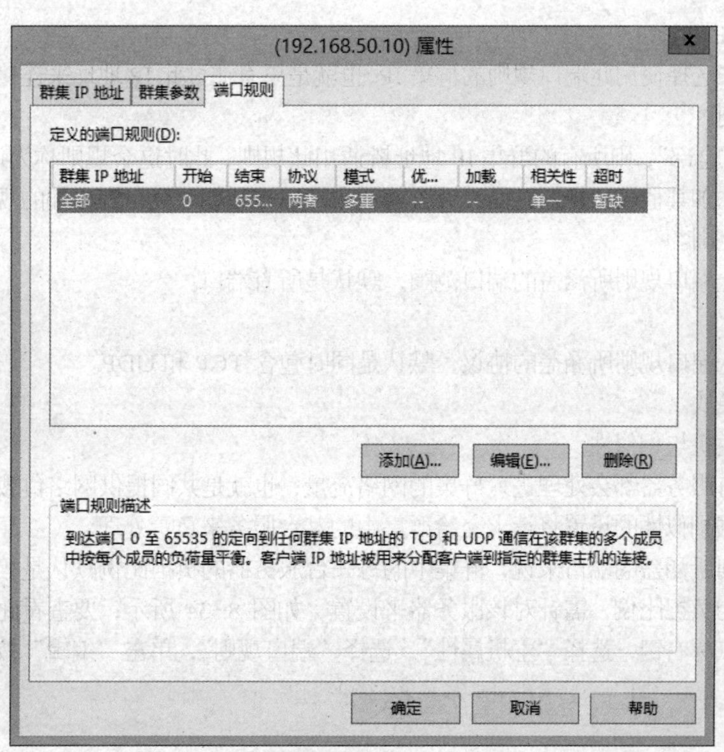

图 8-32　端口规则

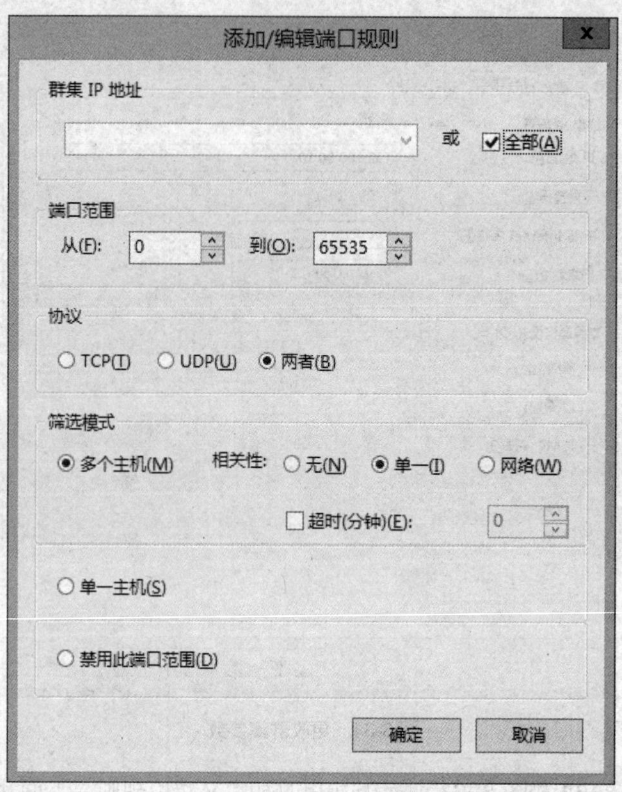

图 8-33 编辑端口规则

（1）群集 IP 地址。

通过此处来选择使用此端口规则的群集 IP，也就是只有通过此 IP 地址来连接 NLB 群集时，才会应用此规则。

如果选择“全部”，则所有的群集 IP 地址皆适用此规则，此时这个规则称为通用端口规则。如果用户自行添加其他端口规则，而其设置与通用端口规则相冲突，则添加的规则设置优先。

（2）端口范围。

用来设置此端口规则所涵盖的端口范围，默认是所有端口。

（3）协议。

用来设置此端口规则所涵盖的协议，默认是同时包含 TCP 和 UDP。

（4）筛选模式。

① 多个主机与相似性

群集中所有服务器都会处理进入群集的网络流量，也就是共同提供网络负载平衡功能与容错功能，并依据相似性的设置将请求交给群集中的某台服务来负责处理。

针对此规则所涵盖的端口来说，群集中的每一台服务器的负担比例默认是相同的。若要更改单一服务器的负担比例，需针对该服务器来设置，如图 8-34 所示，要查看此界面，可以在服务器上单击鼠标右键，选择“主机属性”，选择“端口规则”，单击“编辑”按钮。

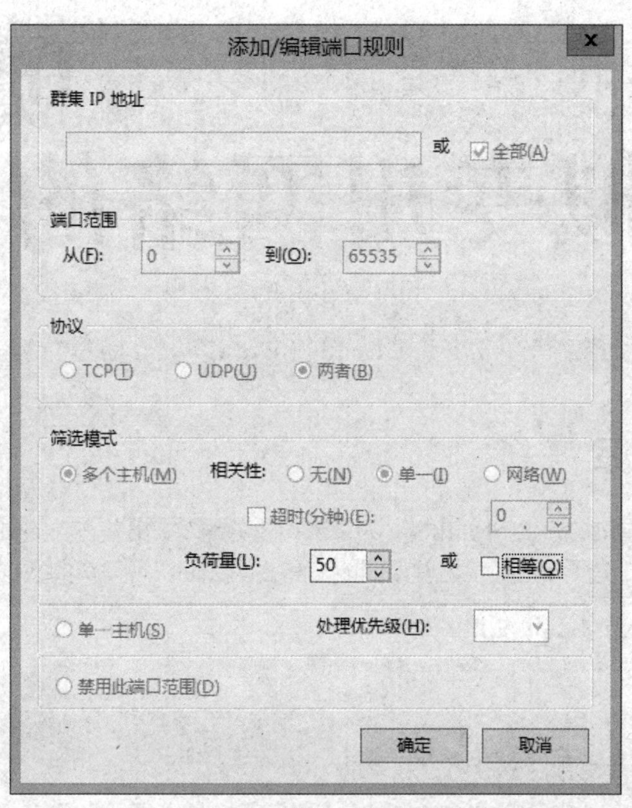

图 8-34 设置单一主机负荷量

② 单一主机

表示此规则有关的流量都将交给单一服务器来负责处理，这台服务器是处理优先级较高的服务器。这个处理优先级默认是 host ID 来设置的（数字越小，优先级越高），用户也可以更改服务器的处理优先级的值（见图 8-34 中的“处理优先级”）。

③ 禁用此端口范围

若选择此单选按钮，则所有与此端口规则有关的流量都将被 NLB 群集阻挡。

8.6 仿真实训案例

ABC 公司需要将两台 IIS Web 服务器组成 Web Farm 的方式，搭建具备容错与负载均衡功能的高可用性网站。请你给出合适的解决方案。

8.7 课后习题

1. 什么是 Web Farm?
2. 网络负载均衡的作用是什么?

PART 9 项目 9 虚拟专用网络的配置

9.0 案例场景

ABC 公司经常要派员工到外面出差，为了公司业务需求，出差在外的员工经常要访问公司内部服务器的数据，为了保证员工出差期间能够和公司之间实现安全的数据传输，请你给出一个合适的解决方案。

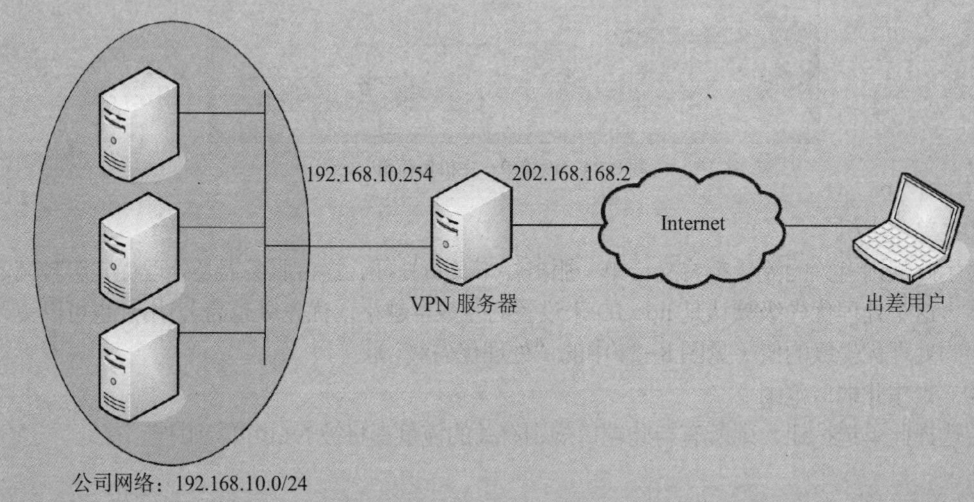

图 9-1 VPN 服务器部署拓扑图

在本项目中，通过完成以下 3 个任务来实现 Internet 用户远程访问内部网络资源。

- 任务 1 VPN 服务器的安装
- 任务 2 创建具有远程访问权限的用户
- 任务 3 VPN 客户端建立 VPN 连接

9.1 知识引入

9.1.1 虚拟专用网络

虚拟专用网络（VPN，Virtual Private Network）可以跨公共非安全网络（如 Internet）创建安全的虚拟连接，让远程用户通过因特网安全地访问公司内部网络资源，也可以让分布在不同地点的局域网安全地通信。

在 VPN 通信过程中，位于两地的客户端与服务器，服务器与服务器之间使用远程访问协议相互通信。Windows Server 2012 所支持的远程访问协议是点对点协议（PPP，Point to Point Protocol），为了建立点到点链路，数据要被 PPP 封装，并且带有一个提供路由信息的数据头，这个数据头可以穿越公共网络到达目的地。PPP 是目前应用最广泛的远程访问协议。

在 VPN 的连接过程中，为了建立一个私有的链路，数据发送之前需要采用 VPN 协议加密，如果没有解密密钥，则在公共网络中传输的数据是不能被读取的，因此可以确保文件发送的安全性。Windows Server 2012 支持 PPTP、L2TP/IPSec 与 SSTP（SSL）3 种 VPN 协议。

VPN 允许用户或公司通过公共网络安全地连接到远程服务器、分支办公室或其他分公司上，它的优点还包括以下几点。

1. 成本优势：VPN 不使用电话线路，需要较少硬件。
2. 增强的安全性：敏感的数据相对于未授权的用户隐藏起来，但是可以被授权的用户正常访问。
3. 网络协议支持：可以远程运行任何基于最常用网络协议（如 TCP/IP）的应用程序。
4. IP 地址安全：由于通过 VPN 传输的数据被加密，用户的地址信息也被保护起来，所以通过 Internet 传输的数据中只有外部的 IP 地址才是可见的。

VPN 的连接组成如图 9-2 所示。

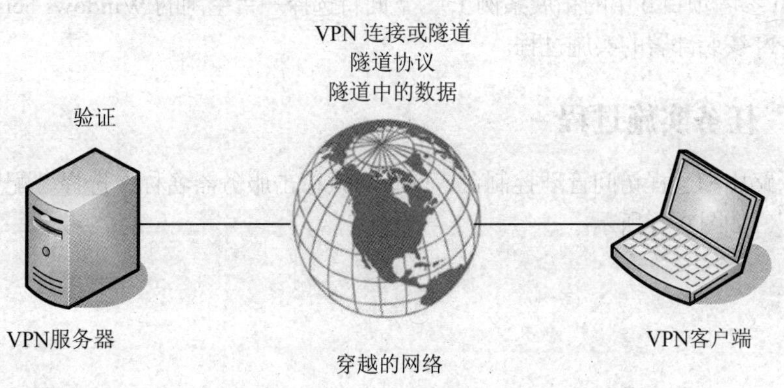

图 9-2 VPN 连接组成

9.1.2 远程访问 VPN

VPN 有两种不同的连接类型，远程访问 VPN 和站点间的 VPN。远程访问 VPN 如图 9-3 所示，公司内部网络已经连上因特网，VPN 客户端在远地通过无线网络、xDSL 或局域网等方式也连上因特网后，就可以通过因特网提供的基础结构来访问专用网络上的服务器。从用户的角度来看，VPN 是计算机（VPN 客户端）与 VPN 服务器之间的点对点连接，与共享网络或公共网络确切的基础结构是不相关的，因为 VPN 是以逻辑形式出现的，仿佛数据通过专用链路发送的一样，VPN 用户感觉上就像在公司内部网络的计算机上工作。

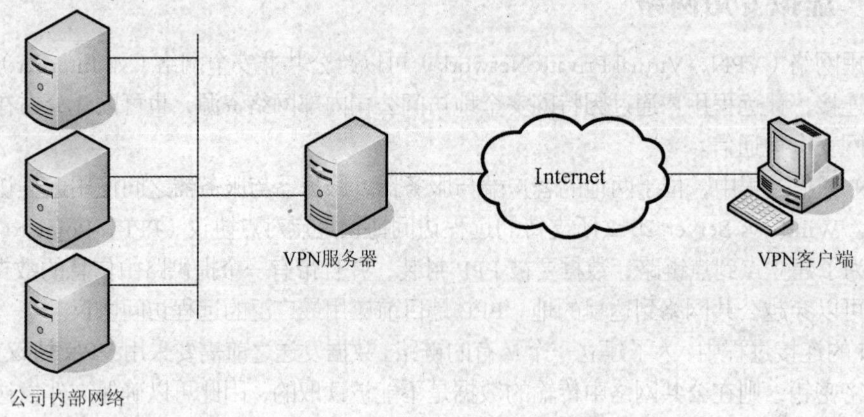

图 9-3　远程访问 VPN 连接架构

9.2　任务 1　VPN 服务器的安装

9.2.1　任务说明

在此任务中，按照项目需求，我们使用远程访问 VPN 的架构。首先，管理员需要在总部内网的某台 Windows Server 2012 服务器上安装双网卡，并部署 VPN 服务，以满足员工在出差期间与总公司之间安全的数据传输；然后，必须先在 Windows Server 2012 上安装"远程访问"服务器角色（参考项目 3 中的拓展案例 1），下面将选择一台空闲的 Windows Server 2012 服务器来进行 VPN 安装部署的实施过程。

9.2.2　任务实施过程

1. 打开路由和远程访问管理控制台，鼠标右键单击服务器名称，选择"配置并启用路由和远程访问"，如图 9-4 所示。

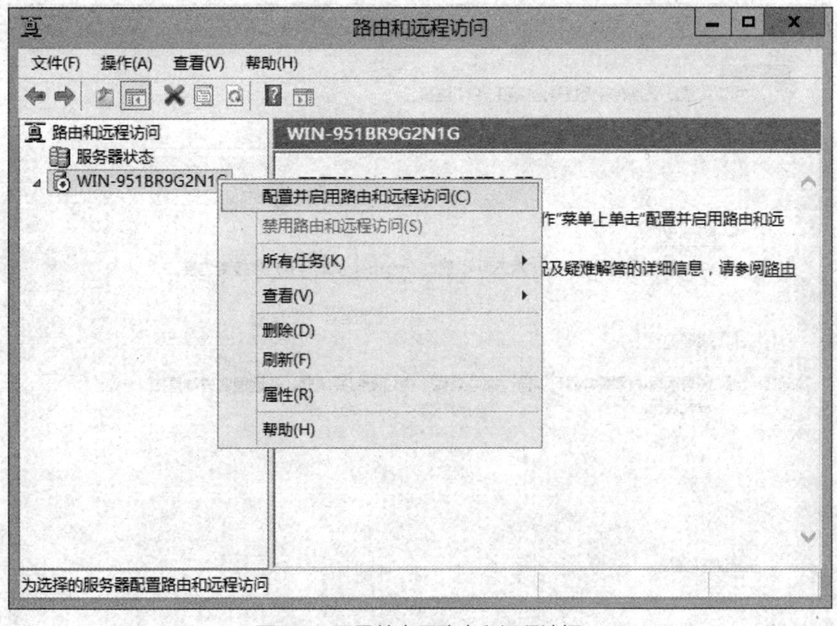

图 9-4　配置并启用路由和远程访问

2. 如图 9–5 所示，选择“远程访问（拨号或 VPN）”，单击“下一步”按钮。

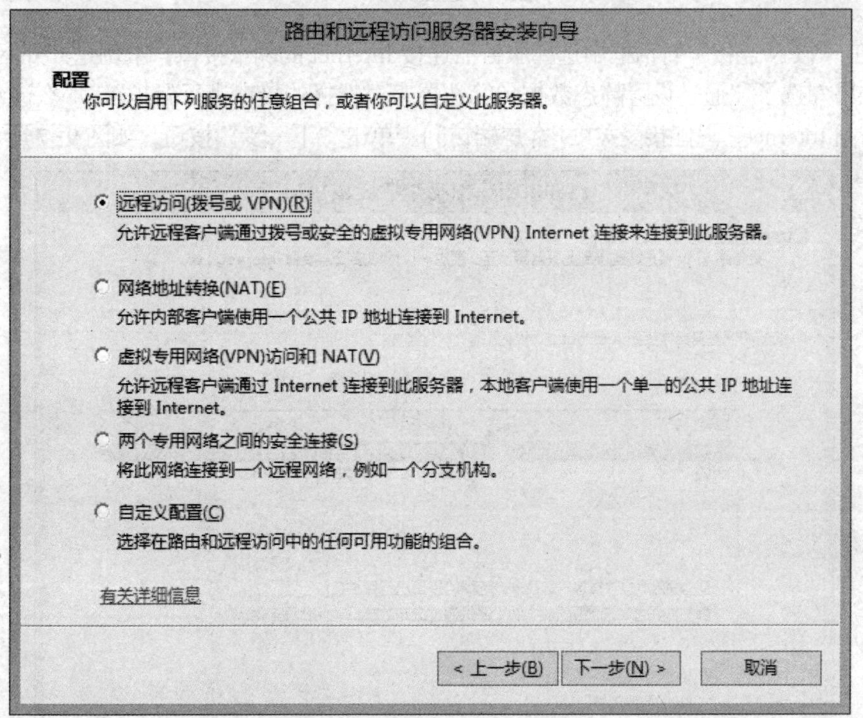

图 9-5　远程访问（拨号或 VPN）

3. 在“远程访问”对话框中勾选“VPN”，单击“下一步”按钮，如图 9–6 所示。

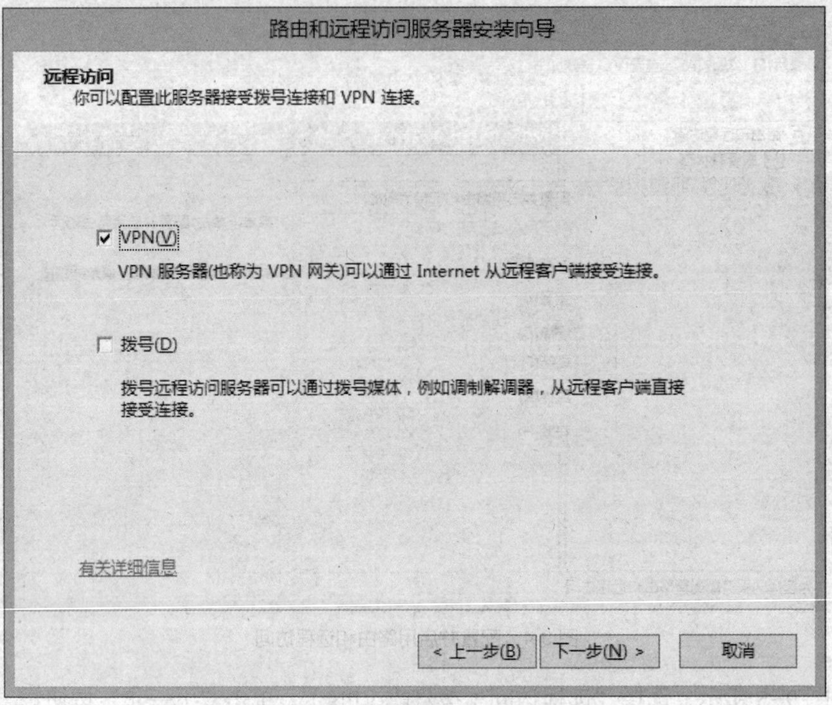

图 9-6　远程访问 VPN

4. 在“VPN 连接”对话框中选择服务器连接 Internet 的网卡接口，本例是“外网”。在对话框中如果勾选了“通过设置静态数据包筛选器来对选择的接口进行保护”，那么这台计算机将不能访问 Internet，只能接受 VPN 客户端访问。单击“下一步”按钮，如图 9-7 所示。

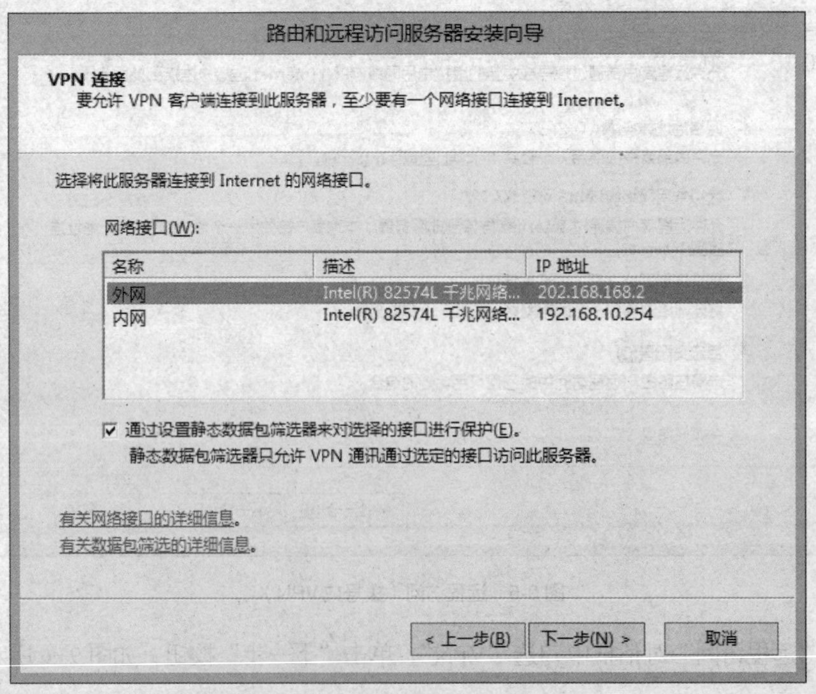

图 9-7　选择 VPN 服务器连接 Internet 的接口

5. 在“IP 地址分配”对话框中，可以选择对远程客户端分配 IP 地址的方法，如果公司的网络中有 DHCP 服务器自动分配 IP 地址，或者你希望 VPN 服务器自动给 VPN 客户端分配 IP 地址，那么可以选择“自动”，本例中我们选择“来自一个指定的地址范围”如图 9-8 所示，单击“下一步”按钮。

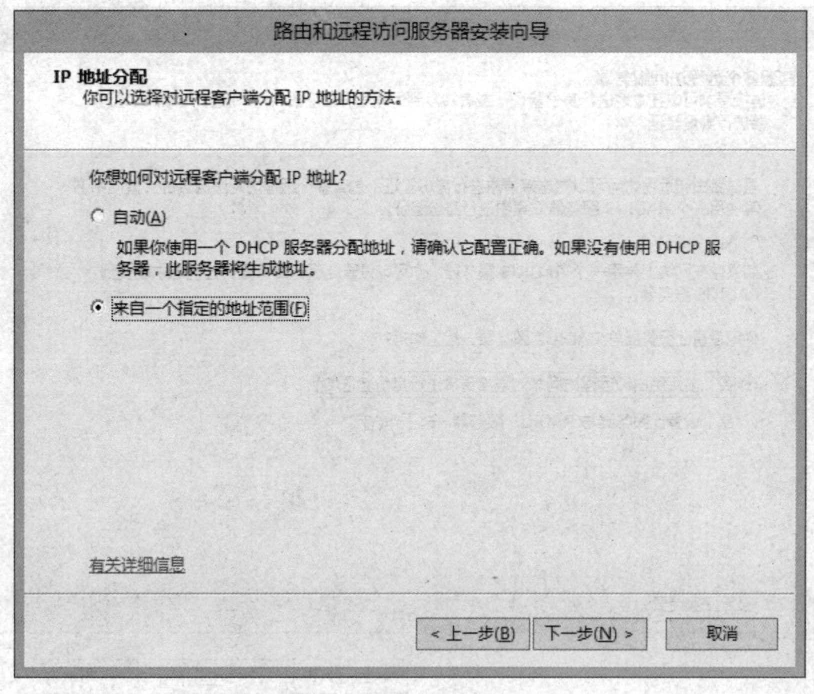

图 9-8　远程客户端 IP 地址分配

6. 如图 9-9 所示，在地址分配范围对话中选择“新建”按钮，输入远程客户端分配的 IP 地址范围 10.10.0.1~10.10.0.100，单击“确定”按钮。

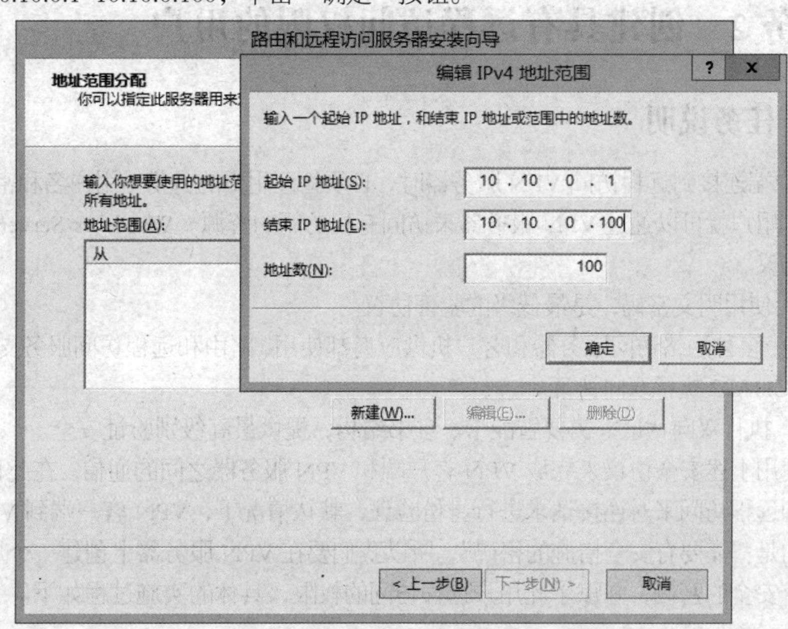

图 9-9　设置远程客户端的地址分配范围

7. 在“管理多个远程访问服务器”对话框中选择由谁来验证远程用户身份。如果由本地服务器验证，选择“否，使用路由和远程访问来对连接请求进行身份验证”，如果由 RADIUS 服务器专门验证，则选择“是，设置此服务器与 RADUIUS 服务器一起工作”。在本例中我们选择“否”，单击“下一步”按钮完成设置，如图 9-10 所示。

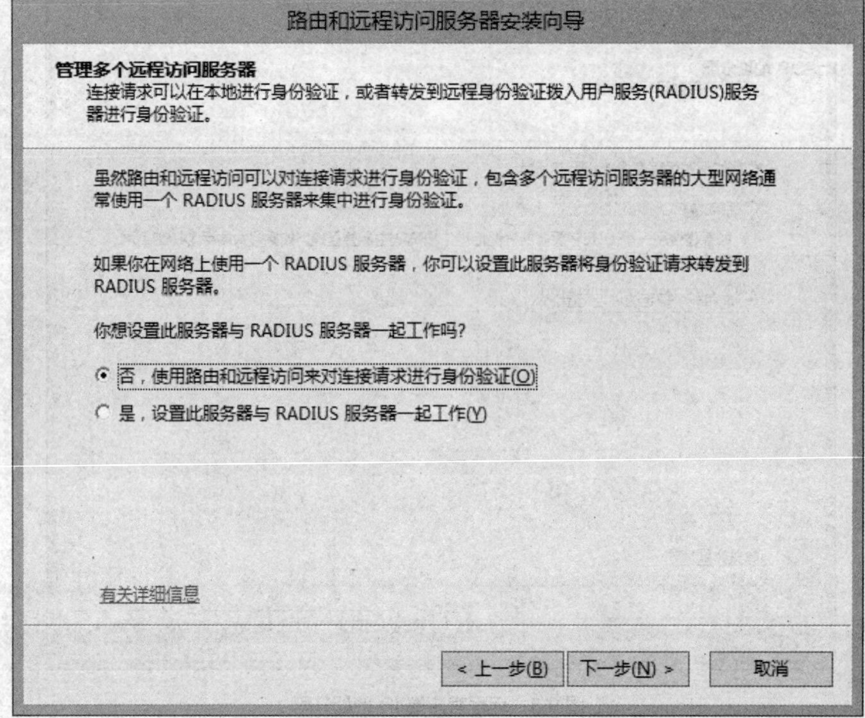

图 9-10　选择远程用户身份验证方式

9.3　任务 2　创建具有远程访问权限的用户

9.3.1　任务说明

VPN 客户端连接到远程访问 VPN 服务器时，必须验证用户的身份（用户名和密码）。身份验证成功后，用户就可以通过 VPN 服务器来访问有权访问的资源。Windows Server 2012 支持以下的验证协议。

1. PAP，使用明文密码，是最低级的验证协议。
2. CHAP，多种网络访问服务器和客户机供应商都使用，路由和远程访问服务支持 CHAP。
3. MS-CHAP2 执行双向认证。
4. EAP，执行双向认证，需要智能卡、证书结构，提供最高级别验证安全。

你可以使用上述安全协议来完成 VPN 客户端和 VPN 服务器之间的通信。在此任务中，我们使用路由和远程访问来对连接请求进行身份验证，默认情况下，VPN 客户端到 VPN 服务器的连接使用的是“需要有安全措施的密码”，所以我们要在 VPN 服务器上创建一个用户，为此用户设置一个安全的密码，并赋予此用户远程访问的权限，具体的实施过程如下。

9.3.2 任务实施过程

1. 在 VPN 服务器上，打开“计算机管理”，鼠标右键单击“用户”，选择“新用户”，如图 9–11 所示。

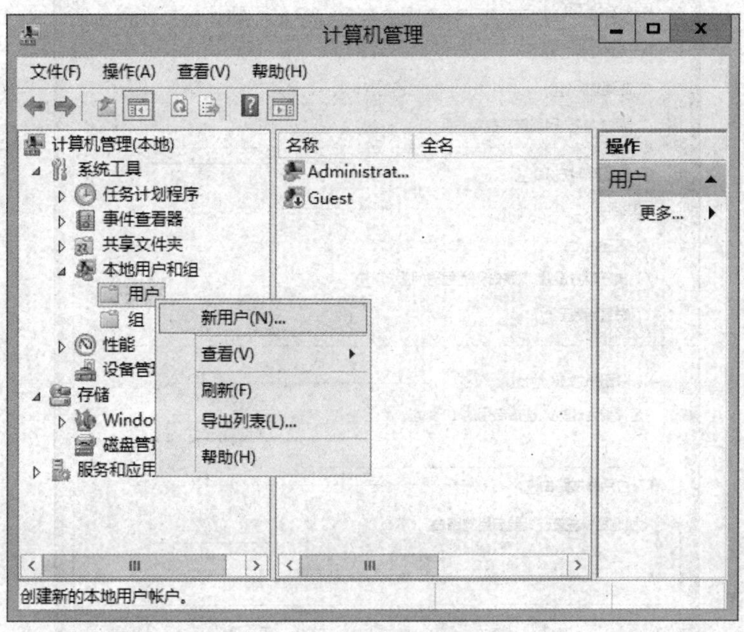

图 9-11 创建远程访问用户

2. 输入用户名“test”和密码，单击“下一步”按钮。
3. 鼠标右键单击 test，选择“属性”，如图 9–12 所示。

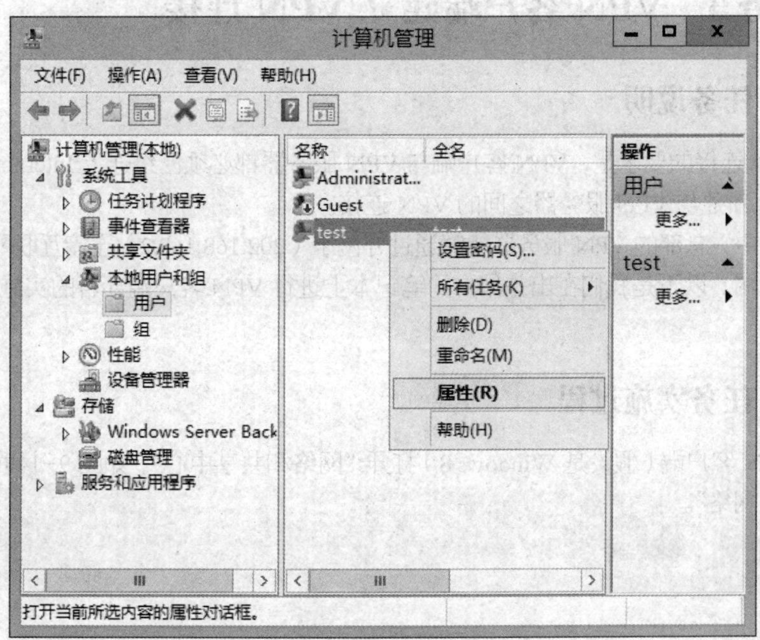

图 9-12 为远程访问用户设置属性

4. 在“test 属性”对话框中，选择“拨入”选项卡，勾选“允许访问”，如图 9-13 所示。

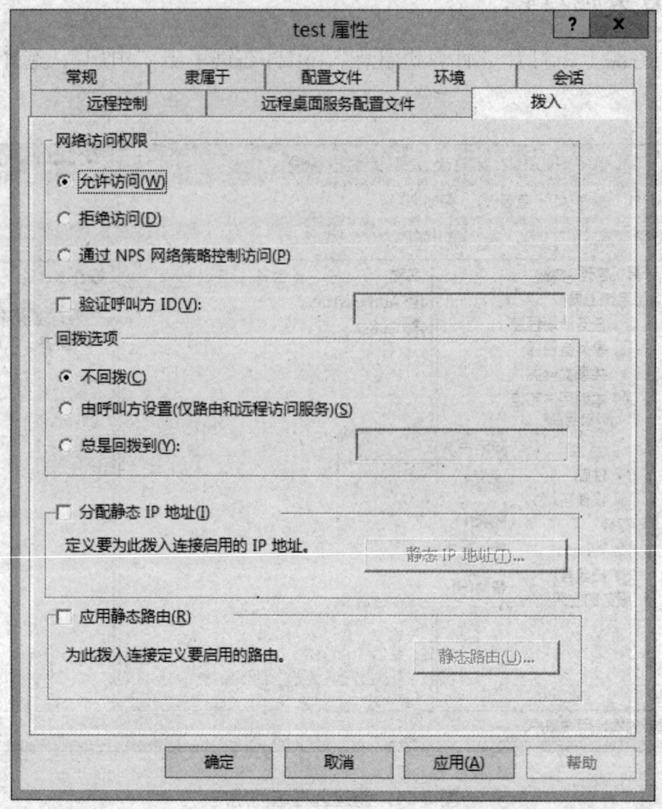

图 9-13　为远程访问用户设置网络访问权限

9.4　任务 3　VPN 客户端建立 VPN 连接

9.4.1　任务说明

建立 VPN 连接的要求是，VPN 客户端与 VPN 服务器都必须已经连上 Internet 网，然后在 VPN 客户端上新建与 VPN 服务器之间的 VPN 连接。

在此任务中，总部的 VPN 服务器能够通过外网卡（202.168.168.2）连接互联网，客户端也已经连上互联网。以下是我们在出差用户的笔记本上进行 VPN 客户端部署的实施过程。

9.4.2　任务实施过程

1. 在 VPN 客户端（假设是 Windows 8）打开“网络和共享中心”，如图 9-14 所示单击“设置新的连接或网络”。

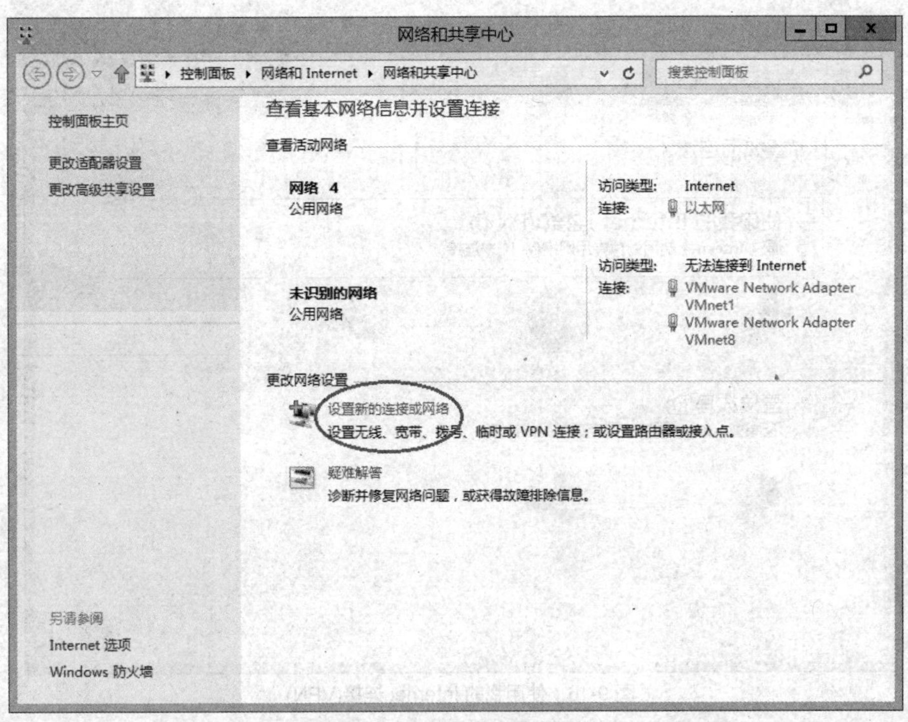

图 9-14 设置新的连接或网络

2. 在“设置和连接网络”对话框中，单击“连接到工作区”，单击“下一步”按钮，如图 9-15 所示。

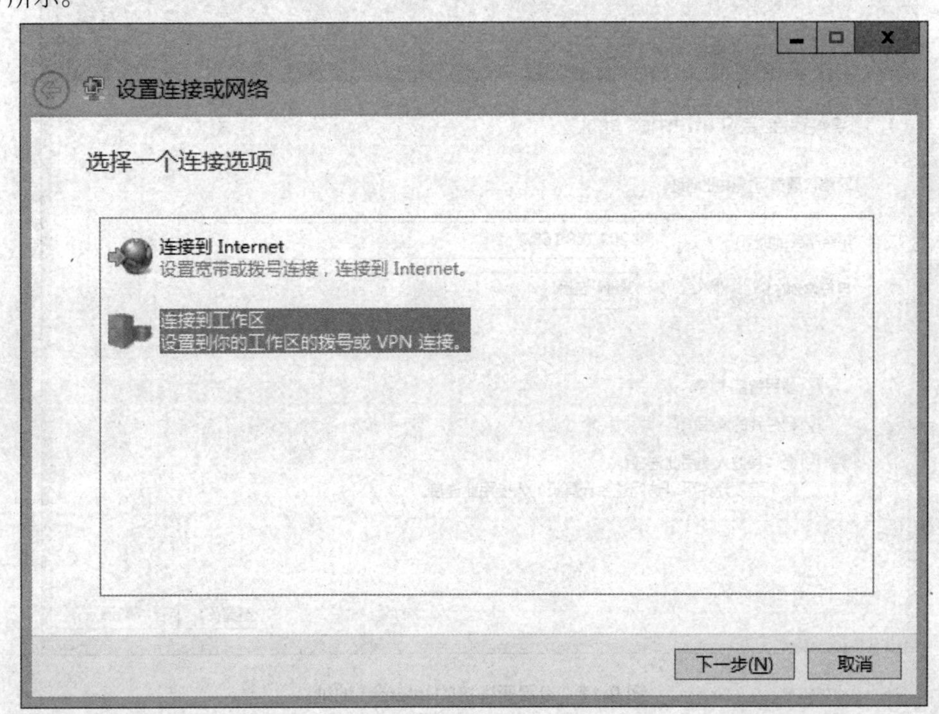

图 9-15 连接到工作区

3. 选择“使用我的 Internet 连接（VPN）”，如图 9-16 所示。

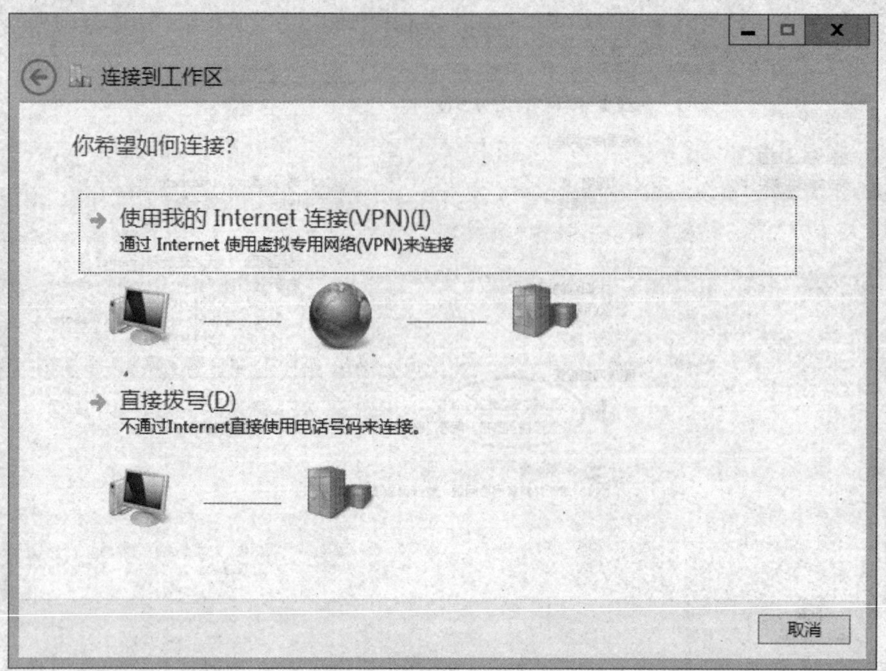

图 9-16　使用我的 Internet 连接(VPN)

4. 如图 9-17 所示，在出现的对话框中输入 Internet 地址，该地址是 VPN 服务器外网卡的地址 202.168.168.2，单击“创建”按钮。

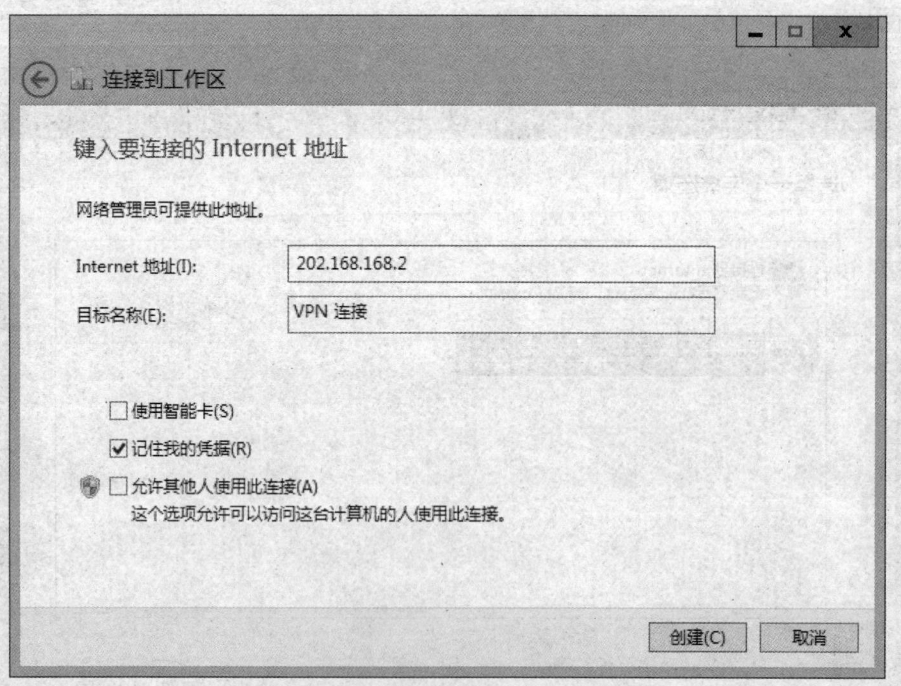

图 9-17　设置要连接的 Internet 地址

5. 输入具有远程访问权限的用户名和密码（任务 2 中创建的），单击“确定”按钮，即可通过 VPN 连接实现和公司内部数据的安全传输，如图 9-18 所示。

图 9-18　VPN 网络身份验证

9.5　知识能力拓展

9.5.1　站点 VPN

站点间 VPN 连接（也称为路由器间 VPN）使组织可以在各个独立的办公室之间或与其他组织之间通过公用网络建立路由的连接，同时可以帮助保证通信的安全。跨 Internet 的路由器 VPN 连接在逻辑上作为专用广域网（WAN）链路使用。通过 Internet 连接网络时，路由器将通过 VPN 连接将数据包转发到其他路由器。对于路由器，VPN 连接作为数据链路层使用。

站点间 VPN 连接用于连接专用网络的两个部分。VPN 服务提供与 VPN 服务器连接到网络的路由连接。呼叫路由器（VPN 客户端）向应答路由器（VPN 服务器）进行自我身份验证。为了进行相互身份验证，应答路由器也向呼叫路由器进行自我身份验证。在站点间 VPN 连接中，从任意一个路由器 VPN 连接发送的数据包通常不是源自路由器。

图 9–19 所示，两个局域网的 VPN 服务器都连接到 Internet，并且通过 Internet 新建 VPN 连接，它让两个网络中的计算机之间可以通过 VPN 安全地通信。两地的用户感觉就像位于同一个地点。

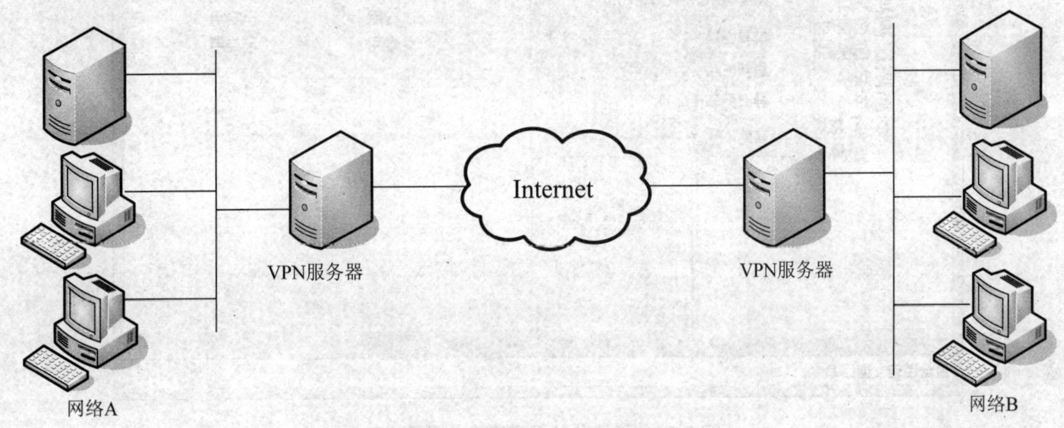

图 9-19　站点 VPN 连接架构

9.5.2 拓展案例 1 站点 VPN 配置

ABC 公司位于两个城市，公司总部位于长沙，分公司位于武汉。总公司和分公司两个网络都能访问 Internet，现在要求通过 Internet 将长沙和武汉网络连接起来。请你给出一个合适的解决方案。

网络拓扑图如图 9-20 所示。

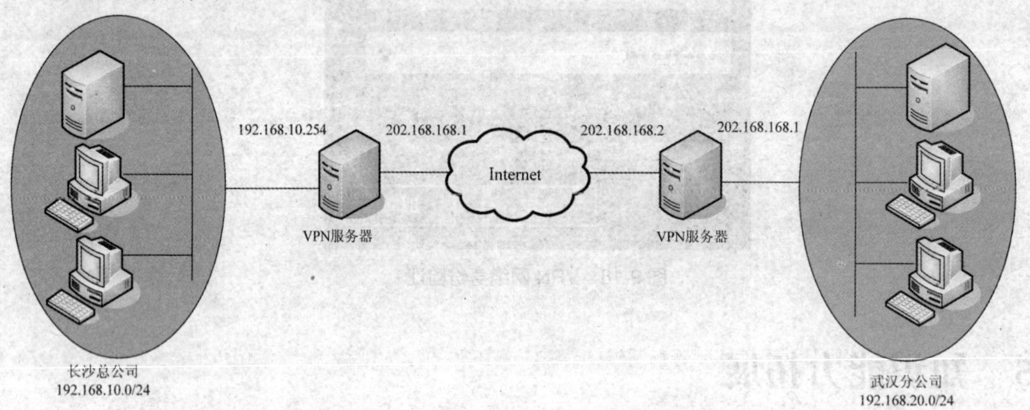

图 9-20 拓展案例 1 网络拓扑图

在本案例中，我们要使用站点 VPN 将长沙总公司和武汉分公司两个网络连接起来，具体的实施分为长沙总公司 VPN 服务器配置和武汉分公司 VPN 服务器配置两个部分完成。

1. 长沙总公司 VPN 服务器配置

（1）打开长沙总公司 VPN 服务器的“路由和远程访问”控制台，鼠标右键单击“网络接口”，选择“新建请求拨号接口”，如图 9-21 所示。

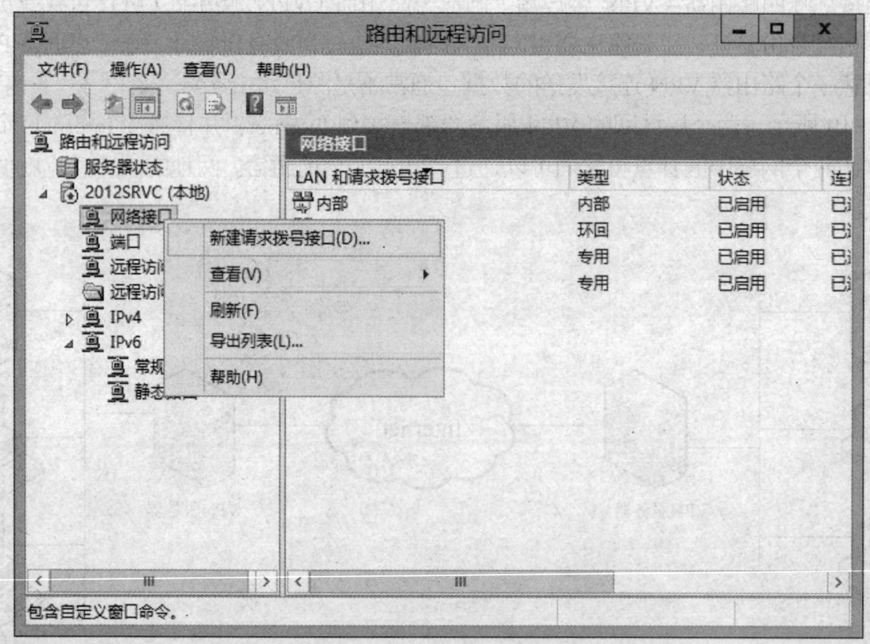

图 9-21 长沙分公司新建请求拨号接口

（2）在图 9–22 所示的“请求拨号接口向导”对话框中单击“下一步”按钮。

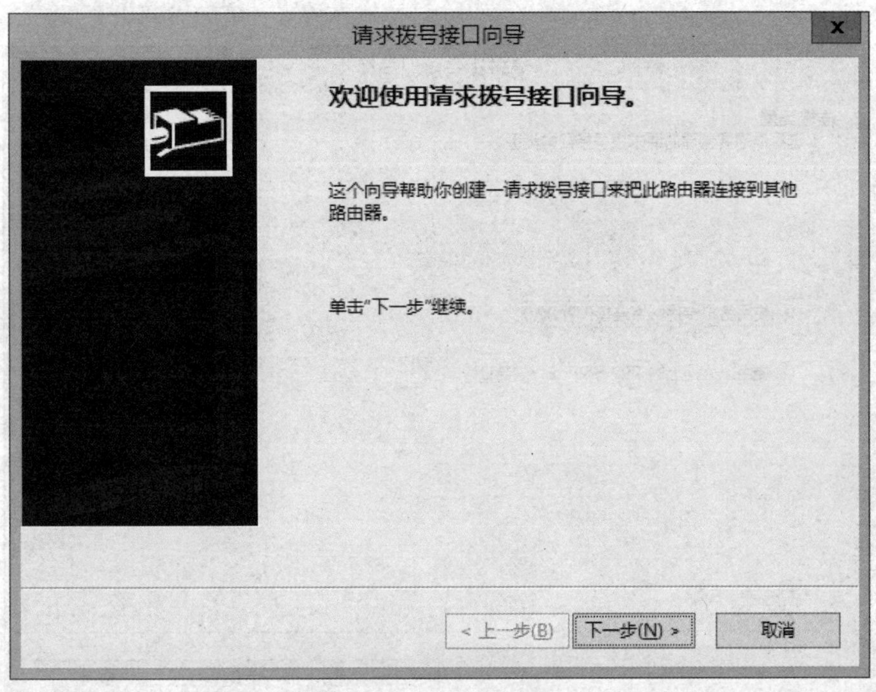

图 9-22　请求拨号接口向导

（3）在图 9–23 所示的接口名称对话框中输入接口名称 CS001，单击“下一步”按钮。

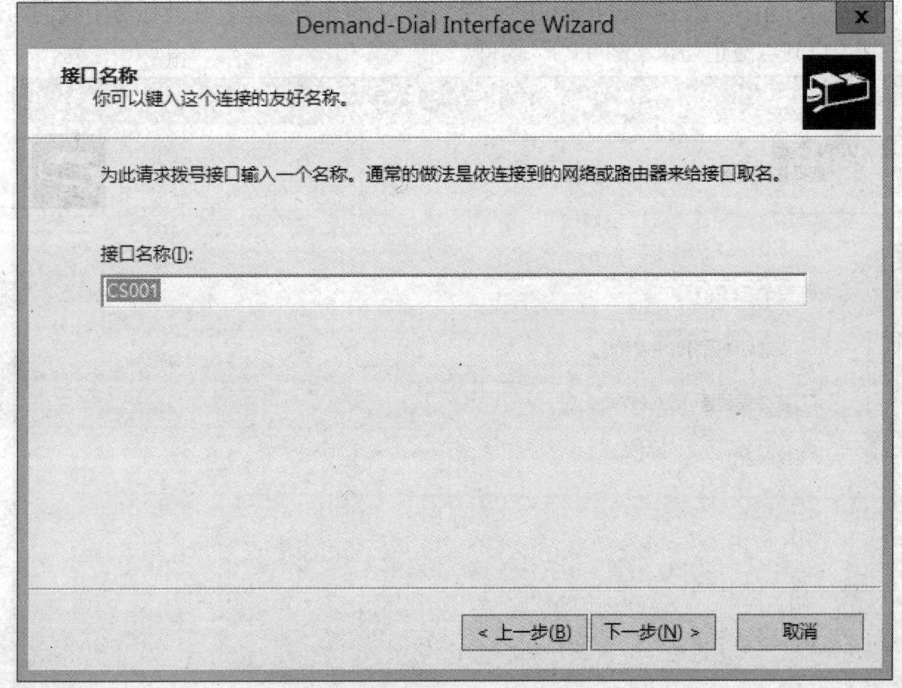

图 9-23　设置接口名称

（4）在图 9-24 所示的连接类型对话框中勾选“使用虚拟专用网络连接（VPN）”，单击“下一步”按钮。

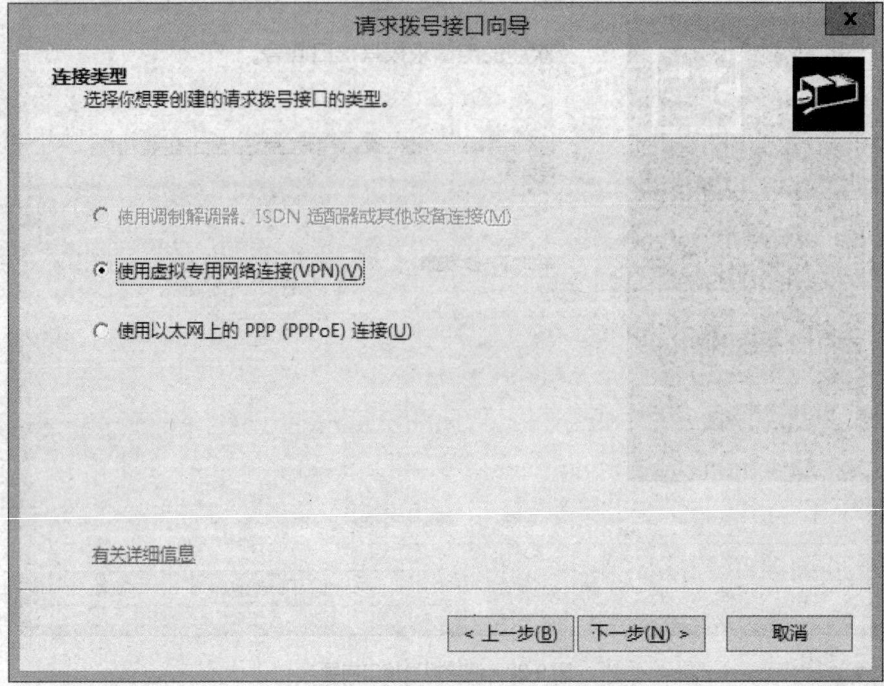

图 9-24　设置连接类型

（5）图 9-25 所示，根据 VPN 协议的不同，VPN 有多种类型，在此任务中我们勾选“自动选择”或“点到点隧道协议（PPTP）”均可。

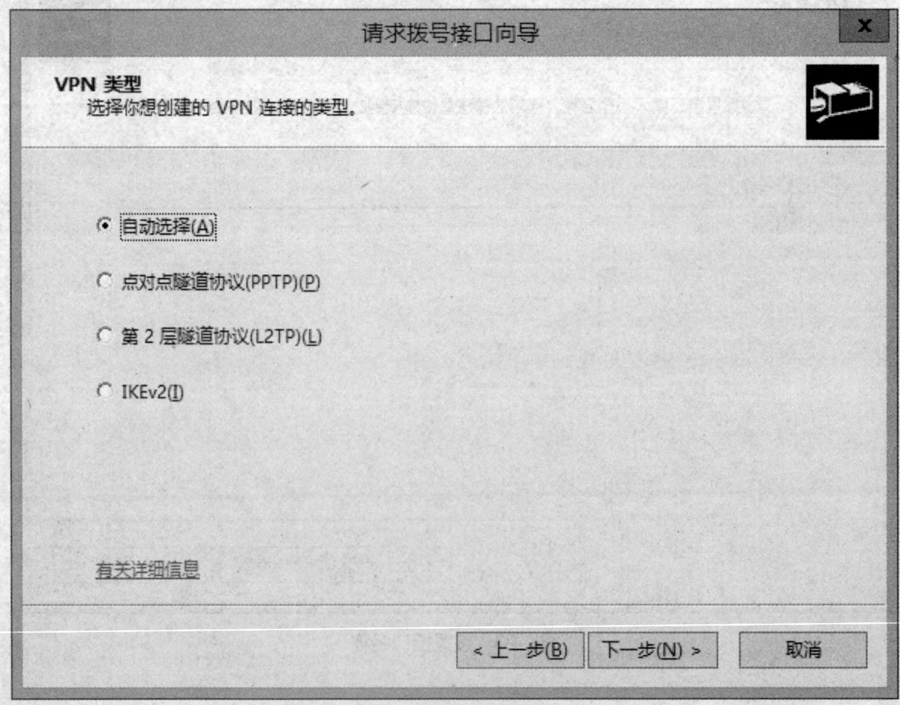

图 9-25　VPN 类型

（6）在图 9-26 所示的“主机名称或 IP 地址”文本框中输入武汉分公司 VPN 服务器外网卡的 IP 地址 202.168.168.2，单击“下一步”按钮。

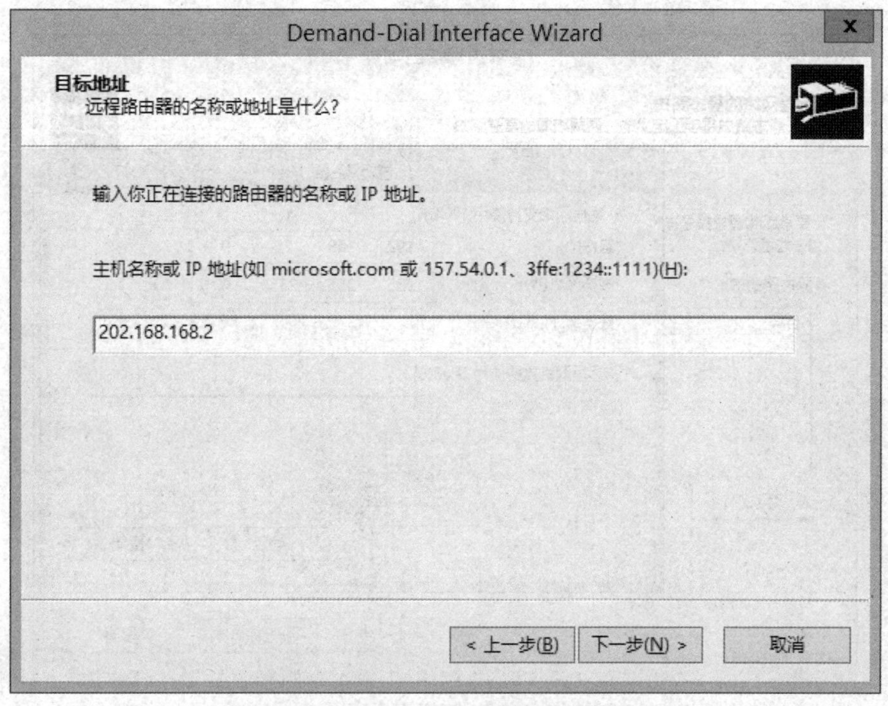

图 9-26　设置远程 VPN 服务器 IP 地址

（7）在图 9-27 所示的“协议及安全”对话框中选择“在此接口上路由选择 IP 数据包”和“添加一个用户账户使远程路由器可以拨入”，单击“下一步”按钮。

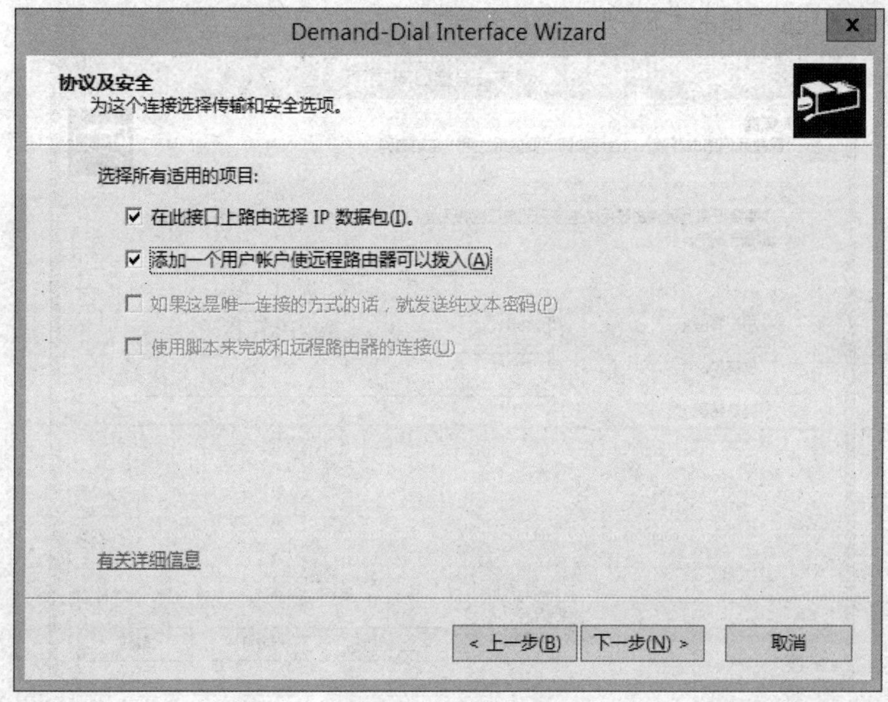

图 9-27　协议及安全

（8）在“远程网络的静态路由”对话框中单击“添加”按钮，输入远程网络的网络号。在此任务案例中输入武汉分公司网络的网络号，如图 9-28 所示，单击“确定”按钮。

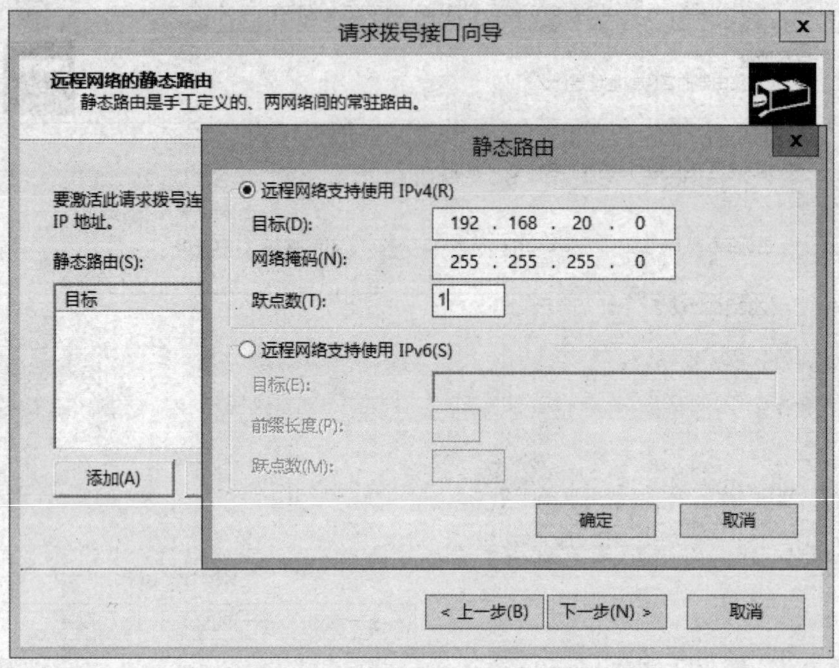

图 9-28　添加远程网络的静态路由

（9）在“拨入凭据”对话框中设置远程路由器拨入此 VPN 服务器的用户名和密码，如图 9-29 所示。在此任务案例中，此用户名和密码是指武汉分公司 VPN 服务器拨入长沙总公司 VPN 服务器的拨入凭据，单击“下一步”按钮。

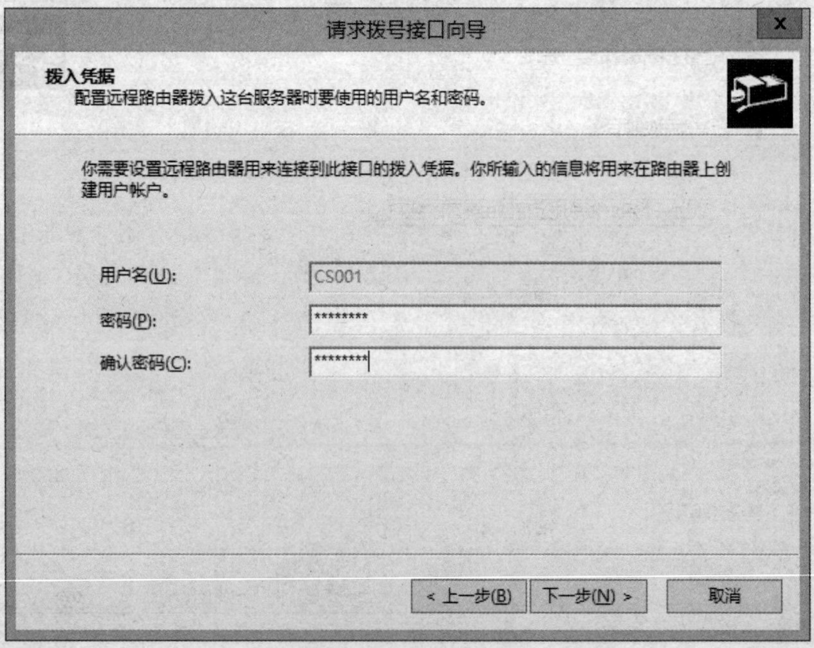

图 9-29　设置拨入凭据

（10）在“拨出凭据”对话框中输入此 VPN 服务器拨入远程 VPN 服务器的用户名和密码，如图 9-30 所示。在此任务案例中，此用户名和密码是长沙总公司 VPN 服务器拨入武汉分公司 VPN 服务器的凭据，单击“下一步”按钮。

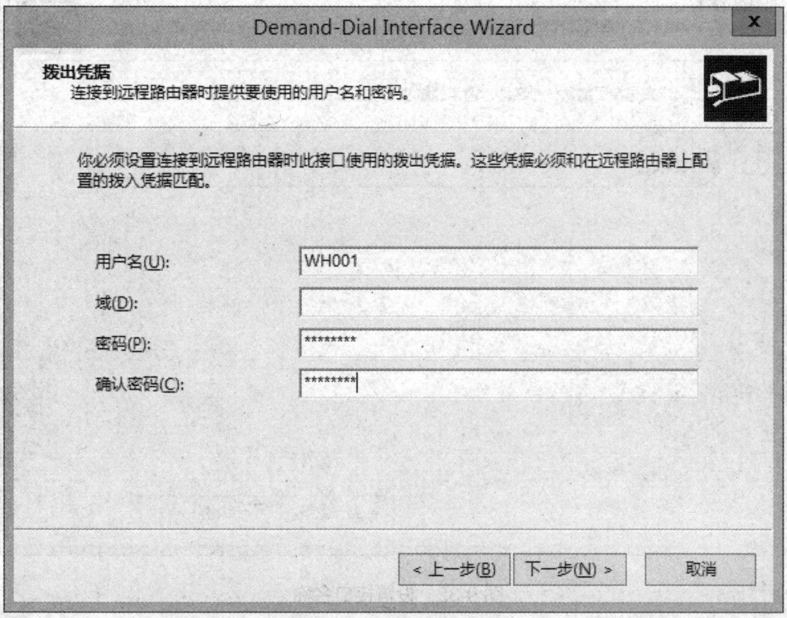

图 9-30　设置拨出凭据

（11）在“完成请求拨号接口向导”对话框中单击“完成”按钮。

2. 武汉分公司 VPN 服务器配置

（1）打开武汉分公司 VPN 服务器的“路由和远程访问”控制台，鼠标右键单击“网络接口”，选择“新建请求拨号接口”，如图 9-31 所示。

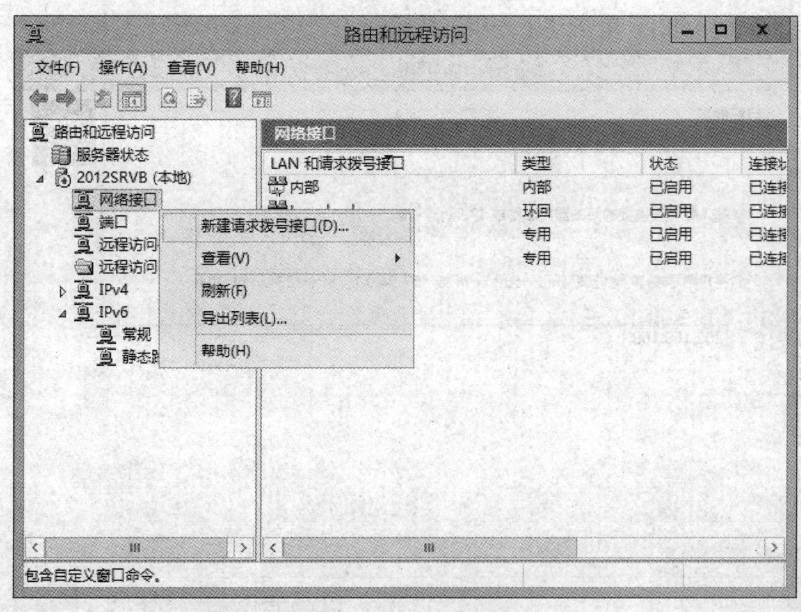

图 9-31　新建请求拨号接口

（2）在出现的“欢迎使用请求拨号接口向导”对话框中单击“下一步”按钮。

（3）在图 9-32 所示的“接口名称”对话框中输入接口名称 WH001，单击“下一步”按钮。

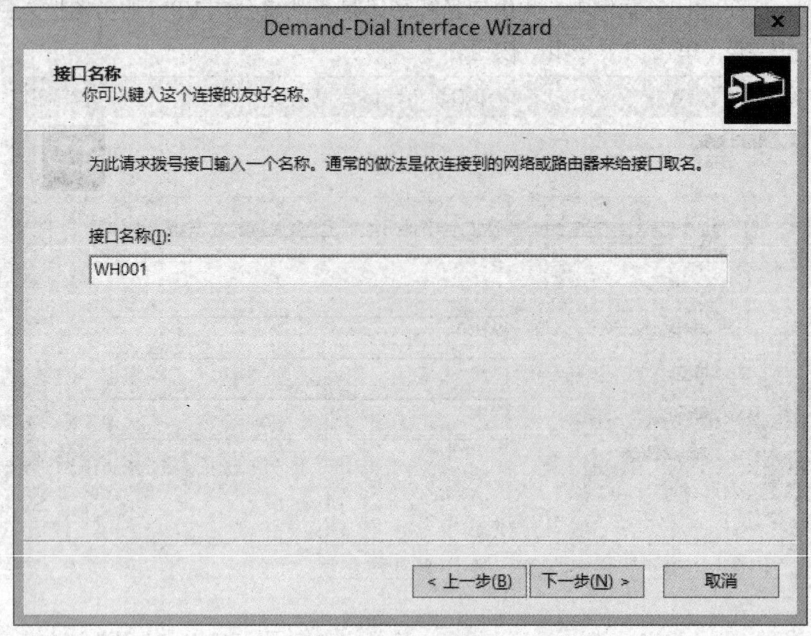

图 9-32　设置接口名称

（4）在出现的“连接类型”对话框中勾选“使用虚拟专用网络连接（VPN）”，单击“下一步”按钮。

（5）在出现的 VPN 类型对话框中，选择“自动选择”或“点到点隧道协议（PPTP）”均可，单击“下一步”按钮。

（6）在图 9-33 所示的“主机名称或 IP 地址”文本框中输入长沙总公司 VPN 服务器外网卡的 IP 地址 202.168.168.1，单击“下一步”按钮。

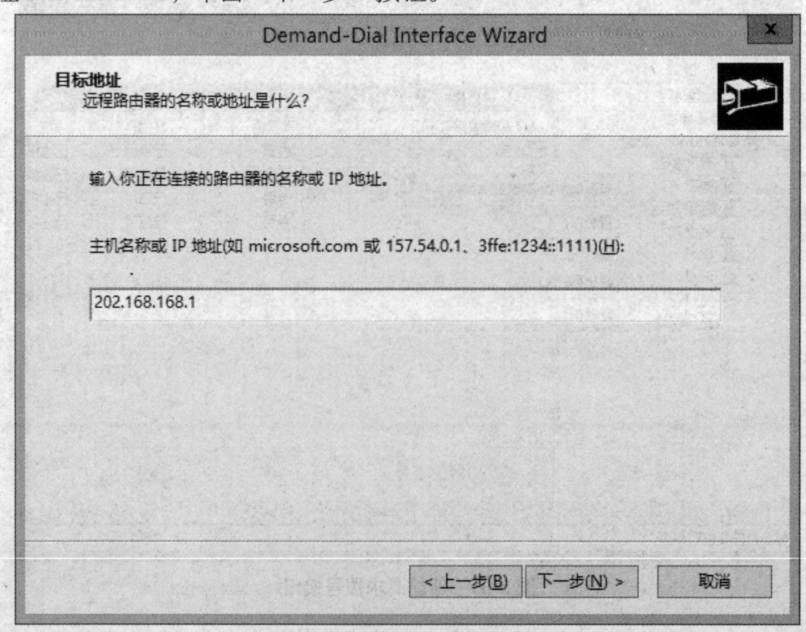

图 9-33　设置远程服务器 IP 地址

（7）在出现的“协议及安全”对话框中选择“在此接口上路由选择数据包”和“添加一个用户帐户使远程路由器可以拨入”，单击“下一步”按钮。

（8）在“远程网络的静态路由”对话框中单击“添加”按钮，输入远程网络的 IP 地址。在此任务案例中输入长沙总公司网络的地址，如图 9-34 所示，单击“确定”按钮。

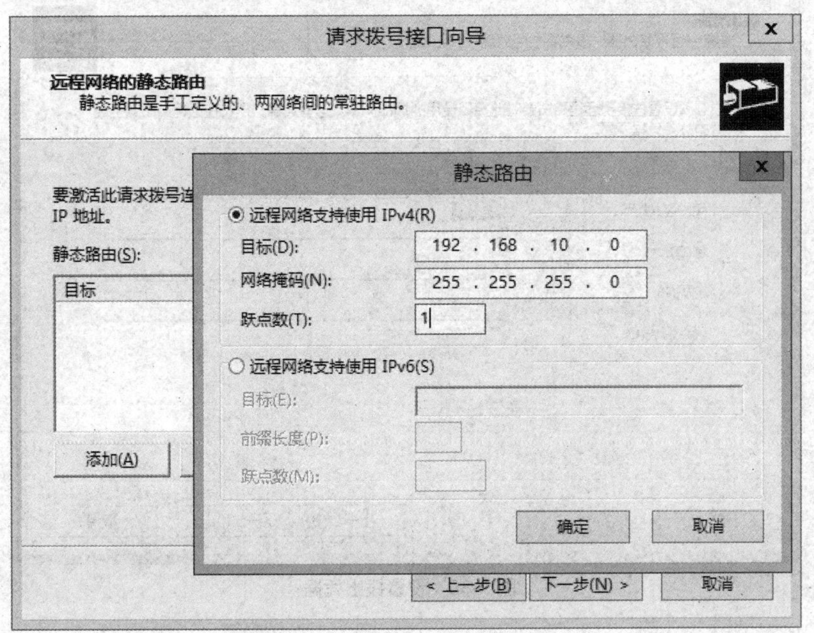

图 9-34　添加远程网络的静态路由

（9）在“拨入凭据”对话框中配置远程路由器拨入此 VPN 服务器的账号和密码，如图 9-35 所示。在此任务案例中，此用户名和密码是指长沙总公司 VPN 服务器拨入武汉分公司 VPN 服务器的拨入凭据，单击“下一步”按钮。

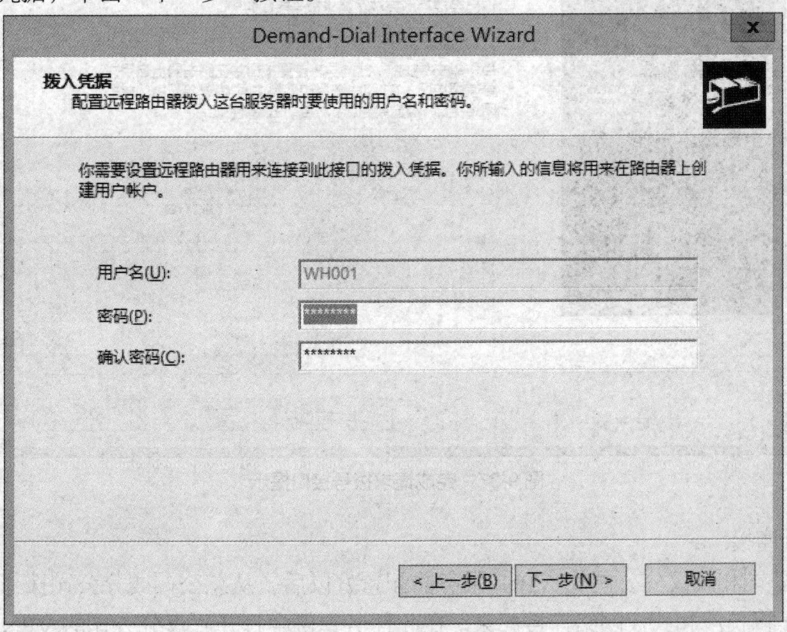

Demand-Dial Interface Wizard
拨入凭据
配置远程路由器拨入这台服务器时要使用的用户名和密码。
你需要设置远程路由器用来连接到此接口的拨入凭据。你所输入的信息将用来在路由器上创建用户帐户。
用户名(U): WH001
密码(P): ********
确认密码(C): ********
< 上一步(B)　下一步(N) >　取消

图 9-35　设置拨入凭据

（10）在“拨出凭据”对话框中输入此 VPN 服务器拨入远程 VPN 服务器的用户名和密码，如图 9-36 所示。在此案例中，此用户名和密码是武汉分公司 VPN 服务器拨入长沙总公司 VPN 服务器的凭据，单击“下一步”按钮。

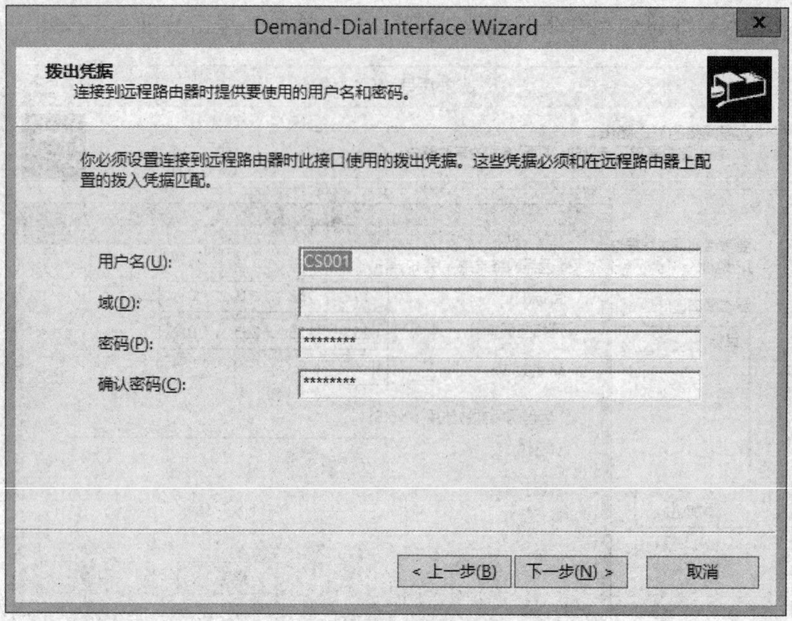

Demand-Dial Interface Wizard

拨出凭据

连接到远程路由器时提供要使用的用户名和密码。

你必须设置连接到远程路由器时此接口使用的拨出凭据。这些凭据必须和在远程路由器上配置的拨入凭据匹配。

用户名(U): CS001

域(D):

密码(P): ********

确认密码(C): ********

< 上一步(B)　下一步(N) >　取消

图 9-36　设置拨出凭据

（11）在“完成请求拨号接口向导”对话框中单击“完成”按钮，如图 9-37 所示。

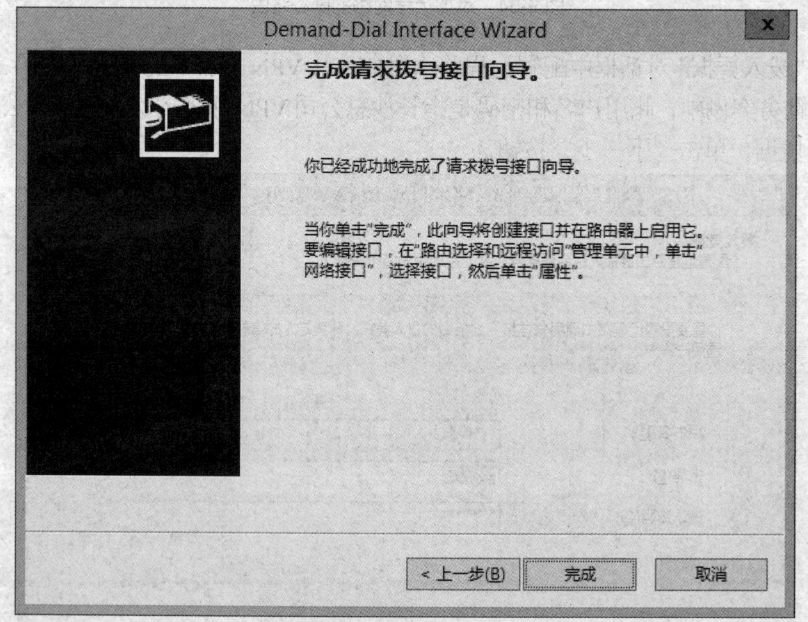

图 9-37　完成请求拨号接口提示

3. 拨号连接

长沙总公司和武汉分公司的 VPN 服务器配置好以后，从总公司或分公司拨号都可以实现通过 Internet 将长沙和武汉网络连接起来。在此任务案例中打开武汉分公司的 VPN 服务器，右击接口名称 WH001，选择“连接”，如图 9-38 所示。

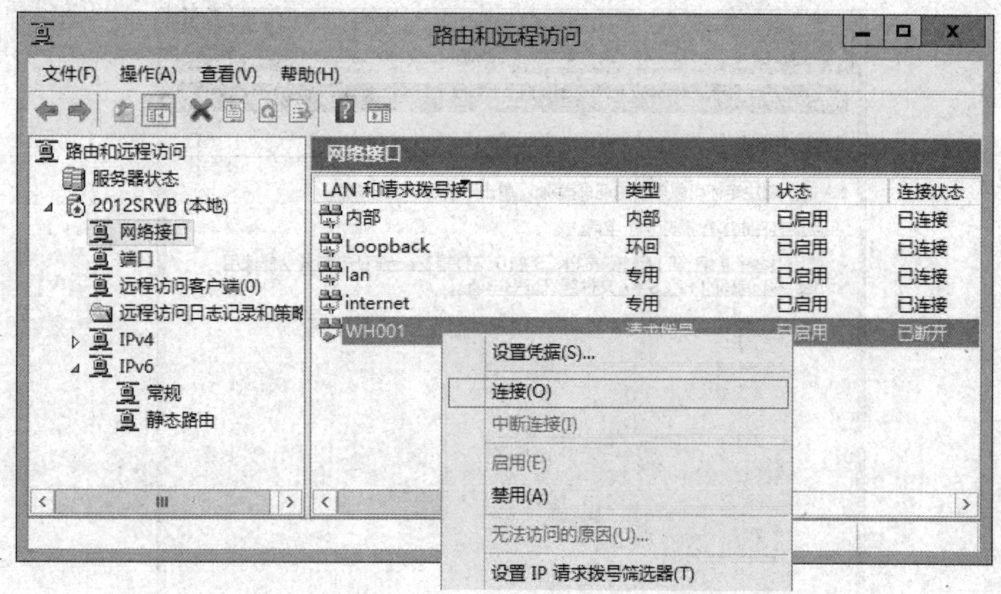

图 9-38 站点 VPN 连接

9.5.3 拓展案例 2 建立 L2TP/ IPSec VPN

L2TP 是第二层隧道协议，它可以针对不同的服务质量创建不同的隧道，L2TP 可以提供隧道验证，PPTP 不支持隧道验证 L2TP VPN 需要证书服务器的支持。

案例场景：CA 服务器位于公司内网，VPN 客户端需要使用 L2TP/IPSec 连接到 VPN 服务器，网络拓扑如图 9-39 所示，请给出实现方案。

在此案例中，VPN 服务器和 VPN 客户端都需要向 CA 服务器申请证书，并且 VPN 服务器和 VPN 客户端都需要信任 CA 服务器（下载根证书，将根 CA 证书导入受信任的根证书颁发机构，参照项目 7 内容）。

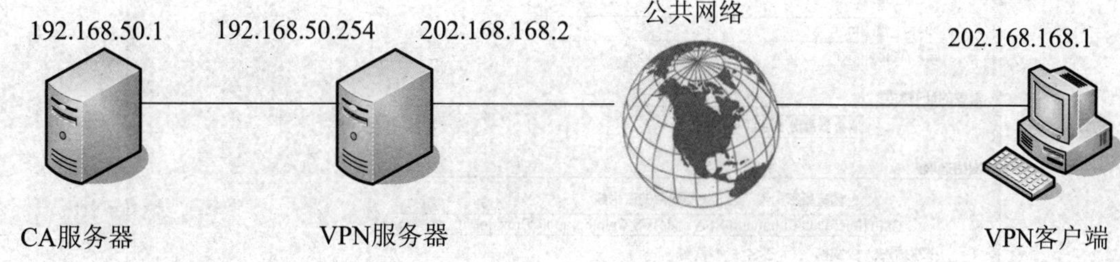

图 9-39 拓展案例 2 拓扑图

1. VPN 服务器申请服务器证书

（1）通过证书服务器的 Web 注册页面，申请服务器身份验证证书，如图 9–40 和图 9–41 所示。

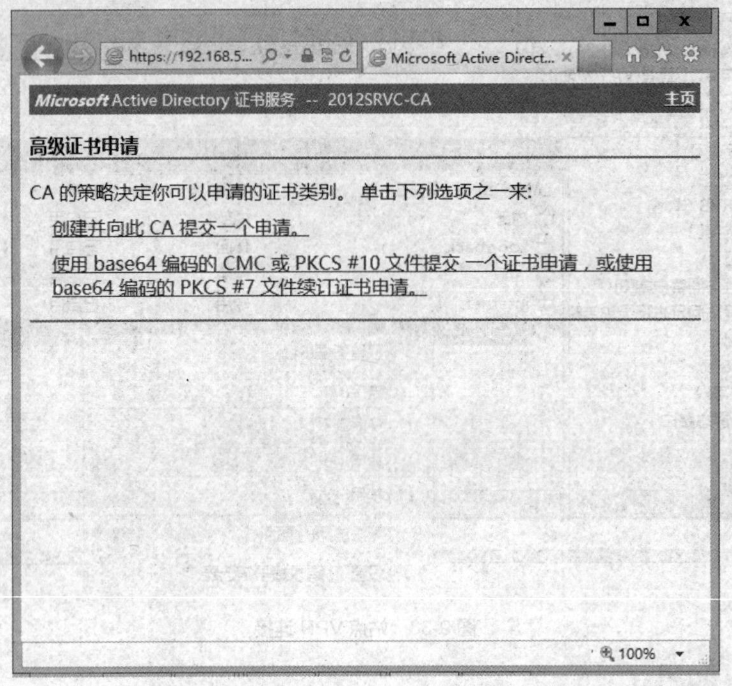

图 9-40　创建并向 CA 提交一个申请

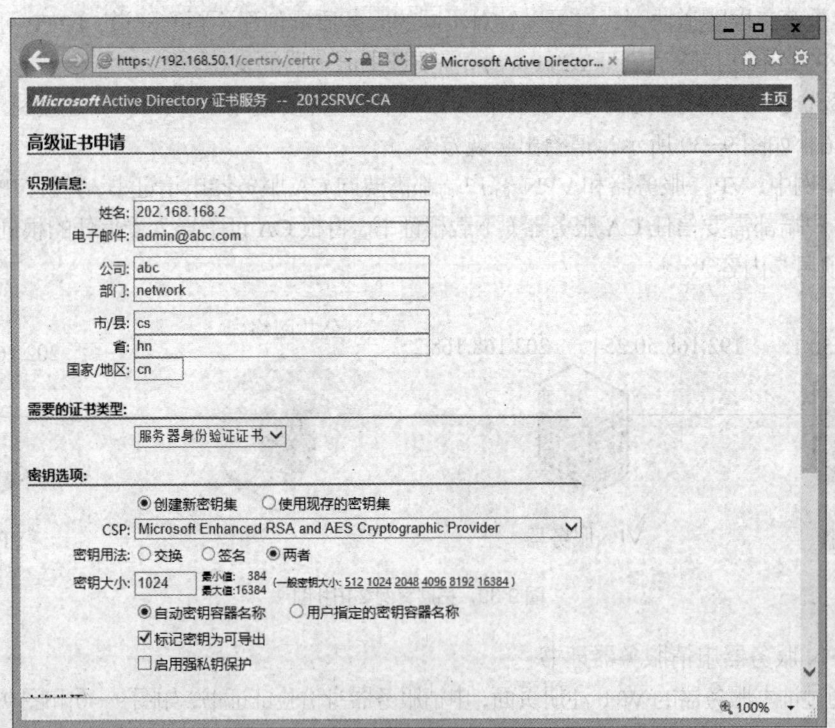

图 9-41　输入证书信息

（2）等待证书服务器管理员颁发证书。

（3）通过证书服务器的 Web 注册页面，下载并安装服务器身份验证证书，如图 9-42 和图 9-43 所示。

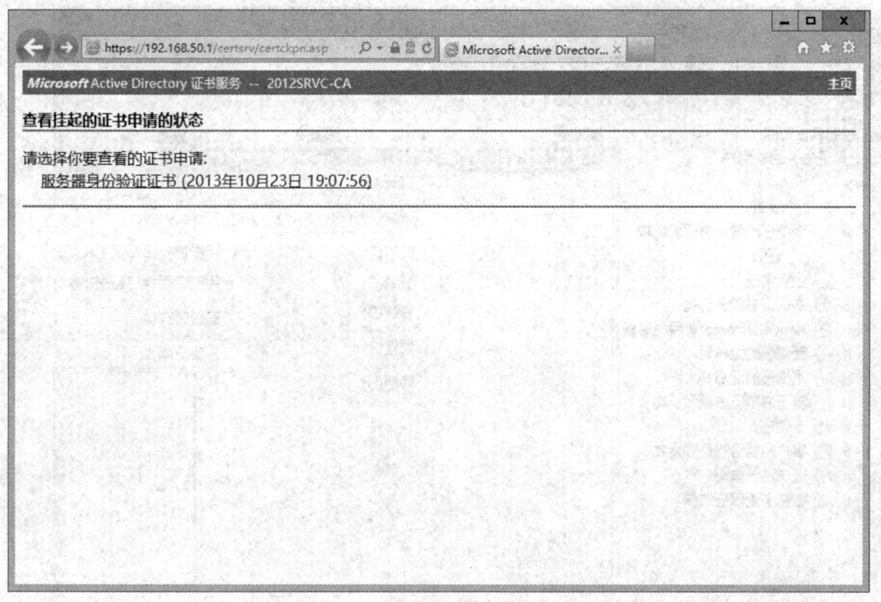

图 9-42　下载服务器身份验证证书

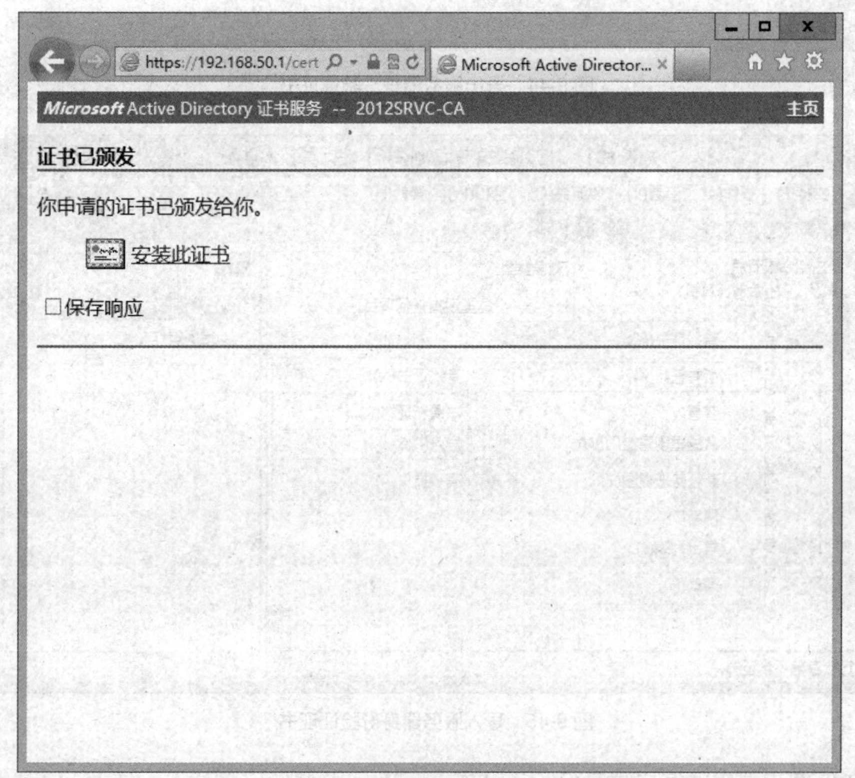

图 9-43　安装服务器身份验证证书

默认情况下，这个服务器身份验证证书被安装在“证书–当前用户”下面，还需要把这个证书导出，然后导入到“证书（本地计算机）”下面，如图 9-44 和图 9-45 所示（具体过程可以参考项目 7 的内容）。

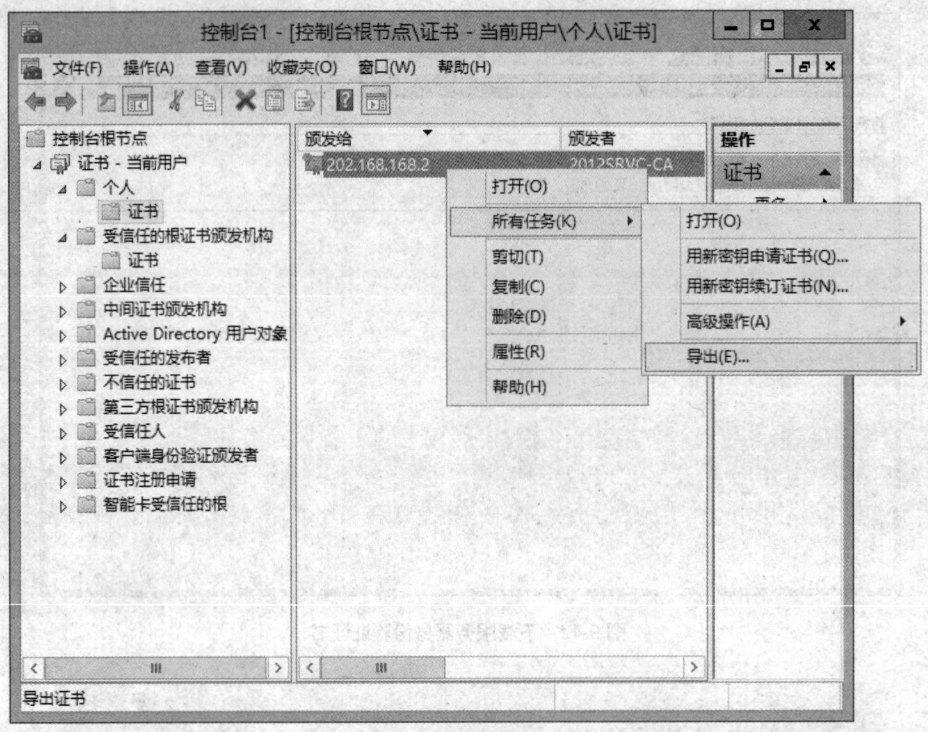

图 9-44　导出服务器身份验证证书

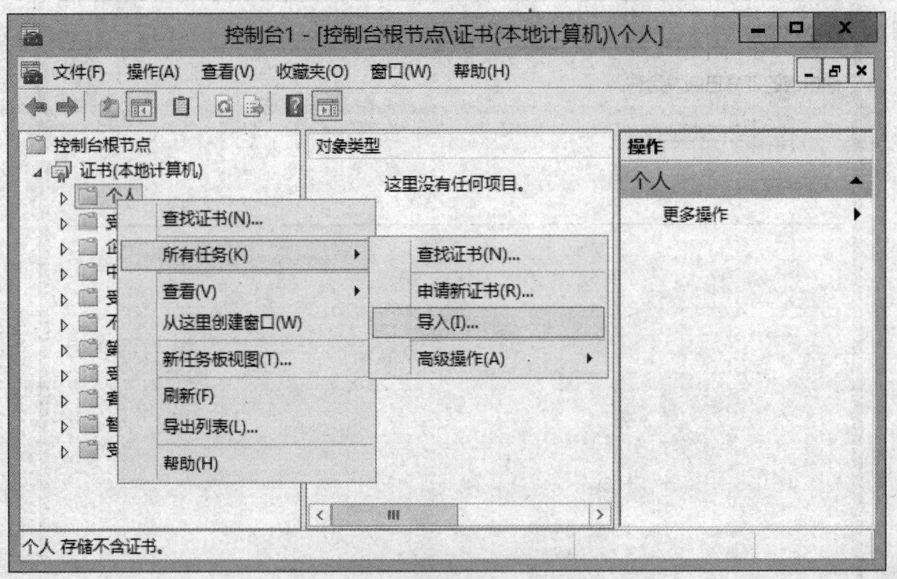

图 9-45　导入服务器身份验证证书

2. VPN 客户端申请客户端身份验证证书

（1）VPN 客户端申请证书的方法和 VPN 服务器申请过程基本一样，需要注意的是，要考虑 VPN 客户端如何和 CA 连接的问题，客户端一般位于公司外网，CA 一般位于公司内网，通常 VPN 客户端在 VPN 连接建立之前无法访问 CA。

解决这个问题的方法有两种。

① 如果是公司的笔记本，可以事先申请并安装，出差时可以直接使用证书。

② 未事先安装的可以在出差时先用 PPTP VPN 的方式连接，然后再访问内网 CA，申请客户端身份验证证书。

（2）申请证书方法如图 9-46 所示。

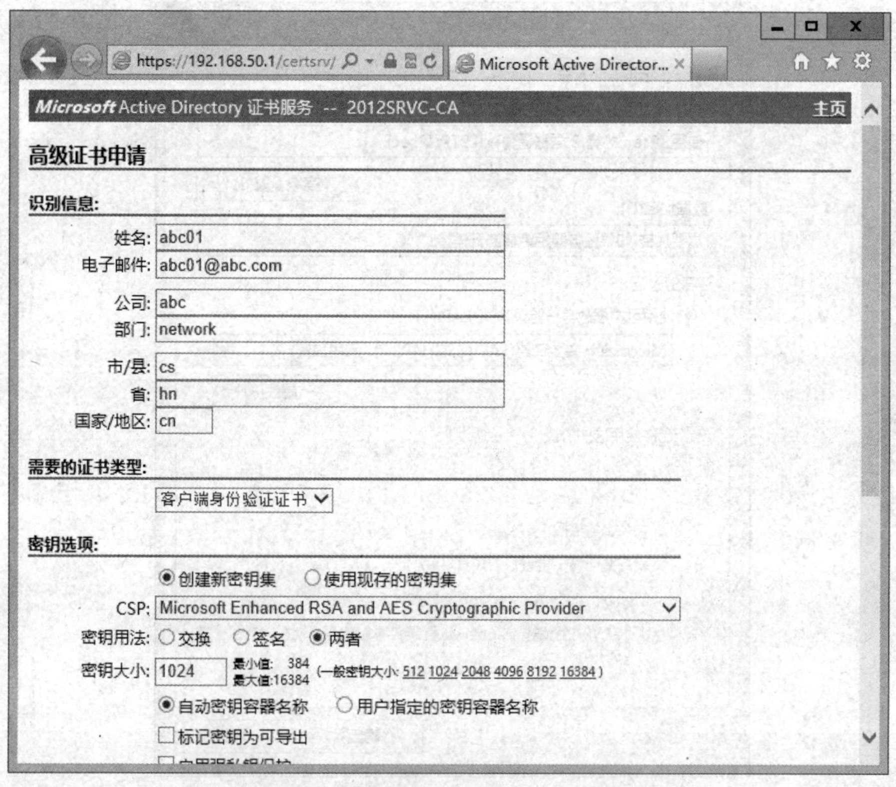

图 9-46 申请客户端身份验证证书

3. 配置 VPN 客户端使用 L2TP /IPSec 连接

VPN 客户端打开 VPN 连接，如图 9-47 所示，单击“属性”按钮。

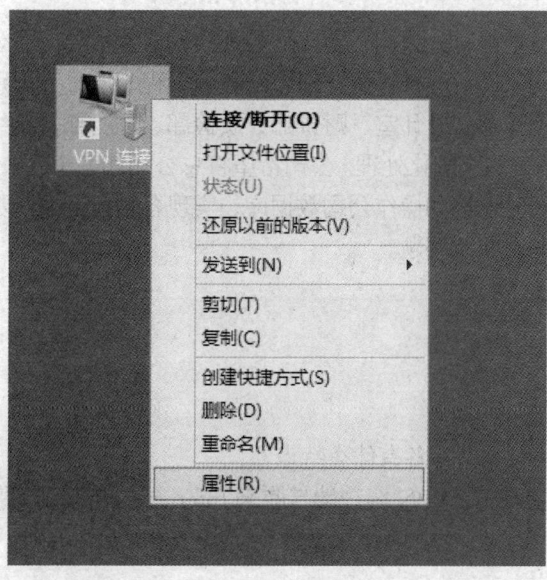

图 9-47 VPN 连接属性设置

在弹出的对话框中选择“安全”选项卡，如图 9-48 所示，VPN 类型选择“使用 IPsec 的第 2 层隧道协议（L2TP/IPsec）”，单击“确定”按钮，然后右键单击虚拟专用网络连接，单击“连接”，连接成功，这时使用的即是 L2TP 连接。

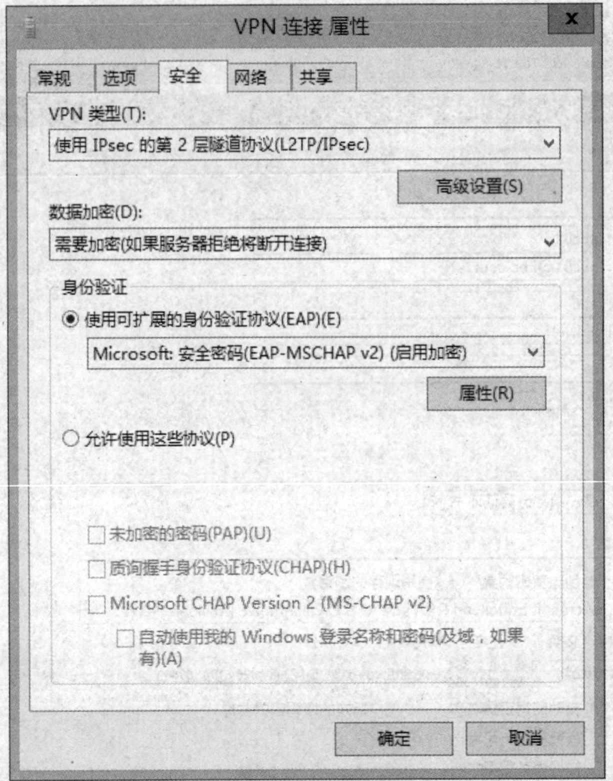

图 9-48　配置 VPN 客户端使用 L2TP /IPSec 连接

9.6　仿真实训案例

某工程公司在全国各地都有分公司，随着公司规模的快速扩展，在公司总部应用上了各类应用系统。作为工程公司，设备、材料、计划、财务、工程、质量等分别建立了计算机设计和管理系统，分别设置有工程部、设计室、财务部、质检部、物资部、总经办等部门进行归口管理，在总部实现了信息系统的集中化处理。公司希望将总公司和各个分公司通过网络连接起来，使得数据操作人员可以随时连接和操作公司数据库，实现各种应用系统数据传递和整合。请你给出一个合适的方案解决上面的问题。

9.7　课后习题

1. 什么是 VPN?
2. VPN 服务有哪两种类型？各有什么特点?
3. 当 VPN 连接建立以后，VPN 客户端与原来 Internet 的连接受到影响，解决这个问题的方法有哪些?

PART 10

项目 10 网络地址的转换

10.0 案例场景

ABC 公司内部网络有多台计算机，该公司只向当地 ISP 申请了一个 public IP 地址 202.168.168.2，ABC公司希望通过一个public IP使公司内部网络的计算机可以同时连接Internet、浏览网页与收发电子邮件，请你给出一个合适的解决方案。网络拓扑图如图 10-1 所示。

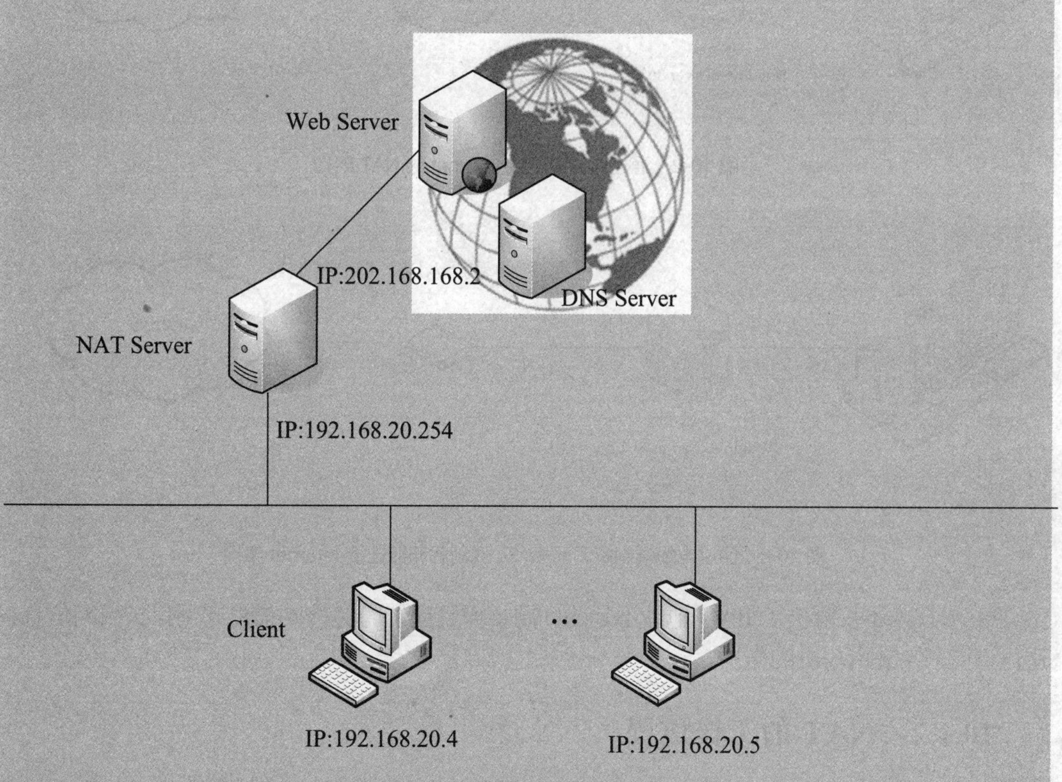

图 10-1 NAT 服务器部署网络拓扑图

在本项目中，通过完成 2 个任务，来完成将 ABC 公司局域网接入 Internet 的操作。

- 任务 1 NAT 服务器的安装与配置
- 任务 2 配置 DNS 中继代理

10.1 知识引入

10.1.1 NAT 的概念

Windows Server 2012 的网络地址转换（NAT，Network Address Translation）可以使位于内部网络的所有计算机都共享一个公网 IP 地址，就可以同时连接因特网、浏览网页与收发邮件。

网络地址转换属接入广域网技术，是一种将私有地址转化为公网 IP 地址的转化技术，它被广泛应用于各种类型 Internet 接入方式和各种类型的网络中。常见的 NAT 的架构有如下几种。

（1）通过路由器连接 Internet。

（2）通过固定式 xDSL 连接 Internet。

（3）通过非固定式 xDSL 连接 Internet。

（4）通过电缆调制解调器连接 Internet。

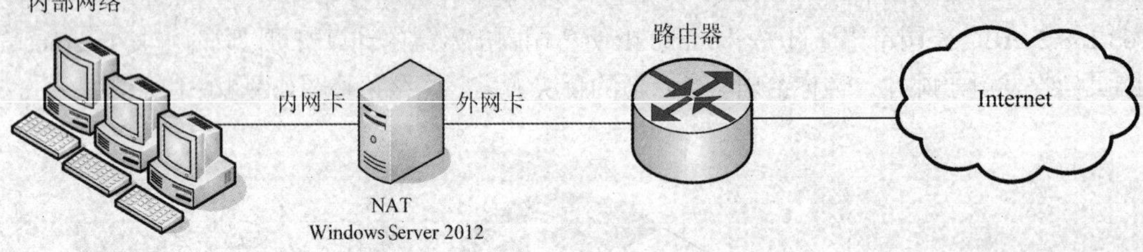

图 10-2 通过路由器连接 Internet 的 NAT 架构

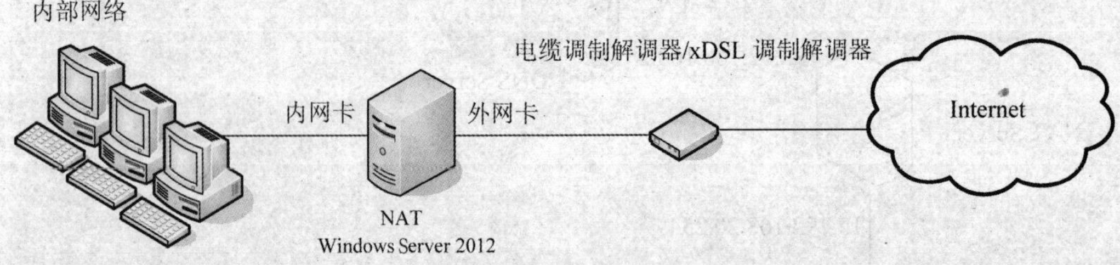

图 10-3 通过电缆调制解调器/xDSL 调制解调器连接 Internet 架构

NAT 技术不仅解决了 IPV4 地址不足的问题，而且还能隐藏内网信息起到保护内网信息，避免遭受来自外网攻击的作用。

10.1.2 NAT 的工作过程

当一台运行 NAT 的路由器收到内部客户机的数据包时，它用自己的公共 IP 地址和端口号代替数据包中的源计算机的私有 IP 地址和端口号，并将这种替换信息缓存下来，然后将数据包发送到 Internet 上的目标主机。它接收到 Internet 上主机发回的数据包后，再使用内部客户机的私有 IP 地址和端口号代替数据包中的目标计算机地址和端口号，将数据包发送给内部客户机。这样内部客户机与 Internet 主机就通过 NAT 间接实现通信。

图 10-4 所示，IP 地址是 192.168.20.4 的客户端想访问 IP 地址是 202.168.168.78 的 Web 服

务器，NAT 的工作过程如下。

1. 客户端把数据包发送给运行 NAT 的路由器，数据包的信息表明这个数据包的源 IP 地址为 192.168.20.4，源端口为 4096，目标 IP 地址为 202.168.168.78，目标端口号是 80。

2. 运行 NAT 的路由器把数据包头的信息更改为源地址为 202.168.168.2，端口号为 1563，但是并没有更改目标 IP 地址和目标端口号，然后路由器把数据包通过 Internet 发送给 Web 服务器。

3. 外部的 Web 服务器收到数据包后发回一个应答信息。数据包头部的信息中源地址为 202.168.168.78，源端口号为 80，目标地址是 202.168.168.2，目标端口是 1563。

4. 运行 NAT 的路由器收到数据包后，检查自己映射信息，以确定目标计算机地址。然后，路由器数据包头信息中的目标 IP 地址改为 192.168.20.4，目标端口为 4096，并把数据包发送给客户端，但没有更改数据包的源 IP 地址和源端口号。

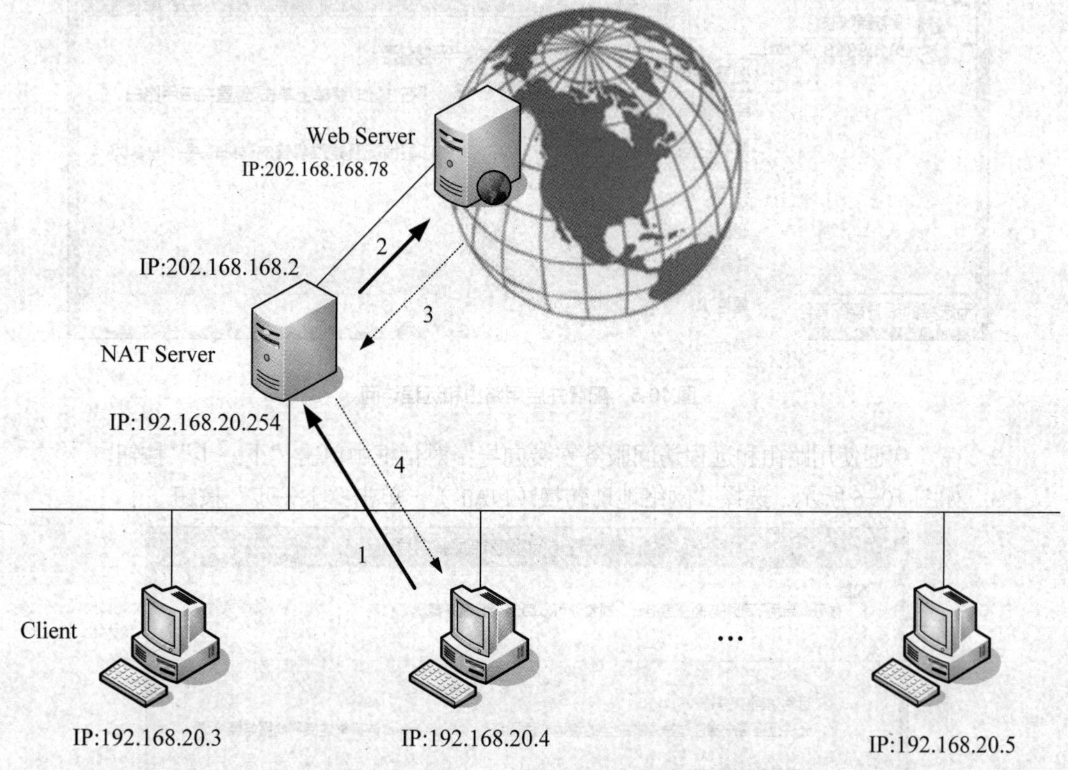

图 10-4　NAT 的工作过程

10.2　任务 1　NAT 服务器的安装

10.2.1　任务说明

在此任务中，公司只申请了一个 IP 地址，配置 NAT 服务器可以把公司局域网接入 Internet。扮演 NAT 角色的 Windows Server 2012 计算机至少需要有两个网络接口，一个用来连接 Internet，一个用来连接内部 LAN。然后，必须先在 Windows Server 2012 上安装“远程访问”服务器角色（参考项目 3 拓展案例 1），下面将选择一台空闲的 Windows Server 2012 服务器来进行 NAT 安装部署的实施过程。

10.2.2 任务实施过程

1. 打开“路由和远程访问”控制台，在如图 10-5 所示的本地计算机上单击鼠标右键，选择“配置并启用路由和远程访问”。

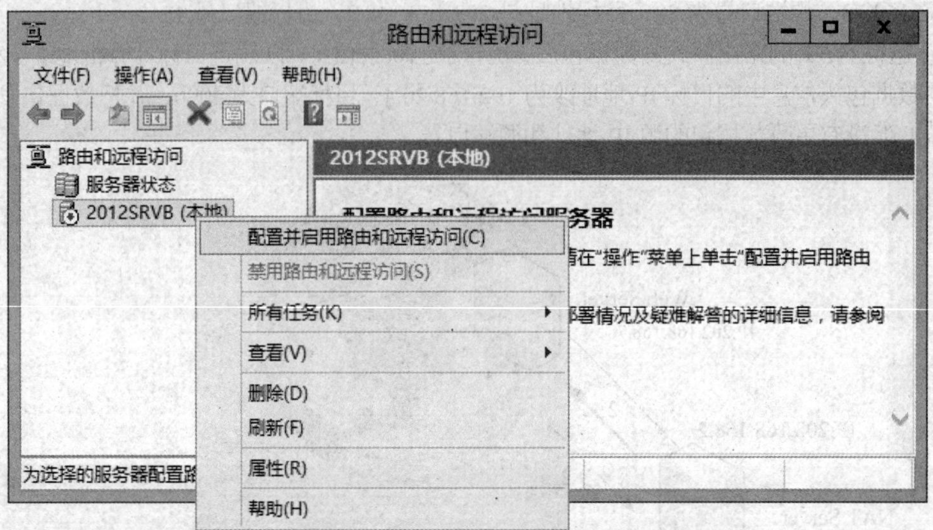

图 10-5 配置并启用路由和远程访问

2. 在“欢迎使用路由和远程访问服务安装向导”对话框中单击“下一步”按钮。
3. 如图 10-6 所示，选择“网络地址转换（NAT）”，单击“下一步”按钮。

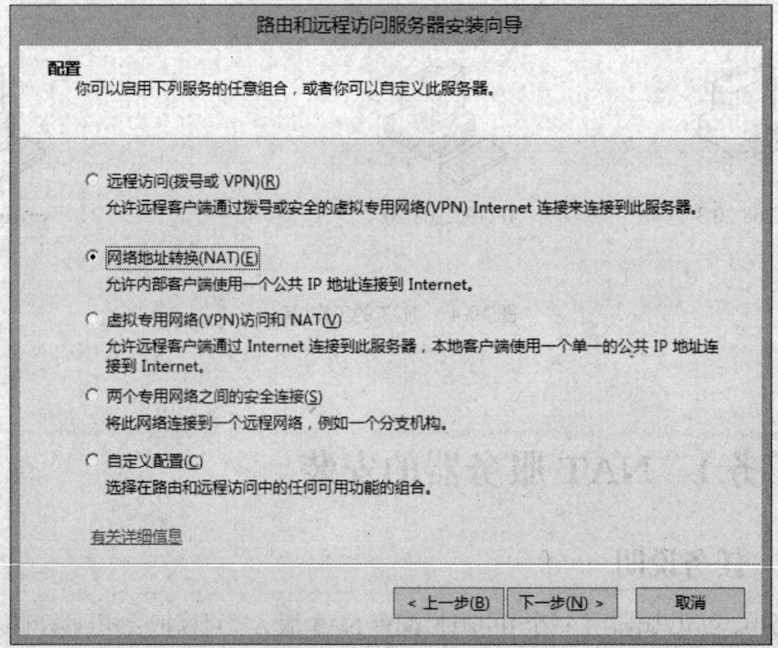

图 10-6 网络地址转换

4. 选择用来连接的网络接口，在本例中是“internet”，单击“下一步”按钮，如图 10-7 所示。

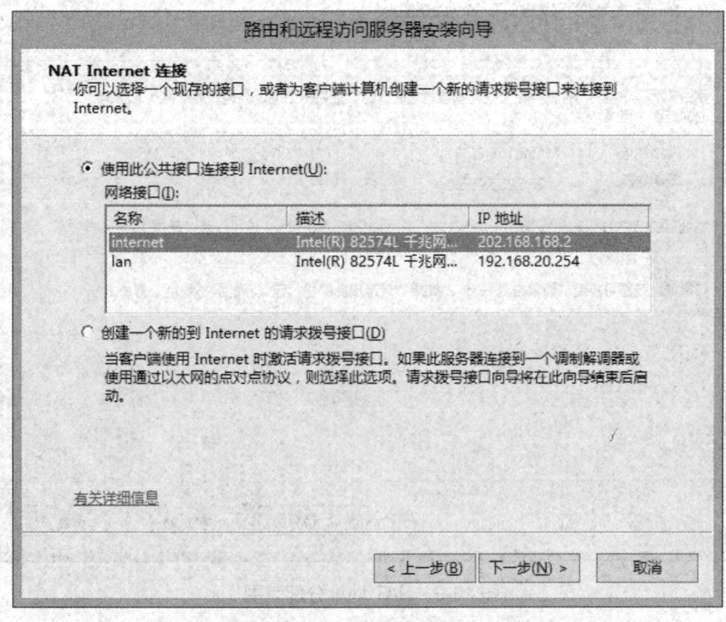

图 10-7　选择公共接口连接到 Internet

5. 如果系统检测不到网络中有 DHCP 服务器和 DNS 服务器，则会出现如图 10-8 所示的界面，在此任务案例中我们选择“启用基本的名称和地址服务”，让这台 NAT 服务器来提供 DHCP 和 DNS 服务，这样内部网络的客户端只需要设置自动获取 IP 地址即可。

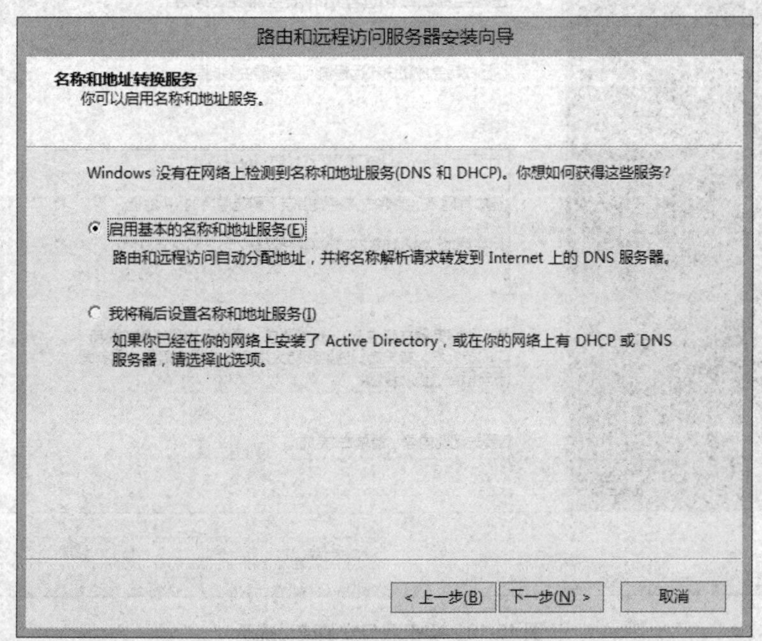

图 10-8　启用名称和地址服务

6. 图 10-9 所示，NAT 服务器可以为内部网络客户端自动分配 192.168.20.0 网段的 IP 地址。

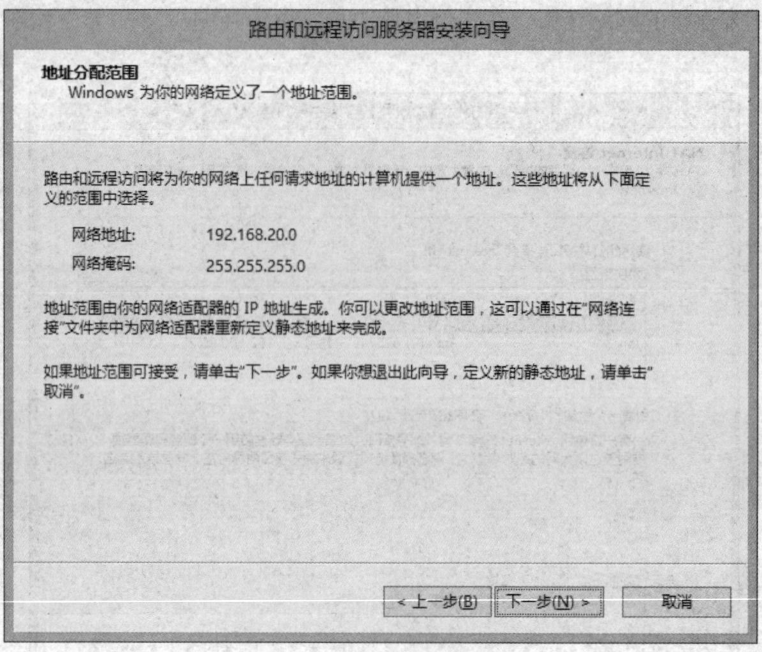

图 10-9　NAT 地址分配范围

7. 在出现的“正在完成路由和远程访问服务器安装向导”对话框中单击“完成”按钮，如图 10–10 所示。

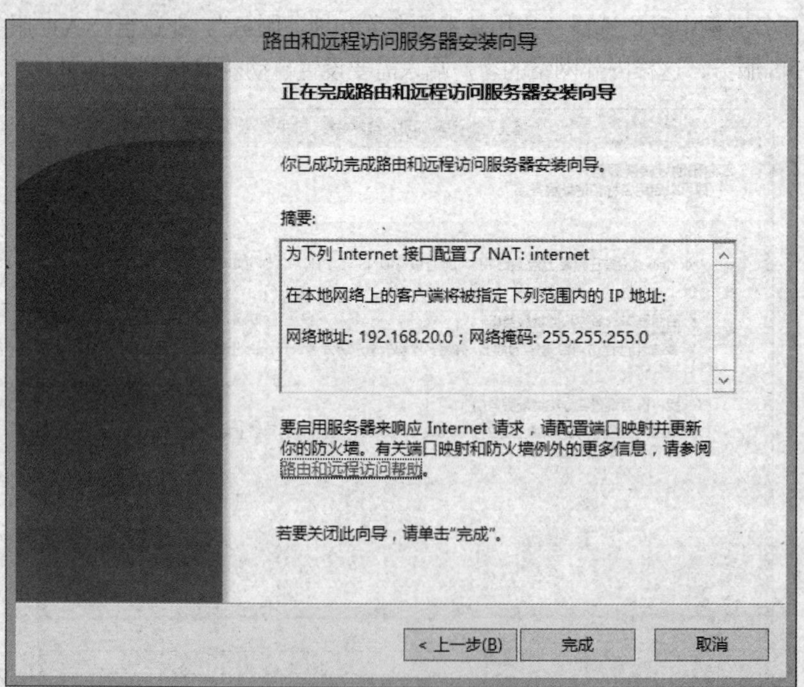

图 10-10　NAT 服务安装成功提示

8. NAT 服务配置完成后的界面如图 10–11 所示。

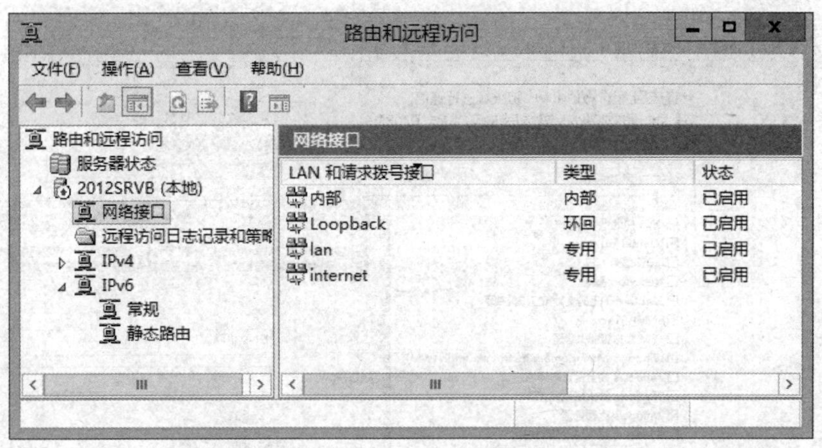

图 10-11　NAT 服务配置成功

10.3　任务 2　配置 DNS 中继代理

10.3.1　任务说明

一台运行 NAT 功能的服务器，具备 DNS 中继代理的功能，能够行使 DNS 服务器功能为客户机进行域名解析，不过需要开放 NAT 服务器的 Windows 防火墙的 DNS 流量。DNS 流量使用的端口号为 UDP 的 53。在此任务中，公司内部的客户端要使用 Internet 的 DNS 服务器 210.53.31.2 实现 Internet 的域名解析，必须要开放 NAT 服务器的 UDP 53 号端口。具体的实施过程如下。

10.3.2　任务实施过程

打开“网络和共享中心”，选择“Windows 防火墙”开放 DNS 服务端口，如图 10-12 和图 10-13 所示。

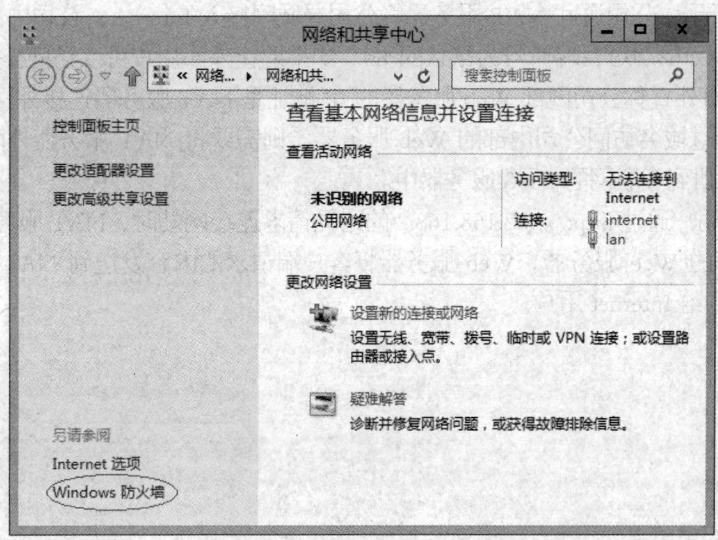

图 10-12　设置 Windows 防火墙

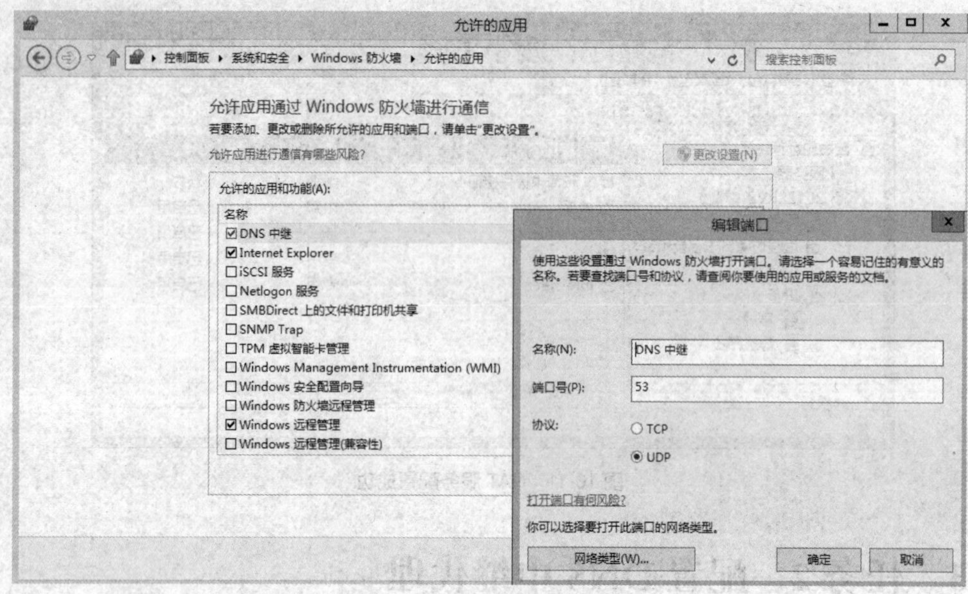

图 10-13　开放 DNS 服务端口

10.4　知识能力拓展

10.4.1　端口对应

NAT 服务器可以让内部用户连接 Internet，不过因为内部计算机所使用的是私有 IP 地址，而私有 IP 不可以出现在 Internet 上，公司内部私有 IP 所发送的数据包在经过 NAT 服务器的时候源地址被修改成 NAT 外网卡的 IP 地址，所以外部用户只能接触到 NAT 服务器的外网卡公共 IP 地址，因此若想要外网用户可以连接公司内部的网络服务器，如 Web 或 FTP 服务器，则需要 NAT 服务进行转发。

通过 TCP/UDP 端口对应功能，可以让 Internet 用户来连接使用私有 IP 的内部服务器。

图 10-14 所示，公司通过 NAT 服务器将公司局域网接入 Internet，公司内部 Web 服务器的 IP 地址为 192.168.20.1，端口号为默认的 80。如果要让外部用户可以访问公司内部的 Web 服务器，则需要对外宣称公司内部 Web 服务器的 IP 地址是 NAT 服务器连接外网卡的 IP 地址；如果外网用户通过域名访问公司内部的 Web 服务器，则需要将 NAT 服务器外网卡的 IP 地址 202.168.168.2 注册到互联网的 DNS 服务器中。

当 Internet 用户通过 http://202.168.168.2 的路径请求连接网站时，NAT 服务器会将此请求转发到公司内部的 Web 服务器，Web 服务器将客户端请求的内容发送到 NAT 服务器，再由 NAT 服务器返回给 Internet 用户。

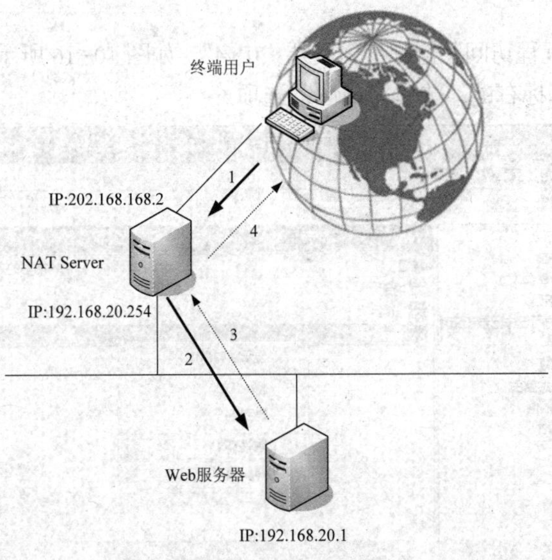

图 10-14 NAT 端口对应工作过程

10.4.2 拓展案例 1 NAT 固定端口对应设置

案例场景：ABC 公司通过 NAT 将 LAN 接入 Internet，公司内部有 1 台 Web 服务器和 1 台 FTP 服务器，Web 服务器 IP 地址为 192.168.20.1，FTP 服务器 IP 地址为 192.168.20.2，公司希望 Internet 用户能够连接访问公司内部的 Web 和 FTP 服务器。请给出一个合适的解决方案。网络拓扑图如图 10−15 所示。

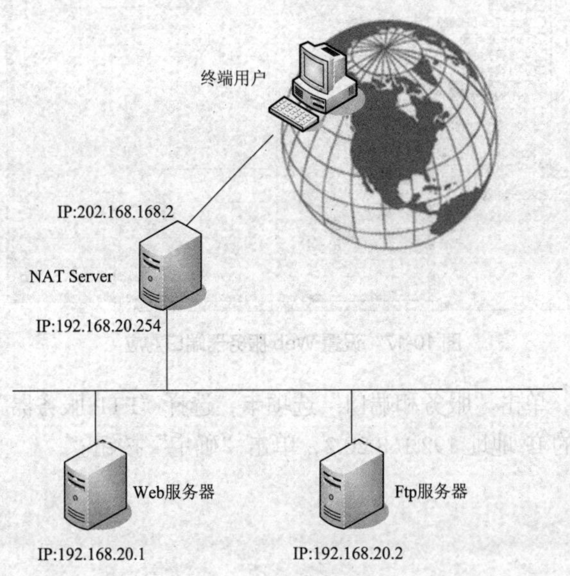

图 10-15 拓展案例 1 网络拓扑图

案例实施过程如下。

1. 打开“路由和远程访问”控制台，展开“IPv4”，如图 10-16 所示，单击“NAT”按钮，在“internet”上单击鼠标右键，选择“属性”选项。

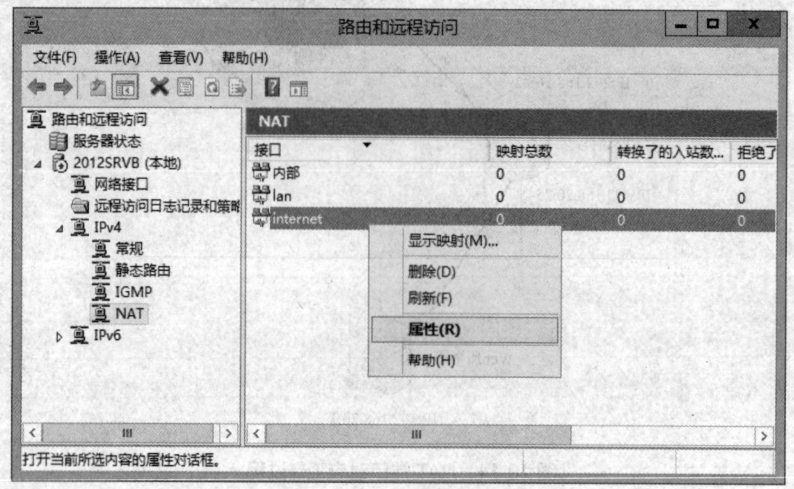

图 10-16 设置 NAT 服务器外网卡属性

2. 图 10-17 所示，单击“服务和端口”选项卡，选择“Web 服务器（HTTP）”。在专用地址栏输入公司内部 Web 服务器的 IP 地址 192.168.20.1，单击“确定”按钮。

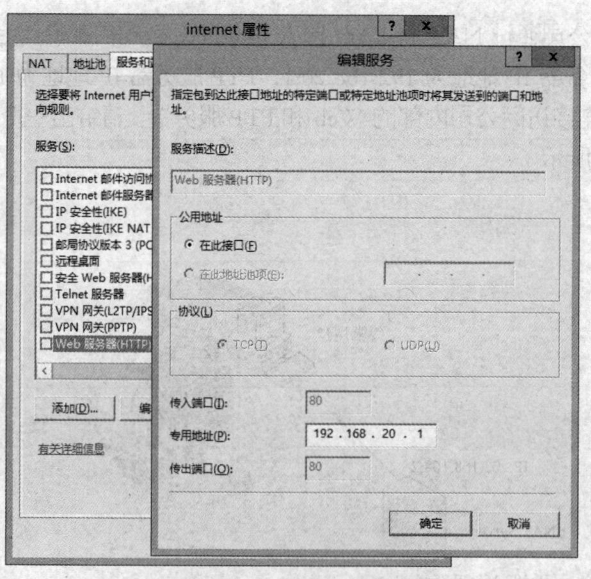

图 10-17 设置 Web 服务器端口对应

3. 图 10-18 所示，单击“服务和端口”选项卡，选择“FTP 服务器”。在专用地址栏输入公司内部 Web 服务器的 IP 地址 192.168.20.2，单击“确定”按钮。

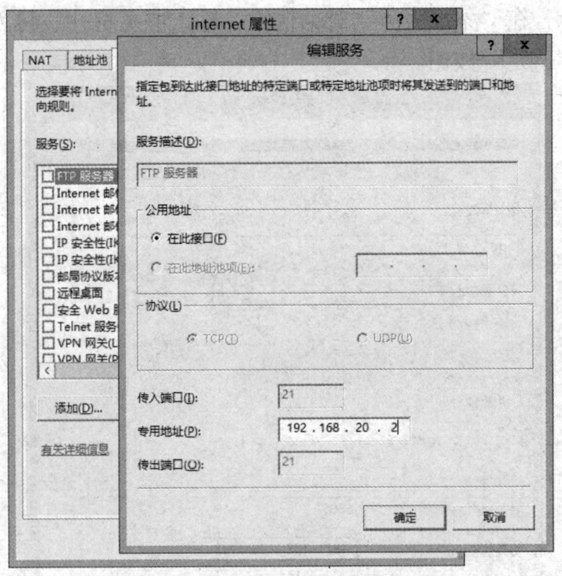

图 10-18　设置 FTP 服务器端口对应

10.4.3　拓展案例 2　NAT 特殊端口对应设置

案例场景：ABC 公司内网通过一台 NAT 服务器连入 Internet，内网有一个工作在服务器 5800 端口的应用程序，公司希望该应用程序 Internet 用户能够访问，请你给出合适的解决方案。

案例实施过程如下。

1. 在公司 NAT 服务器上配置端口映射，在此任务案例中，由于此应用程序不是固定的端口和服务，所以要指定此应用程序数据包到达此接口时将其发送到的特定端口和地址。

打开“路由和远程访问”控制台，展开“IPv4”，单击“NAT”按钮，在“internet”上单击鼠标右键，选择“属性”选项，单击“服务和端口”选项卡中的“添加”按钮，如图 10-19 所示。

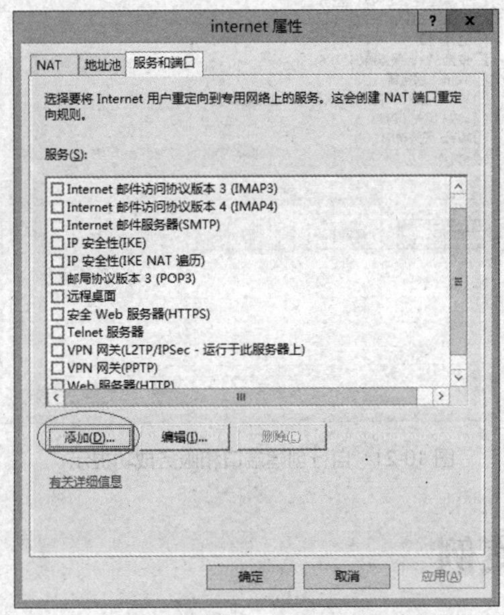

图 10-19　添加服务和端口

2. 图 10-20 所示，在“添加服务”对话框中，输入服务描述、传入端口、传出端口和专用地址等信息，单击“确定”按钮。

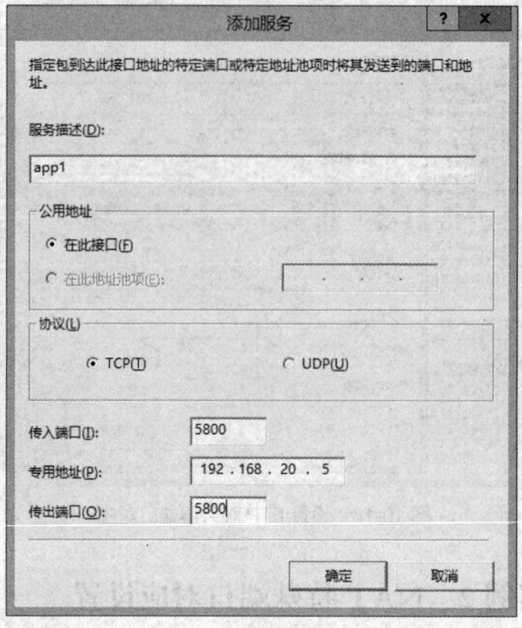

图 10-20　输入自行创建的服务和端口的相关信息

3. 配置完成后如图 10-21 所示。

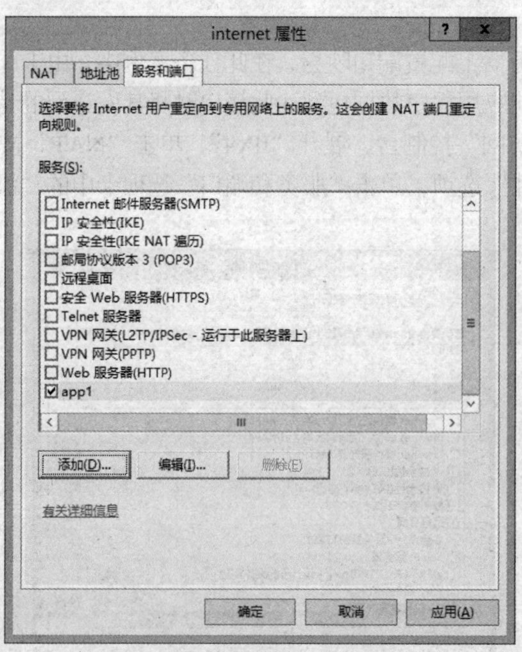

图 10-21　自行创建端口和服务成功提示

10.5　仿真实训案例

ABC 公司是一家新成立的公司，公司购买了 10 台计算机，3 台服务器（NAT、Web、FTP）

均安装了 Windows Server 2012 操作系统，公司向当地的 ISP 申请了 1 个公共 IP 地址 131.107.31.8。你是公司新聘请的网络管理员，现要求组建和配置公司网络，具体要求是将 ABC 公司的局域网正确的接入 Internet，使得公司内部的计算机能够访问 Internet 资源，并要求 Internet 用户能够访问公司内部的 Web 和 FTP 服务器。

公司内网有一个工作在 Web 服务器上端口为 8088 的应用程序，公司希望 Internet 用户能够访问该应用程序，请问该如何解决？

10.6 课后习题

1. NAT 的作用是什么？
2. 阐述 NAT 的工作原理？
3. 在 NAT 架构中，怎样开放 Internet 用户连接公司内部服务器？